Maria Urbaniec

Umweltinnovationen durch Kooperationen

GABLER EDITION WISSENSCHAFT

Studien zum internationalen Innovationsmanagement

Herausgegeben von
Prof. Dr. Dr. h.c. Matthias Kramer
Internationales Hochschulinstitut Zittau

Die zunehmende Globalisierung stellt neue Herausforderungen an die strategische Unternehmensführung. Zukünftig werden die europäischen Integrationsprozesse die Innovations- und damit die Wettbewerbsfähigkeit von Unternehmen wesentlich prägen. Vor diesem Hintergrund werden in der Reihe sowohl Beiträge zur Innovationsforschung als auch zu Innovationsprozessen im internationalen Kontext präsentiert. Die konsequente Ausrichtung auf innovative und dynamische Marktentwicklungen, wie beispielsweise den Umweltmanagement- und -technikmarkt, liefert die Basis für eine Diskussion zwischen Wirtschaft, Politik, Verwaltung und Wissenschaft in einem interdisziplinären Umfeld.

Maria Urbaniec

Umweltinnovationen durch Kooperationen

Am Beispiel einer freiwilligen Branchenvereinbarung

Mit einem Geleitwort von
Prof. Dr. Dr. h.c. Matthias Kramer

GABLER EDITION WISSENSCHAFT

Bibliografische Information der Deutschen Nationalbibliothek
Die Deutsche Nationalbibliothek verzeichnet diese Publikation in der Deutschen Nationalbibliografie; detaillierte bibliografische Daten sind im Internet über <http://dnb.d-nb.de> abrufbar.

Dissertation Internationales Hochschulinstitut Zittau (IHI), 2008

1. Auflage 2008

Lektorat: Frauke Schindler / Stefanie Loyal

Gabler ist Teil der Fachverlagsgruppe Springer Science+Business Media.
www.gabler.de

Umschlaggestaltung: Regine Zimmer, Dipl.-Designerin, Frankfurt/Main
Gedruckt auf säurefreiem und chlorfrei gebleichtem Papier
Printed in Germany

ISBN 978-3-8349-1150-6

GELEITWORT

Die vorliegende Dissertationsschrift von Frau Urbaniec ist ein aktueller und innovativer Beitrag zur Umweltpolitik und zum Umweltmanagement in mittelständischen Unternehmen. Mit ihrer Studie über den Einfluss von Kooperationen und Netzwerken im Bereich Umweltmanagement bereichert die Autorin die umweltorientierte Innovationsforschung mit einem Ansatz, der das Einflusspotenzial von umweltorientierten Kooperationen auf Innovationen explizit berücksichtigt.

Frau Urbaniec setzt sich mit dem Innovationsbegriff vor dem Hintergrund der aktuellen Nachhaltigkeitsdiskussion auseinander und wählt eine Begriffsdefinition, welche die Perspektive des Unternehmens in den Mittelpunkt stellt. Ihr Kooperationsbegriff hingegen reflektiert stärker die innovationsrelevante Perspektive. Besonders erwähnenswert ist in diesem Zusammenhang ihre Analyse der Hauptakteure des Wirtschafts- und Innovationsgeschehens. Die Autorin beschreibt kritisch und detailliert die Entstehung und Wirkungsweise eines umweltorientierten Branchenarbeitskreises, des abfallwirtschaftlichen Branchenarbeitskreises „Papier- und Druckindustrie" in Sachsen und liefert hiermit eine nützliche Fallstudie für die Praxis.

Vor diesem Hintergrund erläutert die Autorin einige zentrale Theorieansätze zur Kooperations- und Innovationsforschung. Sie wählt den Transaktionskostenansatz und den interaktionsorientierten Netzwerkansatz aus und analysiert, inwieweit diese für die Förderung der Umweltinnovationen geeignet sind. Eine wesentliche Feststellung der Autorin ist, dass Kooperationsakteure einen Informationsvorsprung gegenüber anderen Akteuren haben und Interaktionen und Beziehungen für die prozessuale Entwicklung von Netzwerken eine besondere Rolle zukommt.

Die Autorin entwickelt zur Analyse und zum Verständnis der Genese von Umweltinnovationen in Kooperationen einen theoretisch begründeten Analyserahmen. Neben der qualitativen Fallstudie findet dieser Analyserahmen auch in einer quantitativen Studie Anwendung, bei der ein branchenübergreifender Kooperationsfall unter den Umweltinnovationsgesichtspunkten untersucht wurde. Diese Erhebung am Beispiel des Bundesdeutschen Arbeitskreises für Umweltbewusstes Management B.A.U.M. e.V. ist zwar nicht repräsentativ, lässt aber Rückschlüsse im Vergleich mit den Fallstudienergebnissen zu. Im Weiteren wird ausführlich erläutert, welche umweltorientierten Innovationswirkungen speziell die Akteure der IKS der Branchenkooperation beimessen.

Die Analyse beider Studien hinterlässt ein komplexes Bild von den Wirkungszusammenhängen, die Umweltinnovationen beeinflussen. Die Interpretation der Autorin ist hierbei jederzeit schlüssig und nachvollziehbar. Die kritische Würdigung nach der Klassifizierung

Kontextfaktoren, Identifizierung der Umweltinnovationen und -effekte sowie den diesbezüglichen Kooperationsmerkmalen sowie -bedingungen enthält eine Reihe von interessanten Ansätzen und Erkenntnissen zur weiteren auf das Thema bezogenen Innovationsforschung. Positiv muss an dieser Stelle hervorgehoben werden, dass sich Frau Urbaniec mit der branchenorientierten Betrachtung bereits vorhandener und potenzieller Umweltinnovationen nicht nur methodisch grundsätzlich theoretisch und empirisch, sondern auch praktisch auf ein neuartiges Forschungsfeld eingelassen hat.

Mit zusammenfassenden Worten, in der Dissertation ist es gelungen, zwar prinzipiell verfügbares Erfahrungswissen einerseits zu bestätigen, aber andererseits auch auf ein neues Themenfeld zu adaptieren. Dies stellt mit Bezug auf die gewählte Fallstudie den eigentlichen wissenschaftlichen Fortschritt und Erkenntnisgewinn dar.

Univ.-Prof. Dr. Dr. h. c. Matthias Kramer

VORWORT

Im Rahmen der aktuellen Nachhaltigkeitsdiskussion gewinnen Umweltinnovationen immer mehr an Bedeutung. Die betrieblichen Umweltinnovationen können auf verschiedenen Ebenen realisiert werden: auf Produkt-, Prozessebene oder als organisatorische Verbesserungen. Da die Umweltinnovationen nicht alleine durch ein Unternehmen beeinflussbar sind, erweist sich hier eine unternehmensübergreifende branchenbezogene Herangehensweise als notwendig. Dabei kann die umweltorientierte Kooperation als geeignete Form angesehen werden, betriebliche Veränderungsprozesse im Umweltschutz anzuregen und zu unterstützen, um auf diesem Wege die Innovations- und Wettbewerbsfähigkeit zu verbessern.

In diesem Zusammenhang stellt sich die Frage, inwieweit und wie umweltorientierte Kooperationen zu Umweltinnovationen beitragen können. Zielsetzung dieser Arbeit ist es deshalb, den Beitrag der umweltorientierten Kooperationen zu Innovationsförderung zu analysieren. Damit die umweltorientierten Kooperationen innovationsfördernd bzw. -freundlich sein können, müssen sie nach innovationsrelevanten Bedingungen gestaltet werden. Unter Rückgriff auf theoretische Bezugspunkte aus dem Bereich der Umweltinnovations- und Kooperationsforschung wird ein heuristischer Analyserahmen entwickelt, der für die empirische Analyse einer umweltorientierten Kooperation, und insbesondere für die Erforschung innovationsrelevanter Kooperationsbedingungen bzw. –merkmale notwendig ist. Die explorativen Ergebnisse hinsichtlich der innovationsförderlichen Kooperationswirkung und -bedingungen werden anhand qualitativer Untersuchung eines branchenbezogenen Kooperationsfalls ermittelt und anschliessend quantitativ am Beispiel einer branchenübergreifenden Kooperation überprüft. Aufgrund der hohen Bedeutung der Branchenorientierung für die Innovationsförderung ist zu empfehlen, eine umweltorientierte Kooperation an die Anforderungen eines Innovationssystems anzupassen und in Richtung eines Brancheninnovationssystems zu entwickeln.

Die vorliegende Dissertation wäre nicht zustande gekommen, wenn ich nicht breite Unterstützung und Hilfe gehabt hätte. An erster Stelle sei Herrn Univ.-Prof. Dr. Dr. h. c. Matthias Kramer, aktuell Rektor der Deutsch-Kasachischen Universität Almaty in Kasachstan, herzlichst für die Übernahme und Betreuung meiner Doktorarbeit sowie auch für die Freiheit bei der Ausgestaltung der Arbeit und die vielfältigen Anregungen gedankt. Ferner ist Herrn Univ.-Prof. Dr. habil. Wolfgang Gerstlberger, dem Studiengangsleiter für Betriebswirtschaftslehre und dem Leiter des Lehrstuhls für Innovationsmanagement und Mittelstandsforschung am Internationalen Hochschulinstitut Zittau zu danken, der mich mit wichtigen Hinweisen bei der Auswertung der Empirie unterstützt und das Zweitgutachten übernommen hat. Für seine Diskussionsbereitschaft und die Übernahme des Drittgutachtens bin ich auch Herrn o. Univ. Prof. Dr. Heinz Strebel, dem Leiter des Instituts für Innovations- und Umweltmanagement an der Karl-Franzens-Universität Graz, dankbar.

Mein besonderer Dank gilt Herrn Dr. Gert Wille, dem Vorstandsvorsitzenden der IKS e. V. Dresden, für seine Unterstützung bei der Kontaktherstellung zu den einzelnen Unternehmen und Institutionen. Des Weiteren bedanke ich mich herzlich bei allen Interviewpartnern, die ihre knapp bemessene Zeit und ihr großes Fach- und Erfahrungswissen beigesteuert haben. Ohne ihren Beitrag wäre diese Arbeit nicht möglich gewesen. Ferner sei Herrn Dr. Martin Oldeland vom BAUM e. V. recht herzlich mein Dank ausgesprochen für die Hilfestellung bei der Durchführung und dem Versand des Fragebogens an alle Mitglieder von BAUM e. V. Den Teilnehmern an dieser Befragung sei ebenfalls ausdrücklich gedankt.

Ein besonderes Anliegen ist es mir, mich bei all denjenigen zu bedanken, die mich während der Bearbeitung der Dissertation begleitet haben und mir Mut und Kraft gaben, um den eingeschlagenen Weg zu gehen. Hierzu gehören Freunde und Kollegen, die direkt oder indirekt zum Gelingen dieser Arbeit beigetragen haben. Zum Schluss sei meiner Familie für die Geduld, Unterstützung und Aufmunterung während der „heißen Phase" gedankt. Allen, die mich unterstützt und gefördert haben, gebührt mein besonderer Dank.

Maria Urbaniec

INHALTSVERZEICHNIS

GELEITWORT V

VORWORT VII

INHALTSVSVERZEICHNIS IX

TABELLENVERZEICHNIS XIII

ABBILDUNGSVERZEICHNIS XV

ABKÜRZUNGSVERZEICHNIS XVII

1. INNOVATIONSFÖRDERUNG DURCH UMWELTORIENTIERTE KOOPERATION 1
   1.1 Herausforderungen und Lösungskonzepte im Zuge nachhaltiger Entwicklung 1
   1.2 Theoretische und praktische Zielsetzung 8
   1.3 Aufbau der Arbeit 11

2. GRUNDLAGEN UND RAHMENBEDINGUNGEN DER BETRIEBLICHEN UMWELTINNOVATIONEN 13
   2.1 Relevanz der Umweltinnovation 13
      2.1.1 Der Innovationsbegriff 13
      2.1.2 Definition der Umweltinnovationen 14
      2.1.3 Inhaltliche (funktionelle) Umweltinnovationsdimensionen 17
         2.1.3.1 Ökologische Produkt- und Prozessinnovationen 17
         2.1.3.2 Organisatorische, soziale und institutionelle Umweltinnovationen 21
      2.1.4 Prozessuale Dimensionen der (Umwelt-)Innovationen 24
      2.1.5 Innovationspromotoren und Innovationsfähigkeit/-bereitschaft 29
   2.2 Einflussfaktoren auf Umweltinnovationen: Impulse und Hemmnisse 33
      2.2.1 Umweltinnovationen und Multi-Impuls-Hypothese 33
      2.2.2 Einflussfaktoren auf Umweltinnovationen 35
         2.2.2.1 Förderung der Umweltinnovationen durch technologische und marktliche Einflüsse 36
         2.2.2.2 Förderung der Umweltinnovationen durch umweltpolitische Steuerung 38
         2.2.2.3 Unternehmensspezifische Einflussfaktoren auf Umweltinnovationen 39
   2.3 Zwischenresümee: Notwendigkeit unternehmensübergreifender Realisierung von Umweltinnovationen 43

3. KONZEPTIONELLE GRUNDLAGEN UND GESTALTUNGSMÖGLICHKEITEN UMWELTORIENTIERTER KOOPERATIONEN 46
   3.1 Begriffsdefinition: Kooperation und umweltorientierte Kooperation 46
      3.1.1 Der Kooperationsbegriff 46
      3.1.2 Umweltorientierte Unternehmenskooperation 48
      3.1.3 Konstitutive Merkmale umweltorientierter Unternehmenskooperation 51

3.2 Anforderungen und Gestaltungsoptionen umweltorientierter Kooperationen 55
3.2.1 Strukturmerkmale von Kooperationen 55
3.2.2 Klassifikation umweltorientierter Unternehmenskooperationen 59
3.3 Innovationsrelevante Einflusspotenziale von umweltorientierten Kooperationen .. 67
3.3.1 Ansatzpunkte zur Innovationsförderung durch umweltorientierte Kooperationen 67
3.3.1.1 Vorüberlegungen zum Beitrag umweltorientierter Kooperationen zur Innovationsförderung 67
3.3.1.2 Anforderungen an die Akteurskonstellation als ein innovationsrelevanter Anhaltspunkt umweltorientierter Kooperation 69
3.3.2 Bedeutung der Kooperation zur Beeinflussung der Umweltinnovationen: Folgerungen und Implikationen für das weitere Vorgehen 73
4. THEORETISCHE KOOPERATIONSANSÄTZE UND DEREN BEITRAG ZUR INNOVATIONSFÖRDERUNG 74
4.1 Auswahl relevanter Theorieansätze 74
4.2 Der Transaktionskostenansatz: Entwicklung, Grundfragen und Ansatzpunkte für Innovationen durch Kooperation 76
4.2.1 Grundannahmen des Transaktionskostenansatzes 76
4.2.2 Transaktionsspezifische Einflussfaktoren 79
4.2.3 Kooperationsvorteile und deren Beitrag zur Innovationsförderung 81
4.3 Der interaktionsorientierte Netzwerkansatz 85
4.3.1 Grundannahmen 85
4.3.2 Elemente des Netzwerkmodells 86
4.3.3 Rolle der Interaktionen und Beziehungen 88
4.3.4 Stellenwert der Kooperationen im Rahmen der Netzwerkinteraktionen 90
4.3.5 Innovationsprozesse in Netzwerken 92
4.3.6 Würdigung des interaktionsorientierten Netzwerkansatzes 94
4.4 Zusammenfassende Würdigung theoretischer Ansätze: Bedarf an weiterführender Exploration 96
5. KONZEPTIONELLE UND METHODISCHE ÜBERLEGUNGEN FÜR DIE ANALYSE DES KOOPERATIONSBEITRAGS ZU UMWELTINNOVATIONEN 99
5.1 Analyserahmen: Anforderungen an den konzeptionellen Rahmen für Innovationsförderung der umweltorientierten Kooperationen 99
5.2 Forschungsdesign und Methodik 104
5.2.1 Auswahl der qualitativen Vorgehensweise für die Erkenntnisgewinnung 104
5.2.1.1 Kennzeichen qualitativer und quantitativer Forschung 104
5.2.1.2 Begründung der Auswahl des qualitativ-quantitativen Forschungsdesigns 106

5.2.2 Methodische Vorgehensweise ... 109
5.2.2.1 Forschungsmethodik und -strategie ... 109
5.2.2.2 Fallauswahl ... 113
5.2.2.3 Datenquellen und -erhebung ... 119
5.2.2.4 Datenanalyse und -auswertung ... 124
5.2.3 Evaluationskriterien zur Beurteilung der qualitativ gewonnenen wissenschaftlichen Erkenntnisse ... 126
6. ANALYSE DER UMWELTINNOVATIONSPOTENZIALE BEI UMWELTORIENTIERTEN KOOPERATIONEN: WIRKUNG UND BEDINGUNGEN ... 131
6.1 Fallbeschreibung: Umweltorientierte Branchenkooperation ... 131
6.1.1 Hintergrundinformationen zu Genese und Zielstellung der Kooperation ... 132
6.1.2 Analyse der untersuchten Kooperation: Wesentliche Dimensionen ... 135
6.1.2.1 Kennzeichen der Kooperationsakteure ... 135
6.1.2.2 Wesentliche Kooperationsaktivitäten ... 145
6.1.2.3 Beziehungsstruktur und Kooperationsressourcen ... 151
6.1.3 Fazit: Potenziale umweltorientierter Kooperation ... 154
6.2 Betriebliche Umweltinnovationen und deren Spezifika ... 157
6.2.1 Wirtschaftliche, technologische und ökologische Besonderheiten der in der Kooperation vertretenen Wirtschaftszweige ... 157
6.2.1.1 Wesentliche Charakteristika der Papierindustrie ... 158
6.2.1.2 Wesentliche Charakteristika der Druckindustrie ... 160
6.2.1.3 Wesentliche Charakteristika der Entsorgungswirtschaft ... 163
6.2.1.4 Zusammenfassung ... 165
6.2.2 Umweltinnovationen und Gründe für deren Realisierung ... 166
6.2.2.1 Umweltinnovationen und deren Auslöser in der Papierindustrie ... 167
6.2.2.2 Umweltinnovationen und deren Auslöser in der Druckindustrie ... 169
6.2.2.3 Umweltinnovationen und deren Auslöser in der Entsorgungswirtschaft ... 173
6.2.2.4 Zusammenfassung der Zwischenergebnisse ... 174
6.3 Innovationsbeitrag umweltorientierter Kooperationen: Einschätzung der Akteure ... 180
6.3.1 Einschätzung der Innovationswirkung durch die umweltorientierte Kooperation ... 180
6.3.1.1 Einschätzung durch Unternehmensvertreter ... 180
6.3.1.2 Einschätzung der Experten ... 186
6.3.2 Zusammenfassung der Ergebnisse: Innovationswirkungsgrad einer umweltorientierten Kooperation ... 191

6.4 Ermittlung innovationsrelevanter Einflussfaktoren umweltorientierter Kooperation 197
6.4.1 Innovationsrelevante unternehmensspezifische Merkmale 197
6.4.1.1 Hierarchisch ähnliche Machtstruktur der Kooperationsteilnehmer 197
6.4.1.2 Mittelständische Unternehmensgröße 201
6.4.1.3 Umweltorientierte Unternehmenskultur 205
6.4.2 Innovationsrelevante umweltspezifische Kooperationsmerkmale 210
6.4.2.1 Heterogene Akteurskonstellation 210
6.4.2.2 Fachlicher Know-how-Austausch 214
6.4.2.3 Koordination 218
6.4.2.4 Bezug zum Wertschöpfungsprozess 221
6.4.3 Zusammenfassung 224
6.5 Kritische Würdigung des empirischen Erkenntnisgewinns 229
7. Implikationen für umweltorientierte Brancheninnovationssysteme und Zusammenfassung 235
7.1 Integration umweltorientierter Kooperation zu einem Brancheninnovationssystem 235
7.1.1 Grundzüge eines umweltorientierten Brancheninnovationssystems 235
7.1.2 Ansatzpunkte für die Förderung umweltorientierter Brancheninnovationssysteme 238
7.1.3 Empfehlungen zur Förderung der umweltorientierten Brancheninnovationssysteme 242
7.2 Schlussbetrachtung und Perspektiven 245
Literaturverzeichnis 251

TABELLENVERZEICHNIS

Tab. 1: Ökologische Produktinnovationen und deren Effekte ... 18
Tab. 2: Ökologische Prozessinnovationen und deren Effekte ... 20
Tab. 3: Organisatorische Umweltinnovationen und deren Effekte ... 22
Tab. 4: Soziale Umweltinnovationen und deren Effekte ... 23
Tab. 5: Institutionelle Umweltinnovationen und deren Effekte ... 24
Tab. 6: Phasen des Innovationsprozesses nach THOM ... 27
Tab. 7: Klassifizierung von Interaktionsansätzen in der Innovationsforschung ... 28
Tab. 8: Arten und Kennzeichen von Promotoren ... 31
Tab. 9: Definitionen umweltorientierter Kooperationen nach ausgewählten deutschsprachigen Arbeiten ... 49
Tab. 10: Morphologischer Kasten für die Kooperationseinordnung bzw. -gestaltung ... 56
Tab. 11: Ökologisch orientierte Kooperationsformen von Unternehmen ... 61
Tab. 12: Erklärungsebenen der ausgewählten Theorieansätze ... 75
Tab. 13: Effizienz- und Innovationspotenzial von Unternehmensbeziehungen ... 93
Tab. 14: Wesentliche Ansatzpunkte für einen innovationsrelevanten Kooperationsbeitrag ... 97
Tab. 15: Gegenüberstellung ausgewählter Merkmale qualitativer und quantitativer Forschung ... 104
Tab. 16: Auswahlkriterien für die Anwendung der qualitativen Forschung ... 108
Tab. 17: Ausgewählte Kennzahlen zur Innovationstätigkeit von Branchen ... 117
Tab. 18: Zusammenfassung der wesentlichen Eigenschaften des gewählten Kooperationsfalls ... 118
Tab. 19: Darstellung der wesentlichen Interviewschwerpunkte ... 123
Tab. 20: Eingesetzte Gütekriterien zur Evaluierung von qualitativen Forschungsergebnissen ... 129
Tab. 21: Wichtigste Kenndaten der befragten Unternehmen und Experten ... 136
Tab. 22: Einordnung der befragten Kooperationsakteure nach Wirtschaftszweigen ... 137
Tab. 23: Branchenverteilung an der quantitativ untersuchten Kooperation (prozentual und absolut) ... 138
Tab. 24: Jahresumsatz der Unternehmen 2006 am Standort in Mio. und Mitarbeiteranzahl (prozentual und absolut) ... 138
Tab. 25: Wesentliche Tätigkeitsgebiete der befragten Unternehmen ... 140
Tab. 26: Ausgeübte Tätigkeiten von befragten Beteiligten an der branchenübergreifenden Kooperation (prozentual und absolut) ... 142
Tab. 27: Relevanz der Gründe für die Teilnahmen an der branchenübergreifenden Kooperation (prozentual und absolut) ... 144
Tab. 28: Inhalte branchenübergreifender Kooperation (prozentual und absolut) ... 151
Tab. 29: Ökologische Kernprobleme der Zellstoff- und Papierherstellung ... 159

Tab. 30: Ökologische Kernprobleme der Herstellung von Druckerzeugnissen ... 162
Tab. 31: Wesentliche Druckverfahren und deren Anwendungsgebiete ... 162
Tab. 32: Ökologische Kernprobleme des Altpapiereinsatzes ... 164
Tab. 33: Umweltinnovationen und Gründe für deren Realisierung ... 167
Tab. 34: Umweltrelevante Neuerungen im Rahmen der branchenübergreifenden Kooperation (prozentual und absolut) ... 178
Tab. 35: Gründe für Umsetzung der Umweltinnovationen (prozentual und absolut) ... 179
Tab. 36: Innovationsrelevante Kooperationseffekte aus Sicht der Unternehmen ... 181
Tab. 37: Innovationsrelevante Kooperationseffekte aus Expertensicht ... 187
Tab. 38: Ausmaß der Innovationswirkung durch umweltorientierte Kooperation ... 193
Tab. 39: Innovationsrelevante Auswirkungen einer branchenübergreifenden Kooperation (prozentual und absolut) ... 195
Tab. 40: Innovationsrelevante Veränderungen durch die Kooperation (prozentual und absolut) ... 196
Tab. 41: Relevanz der Kooperationsteilnehmer im Rahmen einer branchenübergreifenden Kooperation (prozentual und absolut) ... 201
Tab. 42: Relevanz der Unternehmensgröße in einer branchenübergreifenden Kooperation (prozentual und absolut) ... 204
Tab. 43: Managementsysteme in den befragten Unternehmen der branchenbezogenen Kooperation ... 206
Tab. 44: Unternehmenskultur als umweltinnovationsrelevantes Kooperationsmerkmal (prozentual und absolut) ... 209
Tab. 45: Heterogenität der Akteure als umweltinnovationsrelevantes Kooperationsmerkmal (prozentual und absolut) ... 213
Tab. 46: Fachlicher Know-how-Austausch als umweltinnovationsrelevantes Kooperationsmerkmal (prozentual und absolut) ... 217
Tab. 47: Koordination als umweltinnovationsrelevantes Merkmal (prozentual und absolut) ... 220
Tab. 48: Bedeutung der Branchenorientierung im Rahmen branchenübergreifender Kooperation zur Förderung von Umweltinnovationen (prozentual und absolut) ... 223
Tab. 49: Zusammenstellung innovationsrelevanter Kooperationsmerkmale und deren Eigenschaften ... 225
Tab. 50: Ausprägungsstärke der qualitativ ermittelten innovationsrelevanten Kooperationsmerkmale im Rahmen branchenübergreifender Kooperation (prozentual und absolut) ... 226
Tab. 51: Bedeutung der ausgewählten kooperationsrelevanten Aspekte zur Förderung der Umweltinnovationen (prozentual und absolut) ... 227

ABBILDUNGSVERZEICHNIS

Abb. 1: Der Innovationsprozess im weiteren Sinne 26
Abb. 2: Determinanten von Umweltinnovationen 36
Abb. 3: Eingrenzung auf relevante Erklärungsdimensionen für betriebliche Umweltinnovationen 43
Abb. 4: Ansatzpunkte zur Beeinflussung der Umweltinnovationen 44
Abb. 5: Relevante Akteure für die Förderung der Umweltinnovationen 72
Abb. 6: Grundmodell der Transaktionskostentheorie 78
Abb. 7: Netzwerkmodell von HÅKANSSON 87
Abb. 8: Analyserahmen für Innovationswirkungen durch umweltorientierte Kooperation 100
Abb. 9: Methodischer Ablauf des Forschungsprozesses 112
Abb. 10: Schwerpunkte der umweltorientierten Kooperation (Problembereiche und Lösungskonzepte) 146
Abb. 11: Kooperationsakteure entlang der Wertschöpfungsstufen im Branchenarbeitskreis „Druck und Papierverarbeitung“ 158
Abb. 12: Relative Zuordnung der eingeschätzten Innovationswirkung durch Kooperationsakteure 180
Abb. 13: Innovationsrelevante Kooperationsmerkmale 226
Abb. 14: Konzept eines umweltorientierten Brancheninnovationssystems 237

ABKÜRZUNGSVERZEICHNIS

Abs.	Absatz
AOx	Adsorbierbare Organisch gebundene Halogene
B.A.U.M. e.V.	Bundesdeutscher Arbeitskreis für Umweltbewusstes Management
BImSchV	Bundesimmissionsschutzverordnung
BMBF	Bundesministerium für Forschung und Entwicklung
BMFT	Bundesministerium für Forschung und Technologie
BMU	Bundesumweltministerium
BOD	Biological Oxygen Demand (der Biochemische Sauerstoffbedarf)
BUND	Bund für Umwelt und Naturschutz Deutschland
BVDM	Bundesverband Druck und Medien
BWL	Betriebswirtschaftslehre
CO_2	Kohlendioxid
COD	Chemical Oxygen Demand (der chemische Sauerstoffbedarf)
CSB	Kennwert für die Menge an Sauerstoff, die nötig wäre, um alle im Abwasser vorhandenen Stoffe zu verbrennen.
CtP	Computer-to-Plate (Digitale Druckplattenbelichtung)
DDR	Deutsche Demokratische Republik
DIN ISO	Deutsches Institut für Normung International Standards Organization
DRUPA	Druckfachmesse (Internationale Fachmesse für die Druck- und Medienindustrie)
EG	Europäische Gemeinschaft
EU	Europäische Union
EMAS	Environmental Management and Audit Scheme
e.V.	eingetragener Verein
F&E	Forschung und Entwicklung
FOGRA	Forschungsgesellschaft Druck e.V.
FuT	Forschung und Technologie
EoP	End-of-Pipe
FCKW	Fluorchlorkohlenwasserstoff
FIU	Forschungsverbund „Innovative Wirkungen umweltpolitischer Instrumente“
GmbH	Gesellschaft mit beschränkter Haftung
GmbH & Co. KG	Gesellschaft mit beschränkter Haftung & Co. Kommanditgesellschaft
GF	Geschäftsführung
Hrsg.	Herausgeber
IfM	Institut für Mittelstand
Ifra	Messe der Zeitungsdrucker bzw. -hersteller (Internationaler Verband von Unternehmen der Zeitungs- und Medienbranche)
IHK	Industrie- und Handelskammer
IPCC	Intergovernmental Panel on Climate Change
IMP	International Marketing and Purchasing

IKS	Industrieabfall-Koordinierungsstelle Sachsen
ISO	International Standards Organization
KMU	kleine und mittelständische Unternehmen
KrW-/AbfG	Kreislaufwirtschafts- und Abfallgesetz
Mio.	Million
MIP	Mannheimer Innovationspanel
MIMONA	Mitarbeiter-Motivation zu Nachhaltigkeit
MIPS	Material Input pro Serviceeinheit
NACE	Allgemeine Systematik der Wirtschaftszweige in den Europäischen Gemeinschaften
NGO	Non Governmental Organization
NOx	Stickstoffoxid
QMS	Qualitätsmanagementsystem
OECD	Organization for Economic Cooperation and Development
PTS	Papiertechnische Stiftung
RDA	Resource-Dependence-Ansatz
RIS	Regionale Innovationssysteme
RKW	Rationalisierungs- und Innovationszentrum Deutscher Wirtschaft e.V.
SCM	Supply Chain Management
SID	Sächsisches Institut für die Druckindustrie GmbH
SMUL	Sächsisches Staatsministerium für Umwelt und Landesentwicklung
SO_2	Schwefeldioxid
SRI	Stanford Research Institute
TASi	Technische Anleitung Siedlungsabfall
TCF	Totally chlorine free
TKA	Transaktionskostenansatz
TQM	Total Quality Management
TRS	Total reduced sulphur compounds
TSP	Total suspended particulates
TSS	Total suspended solids (in waste water)
UBA	Umweltbundesamt
UMI	Umweltmanagementinstrumente
UMS	Umweltmanagementsystem
UN	United Nations (Vereinte Nationen)
UWF	Umweltwirtschaftsforum
VDMA	Verband Deutscher Maschinen- und Anlagenbau e.V.
Vol.	Volume
WBCSD	World Business Council for Sustainable Development
ZEW	Zentrum für Europäische Wirtschaftsforschung

1. Innovationsförderung durch umweltorientierte Kooperation

1.1 Herausforderungen und Lösungskonzepte im Zuge nachhaltiger Entwicklung

Im Jahre 1987 forderte die Weltkommission für Umwelt und Entwicklung der Vereinten Nationen in ihrem Bericht „Our Common Future" eine grundlegende Veränderung der Wirtschaftsweise mit dem Ziel nachhaltiger Entwicklung.[1] Das Konzept der nachhaltigen Entwicklung *(sustainable development)* bedeutet *„development that meets the needs of the present without compromising the ability of future generations to meet their own needs."*[2] Dieses ganzheitliche Konzept zielt darauf ab, die Wettbewerbsfähigkeit und Wertschöpfungsorientierung zu verbessern, die Schonung von Umwelt und Ressourcen zu fördern sowie gesellschaftliche Verantwortung durch soziales und ethisches Verhalten wahrzunehmen.[3] Um den damit verbundenen erheblichen Veränderungen in Wirtschaft und Gesellschaft langfristig gerecht zu werden, gewinnen immer mehr solche Lösungen bzw. Konzepte an Bedeutung, die bereits möglichst kurzfristig in ökologischer, ökonomischer und sozialer Hinsicht effektiv sind.

Die Nachhaltigkeit wird seit einigen Jahren insbesondere hinsichtlich der *Umweltproblematik* sehr intensiv thematisiert. Durch die globale Wirkung bedeutender Umweltprobleme (z.B. Klimawandel), steigendes Umweltbewusstsein sowie eine verschärfte und komplexer werdende Umweltgesetzgebung verändern sich die Rahmenbedingungen für betriebliche Aktivitäten. Dies trifft insbesondere auf Forschung und Entwicklung (F&E) zu.[4] Der Bedarf an Umweltschutzanstrengungen wird in den nächsten Jahren und Jahrzehnten weltweit zunehmen, wie die aktuellen Probleme, u.a. der globale Klimawandel, drohende Wasser- und Rohstoffknappheiten sowie die zunehmende Belastung der Umwelt durch Chemikalien zeigen.[5] Deutschland gehört im internationalen Maßstab zu den Spitzenländern, was die Entwicklung und Vermarktung einschlägiger Technologien angeht. Diese Spitzenposition zeigt sich z.B. im Export von Umwelttechnologien, bei Patentanmeldungen, hinsichtlich der umweltbezogenen F&E-Ausgaben oder auch in der dynamischen Entwicklung der Arbeitsplätze in diesem Sektor[6].

---

1 Vgl. hierzu HAUFF (1987). Das Konzept der nachhaltigen Entwicklung (sustainable development) bedeutet „development that meets the needs of the present without compromising the ability of future generations to meet their own needs" (WELTKOMMISSION FÜR UMWELT UND ENTWICKLUNG 1988, S. 57).

2 WELTKOMMISSION FÜR UMWELT UND ENTWICKLUNG (1988, S. 57).

3 Vgl. TISCHLER (1996, S. 24); RENNINGS (2005, S. 16ff.); KRAMER (2005, S. 123ff.); AßLÄNDER (2006, S. 16ff.).

4 Vgl. KRAMER/URBANIEC (2001, S. 289ff.). Innovationen spielen in der deutschen Politik eine zentrale Rolle, z.B. im Rahmen der Strategie für eine nachhaltige Entwicklung oder der sog. „Innovationsoffensive" (vgl. BECKENBACH/HAMPICKE et al. 2005, S. 7f.).

5 Vgl. BMU (2006b, S. 14).

6 Laut Schätzungen waren 2004 knapp 1,5 Mio. Menschen im Umweltschutzbereich tätig, was ca. 3,8% aller Beschäftigten in Deutschland (mehr als z.B. in der Automobilindustrie) entspricht. Die größte Entwicklung auf dem Arbeitsmarkt wurde durch die Förderung der erneuerbaren Energien ausgelöst. 1998 waren ca. 57.000 Personen in diesem Bereich beschäftigt, 2004 bereits 157.100. Vgl. BMU (2006b, S. 18ff.).

Darüber hinaus gewinnt die Umweltperspektive als Forschungsfokus auch deswegen große Relevanz, weil laut der repräsentativen Umfrage zum Umweltbewusstsein und -verhalten in Deutschland, der Umweltschutz trotz eines Rückgangs zugunsten sozial- und wirtschaftspolitischer Themen immer noch zu den wichtigsten politischen Themen gehört und von 92% der Deutschen für wichtig gehalten wird, wogegen der Bekanntheitsgrad der nachhaltigen Entwicklung gegenüber 2002 (28%) auf 22% gesunken ist.[7] Insgesamt kommt der ökologischen Dimension der Nachhaltigkeit eine dynamisierende Schlüsselrolle zu, weil sie laut BAUMERT „qua Definition ein ganzheitliches Denk- und Handlungsmodell“[8] darstellt und deshalb besonders für neue Impulse geeignet ist. Während in der betriebswirtschaftlichen Literatur anfangs die nachhaltige Entwicklung als „Unternehmens-leitbild“[9] oder als „Umweltschutzleitbild auf Unternehmensebene“[10] bezeichnet wurde, also eher auf der Ebene der Firmenphilosophie als auf der Handlungsebene zu finden war, sind die Unternehmen heute herausgefordert, die Umweltaspekte über die gesamte Wertschöpfungskette zu beachten. Weiterhin sind Unternehmen direkte Ressourcenverbraucher und können durch Werbung und Marketing einerseits sowie ihren Bedarf andererseits Angebot und Nachfrage beeinflussen. Sie stehen im Zentrum der umweltpolitischen Willensbildung und machen mit ihren Lobbyverbänden Gesellschaftspolitik.[11]

Um den umweltrelevanten Herausforderungen gerecht zu werden, werden *Umweltinnovationen*[12] forciert. Dabei handelt es sich um solche Neuerungen, durch die der Ressourcenverbrauch reduziert und die Umweltbelastungen verringert werden können. Da die Wirkungen der Umweltinnovationen als komplex, schwer prognostizierbar und dynamisch angesehen werden,[13] ist es erforderlich, das Zusammenspiel einer Vielzahl von Einfluss-faktoren zu untersuchen, „weil die Komponenten und Strukturen der Entscheidung oft unklar oder gar unbekannt sind, Alternativen ebenso“.[14]

Umweltinnovationen sind durch spezifische Unsicherheiten gekennzeichnet, weswegen ihr Nutzen oft schwer vorhersagbar ist. Angebots- und nachfrageorientierte Umweltinnovationsimpulse hängen weitgehend von umweltpolitischen Rahmenbedingungen (z.B. Instrumenten)

---

7 Vgl. TROGE (2005, S. 10ff.); KRAMER/URBANIEC (2006). Trotz des geringen Bekanntheitsgrades der nachhaltigen Entwicklung ist jedoch die Zustimmung zu den Grundgedanken einer nachhaltigen Entwicklung – etwa, dass die nach uns kommenden Generationen in einer intakten Umwelt leben sollten – nach wie vor sehr groß. Weiterführend vgl. RHEINLÄNDER (2003).

8 BAUMERT (1997, S. 97). BICKHOFF betont, dass mit dem Konzept „Sustainable Development“ eine interdisziplinäre Ausrichtung der Umweltentwicklung angestrebt wird. Vgl. BICKHOFF (2000, S. 28).

9 Vgl. MEFFERT/KIRCHGEORG (1998, S. 449).

10 Vgl. WAGNER (1997, S. 39).

11 Vgl. STRÖßENREUTHER (1997, S. 30).

12 Vgl. HEMMELSKAMP (1999b, S. 2ff.); KLEMMER/LEHR/LÖBBE (1999, S. 29ff.); RUBIK (2002, S. 5).

13 Vgl. KRAMER/MÜLLER (2004, S. 280); FICHTER (2005); KRAMER (2006, S. 223).

14 PÖLZL (2002, S. 18); vgl. dazu auch HAUSCHILDT (1997, S. 26 und 273); WITT (2005).

ab.[15] Während der Einfluss der Umweltpolitik auf Umweltinnovationen bereits Ende der 1990er Jahre im Rahmen des vom Bundesministerium für Bildung und Forschung (BMBF) initiierten Forschungsverbundes (1997) „Innovative Wirkungen umweltpolitischer Instrumente (FIU)“ untersucht wurde, besteht nach wie vor Forschungsbedarf in Bezug auf die Einflussfaktoren, die das Zustandekommen von Umweltinnovationen begünstigen oder hemmen.[16] Dies liegt u.a. daran, dass die bisherige Forschung im Bereich Umwelt und Innovation technikzentriert[17] ist und sich vorwiegend auf prozess- bzw. produkttechnische Zusammenhänge[18] bezieht. ZUNDEL fordert die Einbeziehung nichttechnischer Innovationen, weil er diese für „zweifellos mindestens genauso bedeutsam für das Thema Umwelt und Innovation wie technische Neuerungen“[19] hält. Zwar wurde in der Vergangenheit oft postuliert, neue Technologien seien in der Lage, die Umwelt- und Nachhaltigkeitsprobleme zu lösen, jedoch wird deren Entwicklung alleine nicht mehr ausreichen, um die notwendigen Innovationen zu realisieren. Nicht zuletzt aufgrund der Dynamik ökologischer Prozesse[20] sind Umweltinnovationen meist das Ergebnis von Such- und Lernprozessen,[21] die sich auf verschiedenen Unternehmensebenen abspielen. Aus diesem Grund kommen viele Umweltinnovationen nicht durch intensive F&E-Aktivitäten zustande, sondern sind Ergebnis anderer Einflüsse.

Die betriebswirtschaftliche Innovationsforschung, die sich auf die Aspekte Umwelt und Nachhaltigkeit bezieht, fokussiert u.a. entweder auf allgemeine Anforderungen an die Unternehmensführung[22] oder auf die instrumentellen Aspekte eines umweltorientierten Innovationsmanagements.[23] Beispielsweise stellen GEORG et al. fest, dass Umweltinnovationen häufig nicht als Effekt isolierter F&E-Aktivitäten eines Unternehmens entstehen, sondern zumeist das Ergebnis von *Kooperationen* zwischen verschiedenen Unternehmen entlang der Wertschöpfungskette sind.[24] HEMMELSKAMP verweist auf die große Bedeutung der F&E-Kooperationen für Innovationen, „beispielsweise personelle

---

15 Insgesamt ist festzustellen, dass eine kohärente Theorie und Methodik zur Analyse von Umweltinnovationen, insbesondere ein theoretisches Verständnis der notwendigen Rahmenbedingungen zum Zustandekommen von Umweltinnovationen, fehlt. Vgl. dazu KLEMMER/LEHR/LÖBBE (1999, S. 15), RENNINGS (1999a, S. 18); CLEFF/RENNINGS (1999a, S. 381). Ähnliches gilt auch für die Innovationstheorie, die „bestenfalls in Ansätzen existiert und in Anbetracht des Facettenreichtums des Phänomens Innovation vermutlich noch lange Fragment bleiben wird“ (HÜBNER 2002, S. 104).

16 Vgl. KLEMMER/LEHR/LÖBBE (1999, S. 19); ZUNDEL (1999, S. 10f.); HEMMELSKAMP (1999b, S. 72); RENNINGS (2005, S. 34ff.).

17 Vgl. SCHWARZ (1999, S. 5) und die dort zitierte Literatur.

18 Vgl. z.B. HEMMELSKAMP (1999b); RUBIK (2000); EBINGER (2005).

19 ZUNDEL (1999, S. 11), weiterführend vgl. dazu KOWOL (1998).

20 Zur Dynamik ökologischer Innovationsprozesse vgl. STÖRMER (2001, S. 93ff.). Zur allgemeinen Innovationsdynamik vgl. HÜBNER (2002, S. 197).

21 Der Suchprozess führt nach dem trial and error-Prinzip zu betrieblichen Innovationsprozessen. Vgl. STÖRMER (2001, S. 192).

22 Vgl. PLESCHAK/SABISCH (1996, S. 115ff.).

23 Vgl. HÜBNER (2002, S. 281ff.); PÖLZL (2002).

24 Vgl. GEORG et al. (1992, S. 541); BLAZEJCZAK/EDLER et al. (1999b, S. 21).

Kontakte zwischen Hochschulen und Unternehmen, informelle Kontakte von Forschern oder die gemeinsame Nutzung von Forschungsinfrastrukturen".[25]

Vor diesem Hintergrund werden Umweltinnovationen in dieser Arbeit nicht als Ergebnis geplanter F&E-Prozesse (intendierte Umweltinnovationen) untersucht, sondern als Resultat einer Interaktion bzw. Kooperation, die einen intensiven Such- und Lernprozess impliziert, wodurch auch nicht intendierte (d.h. unerwartete) Umweltinnovationen in die Untersuchung einbezogen werden können.

Empirische Untersuchungen belegen, dass Umweltinnovationen u.a. durch inter- und transdisziplinäre Zusammenarbeit sowie durch einen unternehmensübergreifenden Innovationsdialog zwischen relevanten Akteuren gefördert werden. Dies wurde nicht nur durch die Wirtschaft, sondern auch durch die Politik erkannt.[26] Die Erforschung der „Rahmenbedingungen für Innovationen zum nachhaltigen Wirtschaften" stellt derzeit einen Förderschwerpunkt des BMBF dar. Hiermit soll das Ziel verfolgt werden, mehrere Forschungsvorhaben zu vernetzen, die die Aufgabe haben, neues Wissen über notwendige und fördernde Faktoren von nachhaltigen Innovationen[27] zu erarbeiten und dadurch die Generierung derartiger Innovationen zu unterstützen. Es wird explizit davon ausgegangen, „dass die Akteure in Wirtschaft und Staat nur dann in geeigneter Weise auf veränderte Anforderungen reagieren und neue zukünftige Wege gehen können, wenn ihre Innovationsanstrengungen optimal mit den gegebenen Rahmenbedingungen interagieren – und umgekehrt, wenn die Rahmenbedingungen optimale Voraussetzungen für Innovationsaktivitäten in Staat, Wirtschaft und Gesellschaft bieten".[28] Dies erfordert verschiedene Interaktionsformen wie z.B. regionale Netzwerke, F&E-Kooperationen sowie einen freiwilligen Know-how-Austausch.[29] Die politische Notwendigkeit einer Förderung von Umweltinnovationen sowohl in Deutschland als auch auf der EU-Ebene wurde weitgehend erkannt.[30] Besonders vielversprechend für die Förderung von Umweltinnovationen ist eine Zusammenarbeit und ein Dialog zwischen Regierung, Behörden, Industrie und weiteren Stakeholdern.

---

25 HEMMELSKAMP (1999b, S. 75).

26 Vgl. STÖRMER (2001); GERSTLBERGER (2004); KRAMER (2006). Auf die Förderung der Kooperationen als Grundanforderung an eine innovationsorientierte Umweltpolitik weisen z.B. KLEMMER/LEHR/LÖBBE (1999, S. 41f.) hin. Vgl. auch LAUEN/SCHWARZ (2004, S. 31).

27 Da nachhaltige Innovationen noch komplexer als Umweltinnovationen sind und beide Phänomene bisher wenig erforscht sind, wird der Fokus hier auf die Erforschung der Umweltinnovationen gelegt, weil sie als Teil der Nachhaltigkeitsinnovationen angesehen werden können.

28 HORBACH/HUBER/SCHULZ (2003, S. 7). Weiterführend vgl. SCHNEIDEWIND (1998, S. 288); TISCHER (2001, S. 105ff.); FICHTER/ARNOLD (2003, S. 32).

29 Weiterführend zu den verschiedenen Kooperationsformen vgl. Kapitel 3.2.2.

30 Vgl. ZUNDEL (1999, S. 11). Aktuell wird in Deutschland der Schwerpunkt auf die Erforschung erster Ansatzpunkte für die institutionelle Ausgestaltung von Kooperationen zur Förderung von Umweltinnovationen aus ökonomischer Sicht gelegt. Allerdings besteht weiterhin Bedarf, „betriebsinterne Mechanismen genauer zu untersuchen", „um konkrete Handlungsempfehlungen für die Praxis des Umweltmanagements in den Unternehmen zu geben" (KARL/MÖLLER 2003, S. 213).

In letzter Zeit kann beobachtet werden, dass Kooperationen nicht nur auf der Organisationsebene zur Umsetzung von Umweltinnovationen, sondern auch auf der Makroebene für die nachhaltige Entwicklung immer wichtiger werden.[31] Beispiele reichen vom Umweltgipfel in Rio de Janeiro 1992 bis zum Klimagipfel in Nairobi 2006, wo insbesondere kooperative Formen des unternehmerischen Umgangs mit externen Anspruchsgruppen zunehmend eine Rolle spielen. Darüber hinaus gewinnen Kooperationen mit interdisziplinären Akteuren aufgrund des unternehmensübergreifenden Charakters und der gesellschaftlichen Relevanz der Umweltthematik eine besondere Bedeutung. Beispiele für umweltorientierte Kooperationen sind die Involvierung von Branchenverbänden in politische Prozesse, freiwillige Branchenvereinbarungen oder Unternehmenskooperationen mit Umweltschutzorganisationen. Beispielsweise werden durch die *Umweltpolitik* immer höhere Anforderungen an Unternehmen gestellt, wodurch die Komplexität der umweltrechtlichen und -politischen Aspekte zunimmt, die zu beachten und umzusetzen sind.[32] Vor diesem Hintergrund entstehen *umweltorientierte Kooperationen*, die einerseits auf die Entwicklung bzw. Realisierung technischer Umweltinnovationen abzielen (Innovationskooperationen). Andererseits bieten sie auch Möglichkeiten zur Förderung von nicht technischen und/oder nicht intendierten Umweltinnovationen.

Aufgrund der zunehmenden Bedeutung von Kooperationen für Umweltinnovationen und Nachhaltigkeit wiegt die Unklarheit bezüglich der damit verbundenen Umsetzungsmöglichkeiten um so schwerer. So weisen beispielsweise KARL et al. auf die widersprüchliche Beurteilung von Innovationskooperationen hin, die auf F&E-Aktivitäten im Umweltschutzbereich abzielen.[33] Einerseits wird allgemein von Kooperationen eine positive Wirkung erwartet, andererseits ist dieser Mechanismus mit verschiedenen Problemen behaftet. Die hohe Beliebtheit von Kooperationen in der einschlägigen Managementliteratur vermittelt den Eindruck, die Bildung kooperativer strategischer Netzwerke könne als Königsweg zu Innovation und Anpassungsfähigkeit verstanden werden: „Dabei wird zu wenig berücksichtigt, wie groß die persönlichen und organisatorischen Aufwendungen sind, die der Aufbau und die kontinuierliche Pflege von Netzwerkbeziehungen erforderlich machen".[34] Darüber hinaus werfen Innovationsprozesse auch Probleme auf. Zwar gelten kooperativ gestaltete Innovationsprozesse als zielführend und erfolgreich. Gleichzeitig gelten sie jedoch aufgrund ihrer Dynamik als komplex und unsicher, wodurch der Erklärungs- und Gestaltungsbedarf für Kooperations- und Kommunikationsprozesse steigt.[35]

---

31 Welchen Beitrag die Kooperation für die nachhaltige Entwicklung leistet und welche Indikatoren und Kooperationsformen die Messung des unternehmerischen Beitrags zum nachhaltigen Wirtschaften ermöglichen können, wurde bereits ansatzweise untersucht. Vgl. KÜKER (2003); GERSTLBERGER (2004).

32 Zu steigenden Auswirkungen der Gesetzgebung auf der Kommunal- und Unternehmensebene, z.B. im Abfallbereich vgl. KRAMER/URBANIEC (2001, S. 298ff.). Zum Einfluss der Umweltpolitik oder des Umweltrechts auf Innovationen zum nachhaltigen Wirtschaften vgl. THOMZIK/NISIPEANU (2004).

33 Vgl. KARL/MÖLLER/MATUS (2004, S. 2ff. und 21). Vgl. dazu auch EBINGER (2005, S. 337).

34 ENDRES (2001, S. 104).

35 Vgl. FICHTER (2005, S. 435f.).

Das zunehmende Interesse unterschiedlicher marktlicher und gesellschaftlicher Akteure an umweltorientierten Kooperationen ist nicht nur in der Politikwissenschaft oder der Rechtswissenschaft zu beobachten, sondern hat mittlerweile auch Eingang in die betriebswirtschaftliche Literatur bzw. die Managementforschung gefunden,[36] obwohl dort derzeit von keiner eigenständigen Forschung gesprochen werden kann[37] und die Bedingungen zur Innovationsförderung nur vereinzelt untersucht werden.

Analysiert man die bisherige Forschung bezüglich der Rolle von Kooperationen für Umweltinnovation, wird deutlich, dass der Einfluss von Kooperationen auf Umweltinnovation zwar oft erwähnt wird,[38] allerdings die Aussagen bezüglich dieses Zusammenhangs zumeist volkswirtschaftlichen Argumentationen (z.B. bezogen auf freiwillige Umweltvereinbarungen) entsprechen und damit aus betrieblicher Sicht stark an der Oberfläche bleiben. Eine systematische und wissenschaftliche Fundierung erfolgt selten. Beispielsweise hat sich STÖRMER damit auseinandergesetzt, indem er verschiedene regional ausgerichtete Informationsnetzwerke (Erfahrungsaustauschgruppen, Unternehmer- und Berufsverbände und Projektnetzwerke) unter anderem hinsichtlich der *Umweltinnovationen* analysierte und im Endeffekt das von ihm selbst entwickelte Konzept des regionalen umweltinformationsorientierten Unternehmensnetzwerkes (RUN) als nicht innovationsumsetzungsstark bewertet hat.[39] In einer anderen Untersuchung analysiert GERSTLBERGER (2004) regionale Innovationssysteme auf dem Pfad zur Nachhaltigkeit, deren Ziel es ist, u.a. die regionale Entwicklung durch die Stärkung der Innovationsfähigkeit der Unternehmen zu sichern und zu unterstützen. Die untersuchten Bedingungen beziehen sich nur auf ausgewählte Aspekte wie Promotorenrolle, Know-how-Transfer etc. Bezüglich der zunehmenden Rolle von Kooperationen für die Generierung und Umsetzung der Umweltinnovationen sind noch erhebliche Erkenntnislücken festzustellen.

Insgesamt ist zu konstatieren, dass die Wirkung von umweltorientierten Kooperationen auf Umweltinnovationen häufig nur am Rande bzw. nur rudimentär wissenschaftlich untersucht wurde.[40] Laut KRAMER werden die Potenziale von Netzwerken zur Generierung von innovativen Maßnahmen nur unzureichend ausgeschöpft.[41] Die Beurteilung von

[36] Umweltorientierte Kooperationen wurden mittlerweile als Forschungsgegenstand verschiedener Teildisziplinen der Betriebswirtschaftslehre, insbesondere im Rahmen der ökologieorientierten Unternehmensführung sowie Kooperationsforschung erkannt (vgl. BROCKHAUS 1996, S. 7); STREBEL (1990, S. 11f.); MACHARZINA (2003, S. 779ff. und 792).

[37] Dazu ausführlich vgl. Kapitel 3.2.2 und die Arbeiten z.B. von GÖTZELMANN (1992); AULINGER (1996); SCHNEIDEWIND (1998); BROCKHAUS (1996) und KRCAL (1999).

[38] Vgl. z.B. KOM (96) 561 endg. 27; CZADA (2001, S. 139f.); BRAATHEN/JOHNSTONE (2003, S. 21f.); KARL/MÖLLER/MATUS (2004, S. 1ff.); KRAMER (2006, S. 223ff.). Auf die Förderung der Kooperationen als Grundanforderung an eine innovationsorientierte Umweltpolitik weisen z.B. KLEMMER/LEHR/LÖBBE (1999, S. 41f.); CLEFF/RENNINGS (1999b, S. 90) hin.

[39] Vgl. STÖRMER (2001, S. 202-311).

[40] Vgl. z.B. STÖRMER (2001, S. 295ff.); KRAMER (2006, S. 224f.). In dieser Arbeit werden nur Beiträge aus dem deutschsprachigen Raum ausgewertet, weil dem Umweltaspekt je nach (länder-)kulturellem Hintergrund ein anderer Stellenwert beigemessen wird, was international vergleichende Studien erschwert.

[41] Vgl. KRAMER (2006, S. 231).

Kooperationen zur Generierung und Umsetzung von Umweltinnovationen bedarf einer weiteren Klärung, welche die vorliegende wissenschaftliche Literatur zum Thema bisher nicht leistet.

Diese Lücke kann darauf zurückgeführt werden, dass die aktuelle Forschung entweder auf eine Analyse einzelner Einflussfaktoren – wie z.B. Umweltpolitik und Technologieentwicklung – oder auch auf eine grundsätzliche Bestandsaufnahme von Umweltinnovationseffekten durch umweltorientierte Kooperation fokussierte.[42] Diese Ansätze greifen zu kurz und sind zu einseitig. Wichtig wäre auch, die Kooperationsbedingungen zu untersuchen, unter welchen speziell innovationsrelevante Wirkungen entstehen können. Die bisherige Forschung beschreibt verschiedene allgemeine Kooperationsmerkmale wie z.B. die Intensität und die Häufigkeit der Beziehungen, die Kooperationsform etc.[43] Der Forschungsbedarf besteht hier somit bezüglich Erkenntnissen über Innovationsbedingungen durch umweltorientierte Kooperationen, die einerseits die innovationsförderliche Umsetzung umweltpolitischer und/oder technologischer Anforderungen unterstützen und andererseits zur Lösung bzw. Verringerung der betrieblichen Umwelt- bzw. Nachhaltigkeitsanforderungen sowie zum Ausschöpfen der betrieblichen Rationalisierungspotenziale beitragen.[44] Wichtig ist in der Praxis auch, dass die Kooperation an den vorhandenen Innovationsbedarf und das bestehende Innovationspotenzial der Unternehmen anknüpft. Dabei stellt sich die Frage: *Welche Bedingungen muss eine umweltorientierte Kooperation erfüllen, damit Umweltinnovationen entstehen?* Der gegenwärtige Forschungsstand ist, wie bereits festgestellt wurde, durch viele interessante, aber in sich widersprüchliche Einzelbefunde gekennzeichnet. Ursachen dafür liegen in methodischen Schwächen der bisherigen Untersuchungen sowie deren unzureichender theoretischer Fundierung. Um die bereits erörterten Defizite bezüglich der Bedeutung der Kooperation für die Umweltinnovation zu lösen, wird im Folgenden die Zielsetzung unter Einbeziehung geeigneter theoretischer und methodischer Ansätze dargelegt und erläutert.

---

42 Vgl. RENNINGS (2005); KRAMER (2006).

43 Die Bedingungen können dabei fallbezogen (gruppen-, themen-, branchenbezogen etc.) unterschiedlich sein. Die bisherige Forschung zu Innovationswirkungen bei umweltorientierten Kooperationen bezog sich hauptsächlich auf einige Kooperationsformen im Umweltbereich, ohne allerdings die tatsächlichen Umweltinnovationsbedingungen zu berücksichtigen. Vgl. BROCKHAUS (1996); WIESENTHAL (1997, S. 178ff.).

44 Vgl. KARL/MÖLLER/MATUS (2004, S. 2); LAUEN/SCHWARZ (2004, S. 33).

1.2 Theoretische und praktische Zielsetzung

Ausgehend davon, dass zur Erreichung einer betrieblichen Nachhaltigkeit u.a. Umweltinnovationen notwendig sind und die Unternehmen zu diesem Zweck auf unternehmensübergreifende Kooperationen angewiesen sind, will die vorliegende Arbeit untersuchen, *inwieweit und wie (d.h. unter welchen Bedingungen) umweltorientierte Kooperationen zu Umweltinnovationen beitragen können.* Eine Annahme hier ist, dass die Kooperationen relevant für die Umweltinnovationen sind, jedoch selten als Auslöser oder Katalysator für deren Generierung und Umsetzung angesehen werden. Aus diesem Grund wird angestrebt, den Beitrag der umweltorientierten Kooperation zu Innovationsförderung zu analysieren. Eine weitere Forschung zu Umweltinnovationen durch umweltorientierte Kooperation ist auch deswegen notwendig, weil dieses Thema eine hohe praktische Relevanz hat und theoretisch bisher zu wenig fundiert wurde.

Die theoretische Zielsetzung besteht darin, erstens die zwei Phänomene Innovation und Kooperation im Umweltkontext zu analysieren und auf dieser Basis einen Analyserahmen zu entwickeln, der für die Ableitung von theoretischen und praktischen Schlüssen erkenntnisleitend ist.[45] Damit soll das Fundament für ein Vorgehen gelegt werden, welches in Anlehnung an KUBICEK „(…) die Konstruktion wissenschaftlicher Aussagen als einen von theoretischen Absichten geleiteten und auf systematischem Erfahrungswissen basierenden Lernprozeß zu begreifen (…)“[46] sucht. Der Analyserahmen ermöglicht, wesentliche empirisch zu untersuchende Kategorien und Zusammenhänge zusammenzufassen, die anhand der theoretischen Ausführungen als innovationsrelevant identifiziert wurden. Der wissenschaftliche Fortschritt dieses Vorgehens besteht darin, nicht tendenziell beliebige Hypothesen zu prüfen, sondern durch theoriegeleitete Fragen an die Realität zu einem Erkenntnisgewinn zu gelangen.[47]

Daher soll theoriegeleitet ein Analyserahmen für die Beurteilung der Kooperation unter Umweltinnovationsgesichtspunkten entwickelt werden. Dieses Vorgehen scheint unter der Bedingung des momentan geringen Erkenntnisstandes zum Beitrag einer umweltorientierten Kooperation zur Innovationsförderung eine gute Möglichkeit zu sein, das Verständnis und die Beherrschung des komplexen Problembereiches der betrieblichen Umweltinnovationen zu verbessern. In der Tradition des Pragmatismus soll hier nicht so sehr ein Zuwachs in der Erkenntnissicherung (d.h. in der Hypothesenüberprüfung) als vielmehr ein Zuwachs an

---

[45] Da Kooperationen durch verschiedene Merkmale gekennzeichnet sind, werden in der Arbeit diese ausgewählt, die generell für die Analyse der Umweltinnovationspotenziale von Bedeutung sein können.

[46] KUBICEK (1977, S. 13).

[47] Während Hypothesen nach Legitimation durch Begründung verlangen, erhalten theoriegeleitete Fragen ihre Legitimation durch den durch sie erzielbaren Erkenntnisgewinn. Dies ist auch notwendig, um die Dynamik interorganisationaler Beziehungen (auch Rekonstruktion dieser Prozesse) zu berücksichtigen, was mit quantitativ-statistischen Methoden nur begrenzt möglich ist.

Verständnis als Maßstab für wissenschaftlichen Fortschritt gelten.[48] Relevant für die theoretische Fundierung ist in erster Linie Literatur aus der Innovations- und Kooperationsforschung, wobei aufgrund der expliziten Fokussierung umweltbezogener Aspekte die Arbeit einen interdisziplinären Charakter[49] aufweist.

Um den Zusammenhang zwischen Umweltinnovationen und speziell umweltorientierten Kooperationen besser zu erforschen, wird hier *einerseits* ein qualitativer Forschungsansatz gewählt,[50] da sich dieser flexibler an den Untersuchungsgegenstand anpassen lässt und sich eignet, bisher nicht erkannte Zusammenhänge zu erkunden.[51] Qualitative Methoden ermöglichen, neben der Art und Richtung auch die Bedeutung von Kooperationsstrukturen und deren Wirkungen zu erfassen. Um Empfehlungen für die Praxis ableiten zu können, werden *andererseits* die quantitativen Methoden zur Überprüfung und Validierung der qualitativ gewonnenen Ergebnisse eingesetzt. Dies ermöglicht, Lösungen aufzudecken, wie Kooperationen besser organisiert werden können, um eine effektive Erschließung der Innovationspotenziale zu erleichtern.

Die empirische Zielstellung bezieht sich darauf, den Einfluss einer umweltorientierten Kooperation auf betriebliche Umweltinnovationen empirisch zu untersuchen. Angesichts der Vielfalt umweltorientierter Kooperationen, die sowohl unter strukturellen als auch aufgabenbezogenen Gesichtspunkten variieren, richtet sich der Fokus zunächst auf einen Kooperationsfall, der mehrere potenziell innovationsrelevante Aspekte aufzeigt.[52] Ausgewählt wurde daher eine Kooperation aus dem Umweltbereich, speziell aus der Abfallwirtschaft.[53] Dabei handelt es sich um eine branchenbezogene Kooperation in der Papier- und Druckindustrie, die das Tätigkeitsfeld der Entsorgungswirtschaft einschließt. Unter Innovations- und auch Nachhaltigkeitsgesichtspunkten erscheint dabei besonders vorteilhaft,

---

48 „Ein auf Verständnis und Beherrschung der Realität bezogener Fortschritt vollzieht sich vielmehr vor allem durch die Gewinnung kontra-intuitiver Erkenntnisse, durch die Analyse unbeabsichtigter Wirkungen planvoller Handlungen sowie durch das Aufzeigen von Perspektiven, die Gemeinsamkeiten von zuvor als kategorial verschiedenartig angesehenen Phänomenen erkennen lassen" (KUBICEK 1977, S. 7).

49 Die Wahl eines interdisziplinären Zugangs verspricht dabei einen besonderen Erkenntniszugewinn. Die hier herangezogene Literatur bezieht sich auf Themenfelder wie Umweltmanagement, Innovation/Umweltinnovation, strategisches Management und Kooperationen.

50 Zur Vorteilhaftigkeit qualitativer Methoden für die vorliegende Fragestellung vgl. Kapitel 5.2.1.2.

51 Vgl. FRANK (2003, S. 280). In der empirischen Innovationsforschung ist auch ein methodisches Defizit aufgrund der überwiegenden Verwendung quantitativer Herangehensweise festzustellen, was zur Folge hat, dass die Fundierung theoretischer Zusammenhänge zu allgemein und oft isoliert erfolgt. Dies kann zum Teil auf „das Fehlen einer geschlossenen Innovationstheorie" zurückgeführt werden (WALTHER 2004, S. 23).

52 Es wird daher angestrebt, eine Kooperation detailliert zu untersuchen und gleichzeitig dabei den Schwerpunkt auf diejenigen Faktoren zu legen, die als besonders interessant für ein innovationsförderndes Kooperationsmanagement erscheinen. Dies ist von Vorteil, weil es durch die Vielzahl und Vielfalt der Einflussfaktoren auf Umweltinnovationen praktisch unmöglich und wenig zweckmäßig ist, über alle Einflussfaktoren einen fundierten Überblick zu geben. Andererseits führen Kooperationen aufgrund der Vielfältigkeit der Akteurskonstellationen auch zu unterschiedlichen Effekten.

53 Umweltpolitisch wird die Abfallwirtschaft neben den Bereichen Klimaschutz, Energieeinsparung und Abwasserpolitik als besonders relevant angesehen, zugleich ist sie durch ein hohes Innovationspotenzial gekennzeichnet. Vgl. KLEMMER/LEHR/LÖBBE (1999, S. 24); BMU (2006a); KRAMER/URBANIEC (2001, S. 289ff.); Kapitel 5.2.2.1.

dass an dieser Kooperation Akteure aus der ganzen Wertschöpfungskette (d.h. Papierhersteller, Druckereien, Entsorger) sowie auch Vertreter von Politik und Wissenschaft beteiligt sind. Anhand der qualitativ gewonnenen Erkenntnisse können u.a. Aussagen über kooperationsrelevante Bedingungen für die Umweltinnovationen gewonnen werden. Diese sind Grundlage für ein *heuristisch-konzeptionelles Erklärungsmodell*[54] der Innovationswirkung umweltorientierter Kooperationen. Das Modell soll in der Lage sein, die durch Kooperation beeinflussbaren Rahmenbedingungen des Zustandekommens von Umweltinnovationen zu erklären und hierdurch praxisnahe Empfehlungen herzuleiten.

Da hier ein explorativer Forschungsansatz gewählt wurde, beschränkt sich die Möglichkeit zur *Verallgemeinerung* der Untersuchungsergebnisse auf solche Fälle, die dem untersuchten strukturell ähnlich sind. Daher wurde bei der Auswahl der zu untersuchenden Kooperationen darauf geachtet, dass diese die in der umfangreichen Literatur auffindbaren formalen Merkmale einer idealtypischen umweltorientierten Kooperation erfüllen. Von einem Einzelfall kann nicht auf alle Fälle, sondern nur, wie LEWIN schon 1929 feststellte, – „auf die gleichartigen Fälle“[55] verallgemeinert werden. Entscheidend ist dabei ein ähnlicher Kooperationskontext wie in den herangezogenen Beispielen, d.h. die Ergebnisse sind auf Fälle in ähnlichen Kontexten generalisierbar,[56] sofern diese ähnliche Rahmenbedingungen und Strukturen aufweisen. Die vorliegende Studie beansprucht keine Repräsentativität.[57] Dies wäre aufgrund des gegenwärtigen Forschungsstandes auch nicht angebracht. Da es sich hier nicht um eine repräsentative Darstellung des derzeitigen Zustandes in den Unternehmen auf dem Gebiet der umweltorientierten Innovationen handelt und auch kein „state-of-the-art“ von Umweltinnovationen zu ermitteln ist, gilt es – aufgrund der Vielfältigkeit der Kooperationsformen – an einem Fall einer erfolgreichen branchenbezogenen Kooperation deren Wirkung und innovationsrelevante Bedingungen zu identifizieren und zu analysieren sowie die Erkenntnisse für die Innovations- und Kooperationsforschung an einem anderen Kooperationsfall quantitativ zu überprüfen.

---

54 Nach HEINEN kann die Ermittlung von Gestaltungsempfehlungen durch: 1) Annahmen über die Zielvorstellungen der Adressaten, die rekonstruiert und empirisch abgesichert werden müssen; 2) Erklärungsmodelle; 3) Lösungsregeln erfolgen. Vgl. HEINEN (1991, S. 6).

55 LEWIN (1983, S. 287). Die Verallgemeinerung kann z.B. durch Typenbildung erfolgen.

56 Weiterführend dazu vgl. Kapitel 5.2.3.

57 Repräsentativität ist dann vorhanden, wenn die untersuchte Teilmenge ein getreues Abbild der Grundgesamtheit darstellt. Vgl. PÖLZL (2002, S. 10).

1.3 Aufbau der Arbeit

Die vorliegende Arbeit gliedert sich in sieben Teile. Ausgangspunkt für die Erklärung des Beitrags der Kooperation zur Innovationsförderung ist eine Analyse der bestehenden Literatur aus dem Bereich der Innovations-, Kooperationsforschung und umweltorientierter Betriebswirtschaftslehre. Die theoretischen Bezugspunkte bilden eine Grundlage der empirischen Untersuchung.

Da in der betriebswirtschaftlichen Literatur beide Phänomene – Umweltinnovationen und umweltorientierte Kooperationen – durch eine Vielzahl von Definitionen und Zugängen zu den Forschungsgebieten gekennzeichnet sind, soll eine präzise und ausführliche Begriffsabgrenzung beider Untersuchungsgegenstände vorgenommen werden. Sie werden mit ihren Besonderheiten vorgestellt (vgl. Kapitel 2 und 3), um dann den Zusammenhang zwischen diesen Variablen detaillierter beleuchten und weitere Implikationen für die Arbeit herleiten zu können. Dabei werden zuerst Umweltinnovationen und Umweltinnovationspotenziale als wesentliche Begriffe herausgestellt, die auf produktbezogene, technische und organisatorische Aspekte eingegrenzt wurden. Um Innovationen generieren und umsetzen zu können, sind Unternehmen auf vielfältige Einflussfaktoren angewiesen, die z.B. durch umweltpolitische oder technologische Anforderungen ausgelöst werden und daher eng von externen Bedingungen abhängig sind, denen sie u.a. durch Kooperation gerecht werden können.

In Kapitel 3 werden Kooperationen im Umweltkontext als vielfältiges Phänomen dargestellt. Insbesondere sind bei umweltorientierter Kooperation diverse Akteure (Wirtschaft, Politik, Gesellschaft) relevant, die einen öffentlichen, marktlichen und politischen Kontext darstellen. Dabei werden Ansatzpunkte zur Erforschung der Umweltinnovationspotenziale durch umweltorientierte Kooperation herausgestellt. Dadurch werden das Vorverständnis und die Perspektive der Forschung verdeutlicht, was den Ausgangspunkt weiterer theoretischer Überlegungen darstellt (vgl. Kapitel 4). Auf der Grundlage ausgewählter Theorien der Kooperationsforschung werden verschiedene Perspektiven zur Innovationsförderung analysiert und gleichzeitig Anknüpfungspunkte theoretischer Erkenntnisse aufgezeigt.

Anschließend werden inhaltlich verwandte Aspekte aufgearbeitet und relevante Aussagen in Form von Forschungsfragen formuliert (Kapitel 5.1). Dazu wird ein heuristischer Analyserahmen entwickelt, der den Zusammenhang zwischen den beiden Phänomenen skizziert. Dieser heuristisch-konzeptionelle Analyserahmen bildet eine Grundlage für die empirische Untersuchung, da er ein besseres Verständnis und eine Erklärung der Zusammenhänge zwischen Umweltinnovationen und Kooperationen ermöglicht. Er besteht aus drei Kategorien, deren empirische Spezifizierung für die Ermittlung der Wirkung und der Einflussfaktoren auf Umweltinnovationen durch eine umweltorientierte Kooperation erfolgt.

Den Kern der Arbeit bilden die empirischen Ergebnisse, welchen die Darstellung der Forschungsmethoden vorangestellt wird, weil der produktive Einsatz von Empirie eine kritische Auswahl der Methoden erfordert. Diese zeigt, dass zwar qualitative Methoden vorteilhafter für die vorliegende Zielstellung sind, jedoch auch quantitative Forschung zur Überprüfung der qualitativen Ergebnisse eingesetzt wird (vgl. Kapitel 5.2). Die Datenanalyse erfolgt mittels qualitativer und quantitativer Methoden unter der Verwendung der Kategorien des Analyserahmens (vgl. Kapitel 6). Dabei werden folgende Schritte unternommen:

- Funktionsweise der umweltorientierten Kooperation;
- Identifizierung der umgesetzten Umweltinnovationen und Gründe für deren Realisierung;
- Analyse der eingeschätzten Innovationswirkung durch die Kooperationsakteure;
- heuristische Ermittlung und Erläuterung der kooperationsbedingten innovationsfördernden Faktoren.

Grundlegendes Ziel des empirischen Teils ist die Ermittlung von kooperationsbedingten Innovationswirkungen sowie auch die Identifizierung von innovationsrelevanten Kooperationsmerkmalen. Anschließend wird versucht, das Wissen zur besseren Bewältigung praktischer Problemlagen in Form eines konzeptionellen Erklärungsmodells - Brancheninnovationssystems - zur Verfügung zu stellen (vgl. Kapitel 7).

Im abschließenden Kapitel werden die Erkenntnisse zusammenfassend dargestellt und bewertet. Die Arbeit wird mit einem Ausblick über die Relevanz der umweltorientierten Kooperationen für Umweltinnovationen aus Sicht der Unternehmen und über die damit verbundenen Konsequenzen sowie zukünftigen Forschungsfragen für betriebliche Wettbewerbsfähigkeit sowie nachhaltige Innovationssysteme aus betriebswirtschaftlicher Sicht abgeschlossen.

2. Grundlagen und Rahmenbedingungen der betrieblichen Umweltinnovationen

2.1 Relevanz der Umweltinnovation

2.1.1 Der Innovationsbegriff

Der Begriff der Innovation wird in Wissenschaft und Wirtschaft sehr unterschiedlich definiert. Innerhalb der Wissenschaft erfuhr er in den letzten Jahrzehnten eine inhaltliche Erweiterung, weil er nicht mehr nur in der Betriebswirtschaftslehre[1] gebräuchlich ist, sondern beispielsweise auch Gegenstand der Industriesoziologie, der Arbeitspsychologie (im Rahmen neuer handlungstheoretischer Ansätze) oder der Organisationspsychologie (zwecks der Förderung innovativen Handelns durch organisationale Strukturen und Prozesse) ist.[2] Auch im täglichen Sprachgebrauch wird dieser Begriff in den verschiedenen Zusammenhängen verwendet und vieldeutig interpretiert.[3] Sein Ursprung ist auf das lateinische Wort „innovatio" zurückzuführen, was Schaffung von etwas Neuem bzw. Erneuerung oder Veränderung bedeutet.[4] Innovationen können nach verschiedenen Dimensionen der *Neuerung*[5] systematisiert bzw. operationalisiert oder durch unterschiedliche Konzepte beschrieben werden. Dabei sind drei Gesichtspunkte entscheidend:[6]

- aus wessen Sicht eine Neuerung zu beurteilen ist bzw. für wen etwas neu ist (*subjektive Dimension*),
- was der Gegenstand der Neuerung ist bzw. welches Ausmaß oder welchen Grad diese Neuerung hat (*inhaltliche Dimension*) sowie
- wann sie beginnt und wann sie endet (*prozessuale Dimension*).

In der wirtschaftswissenschaftlichen Literatur wird die erstmalige Anwendung des Begriffes SCHUMPETER hinzugeschrieben. Dieser bezeichnet Innovationen als „Durchsetzung neuer Kombinationen",[7] die diskontinuierlich auftreten. Nach SCHUMPETER (1911) umfasst der Begriff neben dem technischen Aspekt auch die Erschließung neuer Bezugs- und

1 Im Rahmen der Betriebswirtschaftslehre wurden anfangs Innovationen hauptsächlich im Bereich Planung, Organisation und Unternehmensführung thematisiert. Vgl. WITTE (1973, S. 9ff.). Zur Erklärung der Innovation in der betriebswirtschaftlichen Forschung vgl. beispielsweise SCHEYTT (1998, S. 23-49).

2 Vgl. TSIFIDARIS (1994, S. 8).

3 Vgl. dazu DIETZ (1989, S. 40-107) sowie HAUSCHILDT (1997, S. 3ff.).

4 Vgl. DUDEN (1989, S. 767); THOM (1980, S. 23) und VERBECK (2001, S. 10). Zu Genese des Begriffs „Innovation", bezogen u.a. auf SMITH (1776), vgl. BRAUWEILER (2002a, S. 7f.).

5 Neuerungen können unterschiedliche Komplexität (als einfache Bauteile oder komplexe Anlagen) aufweisen, je nach Wertung derer, die anders bzw. Anderes produzieren. Vgl. dazu BOEHME (1986, S. 12), THOM (1976, S. 31ff.), THOM (1980, S. 23).

6 Vgl. BROCKHOFF (1995, S. 982f.). Ausführlicher vgl. HAUSCHILDT (1997, S. 3-23) sowie auch die nachfolgenden Kapitel in dieser Arbeit.

7 Für einen Unternehmer bedeutet dies z.B. die Herstellung eines neuen oder qualitativ besseren Gutes, die Einführung eines neunen Produktionsverfahrens, die Erschließung eines neuen Absatzmarktes, die Erprobung neuer Bezugsquellen von Rohstoffen oder Vorleistungen bzw. die Durchführung organisatorischer Neuheiten. Vgl. hierzu SCHUMPETER (1911/1952, S. 88ff. und 100ff.).

Absatzmärkte (unternehmensextern) sowie die Durchführung einer betrieblichen Neuorganisation bzw. die Einführung qualitativer Neuerungen. Daher werden unter Innovation sowohl neue Produkte oder Verfahren verstanden, die Ergebnis einer Veränderung sind, als auch den Prozess der Veränderung selbst.[8] Im engeren Sinne umfasst dieser Begriff zwar technische Neuerung,[9] wobei in einem breiteren Verständnis des Begriffs auch deren Markteinführung mitgezählt wird.[10] Lange Zeit lag der Fokus eindeutig auf technisch-ökonomischen Innovationen, also der Entwicklung und Vermarktung bzw. Anwendung neuer oder verbesserter Produkte und Produktionsverfahren.

In dem 1982 vom BMFT herausgegebenen Frascati-Handbuch wurde der Innovationsbegriff erweitert, indem unter einer Innovation auch „alle wissenschaftlichen, technischen, kommerziellen und finanziellen Schritte definiert, die für eine erfolgreiche Entwicklung und Markteinführung von neuen oder verbesserten Erzeugnissen, für die kommerzielle Nutzung von neuen oder verbesserten Verfahren und Ausrüstungen oder für eine neue Form sozialer Dienstleistungen nötig sind".[11] Darauf basierend und angesichts der generell großen Vielfalt der Definitionen in der Literatur wurde von der OECD im Oslo-Manual (Oslo-Handbuch) ein erweiterter Definitionsrahmen festgelegt, wonach die Innovationen eine Vielfalt von wissenschaftlichen, technologischen, organisatorischen und finanziellen sowie kommerziellen Aktivitäten bedeuten, die in neue bzw. verbesserte Produkte oder Prozesse umgesetzt werden.[12] Im Zuge der Weiterentwicklung der Innovationsforschung konnte zwar eine präzisere Begriffsbestimmung erfolgen, die nicht mehr nur technologische Neuerungen, sondern auch organisatorische (neue Marketingstrategien, Innovationen der betrieblichen Organisation), institutionelle (Veränderung der Normen und Werten der Gesellschaft) sowie soziale und ökonomische Aspekte einbezog.[13] Allerdings sind nach wie vor unterschiedliche Definitionsansätze zu finden, wodurch sich augenscheinlich eine wachsende Unschärfe des Innovationsbegriffs ergibt. Grundlegend gilt jedoch für die vorliegende Arbeit die Definition der Umweltinnovationen, wie sie nun vorgestellt wird.

2.1.2 Definition der Umweltinnovationen

STREBEL führte bereits Ende 1970er Jahre den Umweltaspekt in die allgemeine Innovationsforschung ein.[14] Er definierte die „betriebswirtschaftlichen Umweltschutz-innovationen" als Innovationen, die mit der Einführung einer umweltbewussten Abfallwirtschaft sowie

---

8 Vgl. GELSHORN/MICHALIK (1991, S. 5).

9 Neuerungen werden in der deutschsprachigen Literatur als Innovationen bezeichnet. Vgl. BOEHME (1986, S. 11); HAUSCHILDT (1997, S. 19); MAJER (2003, S. 941).

10 Vgl. RENNINGS (1999a, S. 20ff.), zu einer ähnlichen Definition vgl. KRAMER/MÜLLER (2004, S. 279).

11 BMFT (1982), zitiert nach KLEMMER/LEHR/LÖBBE (1999, S. 28).

12 Vgl. OECD (1992, S. 28); BRAUWEILER (2002a, S. 8).

13 Vgl. KLEMMER/LEHR/LÖBBE (1999, S. 18).

14 Vgl. STREBEL (1979).

umweltfreundlicher Erzeugnisse und Produktionsmethoden verbunden sind, um die Umweltbelastungen aus der Produktion zu verringern bzw. zu beseitigen und dadurch auch die Kosten zu senken.[15] Diese Definition war jedoch zu eng gefasst. Eine breit angelegte Forschung zu Umweltinnovationen begann erst in der zweiten Hälfte der 1990er Jahre. Vor dem Hintergrund, dass der Forschungsbereich der Umweltinnovationen relativ neu ist, wurde insbesondere durch die Arbeiten im Rahmen des vom Bundesministerium für Bildung und Forschung initiierten Forschungsverbundes (1997) „Innovative Wirkungen umweltpolitischer Instrumente (FIU)“[16] eine deutlichere Konkretisierung des Umweltinnovationsbegriffes vorgenommen. Demnach sollen als *Umweltinnovationen „alle Maßnahmen der relevanten Akteure (Unternehmen, Politiker, Verbände, Kirchen, privater Haushalte) angesehen werden, mit denen:*

- *neue Ideen und Verhaltensweisen, Produkte und Produktionsverfahren entwickelt, angewendet oder eingeführt werden und*
- *die Umwelt entlastet bzw. zu einer ökologisch bestimmten Nachhaltigkeit beigetragen wird“.* [17]

Hier sind die Innovationen gemeint, die der Vermeidung und Verminderung von Umweltbelastungen durch anthropogene Aktivitäten, der Sanierung bereits eingetretener Schäden und der Diagnose und Kontrolle von Umweltbelastungen dienen.[18] Solche Umweltinnovationen sollen nicht nur als umweltschonende Technologien oder umweltverträgliche Produkte entwickelt werden, sondern auch zu einer Veränderung der Bedürfnisbefriedigung[19] führen. Dabei geht es im Endeffekt um tatsächliche ökologische Verbesserungen und nicht um eine Problemverlagerung.[20] Den Begriff der Umweltinnovation kann man also auf jene Innovationen beschränken, die zu den von der Umweltpolitik erwünschten Wirkungen führen, d.h. zur Einsparung von Ressourcen, zur Verminderung der Emissionen (neue Rückhaltetechnologien bzw. integrierter Umweltschutz) und zur Begrenzung der Risiken durch menschliche Aktivitäten beitragen. Dabei ist jedoch wichtig, dass sie die anthropogenen Umweltnutzungen vermindern, z.B. durch Energieeinsparung, Reduzierung der Bodeninanspruchnahme oder Emissions- und Abfallverminderung.

---

15 Vgl. STREBEL (1979, S. 5).

16 Zum Forschungsverbund vgl. ZIMMERMANN/OTTER/STAHL/WOHLTMANN (1998, S. 5f.); KLEMMER/LEHR/LÖBBE (1999, S. 7 und 16) sowie KLEMMER (1999, S. 5f.).

17 RENNINGS (1999a, S. 21f.); KLEMMER/LEHR/LÖBBE (1999, S. 29). Zu einem ähnlichen Begriff der Umweltinnovation siehe auch BLAZEJCZAK/EDLER/HEMMELSKAMP/JÄNICKE (1999b, S. 10); HEMMELSKAMP (1999b, S. 13); HÜBNER/NILL (2001, S. 67).

18 Vgl. HEMMELSKAMP (1999b, S. 16). Zu den Neuerungen, die zu einer Verminderung anthropogener bestimmter Übernutzungen der Umwelt führen, zählen: Gewinnung neuen Wissens, die Anwendung neuer Erkenntnisse sowie die Änderung individueller und kollektiver Verhaltensmuster. Vgl. LEHR/LÖBBE (1999, S. 13).

19 Zu bedürfnisorientierten Innovationen vgl. MINSCH/EBERLE/MEIER/SCHNEIDEWIND (1996, S. 68).

20 Vgl. GEELHAAR/RAMSEIER/MUNTWYLER (1996, S. 88); MACHARZINA (1999, S. 553).

Aufgrund der hohen Komplexität der Umweltinnovationen wird häufiger auch der Begriff der Umweltinnovationspotenziale[21] verwendet. Unter *Umweltinnovationspotenzialen* sind grundsätzlich alle Möglichkeiten und Fähigkeiten der Unternehmen zu verstehen, welche ihnen erlauben, umweltentlastende Innovationsleistungen hervorzubringen und welche als wesentlich für die realisierten bzw. realisierbaren Maßnahmen anzusehen sind.[22] Darunter sind genutzte und ungenutzte Chancen und Möglichkeiten der Unternehmen zu verstehen, die durch die umweltorientierten Maßnahmen z.B. in der Produktion oder in der Planung zur Verbesserung eigener Situation, incl. Wissensbestandes, beitragen. Der hier verwendete Potenzialbegriff resultiert daraus, dass „das Management unter dynamischen und komplexen Bedingungen nicht mehr auf hierarchische Ursache-Wirkungs-Beziehungen und Zweck-Mittel-Relationen zurückgreifen kann."[23] Die zunehmende Bedeutung des Potenzials als Grundlage von Einschätzungen hängt nach MÜLLER-CHRIST und HÜLSMANN damit zusammen, dass sich kaum noch stabile Anforderungen für Innovationsprozesse oder gesellschaftliche Beziehungen definieren lassen.

Dies ist auch eine wichtige Voraussetzung für die in letzter Zeit immer häufiger thematisierten sog. *nachhaltigen Innovationen*, wie MAJER schreibt: Nachhaltige Innovationen sind als komplexe und dauerhafte Lösungen zu verstehen, die als „pro-aktiv, zukunftsoffen, akteurs- und systembezogen sowie integrativ bezeichnet werden."[24] Für das Verständnis und die Gestaltung von Nachhaltigkeitsinnovationen bedarf es zahlreicher aktiver Suchprozesse, weil Neuerungen mit einem Nachhaltigkeitsbeitrag ohne aktive Suche nur selten generiert werden können.[25] Als Beispiele für nachhaltige Innovationen können u.a. der verstärkte Einsatz nachwachsender Rohstoffe oder die Reduzierung klimaschädlicher Treibhausgase genannt werden. Unter Nachhaltigkeitsgesichtpunkten lassen sich außer Produkt-, Prozess-, sowie organisatorischen oder institutionellen Innovationen auch Serviceinnovationen (neuartige Dienstleistungen am Markt, z.B. Rücknahme-/Recyclingdienstleistungen) und Systeminnovationen (neuartige produktnutzungs- und umfassende Dienstleistungssysteme) unterscheiden.[26] Sie betreffen somit unterschiedliche Dimensionen der nachhaltigen Entwicklung, d.h. Technik (Produkte, Verfahren und Infrastrukturen innerhalb eines Nutzungssystems), Nutzungssystem (Systeme und Praktiken der Bedarfsbefriedigung) und die kulturelle Dimension (Entstehung und Ausformung von

[21] Unter *Potenzial* (lat. in potentia) wird allgemein ein „Vorrat bzw. ein Vermögen bzw. die Gesamtstärke der für einen bestimmten Zweck einsetzbaren Mittel" verstanden (HÜBNER 2002, S. 150). Dabei unterscheidet der Autor zwischen Potenzial*arten* (Informations-, Sachmittel-, Personal- sowie Finanzmittelpotenzial) und Potenzial*bereichen* (Entwicklungs-, Beschaffungs-, Produktions-, Vertriebs- sowie Managementpotenzial). Als *Innovationspotenzial* versteht man „Voraussetzung und Mittel, um eine Innovationsfähigkeit zu gewährleisten, welche für das Erreichen der angestrebten Position in Innovationswettbewerb erforderlich ist" (HÜBNER 2002, S. 151).

[22] Zu einer ähnlichen Definition der ökologischen Innovationspotenzialen vgl. KELLER (1992, S. 19).

[23] MÜLLER-CHRIST/HÜLSMANN (2003, S. 249), Hervorhebung im Original.

[24] MAJER (2003, S. 943).

[25] Vgl. ARNOLD/AULINGER (2003, S. 32).

[26] Vgl. FICHTER/ARNOLD (2003, S. 13).

Bedürfnissen).[27] Vor diesem Hintergrund müssen die nachhaltigen Innovationen zwangsläufig unternehmensübergreifend betrachtet werden.

Da die betrieblichen Nachhaltigkeitsinnovationen erst in Ansätzen erforscht wurden, weil die Nachhaltigkeit auch Aspekte der Umweltentlastung sowie des Ressourcenschutzes beinhaltet und nicht zuletzt aufgrund ihrer höheren Komplexität[28] werden in dieser Arbeit explizit die Umweltinnovationen als ein Bestandteil der Nachhaltigkeitsinnovationen in den Vordergrund gestellt. Beispielsweise weist FICHTER darauf hin, dass Umweltinnovationen ein Bestandteil der Nachhaltigkeitsinnovationen sind.[29] Dabei ist jedoch zu erwähnen, dass Umweltinnovationen neben ökologischen auch zu ökonomischen und sozialen Aspekten als wesentlichen Nachhaltigkeitsdimensionen beitragen können. Vor diesem Hintergrund ist zu konstatieren, dass für die Zwecke der vorliegenden Arbeit die Umweltinnovationen und Umweltinnovationspotenziale besonders relevant sind. Sie erfüllen einerseits unterschiedliche Funktionen (als Innovationsarten) und anderseits sind sie prozessual (im Sinne eines Innovationsprozesses) zu betrachten. Diese Spezifika werden im Folgenden ausführlicher dargestellt.

2.1.3 Inhaltliche (funktionelle) Umweltinnovationsdimensionen

Basierend auf den bisher dargestellten Definitionen sind im folgenden Kapitel verschiedene Innovationsarten zu erörtern. Es werden hier nicht nur die in der Schumpeter'schen Theorie unterschiedenen Formen von Innovationen,[30] – Produkt- und Prozessinnovationen bzw. technische Innovationen – (vgl. Kapitel 2.1.3.1), sondern auch verhaltens- und organisationsbezogene Innovationen (vgl. Kapitel 2.1.3.2) beschrieben und jeweils wird auch deren Umweltkontext herausgestellt. Die für jede Innovationsart genannten Beispiele für Wirkungen haben keinen Anspruch auf die Vollständigkeit oder Exaktheit, sondern dienen zur Illustration.

2.1.3.1 Ökologische Produkt- und Prozessinnovationen

Die ***Produktinnovation*** umfasst die Planung, Erzeugung und Durchsetzung neuartiger Produkte[31] und Leistungen. Produktinnovationen bedeuten somit neue/verbesserte Produk-

---

27 Vgl. zu den Nachhaltigkeitsdimensionen PAECH/PFRIEM (2002, S. 12-17).

28 Vgl. FICHTER (2005, S. 119ff.). Zu weiteren Forschungsbedarf v.a. hinsichtlich der Opernationalisierung der Nachhaltigkeitsinnovationen vgl. ebenda (2005, S. 427).

29 Vgl. FICHTER (2005, S. 136f.). Laut ihm unterliegen beide Begriffe unterschiedlichen paradigmatischen Bezügen, d.h. die Umweltdebatte zielt v.a. auf Schutz- und Ressourcenparadigma ab, dagegen die Nachhaltigkeitsdiskussion wird von einem Gerechtigkeitsparadigma geleitet.

30 Vgl. SCHUMPETER (1911/1952, S. 100)

31 Das Produkt kann als materielles oder auch immaterielles Wirtschaftsgut angesehen werden, das nicht nur technologisches Ergebnis eines Produktionsprozesses ist, sondern auch Dienstleistungen darstellt. Vgl. THOM (1980, S. 33); BERGMANN (1994, S. 269); BRAUWEILER (2002a, S. 8).

te/Dienstleistungen,[32] d.h. Neuerungen in den Sachzielen[33] des Unternehmens. Sie tragen v.a. zur Verbesserung der Qualität der Erzeugnisse und damit zum Unternehmenswachstum durch Umsatz- und Gewinnverbesserungen bei.[34] Unter *Umweltgesichtspunkten* bedeutet eine Produktinnovation die Entwicklung und Einführung umweltschonender Konsumgüter (z.B. von FCKW-freien Spraydosen) bzw. Dienstleistungen wie z.B. Ecodesign bzw. nachhaltiges Design,[35] welche die Einsparung von Rohstoffen und Energie, die Emissionsminderung in der Produktions- wie in der Nutzungsphase, Verminderung von Transportvorgängen oder die Substitution erschöpfbarer durch erneuerbare Rohstoffe und damit die Kostenreduzierung bezwecken. Beispiele hierfür finden sich u.a. bei der Entwicklung neuer Kühlschränke, Kraftfahrzeuge oder ökologischer Baustoffe.[36] Produktbezogene Umweltinnovationen können durch eine Verlängerung der Lebensdauer der Güter oder durch die Reduzierung des Gehalts an toxischen Stoffen zur Verbesserung der Wettbewerbsfähigkeit des Unternehmens beitragen.[37] Tabelle 1 stellt einige Beispiele vor.

Tab. 1: Ökologische Produktinnovationen und deren Effekte

Ökologische Produktinnovationen	***Beispiele***	***Effekte***
• Entwicklung und Einführung umweltschonender (neuer oder grundlegend veränderter) Konsumprodukte bzw. Dienstleistungen • Verbesserung der technischen Leistung von Produkten • Ecodesign als gestalterische Lösungsstrategie	• Verlängerung der Lebensdauer der Güter • Reduzierung des Gehalts an toxischen Stoffen • Verminderung der vom Ge und Verbrauch ausgehenden Emissionen • Verwendung meistens neuer Materialien, Betriebsstoffe oder funktionaler Produktbestandteile in einem Unternehmen	• Emissionsreduzierung und Kostensenkung • Reduzierung des Rohstoff- und Energieverbrauchs bei Produkten • Beitrag zur Verbesserung der Wettbewerbsfähigkeit des Unternehmens

Quelle: Eigene Darstellung in Anlehnung an HEMMELSKAMP (1999b, S. 15); RENNINGS (1999a, S. 21); KURZ (2002, S. 15).

Eine andere Innovationsart bilden die ***Verfahrensinnovationen***. Sie bedeuten „geplante Veränderungen im Prozess der Faktorkombination, in der allgemeinen Verfahrenstechnik, die sich in Betrieben vollzieht".[38] STREBEL definiert die Verfahrensinnovation als „die

32 Vgl. HAUSCHILDT (1997, S. 10); WITT (1996).

33 Unter dem Sachziel eines Unternehmens versteht man Art, Menge und Zeitpunkt der im Markt abzusetzenden Produkte, wodurch ein qualitativer und quantitativer Beitrag zu Bedarfsdeckung geleistet wird. Vgl. THOM (1976, S. 42); BOEHME (1986, S 16f.); TSIFIDARIS (1994, S. 8).

34 Vgl. STREBEL (1979, S. 4).

35 Zum nachhaltigen Designmanagement vgl. BURSCHEL (2002, S. 84ff.).

36 Vgl. KLEMMER/LEHR/LÖBBE (1999, S. 33). Die Grenzen sind auch hier fließend: So können Windkraft- und Solaranlagen durchaus als neue Produkte der umwelttechnischen Industrie, zugleich aber als Investitionsgüter zur umweltfreundlichen Stromerzeugung aufgefasst werden.

37 Vgl. STRUNZ (1993, S. 85f.); KLEMMER/LEHR/LÖBBE (1999, S. 30f.); STÖRMER (2001, S. 74). Diese Innovationen können auch integrierte und End-of-Pipe Lösungen umfassen und zur Verbesserung der Wettbewerbsfähigkeit von Unternehmen beitragen (z.B. stellt die Entwicklung und Einführung eines Emissionsfilters für ein Unternehmen des Anlagenbaus eine Innovation dar und hilft ihm, Marktpotenziale im Bereich von Umwelttechnologien zu erreichen) (vgl. HEMMELSKAMP 1999b, S. 18). Zu beispielhaften Initiativen bezüglich der umwelt- und gesundheitsverträglichen Produktinnovationen vgl. ROTH (1991, S. 192).

38 THOM (1976, S. 46).

erstmalige wirtschaftliche Verwertung neuen technischen Wissens in Gestalt neuer oder verbesserter Verfahren".[39] Sie dienen der Gestaltung von Leistungserstellungsprozessen zwecks Produktivitätssteigerung, Kostensenkung, Erhöhung der Sicherheit und auch Vermeidung von Umweltschäden u.a.[40]

In der Literatur verwendet man synonym zu Verfahrensinnovationen auch den Begriff der ***Prozessinnovation***,[41] die auf verschiedene Art und Weise definiert werden, wie z.B.:

- Prozessinnovationen „sind neuartige Faktorkombinationen, durch die die Produktion eines bestimmten Gutes kostengünstiger, qualitativ hochwertiger, sicherer oder schneller erfolgen kann".[42]
- Prozessinnovation bedeutet die Einführung neuer oder verbesserter Verfahren z.B. zur Erbringung von Dienstleistungen.[43]

In beiden Fällen handelt es sich um „Veränderung im Faktorkombinationsprozess".[44] Im Unterschied zu Produktinnovationen, wo es um die Frage „Was", also um das Ergebnis, ging, wird bei Prozessinnovationen die Frage „Wie" gestellt. Dabei geht es um den Weg des Erstellungsprozesses (Steigerung der Effizienz der betrieblichen Prozesse durch Rationalisierungs- und Modernisierungsvorhaben).[45] Dies spiegelt sich z.B. als Produktivitätssteigerung, Verbesserung der Produktqualität, Erhöhung des Automatisierungsgrades sowie auch als Kostensenkung wider.

Aus *umweltbezogener Sicht* haben die Verfahrens- bzw. Prozessinnovationen zum Ziel, *durch* integrierte Technologien (z.B. Optimierung des Ressourceneinsatzes in einem Produktionsverfahren) und End-of-Pipe-Technologien (z.B. Einsatz eines Emissionsfilters) den Input bei gleichem bzw. höherem Output (Güter oder Dienstleistungen) zu verringern bzw. den umweltbelastenden Input zu substituieren und/oder den unerwünschten Output zu reduzieren.[46] Sie umfassen somit Innovationen zur Vermeidung bzw. Reduzierung von Emissionen oder zur Kostensenkung, die z.B. durch Umweltschutzauflagen entstehen (vgl. Tabelle 2). Umweltrelevante Prozessinnovationen dienen auch dazu, ein bestehendes oder ein neues Produkt unter geringerem Ressourceneinssatz oder Schadstoffausstoß herzustellen, was dazu

---

39 STREBEL (1979, S. 3f.).

40 Vgl. TSIFIDARIS (1994, S. 8).

41 Vgl. PÖLZL (2002, S. 19). SCHWARZ weist z.B. darauf hin, dass in der betriebswirtschaftlichen Innovationsforschung die umweltorientierten technologischen Prozessinnovationen bislang seltener als Produktinnovationen behandelt waren. Vgl. SCHWARZ (1999, S. 5), PÖLZL (2002, S. 2). Einen Forschungsbedarf im technologischen Bereich stellten auch KLEMMER/LEHR/LÖBBE (1999, S. 15) fest.

42 HAUSCHILDT (1997, S. 9f.)

43 Vgl. HEMMELSKAMP (1999b, S. 15).

44 Vgl. dazu auch BOEHME (1986, S. 16).

45 Vgl. BIERMANN/DEHR (1997, S. 2); HAUSCHILDT (1997, S. 10); PÖLZL (2002, S. 21).

46 Vgl. RENNINGS (1999a, S. 21); PÖLZL (2002, S. 25); HEMMELSKAMP (1999b, S. 17f.). Nach KURZ (2002, S. 15) zählen zu Prozessinnovationen sowohl neue Anlagen oder Produktionsmethoden als auch Organisationsformen und die Erschließung neuer Absatzmärkte.

führt, dass sie nicht nur die umweltorientierten Produktinnovationen voraussetzen, sondern auch verursachen.[47]

Tab. 2: Ökologische Prozessinnovationen und deren Effekte

Ökologische Prozessinnovationen	*Beispiele*	*Effekte*
• Entwicklung und Einführung umweltfreundlicher Produktionsverfahren • Ziel: Reduzierung des Inputs bei gleichem Output (Güter oder Dienstleistungen) bzw. Substitution umweltbelastender Inputs und/oder Reduktion unerwünschter Outputs	• Vermeidung bzw. Reduzierung von Emissionen • Prozessintegriertes Recycling • Abwasserreinigung • Optimierung, Substitution einzelner Prozesskomponenten und Integration neuer Prozesskomponenten • Einbau/Entwicklung von Messtechniken	• Herstellung bestehender oder neuer Produkte unter geringerem Ressourceneinsatz oder Schadstoffausstoß • Kostensenkung durch Erfüllung v. Umweltschutzauflagen • Produktivitätssteigerung, • Verbesserung der Produktqualität, • Erhöhung des Automatisierungsgrades

Quelle: Eigene Darstellung in Anlehnung an HEMMELSKAMP (1999b, S. 17f.); RENNINGS (1999a, S. 21); PÖLZL (2002, S. 25).

Die Produkt- und Prozessinnovationen werden oft unter den technischen Innovationen zusammengefasst. Nach HAUSCHILDT haben die ***technischen Innovationen*** Produkte, Prozesse und technisches Wissen zum Gegenstand.[48]

Im *Umweltkontext* sind sie als technische Neuerungen zu verstehen, die beispielsweise die Emissionen durch die Herstellung, den Ge- und Verbrauch oder die Entsorgung sowie die Belastungen bei der Rohstoffherstellung und dem Ressourceneinsatz verringern oder beseitigen. KLEMMER et al. unterscheiden sog. technisch-ökonomische Umweltinnovationen nach folgenden Kriterien:[49]

- produktbezogene Innovationen bzw. Extraktionsinnovationen (Ziel: Entwicklung und Vermarktung neuer Produkte und Erschließung neuer Ressourcen und Inputbestände);
- Prozess- bzw. Ressourceninnovationen (Ziel: Entwicklung und Anwendung neuer Produktionsverfahren bei der Herstellung von Gütern und Dienstleistungen und bei der Nutzung natürlicher Ressourcen) und/oder
- organisationsbezogene oder strategische Innovationen (Ziel: Veränderungen in der betrieblichen Organisationsstruktur, in den Unternehmensstrategien und in der Unternehmenskultur).[50]

Zusammenfassend wird deutlich, dass der Innovationsbegriff weit über Produkte und Prozesse hinausgeht. Er tritt auch im Zusammenhang mit organisatorischen, sozialen oder

---

47 Vgl. STÖRMER (2001, S. 73); PÖLZL (2002, S. 1); BOEHME (1986, S. 19); LENZ (1998, S. 2). Zum Zusammenhang zwischen Produkt- und Prozessinnovationen vgl. auch PÖLZL (2002, S. 19f.).

48 Vgl. HAUSCHILDT (1997, S. 11); HEMMELSKAMP (1999b, S. 17). STREBEL verwendet im ähnlichen Sinne den Begriff „technologische Innovation", die Produkt-, Verfahrens- und Anwendungsinnovationen umfassen. Die Anwendungsinnovation bedeutet Einführung neuer Verwendungszwecke für Produkte, Verfahren und Stoffe, die infolge der zunehmenden Rohstoffknappheit und Kostensteigerung zu neuen Möglichkeiten der Abfallverwertung beitragen sollen. Vgl. STREBEL (1979, S. 3ff.).

49 Vgl. KLEMMER/LEHR/LÖBBE (1999, S. 29).

50 Unternehmenskultur wird u.a. neben dem Führungsverhalten und der Kreativitätsförderung zu den weichen Bestimmungsfaktoren von Innovationen gezählt. Vgl. HÜBNER (2002, S. 129) sowie Kap. 2.2.2.3.

rechtlichen Neuerungen auf.[51] Trotz der vielfältigen Begrifflichkeit wird für die Zwecke dieser Arbeit eine Unterscheidung von umweltorientierten Produkt- und Prozessinnovationen verwendet, wobei die letzteren auch die Gewinnung des technischen Wissens beinhalten. Darüber hinaus liegen häufig Mischformen von Produkt- und Prozessinnovationen vor, die eng miteinander verknüpft sind. Zwischen den bisher erwähnten Innovationsarten bestehen Interdependenzen, d.h. eine Produktinnovation (z.B. ein umweltschonendes Produkt) kann eine Umstellung des Produktionsverfahrens und der Ablauforganisation bewirken und spezielle Schulungen für bestimmte Mitarbeiter notwendig machen.[52] Während Unternehmen durch Produktinnovationen meistens mögliche Umsatz- und Gewinnverbesserungen anstreben, erfüllen die Prozessinnovationen tendenziell eher eine Rationalisierungsfunktion, insbesondere um Kosten zu senken und die Qualität zu verbessern, was sich ebenfalls umsatzsteigernd auswirken kann. Darüber hinaus sind die Produktinnovation eng mit Prozessinnovationen gekoppelt. Beide können mit organisatorischen Innovationen einhergehen, die im Folgenden erklärt werden.

2.1.3.2 Organisatorische, soziale und institutionelle Umweltinnovationen

Organisatorische Innovationen umfassen die Anwendung und Nutzung neuer Organisationsformen, Managementmethoden, Absatzwege oder Beschaffungsmärkte sowie auch ablauforganisatorische Maßnahmen (z.B. die Einführung eines Total Quality Management (TQM) oder die innerbetriebliche Umsetzung der Anforderungen der DIN ISO 9000ff.) oder Veränderungen der Aufbauorganisation (z.B. die Erschließung eines regionalen Absatzmarktes durch die Gründung von Handelsniederlassungen).[53] HAUSCHILDT verwendet hierfür die Bezeichnung „organisationale Innovation",[54] die nicht nur strukturelle oder systembezogene, sondern auch kulturelle Aspekte umfasst. Die organisationsbezogene Innovationsforschung geht davon aus, dass die organisatorischen Strukturen (als ein Einflussfaktor auf Umfang und Qualität des innovativen Handelns) die Problemlösungsaktivität der Organisation determinieren. Das Wachstum eines Unternehmens kann somit durch die Fähigkeit zu Innovationen und die Möglichkeiten zur organisatorischen Bewältigung des Neuen im Sinne einer organisatorischen Erneuerung bestimmt werden.

In *umweltorientierter Hinsicht* bedeuten organisatorische Innovationen einerseits neue umweltbezogene Managementsysteme und -konzepte (wie UMS, Öko-Audit) sowie andererseits die Optimierung der Ablauf- und Aufbauorganisation eines Unternehmens, z.B. durch eine Umstellung der Betriebsabläufe im Rahmen der EG-Umwelt-Audit-Verordnung

---

[51] Vgl. BROCKHOFF (1992, S. 28); KLEMMER/LEHR/LÖBBE (1999, S. 25); BECKER (1998, S. 170); SCHWARZ (1999, S. 6).

[52] Vgl. THOM (1980, S. 38); HOTZ-HART/REUTER/VOCK (2001, S. 3); PÖLZL (2002, S. 19f.).

[53] Vgl. HEMMELSKAMP (1999b, S. 15f.).

[54] Vgl. HAUSCHILDT (1997, S. 11); FICHTER/ARNOLD (2003, S. 13).

und die Einführung von Umweltprüfungen (vgl. Tabelle 3).[55] Da diese Innovationen v.a. mit Veränderungen der Unternehmensstrategie und Unternehmenskultur verbunden sind, werden sie auch als strategische Innovationen bezeichnet.[56] Organisatorische Umweltinnovationen verbessern die Transparenz der betrieblichen Vorgänge und dadurch die Steuerungskapazität und Handlungskompetenz von Unternehmen. In diesem Zusammenhang spricht man von einer ökologischen (Re-)Orientierung des Gesamtunternehmens und seiner Leistungen, die durch neue Strukturen, Regelungen, Routinen und Wissensbestände erreicht werden kann.[57]

Tab. 3: Organisatorische Umweltinnovationen und deren Effekte

Ökologische Umweltinnovationen	*Beispiele*	*Effekte*
• ökologische (Re-)Orientierung des Gesamtunternehmens und seiner Leistungen durch neue Strukturen, Regelungen, Routinen und Wissensbestände • Optimierung der Ablauf- und Aufbauorganisation eines Unternehmens	• neue Managementsysteme und -konzepte (wie UMS, Öko-Audit) • Absatzwege/Beschaffungsmärkte • neuartige Analyse-, Bewertungs- und Kommunikationskonzepte • Einrichtung einer Umweltrisikoforschungsabteilung und Life Cycle Assessment-Teams	• Umweltrelevante Veränderungen der Unternehmensstrategie und -kultur • Verbesserung der Transparenz betrieblicher Vorgänge und dadurch der Steuerungskapazität und Handlungskompetenz von Unternehmen

Quelle: Eigene Darstellung in Anlehnung an HEMMELSKAMP (1999b, S. 17); RENNINGS (1999a, S. 21); STÖRMER (2001, S. 74); FICHTER/ARNOLD (2003, S. 32).

Insgesamt werden unter organisatorischen auch soziale und institutionelle Innovationen subsumiert, weil die sozialen Innovationen oft synonym oder als Oberbegriff für die organisatorischen Innovationen verwendet werden.

Nach THOM sind ***soziale Innovationen*** Änderungen im Humanbereich von soziotechnischen Systemen (wie z.B. Unternehmen), v.a. in Bezug auf Leistungsfähigkeit (z.B. durch Aus- und Weiterbildungsmaßnahmen) und Leistungsbereitschaft von Menschen (z.B. durch ein betriebliches Anreizsystem) in allen betrieblichen Bereichen.[58] HAUSCHILDT definiert sie als „neue Sozialtechnologien, politische Innovationen, neue Lebensstile".[59] Dies bedeutet, dass die sozialen Innovationen nicht nur aus Veränderungen der Organisationsstruktur bestehen, sondern durch integrative Veränderungen wie z.B. eine veränderte Organisationskultur oder Unternehmensphilosophie ergänzt werden müssen. Sie werden als notwendige Voraussetzung bzw. Ergänzung zu technisch-ökonomischen Produkt- und Verfahrensinnovationen angesehen und stehen in einer Wechselwirkung und einer gegenseitigen Abhängigkeit auch zu anderen Innovationsarten.[60]

Die sozialen Innovationen aus *umweltorientierter Sicht* sind Innovationen, die mit der Herausbildung (neuer) entscheidungsprägender Normen bzw. Verhaltensweisen verbunden sind und in Form neuer Lebensstile (nachhaltiger Konsummuster) praktisch umgesetzt werden

55 Vgl. HEMMELSKAMP (1999b, S. 17); RENNINGS (1999a, S. 21); STÖRMER (2001, S. 74).
56 Vgl. KLEMMER/LEHR/LÖBBE (1999, S. 29); STÖRMER (2001, S. 74).
57 Vgl. HOFFMANN/KONRAD (2002, S. 10).
58 Vgl. THOM (1976, S. 49).
59 HAUSCHILDT (1997, S. 11).
60 Vgl. TSIFIDARIS (1994, S. 8f.); RENNINGS (1999a, S. 24); GERPOTT (2001, S. 241).

können.[61] Durch neue bzw. andere Verhaltensweisen können z.B. Energie und Rohstoffe eingespart werden oder Emissionen und Abfall reduziert werden. Daher zählt hier auch die Suffizienz[62] als eine verhaltenbezogene Innovation. Verhaltensänderungen in Richtung nachhaltigen Konsums sind meistens mit zusätzlichen Informationen, höheren Preisen oder auch neuen Instrumenten und Institutionen verbunden. Insbesondere die Innovationen im Verhalten der Marktteilnehmer (Kunden, Konkurrenten, Lieferanten) sind für marktrelevante Veränderungen von Bedeutung (vgl. Tabelle 4), weil sie einen großen Einfluss auf das benötigte Produkt- bzw. Dienstleistungsangebot haben und dadurch andere Innovationen im Unternehmen auslösen.

Tab. 4: Soziale Umweltinnovationen und deren Effekte

Soziale Umweltinnovationen	*Beispiele*	*Effekte*
• Herausbildung neuer bzw. anderer entscheidungsprägender Normen bzw. Verhaltensweisen • neue Lebensstile (nachhaltiger Konsummuster)	• Änderung der Verhaltensweise zur Energie- und Rohstoffeinsparung bzw. zur Emissions- und Abfall-reduzierung • Entwicklung neuer Produkte bzw. neuer Industriezweige durch umweltbewusstes Verhalten	• Verhaltensänderungen in Richtung nachhaltigen Konsums • marktrelevante Veränderungen durch Innovationen im Verhalten der Marktteilnehmer (Kunden, Konkurrenten, Lieferanten)

Quelle: Eigene Darstellung in Anlehnung an KLEMMER/LEHR/LÖBBE (1999, S. 29); RENNINGS (1999a, S. 24f.); STÖRMER (2001, S. 73).

Zusätzlich zu den sog. „Soft"-Innovationen, denen oft organisatorische und/oder soziale Innovationen zugerechnet werden, sind auch die ***institutionellen Innovationen*** zu berücksichtigen.[63] Nach MAJER umfassen sie neue formale (wie z.B. Gesetze, Verordnungen, Verträge, Organisationspläne, Kompetenzzuweisungen etc.) und informelle Regeln (wie z.B. Sitten, Gebräuche, gelebte Werthaltungen, Arrangements etc.).[64] Auch neuartige Leistungsaustausch- oder Kooperationsmechanismen wie z.B. neuartige Kooperationsnetzwerke und andere Organisationsformen oder neue Märkte werden hier mitgezählt.[65] Hierzu werden weiterhin Veränderungen in den Rechtsbeziehungen und in den individuellen Verhaltensmustern gezählt – soweit diese wirtschaftlich oder gesellschaftlich vorteilhaft erscheinen.[66]

Unter *Umweltinnovationen* sind z.B. neue Formen der Gestaltung der gesamtgesellschaftlichen Rahmenbedingungen und Ordnungsprinzipien (neue Entscheidungsorgane, Beratungsinstanzen, globale Netzwerke, z.B. das IPCC, oder vielfältige lokale und regionale Einrichtungen und Initiativen) zu verstehen, die zur Verbesserung der Umweltqualität, die z.B. zur

61 Vgl. KLEMMER/LEHR/LÖBBE (1999, S. 29); RENNINGS (1999a, S. 24f.); STÖRMER (2001, S. 73).

62 Suffizienz gilt neben der Effizienz und Konsistenz als eine Strategie der nachhaltigen Entwicklung. Die Suffizienzstrategie (d.h. Selbstbeschränkung) besagt in erster Linie, freiwillig oder gezwungenermaßen Verzicht zu üben, was letztlich eine Änderung des Lebensstils in der industrialisierten Welt bedeutet. Vgl. WEIZSÄCKER et al. (1997, S. 246 und 289); SCHMID (1996, S. 127); STÖRMER (2001, S. 78f.).

63 Die Typisierung von Innovationen differiert je nach Autor oder Untersuchungsgegenstand. Zur Bedeutung der sozialen und der institutionellen Umweltinnovationen vgl. KLEMMER/LEHR/LÖBBE (1999, S. 31); FEEMAN (1992, S. 124ff.); RENNINGS (1999a, S. 37f.).

64 Vgl. MAJER (2003, S. 941).

65 Vgl. FICHTER/ARNOLD (2003, S. 14).

66 Vgl. KLEMMER/LEHR/LÖBBE (1999, S. 28)

Reduzierung des Flächenverbrauchs, zur Energieeinsparung, zur Verbesserung von Entscheidungsgrundlagen und der Einbindung der Öffentlichkeit in Entscheidungsprozesse oder globale Netzwerke beitragen (vgl. Tabelle 5).

Tab. 5: Institutionelle Umweltinnovationen und deren Effekte

Institutionelle Umweltinnovationen	*Beispiele*	*Effekte*
• Neugestaltung der gesamtgesellschaftlichen Rahmenbedingungen und Ordnungsprinzipien	• Reduzierung des Flächenverbrauchs • Energieeinsparung	• Verbesserung der Umweltqualität • Verbesserung von Entscheidungsgrundlagen und Einbindung der Öffentlichkeit in Entscheidungsprozesse

Quelle: Eigene Darstellung in Anlehnung an KLEMMER/LEHR/LÖBBE (1999, S. 29); RENNINGS (1999a, S. 25f.); STÖRMER (2001, S. 73).

Die institutionellen Innovationen werden häufig als entscheidend für die Umweltpolitik angesehen, weil sie eine Neuorientierung des weltweiten F&E-Systems[67] unterstützen können, indem die Umweltziele eine hohe Priorität in den industriellen, universitären und staatlichen Forschungslabors erhalten. Dies zielt darauf ab, den technischen Fortschritt am Ziel einer nachhaltigen Entwicklung auszurichten.[68]

Die sog. „soft" Innovationen lassen sich ihrerseits gliedern. Die Unterscheidung war insofern wichtig, weil Bezug nehmend auf die zugrunde liegende Fragestellung eine Eingrenzung auf die organisatorischen Umweltinnovationen vorgenommen werden kann. Die sozialen und institutionellen Umweltinnovationen können für die Zwecke der vorliegenden Arbeit unter organisatorischen Umweltinnovationen subsumiert werden.

Zusammenfassend wird aus der Darstellung der verschiedenen Innovationsarten deutlich, dass nicht alle Innovationsarten für die weitere Bearbeitung des Themas relevant sind. Im Mittelpunkt dieser Arbeit stehen alle Innovationen, die durch eine umweltorientierte Kooperation angestoßen werden und die innerhalb eines Unternehmens realisierbar sind. Dabei ist angemessen, die Eingrenzung auf Produkt-, Prozess- und organisatorische Umweltinnovationen vorzunehmen. Die verschiedenen Innovationsarten unterscheiden sich nicht nur hinsichtlich ihres Neuigkeitsgrades. Die Realisierung der Umweltinnovationen weist generell einen prozessualen Charakter auf, worauf im nachfolgenden Kapitel genauer die Rede sein wird.

2.1.4 Prozessuale Dimensionen der (Umwelt-)Innovationen

Im Anschluss an Schumpeter (1911) wird davon ausgegangen, dass Innovationsaktivitäten nicht nur inhaltlich (*objektbezogen* als Ergebnis eines Erneuerungsprozesses, d.h. die Auffassung darüber, wann etwas „neu" ist), sondern auch prozessual zu betrachten sind.[69]

[67] Zu den Parametern der F&E-Förderpolitik zählen z.B.: Förderung der Motivation, Verbesserung der Rahmenbedingungen, Beseitigung von Hemmnissen, Bereitstellung technischen Wissens. Vgl. BEISE/GEHRKE et al. (1997, S. 2). Zum umweltorientierten F&E-Management vgl. auch GERYBADZE (1992, S. 397).

[68] Vgl. RENNINGS (1999a, S. 26).

[69] Vgl. BOEHME (1986, S. 14).

Daher sind verschiedene Innovationsdefinitionen auch in prozessualer Hinsicht vorhanden. Da Innovationsprozesse i.d.R. komplex sind, werden verschiedene Klassifikationen der Prozessphasen unterschieden. DOSI definiert einen Innovationsprozess als „*the search for, and the discovery, experimentation, imitation, and adoption of new products, new production processes, and new organisational set-ups*“.[70] Besondere Bedeutung wird der *Erstmaligkeit des entwickelten Produkts oder Verfahrens* beigemessen, die sich beispielsweise in der Innovationsdefinition von KNIGHT deutlich widerspiegelt: „*An innovation is the adoption of a chance which is new to an organisation and to the relevant environment*”.[71] Dabei wurde auch der Aspekt der *Akzeptanz der Neuheit* („Adoption”) hervorgehoben, was die Unterscheidung zwischen „Invention“ und „Innovation“ genauer hervorhebt.[72] Weiterhin unterstreicht diese Definition auch eine für diese Arbeit wichtige Perspektive, wonach eine Innovation aus Sicht der jeweiligen Organisation bzw. Unternehmen zu bestimmen ist.

Basierend auf dem prozessualen Innovationsverständnis kann festgestellt werden, dass zwar die Innovation ein Novum hervorbringen muss, aber andererseits reicht das Vorliegen der Erfindung nicht aus, um die Innovation tatsächlich auszulösen, d.h. Invention (Erfindung) ist eine zwingend notwendige, aber nicht hinreichende Bedingung einer Innovation.[73] Nach STAUDT et al. werden in der Phase Invention Problemlösungspotenziale generiert, die dann in der Phase der Innovation (i.e.S.) entwickelt, hergestellt und vermarktet werden.[74] Es müssen weitere Faktoren hinzutreten, die – mit unterschiedlicher Relevanz – zur Förderung des Innovationsprozesses bzw. Durchsetzung der Invention auf dem Markt beitragen. Demnach umfasst ein Innovationsprozess – ganz in der Schumpeter'schen Tradition – drei Phasen:[75]

- die Entstehung neuen Wissens (Schumpeter: Invention),
- die Ausbreitung bzw. erstmalige Anwendung oder Markteinführung (von Schumpeter als die „eigentliche“ Innovation bezeichnet) und
- die allgemeine Verwendung (Diffusion) des neuen Wissens in Form eines neuen Produktes, eines neuen Verfahrens oder neuer institutioneller Arrangements bzw. Verhaltensmuster.

Insgesamt wird die Ausdehnung des Innovationsprozesses in der Literatur unterschiedlich betrachtet,[76] wodurch – wie gezeigt – auch eine Vielfalt möglicher Phasen differenziert werden kann. Was aus einzelwirtschaftlicher Sicht eine Invention ist, kann

[70] DOSI (1988, S. 222).
[71] KNIGHT (1967, S. 478). Zur Erstmaligkeit der Neuartigkeit vgl. THOM (1976, S. 31ff.); HAUSCHILDT (1997, S. 4); BRAUWEILER (2002a, S. 7).
[72] Invention wird als gedankliche Konzipierung einer Neuheit verstanden, und Innovation als ihre Verwirklichung, „Nutzung der Erfindung“, Durchsetzung einer neuen Kombination. Vgl. WITTE (1973, S. 2).
[73] Vgl. WITTE (1973, S. 3); KURZ (2002, S. 15); WEBER (2003, S. 75); THOM (1976, S. 33).
[74] Vgl. STAUDT/KRIEGESMANN/FISCHER (1992, S. 330).
[75] Vgl. KLEMMER/LEHR/LÖBBE (1999, S. 28 und 32); STÖRMER (2001, S. 76).
[76] Vgl. dazu auch BROCKHOFF (1992, S. 30).

gesamtwirtschaftlich als Adaption bzw. als ein Teil der Diffusion verstanden werden.[77] Besondere Bedeutung für die Umweltinnovationen erlangen die Adaption (erstmalige Markteinführung) und die Diffusion, weil immer dann, wenn die Umweltinnovationen dem Nachhaltigkeitsziel genügen sollen, eine möglichst schnelle und umfassende Breitenwirkung erreicht werden muss.[78] Dabei ist jedoch zu betonen, dass dies besonders für die Umweltinnovationen und deren Umsetzung aus gesamtwirtschaftlicher Perspektive relevant ist. Ein Überblick über die Innovationsphasen nach BROCKHOFF wird in der nachfolgenden Abbildung unter Berücksichtigung der Aktivitäten und Ergebnisse dargestellt.

Abb. 1: Der Innovationsprozess im weiteren Sinne

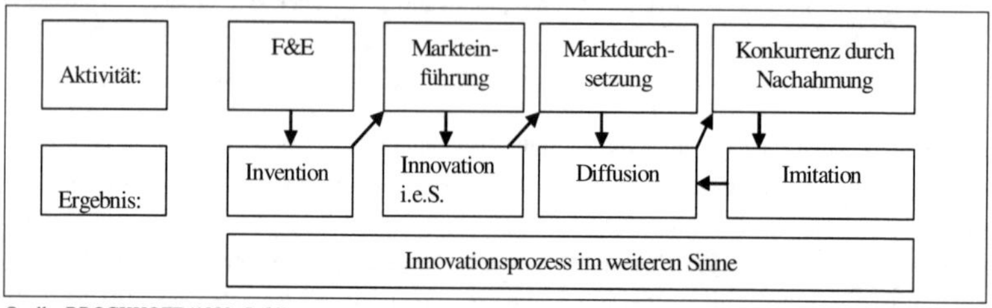

Quelle: BROCKHOFF (1992, S. 30).

PÖLZL verweist darauf, dass die „Innovationsprozesse nicht aus streng genug abgegrenzten bzw. abgrenzbaren Phasen bestehen", weil manche Teilphasen übersprungen oder wiederholt werden können.[79] STAUDT et al. machen deutlich, dass F&E als „positiv rückkoppelnder Regelkreis" dargestellt werden kann, „der letztlich technische Entwicklung induziert, Impulse für weitere Forschung und Entwicklung gibt, technisch-naturwissenschaftliche Problemlösungsalternativen nennt und gleichzeitig ökologische Nebenbedingungen neu formuliert bzw. verschärft."[80] *Umweltorientierte F&E* verfolgt nicht nur das Ziel, die Anforderungen im Sinne der Umweltschutzauflagen zu erfüllen, sondern auch, zu einer Innovation bzw. Variation von Produkten und Verfahren zu gelangen, die letztendlich zu Gewinnsteigerung und Kostenminimierung führen können.[81] THOM stellt beispielsweise einige Phaseneinteilungen dar und entwickelt selbst eine weitere: Ideengenerierung, -akzeptierung, -realisierung (vgl. dazu Tabelle 6).[82]

---

[77] Vgl. KLEMMER/LEHR/LÖBBE (1999, S. 33). Die Phasen des Innovationsprozesses lassen sich nach ROGERS kurz und bündig folgendermassen definieren „an innovation is an idea perceived as a new by the individual. Diffusion is the process by which an innovation spreads (...). Adaption is the decision to continue full use of an innovation". ROGERS (1962, S. 19f.).

[78] Vgl. zu der Argumentation ZIMMERMANN/OTTER et al. (1998, S. 26).

[79] Vgl. PÖLZL (2001, S. 3).

[80] STAUDT/KRIEGESMANN/FISCHER (1992, S. 337).

[81] Vgl. STRUNZ (1993, S. 84); zum umweltorientierten F&E-Management vgl. GERYBADZE (1992, S. 397).

[82] Vgl. THOM (1976, S. 57ff.).

Diese Phasen gehen von der Generierung über die Verarbeitung bis hin zur Verbreitung von Informationen und Wissen aus. Für die Zwecke der Arbeit erscheint dieses Phasenmodell – trotz verschiedener Klassifikation – relevant zu sein, weil gerade diese Prozessphasen im Kooperationskontext durchaus auftreten können.

Tab. 6: Phasen des Innovationsprozesses nach THOM

Ideengenerierung	***Ideenakzeptierung***	***Ideenrealisierung***
	Spezifizierung der Hauptaufgaben	
Suchfeldbestimmung	Prüfung der Ideen	Verwirklichung neuer Ideen
Ideenfindung	Erstellung von Realisationsplänen	Absatz der neuen Idee an einen Adressaten
Ideenvorschlag	Entscheidung für einen zu realisierenden Plan	Akzeptanzkontrolle

Quelle: Vgl. THOM (1976, S. 66).

Diese drei Hauptphasen sollten jedoch nicht als linear abzuarbeitende Sequenz verstanden werden. Der Innovationsprozess ist hier als ein iterativer Lernprozess zu betrachten. In der Praxis ist die Grenze zwischen den verschiedenen Innovationsphasen bzw. Entwicklungsstadien nicht trennscharf genug.

Der Innovationsprozess kann generell in einzelne Phasen zerlegt werden, die als Teilschritte von der Problemanalyse bis zur Produkt- oder Verfahreneinführung reichen. Dabei handelt es sich um „(…) einzelne Aufgaben, die in einem bestimmten logischen und zeitlichen Ablauf zu erfüllen sind".[83] Eine solche Aufteilung aufeinander folgender Phasen des Innovationsprozesses ist für das *lineare Innovationsmodell*[84] charakteristisch, das eine gerade Linie von Forschung, Entwicklung und Anwendung neuer Produkte oder Verfahren umfasst. Nach BROCKHOFF sollte jedoch der Innovationsprozess nicht als eine (lineare) zeitliche Sequenz angesehen werden.[85] Aufgrund der zunehmenden technischen Komplexität und sozialen Differenzierung entwickelte sich die Innovation zu einem simultan vernetzten und komplexen Geschehen.[86]

---

83 BOEHME (1986, S. 20). Dazu entwickelte er ein Phasenmodell für betriebliche Innovationsprozesse, das die Ansatzpunkte für *Kooperation* darstellt und die zentrale Bedeutung des prozessualen Aspekts herausstellt. Das Modell umfasst vier Hauptphasen: Exploration, F&E, Produktion sowie Nutzung, die dann weiterhin in Teilphasen mit konkreten Umsetzungsbeispielen spezifiziert werden. Vgl. BOEHME (1986, S. 21ff.).

84 Zum linearem Innovationsmodell vgl. TIDELSKI (2002, S. 659f.).

85 Vgl. BROCKHOFF (1992, S. 32)

86 Vgl. CZADA (2001, S. 144).

Dazu stellen KLINE und ROSENBERG ein *interaktives Innovationsmodell* dar.[87] Sie weisen darauf hin, dass alle Entwicklungsstufen durch Rückkoppelungen miteinander verbunden sind. Beispielsweise führen Produktentwicklung und -vertrieb sowie Forschung und Wissenschaft (hier: wissenschaftliches und technisches Wissen) wechselseitig zur stetigen Verbesserung zunächst noch unfertiger Marktideen. Es reicht nicht, neue Produkte oder Verfahren auf dem Markt anzubieten. Vielmehr kann die Qualitätsverbesserung des Neuen durch entsprechende Aufnahmefähigkeit der am Innovationsprozess beteiligten Akteure für neue Ideen und Reaktionen des Marktes erreicht werden. Generell gewinnen die interaktiven Modelle aufgrund der gestiegenen Dynamik und Komplexität von Innovationsprozessen zunehmend an Bedeutung. In der Innovationsforschung wurden bereits mehrere Modelle der Akteursinteraktion zur Beschreibung und Erklärung von Innovationsprozessen oder einzelnen Teilprozessen entwickelt und angewandt. FICHTER systematisiert die Interaktionsansätze nach der Anzahl der betrachteten Akteure (dyadische und Multi-Aktoren-Ansätze) sowie anhand der fokussierten Analyseebene (Betrachtung der interpersonalen bzw. interorganisationalen Beziehungen). Tabelle 7 stellt diese Ansätze dar.

Tab. 7: Klassifizierung von Interaktionsansätzen in der Innovationsforschung

Beschreibungs-/ Erklärungsebene	***Anzahl der fokussierten Akteure***	
	zwei	mehr als zwei
Organisation	Dyadisch-organisationale Ansätze Hersteller-Nutzer-Modelle und Lead-User-Konzept	Multiorganisationale Interaktionsansätze Innovationsnetzwerke
Individuum	Dyadisch-personale Interaktionsansätze Beziehungspromotor	Multipersonale Interaktionsansätze Innovation Communities

Quelle: FICHTER (2005, S. 184).

Die verschiedenen Modelle der Interaktion zwischen den Akteuren aus der Innovationsforschung zeigen, dass ein hoher Interaktionsgrad zwischen Unternehmen und ihren Marktpartnern insbesondere dann zum Innovationserfolg führt, wenn die technologische und marktliche Unsicherheit hoch sind. Diese Modelle wurden für spezifische Akteursbeziehungen und Aufgabenfelder des Innovationsmanagements entwickelt, beschränken sich jedoch weitgehend auf vertikale und dyadische Markt- und Kooperationsbeziehungen in F&E-Netzwerken. Insgesamt wird in der interaktiven Innovationsforschung bemängelt, dass insbesondere über Berücksichtigung marktlicher und forschungsbezogener Akteursbeziehungen hinaus die innovationsrelevanten Interaktionen mit der Politik nicht hinreichend herausgearbeitet wurden, was aber unter Umweltinnovationsgesichtspunkten besonders wichtig ist.

[87] Vgl. KLINE/ROSENBERG (1986, S. 289ff.). Zu diesem Modell vgl. auch TIDELSKI (2002, S. 660). WILLIAMS und MARKUSSON gehen noch einen Schritt weiter und schlagen ein *komplexes Innovationsmodell* vor. Vgl. WILLIAMS/MARKUSSON (2002, S. 2). Zu einer Übersicht über interaktive Innovationsmodelle vgl. FICHTER (2005, S. 161ff.).

Gerade dieser Aspekt ist dem von der *Europäischen Kommission* herausgegebenen *Grünbuch zur Innovation* zu entnehmen, wo deutlich wird, dass der Innovationsprozess auf dem Handeln von einzelnen Akteuren basiert: „Das ist kein linearer Prozess mit genau abgegrenzten Schritten und einer automatischen Verkettung, sondern vielmehr ein System von Wechselwirkungen, von Hin- und Herbewegungen zwischen einzelnen Funktionen und Akteuren, deren Erfahrung, Kenntnis und Wissen sich gegenseitig verstärken und ergänzen.“[88] Sowohl allgemeine als auch Umweltinnovationen finden nicht allein in einzelnen Unternehmen statt, sondern man geht davon aus, dass daran unterschiedliche Institutionen und Akteure beteiligt sind.[89]

Da hier kein Innovationsprozess als Forschungsgegenstand zugrunde liegt, wird daher unter Bezugnahme auf die Zielstellung der Arbeit ausreichend sein, folgende Phasen – die Generierung und die Umsetzung – zu berücksichtigen, weil sie sowohl die Suche und Auswahl nach relevanten Problemlösungen im Rahmen einer Kooperation als auch deren Durchführung und Verbreitung ermöglichen.

Neben dem inhaltlichen (Was?) und prozessualen (Wie?) Innovationsverständnis, wie bislang erörtert, ist noch zu klären, welche Rolle die Frage „Wer?“ im Innovationskontext spielt. Damit werden weitere Bedingungen geklärt, die die Realisierung von umweltbezogenen Produkt-, Prozessinnovationen und/oder organisatorischen Innovationen ermöglichen und die Innovationsprozesse beeinflussen. Im Folgenden werden daher die Akteure und deren Relevanz im Rahmen eines Innovationsprozesses erörtert.

2.1.5 Innovationspromotoren und Innovationsfähigkeit/-bereitschaft

Eine entscheidende Rolle für die Effizienz und Effektivität von Innovationsprozessen spielen sog. Promotoren.[90] Auf die Bedeutung der Promotoren hat bereits SCHUMPETER hingewiesen. Er unterscheidet zwischen Erfinder und Unternehmer sowie einer dritten Person, dem Promotor, der zwar Verhandlungen führt, aber nicht Schöpfer des Unternehmens bzw. der Erfindung ist, was z.B. einem Freiberufler auf Provisionsbasis entsprechen kann. Der Promotor als Person ist durchaus vergleichbar mit derjenigen des Schumpeter'schen Unternehmers, der neue Ideen gegen vielfältige Widerstände in der Unternehmung durchsetzt. Im Sinne der vorliegenden Arbeit sind die Unternehmer Innovationsträger, die eine Institution (Unternehmen) repräsentieren.

---

88 EUROPÄISCHE KOMMISSION (1995, S. 5).

89 Vgl. dazu exemplarisch HÜBNER (2002, S. 23ff.). Weiterführend vgl. Kapitel 3.2.

90 Vgl. SCHUMPETER (1911/1952, S. 129); dazu auch VERBECK (2001, S. 55). Zum Promotorenkonzept im Umweltkontext vgl. STEINLE/LAWA/SCHOLLENBERG (1994, S. 430); THIEM (2000, S. 113).

Der „Schumpeter'sche Unternehmer" ist durch folgende Merkmale gekennzeichnet:

- Initiative;
- Verlassen gewohnter Bahnen;
- Fähigkeit zur Eigenständigkeit;
- Freude an der Gestaltung von Neuem;
- Risikobereitschaft und
- kein „Eigentum am Betrieb – oder überhaupt irgendwelches Vermögen".[91]

Solche Fähigkeiten eines Unternehmers sind zum Durchsetzen „neuer Kombinationen" erforderlich und lassen den „Unternehmer" von dem „Wirt" unterscheiden, weil das „Hervorbringen neuer Kombinationen" andere Führungsfähigkeiten als die Führung des „normalen Geschäftes" erfordert.

Ausgangsproblem der Innovationsforschung ist nach HAUSCHILDT der organisatorische Widerstand, der am Anfang jeder Innovation steht und welcher durch bestimmte Spezialisten, die sog. Promotoren, überwunden werden muss.[92] *Promotoren* fungieren in Innovationsprozessen als Personen zur Überwindung von Fähigkeits- und Willensbarrieren[93], „(...) die einen Innovationsprozess aktiv und intensiv fördern (...)".[94] In Anlehnung an das Promotorenmodell von WITTE wird generell zwischen Machtpromotor und Fachpromotor unterschieden.[95] Der *Machtpromotor* (z.B. Geschäftsführer) fördert einen Innovationsprozess durch sein hierarchisches Potenzial.[96] Der *Fachpromotor* (z.B. Betriebsbeauftragter für Umweltschutz) bringt dagegen die Ideen durch sein objektspezifisches Fachwissen (Expertenwissen) ein, um durch Überwindung der Willens- und Fähigkeitsbarrieren den Innovationsprozess aktiv und intensiv zu fördern.[97] Das Promotorenmodell wurde dann von HAUSCHILDT und CHAKRABARTI um den *Prozesspromotor* erweitert, der organisatorische Widerstände durch Systemkenntnis und Kommunikationsfähigkeit überwindet.[98] Der Fachpromotor kann beispielsweise durch einen externen Umweltberater als Prozesspromotor unterstützt werden.[99] Im Zuge der Weiterentwicklung des Promotorenkonzeptes arbeiteten GEMÜNDEN und WALTER noch die Funktion des *Beziehungspromotors* heraus.

---

91 Vgl. SCHUMPETER (1911/1952). Weiterführend vgl. HÜBNER (2002, S. 38f.).

92 Vgl. HAUSCHILDT (1999, S. 2 ff.). Jede Form des Widerstandes wird jeweils durch unterschiedliche Promotoren überwunden; so z.B. überwindet der Fachpromotor das „Nicht-Können", der Machtpromotor – das „Nicht-Wollen", der Prozesspromotor – das „Nicht-Dürfen" als auffällige Widerstände seitens einer Organisation.

93 Vgl. dazu ausführlich WITTE (1973, S. 6f.).

94 WITTE (1988, S. 151).

95 WITTE hat in den 1970er Jahren eine empirische Analyse in Unternehmen durchgeführt, in welchen er anhand von 233 Innovationsfällen die Fach-, Machtpromotoren- oder Personalunionstruktur untersuchte (vgl. WITTE 1973, S. 28ff.). Daraus ergab sich, dass in großen Unternehmen eher eine gemischte Konstellation aus Fach- und Machtpromotor oder eine einseitige Fachpromotorstruktur auftritt, wogegen in KMU eher eine einseitige Machtstruktur, eine Personalunion bzw. keine Promotoren vorhanden sind.

96 Vgl. WITTE (1973, S. 17); THIEM (2000, S. 113).

97 Vgl. dazu auch WITTE (1988, S. 152); OSTERLOH (1993, S. 215); SCHIRMER (2000, S. 341).

98 Vgl. HAUSCHILDT/CHAKRABARTI (1988, S. 378-388); HAUSCHILDT (2002, S. 18ff.).

99 Vgl. STEINLE/LAWA/SCHOLLENBERG (1994, S. 430); THIEM (2000, S. 113).

„Beziehungspromotoren sind Personen, die inter-organisationale Innovationsprozesse aktiv und intensiv fördern, und zwar auf Basis von guten persönlichen Beziehungen zu Schlüsselpersonen, die den Partnerorganisationen und relevanten Drittparteien angehören und die über kritische Ressourcen verfügen“.[100] Tabelle 8 gibt eine Übersicht über die grundsätzlichen Besonderheiten der verschiedenen Promotoren.

Tab. 8: Arten und Kennzeichen von Promotoren

Kennzeichen	*Machtpromotor*	*Fachpromotor*	*Prozesspromotor*	*Beziehungspromotor*
Machtquellen	Hierarchisches Einflusspotenzial	Objektspezifisches Fachwissen, Expertenwissen	Organisationskenntnis, Systemkenntnis, Kommunikationsfähigkeit	Netzwerkbeziehungen
Position	Mitglied oder Vorsitzender der Geschäftsführung	Mitglied des mittleren Managements	Verbindung zwischen dem Fach- und Machtpromotor	Person, die für externe Interaktions- bzw. Geschäftsbeziehungen verantwortlich ist
Eigenschaften	Stratege, Krisenmanager	Erfinder, Ideenträger, Schlüsselinformant, Meinungsführer	Überzeugungspersönlichkeit, Koordinator	Beziehungs- und Netzwerkexperte
Aufgaben	Entscheidungen über Budgets, Kapazitätszuweisungen, Personalfreistellung für Innovationszwecke	Aktive Beteiligung in allen Innovationsprozessphasen, Alternativenentwicklung, Konzeptrealisierung	Koordination des Zusammenfügens der Teillösungen, Unterstützung des Zeitmanagements, Reduzierung der Abstimmungsprobleme, Koalitionsbildung, Verhandlungsführung, Engagement für Neues	Zusammenbringen von, Dialogführung mit sowie Beeinflussen von Interaktionspartnern

Quelle: Eigene Darstellung in Anlehnung an HAUSCHILDT/CHAKRABARTI (1988, S. 378-388); GEMÜNDEN/WALTER (1999, S. 119-132).

Aufgrund der Komplexität der Innovationsprozesse spielen dabei nicht nur die daran beteiligten Innovatoren (als Personen und/oder Unternehmen) eine wichtige Rolle, sondern auch deren Innovationsbereitschaft und -fähigkeit, die durch entsprechende Ressourcen (z.B. Informationen) gefördert werden können. *Innovationsfähigkeit* als kognitive Komponente der Innovation hat zum Ziel, Fähigkeitsbarrieren abzubauen, die *Innovationsbereitschaft* dagegen dient als zentrale affektive Komponente der Innovation zum Abbau der Willensbarrieren.[101] Die Überwindung dieser Barrieren obliegt den Promotoren.

Die *Innovationsbereitschaft* der Unternehmen hängt nicht nur von den objektiven Voraussetzungen zur Innovation, sondern in entscheidendem Maß von der subjektiven Einstellung

[100] GEMÜNDEN/WALTER (1999, S. 122).
[101] Vgl. TSIFIDARIS (1994, S. 151). Nach WITTE können generell personelle und sachliche Innovationsbarrieren unterschieden werden, die durch die *Bereitschaft* überwunden werden können, am Entscheidungsprozess mit positiver Einstellung teilzunehmen, und auch durch die *Fähigkeit*, problemlösende Beiträge beizusteuern. Hierfür differenziert WITTE zwischen Willens- und Fähigkeitsbarrieren. Vgl. WITTE (1973, S. 6f.); WITTE (1988, S. 151). Zu individuellen und organisatorischen Widerständen gegen Innovationen vgl. STAEHLE (1999, S. 978) und zu destruktivem und konstruktivem Widerstand gegen Innovationen vgl. HAUSCHILDT (1999, S. 2ff.).

der Betroffenen ab, das Neue realisieren zu *wollen.*[102] Um innovativ zu sein, muss jedes Unternehmen über eine gewisse Innovationsbereitschaft verfügen und diese in seine Vision entsprechend einbeziehen. Innovationsbereitschaft verlangt langfristige Orientierung und Risikobereitschaft von der Führung.

Mehr Einflussmöglichkeiten bietet die *Innovationsfähigkeit,* die oft von Individuen, Institutionen, Unternehmen und der Gesellschaft hoch geschätzt wird: „Nur durch eine höhere Innovationsfähigkeit, gepaart mit Kreativitätsbereitschaft und Kompetenz, kann es gelingen, dem wirtschaftlichen Strukturwandel neue Impulse zu vermitteln, mehr Wachstum zu ermöglichen und zusätzliche Arbeitsplätze zu schaffen“.[103] Nach HÜBNER wird die Innovationsfähigkeit als „Ergebnis des Zusammenwirkens einer Vielzahl von Innovationspotenzialen verstanden.“[104] Für eine erfolgreiche Nutzung von Neuerungen in Wirtschaft und Gesellschaft kommt der Innovationsfähigkeit eine grundlegende Bedeutung zu, weil sie u. a. die technische Problemlösungskompetenz sowie die selbstorganisierenden gesellschaftlichen Lern-, Verständigungs- und Gestaltungsprozesse der Gesellschaft umfasst.[105]

Die Innovationsfähigkeit von Organisationen wird durch Fähigkeiten, Motivation, Orientierung und Einstellungen der Organisationsmitglieder bestimmt.[106] Einen ausschlaggebenden Einfluss können hier die Promotoren ausüben, die entsprechende Innovationsentscheidungen treffen oder für ein geeignetes Innovationsklima sorgen.

Zusammenfassend ist zu konstatieren, dass für die Generierung und Umsetzung von Umweltinnovationen verschiedene Akteure als Promotoren relevant sind, die durch Eigenschaften wie Innovationsbereitschaft und -fähigkeit gekennzeichnet sein sollten.

---

102 Vgl. WITTE (1973, S. 4).
103 KLEMMER/LEHR/LÖBBE (1999, S. 15).
104 HÜBNER (2002, S. 151).
105 Vgl. BAUMERT (1997, S. 95f.).
106 Vgl. KASPER (1982, S. 576).

2.2 Einflussfaktoren auf Umweltinnovationen: Impulse und Hemmnisse

(Umwelt-)Innovationen werden durch viele Faktoren ausgelöst, zwischen denen Wechselwirkungen bestehen. Sie variieren je nach Entwicklungsstand, Marktposition oder Technologieintensität des Unternehmens. Insbesondere sind angesichts des Umweltbezuges die unternehmerischen Entscheidungen durch hohe Komplexität gekennzeichnet, weil sie nicht nur durch technologische (Technologieentwicklung) und marktliche (Markteinflüsse), sondern auch durch die allgemeinen Rahmenbedingungen bzw. umweltpolitische Handlungen (Umweltpolitik/-recht) beeinflusst werden. Daher werden an dieser Stelle wesentliche Umweltinnovationsdeterminanten (Kapitel 2.2.2) dargestellt. Einleitend werden einige Besonderheiten von Einflussmöglichkeiten auf Umweltinnovationen (Kapitel 2.2.1) hervorgehoben, welche für die weitere Betrachtung von besonderer Relevanz sind.

2.2.1 Umweltinnovationen und Multi-Impuls-Hypothese

Umweltinnovationen werden in der Literatur generell unter zwei Gesichtspunkten thematisiert. *Einerseits* sind sie durch ein „doppeltes Externalitätenproblem"[1] (das klassische wohlfahrtstheoretische Argument) gekennzeichnet, da weder der Innovator noch derjenige, der in den Umweltschutz investiert, ohne Weiteres Erträge seines Handelns exklusiv nutzen kann. Damit ist die Gefahr verbunden, dass das tatsächliche Niveau der Umweltinnovationen hinter dem gesamtwirtschaftlich erwünschten zurückbleibt. *Andererseits* wird von Umweltinnovationen eine „doppelte Dividende" erwartet, die sowohl ökonomische als auch ökologische Vorteile bringt.[2] Bei der ökonomischen Dividende werden zwei Aspekte unterschieden: *erstens* Wettbewerbsvorteile der innovierenden Unternehmen (Porter-Hypothese)[3] und *zweitens* makroökonomische Vorteile in Gestalt von Produktivitätszuwächsen und Beschäftigungsimpulsen. Aus mikroökonomischer Sicht, worauf die vorliegende Arbeit fokussiert, ist hier insbesondere die PORTER-These relevant. Hiernach ist die *Ökoeffizienz* ein Wettbewerbsfaktor mit zunehmender Bedeutung:

> „The new paradigm has brought environmental improvment and competitivness together. It is important to use resources productively, whether these resources are natural and physical or human and capital. Environmental progress demands that companies innovate to raise resource productivity – and that is precisely what the new challenges of global competition demand".[4]

Nach BLÄTTEL-MINK werden Umweltinnovationen dann umgesetzt, wenn sie nicht nur ökologische, sondern auch ökonomische Vorteile (z.B. Kostensenkung) mit sich bringen. In einer Studie am Beispiel der Unternehmen aus Baden-Württemberg kommt sie zur Feststellung, dass „Ecological innovations, however, are a question not of morale but of

---

1 Vgl. dazu ausführlicher z.B. RENNINGS (2005, S. 23f.).

2 Vgl. ZUNDEL (1999, S. 11); STÖRMER (2001, S. 87). LEHR und LÖBBE (1999, S. 13) sprechen dabei sogar von dreifacher Dividende (ökologische, ökonomische und soziale Vorteile).

3 Zur Diskussion über die Porter-Hypothese vgl. ZUNDEL (1999, S. 11).

4 PORTER/van der LINDE (1995a, S. 133). Weiterführend vgl. ANKELE et al. (2002, S. 38ff.).

efficiency."[5] Dabei stellt sich nicht die Frage, woher der Zwang zum effizienten Handeln der Unternehmen kommt, sondern wie er effektiver durch Umweltinnovationen gelöst werden kann.

Umweltinnovationen vollziehen sich in einem mehrfach rückgekoppelten Prozess vor dem Hintergrund gesellschaftlicher, rechtlicher, sozialer und ökonomischer Rahmenbedingungen, die die Makroebene, die Mesoebene und die Mikroebene des Innovationssystems betreffen können.[6] Im Vergleich zu anderen Innovationen können Umweltinnovationen nicht durch die Unternehmen allein generiert werden. Die Rolle der Politik, des Marktes und der Gesellschaft ist dabei insbesondere aus Sicht der nachhaltigkeitsorientierten Umweltpolitik als konstitutivem Rahmen anzusehen. Dabei gewinnen insgesamt drei *Lenkungssysteme*[7] Berücksichtigung: Politik, Gesellschaft (Öffentlichkeit) und Markt (Wirtschaft).[8]

Aufgrund der Komplexität von Innovationen kann die Wirkung einer Determinante durch viele andere Faktoren beeinflusst werden, sodass eine isolierte Betrachtung einzelner Einflussfaktoren nicht haltbar ist. Es ist daher notwendig, eine Vielzahl von Einflussfaktoren zu berücksichtigen. Basierend auf den bisherigen empirischen Erkenntnissen wird deutlich, dass verschiedene Impulse ähnliche Wirkungen bzw. gleiche Impulse unterschiedliche Wirkungen haben können. Die daraus resultierende sog. *Multi-Impuls-Hypothese* besagt, dass Umweltinnovationen nicht einzelnen, sondern immer mehreren Einflussfaktoren unterliegen.

Diese These wurde v.a. durch die Forschungsarbeiten zum Einfluss der umweltpolitischen Instrumente auf Umweltinnovationen bestätigt: „Umweltinnovationen unterliegen weder einzelnen Determinanten noch einzelnen umweltpolitischen Instrumenten".[9] Es ist also ein Zusammenwirken mehrerer Einflussfaktoren notwendig. Diese These konnte in den bisherigen Studien durchgehend bestätigt werden. Es wurde z.B. nachgewiesen, dass „(...) eindimensionale Erklärungsmuster den komplexen und interdependenten Einflüssen der

---

5 BLÄTTEL-MINK (1998b, S. 54).

6 Vgl. KLEMMER/LEHR/LÖBBE (1999, S. 19)

7 Ein Lenkungssystem bedeutet nach DYLLICK ein System, welches das Unternehmen und sein Handeln beeinflusst oder sogar beherrscht, unabhängig davon, ob solche Lenkungseinflüsse bewusst, gezielt oder geplant sind. Vgl. DYLLICK (1989, S. 139); weiterführend vgl. EBINGER (2005, S. 81f.).

8 Jedem *Lenkungssystem* liegt eine bestimmte Funktionsweise bzw. ein Wirkungsmechanismus zugrunde, worüber ein direkter oder indirekter Einfluss auf Unternehmen erfolgen kann. *Markt* basiert in seiner Funktion auf Angebot und Nachfrage und wird über den Preis als Lenkungsmechanismus gesteuert. Das Druckpotenzial des Marktes spiegelt sich im Wettbewerbsdruck wider, der durch Umsatz- oder Gewinneinbußen entstehen kann. *Politik* durch hoheitliches Handeln in Form zu erfüllender Regulationen und Verordnungen übt einen direkten Druck auf Unternehmen aus. Dagegen stellt die (ebenfalls durch die Politik) gewährte bzw. entzogene Unterstützung oder die Androhung hoheitlichen Handelns politischer Entscheidungs- und Funktionsträger indirekten Druck dar. Durch die Druckpotenziale der *Öffentlichkeit* kann weitestgehend implizite Wirkungsweise erklärt werden. Beispielsweise kann große Medienpräsenz einer bestimmten Thematik (als Indikator für öffentlichen Druck) einen direkten und indirekten Einfluss auf Markt und Politik ausüben. Vgl. dazu weiterführend BROCKHAUS (1996, S. 22).

9 LEHR/LÖBBE (1999, S. 13). Vgl. dazu auch Forschungsarbeiten zum Einfluss des Umweltrechts auf Umweltinnovationen von KLEMMER (1999); THOMZIK/NISIPEANU (2004, S. 167-200).

Umweltpolitik auf Innovationen nicht gerecht werden können."[10] Bei Umweltinnovationen ist die Beziehung von Impuls und Innovationsreaktion (d.h. spezifischen Antreffbedingungen) alles andere als eindeutig. Sie wird „vielmehr durch eine Vielzahl von intermediären Faktoren überlagert und durchbrochen".[11] So können Umweltinnovationen nicht nur durch ökonomische oder politische Faktoren ausgelöst werden, sondern auch durch die Kombination mehrerer Faktoren.

Darüber hinaus ist eine Innovation kein einmaliger Effekt, sondern vielmehr eine stetige Reaktion auf veränderte Gegebenheiten, wodurch neue Kapazitäten geschaffen und neue Möglichkeiten für weitere Innovationen eröffnet werden. Dieser Vorgang ist allerdings wiederum von verschiedenen Faktoren abhängig, z.B. von individuellen Präferenzen (steigendes Umweltbewusstsein der Konsumenten und dadurch wachsende Komplexität unternehmerischer Ziele und Strategien), von umweltpolitischen Rahmenbedingungen und von Veränderungen im gesamtwirtschaftlichen und globalen Umfeld. Hierin liegt die Schwierigkeit darzustellen, welcher Impuls wie auf Unternehmen wirkt sowie welche Innovationsanreize sich hieraus ergeben.

> „Die theoretische Analyse hierzu steht noch am Anfang. Nach wie vor stehen unterschiedliche Ansätze und Hypothesen über die Ursachen und Wirkungen von Umweltinnovationen auf die Umwelt unverbunden nebeneinander, eine in sich geschlossene allgemeine „Theorie der Umweltinnovationen" zeichnet sich jedoch nicht ab."[12]

Generell gibt es verschiedene Klassifikationen der Einflussfaktoren.[13] Für Umweltinnovationen gilt im Allgemeinen eine Unterscheidung von Hauptdeterminanten, die im Folgenden vorgestellt wird.

2.2.2 Einflussfaktoren auf Umweltinnovationen

In der Innovationsforschung wird generell zwischen nachfrage-, angebotsorientierten und regulativen Faktoren unterschieden. Zusätzlich sind noch unternehmensspezifische Einflussfaktoren zu erwähnen, weil ihnen in der bisherigen Forschung eine bedeutende Rolle zukommt. Ausgehend davon, dass Umweltinnovationen einem komplexen Muster an Einflussfaktoren unterliegen, werden dabei Politik, Markt und Gesellschaft (Öffentlichkeit) als ein System und auch als geeigneter Rahmen für die Bestimmung von Einflussfaktoren auf Umweltinnovationen betrachtet. Abbildung 2 stellt diesen Rahmen mit beispielhaften Einflussfaktoren dar.

---

10 BLAZEJCZAK/EDLER/HEMMELSKAMP/JÄNICKE (1999a, S. 16). Zur Komplexität der Umweltinnovationen vgl. auch KLEMMER/LEHR/LÖBBE (1999, S. 35).

11 PFRIEM/ZUNDEL (1999, S. 159).

12 KLEMMER/LEHR/LÖBBE (1999, S. 17); weiterführend vgl. RENNINGS (2005).

13 Vgl. EBINGER (2005, S. 96); SCHRÖDER/MEYERS (2003, S. 907f.).

Abb. 2: Determinanten von Umweltinnovationen

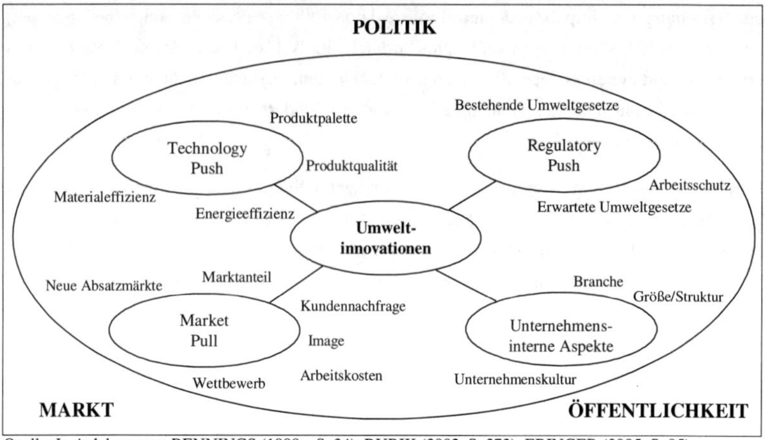

Quelle: In Anlehnung an RENNINGS (1999a, S. 34); RUBIK (2002, S. 272); EBINGER (2005, S. 95).

2.2.2.1 Förderung der Umweltinnovationen durch technologische und marktliche Einflüsse

Die in der Innovationsökonomie klassischen Einflussfaktoren von Innovationen werden generell in *angebots-* und *nachfrageseitige Faktoren* unterteilt.[14] Bei der Nachfrageseite *(market pull bzw. demand pull)* handelt es sich um die Präferenzen der Verbraucher für umweltfreundliche bzw. für mit umweltfreundlichen Verfahren hergestellte Produkte. Demgegenüber sind Innovationen auf der Angebotsseite von technologischen Trends *(technology push)* determiniert. Beispielsweise wird die kontinuierliche Steigerung der Energieeffizienz als eine wichtige Triebkraft angesehen. Nach dem Technology-Push-Ansatz gehen den ökonomischen Entwicklungen technologische Veränderungen voraus, wogegen der Demand-Pull-Ansatz besagt, dass die Innovationsaktivitäten entscheidend durch die Marktkräfte (Marktverhältnisse bzw. Marktchancen), insbesondere durch Veränderungen in der Güternachfrage, beeinflusst werden.[15] Durch die Nachfrage wird insbesondere die Entstehung integrierter Lösungen mitbestimmt. Beispielhaft kann hier die Produktionsentwicklung von Windkraftanlagen in Deutschland erwähnt werden, die durch staatliche Betreiberförderung erfolgte und sich auch auf die Hersteller auswirkte.[16] Diese zwei Determinanten, d.h. *Technologieentwicklung* oder das neu entwickelte bzw. verfügbare technische Know-how sowie *Markteinflüsse* sind für die Planung und Entwicklung von Umweltinnovationen von

[14] Vgl. NOLTE (1996, S. 67ff.); HOTZ-HART/REUTER/VOCK (2001, S. 14); umweltspezifisch HEMMELSKAMP (1999b, S. 87). Weiterführend vgl. auch CLEFF/RENNINGS (1999b, S. 47ff.).

[15] Vgl. HOTZ-HART et. al. (2001, S. 14); BROCKHOFF (1995, S. 988f.); TIDELSKI (2002, S. 660).

[16] Vgl. LEHR/LÖBBE (1999, S. 14).

großer Bedeutung.[17] Sie stehen zueinander in einer Wechselbeziehung,[18] weil der Unternehmenserfolg nicht nur vom Erkennen und der Befriedigung existierender Kundenbedürfnisse abhängt, sondern auch von der frühzeitigen Identifikation technologischer Trends. Welche Bedeutung den einzelnen Einflussfaktoren zukommt, wird im Folgenden an konkreten Beispielen gezeigt.

Eine wichtige Größe für das Tempo und die Qualität von Umweltinnovationen ist das *Interesse von Verbrauchern am Umweltschutz*. In diesem Zusammenhang gewinnen Umweltlabels und Umweltstandards an Bedeutung. Sie kennzeichnen umweltfreundliche Produkte und Produktionsverfahren und helfen umweltbewussten Verbrauchern bei ihren Kaufentscheidungen. Die individuellen Präferenzen und Verhaltensmuster werden als genauso wichtig wie das gesellschaftliche, wirtschaftliche oder politische Umfeld sowie die technologischen Möglichkeiten und Restriktionen[19] betrachtet, weil alle diese Faktoren die innovativen Lösungen beeinflussen.[20]

Am Beispiel der Entwicklung von *Umwelttechnologien* kann näher gezeigt werden, welche Einflussfaktoren berücksichtigt werden müssen. Dies sind:[21]

- Technologische Voraussetzungen (Wissen, spillover Effekte, learning by doing, Steigerung des Humankapitals, Wissenstransfer durch Produkte, vorhandenes Know-how),
- Schutzmechanismen (z.B. Möglichkeiten des Patenschutzes),
- Marktstruktur und Unternehmensgröße (z.B. Konkurrenzsituation),
- Marktnachfrage (Marktvolumen und Kundenbedürfnisse),
- Informationen (Zugang zu unternehmensinternen und -externen Quellen),
- Kosten (z.B. Umstellungskosten) sowie
- Technische und ökonomische Risiken (z.B. Störanfälligkeit).

Einen hohen Stellenwert haben besonders Faktoren aus dem Kostenbereich (Kostenersparnis durch mehr Ressourcen- und Verwertungseffizienz), z.B. Senkung der Entsorgungs-, Energie- und Materialkosten. In Umfragen gaben Umweltinnovatoren im Vergleich zu anderen Innovatoren signifikant häufiger Kostensenkung sowie Qualitätsmanagement und Umweltschutz als Innovationsziele an.[22] Neben den technischen und marktlichen Determinanten beeinflussen auch umweltpolitische Maßnahmen maßgeblich Umweltinnovationen. Da

---

17 Vgl. RENNINGS (1999a, S. 33); PÖLZL (2002, S. 37); HEMMELSKAMP (1999b, S. 72f.).

18 Nachfrage- und angebotsbezogene Faktoren sind für erfolgreiche Innovationen immer im Zusammenhag zu sehen. Die monokausale Sichtweise hat sich schon zu Beginn der 1970er Jahre als unrealistisch erwiesen. Vgl. HAUSCHILDT (1997, S. 8); weiterhin BIERTER/BINDER (1993, S. 55).

19 Man kann hier zwischen Wahrnehmungsrestriktionen, die keine Möglichkeit zur Zusammenarbeit mit anderen Akteuren in Betracht ziehen, und Kostenrestriktionen unterscheiden. Vgl. GEELHAAR/RAMSEIER/ MUNTWYLER (1996, S. 104).

20 Vgl. KLEMMER/LEHR/LÖBBE (1999, S. 17).

21 Vgl. HEMMELSKAMP (1999b, S. 87f.); KLEMMER/LEHR/LÖBBE (1999, S. 41); ZUNDEL (1999, S. 12).

22 Vgl. CLEFF/ RENNINGS (1999b, S. 68f.); HEMMELSKAMP (1999b, S. 100ff.); BMBF (2000, S. 100).

Umweltinnovationen „keine Selbstläufer"[23] sind, wird noch auf die regulatorische Unterstützung hingewiesen.

2.2.2.2 *Förderung der Umweltinnovationen durch umweltpolitische Steuerung*

Als dritte konstitutive Determinante der Umweltinnovationen gilt in diesem Zusammenhang die *Regulierungsbedingtheit (regulatory pull/push).* Seit den 1990er Jahren findet die Innovationsforschung u.a. (auch im deutschsprachigen Raum) in der Umweltpolitik verstärkt Berücksichtigung. Die empirischen Studien zeigen u.a. die Innovationswirkungen umweltpolitischer Selbstverpflichtungen,[24] umweltpolitischer Instrumente[25] bzw. den Einfluss der Umweltpolitik auf das Innovationsverhalten[26] von Unternehmen und die Einführung von Umweltmanagementsystemen.[27] Insgesamt wird den umweltpolitischen und -rechtlichen Regelungen im Hinblick auf die Umweltinnovationen eine hohe Bedeutung beigemessen.

Beispielhaft kann dies unter Rückgriff auf eine als repräsentativ eingestufte Analyse zu Innovationsimpulsen im Umweltbereich bestätigt werden. Diese Analyse umfasste die Eigenschaften technischer und organisatorischer Umweltinnovationen in Unternehmen aus dem west- und ostdeutschen verarbeitenden Gewerbe.[28] Die Ergebnisse zeigten, dass die *Umweltgesetzgebung* für mehr als 80% der befragten Unternehmen den wichtigsten Einflussfaktor darstellt, obwohl generell angenommen wird, dass ein negativer Zusammenhang zwischen Regulierungsdichte und Innovationsneigung bestehe.[29] Den relativ starken Einfluss dieser Determinante auf Umweltinnovationen zeigten bereits früher einige empirische Studien auf.[30] Anhand dieser empirischen Ergebnisse konnte auch festgestellt

---

23 RENNINGS (1999a, S. 33).

24 Vgl. beispielsweise KÜHN/OSÓRIO-PETERS (1999, S. 329-344); BROCKMANN/OSÓRIO-PETERS (1999, S. 345-359); KLEMMER/LEHR/ LÖBBE (1999, S. 25).

25 Vgl. CLEFF/RENNINGS (1999b, S. 47-99); HEMMELSKAMP (1999a, S. 33ff.), HEMMELSKAMP (1999b, S. 27-55, 93-126); KLEMMER (1999).

26 Vgl. HEMMELSKAMP (1999b, S. 129-166); CLEFF/RENNINGS (1999a, S. 371-381); BLAZEJCZAK et al. (1999b, S. 9-33).

27 Vgl. ANKELE/HOFFMANN/NILL et al. (2002); HOFFMANN/ANKELE/NILL (2003); DYLLICK/ HAMSCHMIDT (2000).

28 Z.B. im Rahmen des *Forschungsverbundes Innovationen und Umweltpolitik „Innovative Wirkungen umweltpolitischer Instrumente"* (FIU) im Auftrag vom BMBF. Vgl. RENNINGS (1999 b); KLEMMER (1999); KLEMMER/LEHR/LÖBBE (1999). Ein anderes Beispiel der empirischen Untersuchungen stellt das *Mannheimer Innovationspanel* (MIP) als eine repräsentative Breitenerhebung zur Identifizierung der Besonderheiten und Determinanten von technischen und organisatorischen Umweltinnovationen im verarbeitenden Gewerbe in Deutschland dar. Vgl. dazu CLEFF/RENNINGS (1999b, S. 44-99); CLEFF/RENNINGS (2000, S. 331-347).

29 Hier ist die PORTERs (1991) Hypothese zu erwähnen: „Zwar führt national strenge Umweltschutzgesetzgebung aufgrund der dadurch hervorgerufenen Steigerungen der Öko-Effizienz von Produkten und Prozessen langfristig zu Wettbewerbsvorteilen der heimischen Industrie auf den Weltmärkten, doch eine gängige Gegenauffassung besagt, dass staatliche Umweltauflagen die einheimische Industrie im internationalen Wettbewerb benachteiligen" BMBF (2000, S. 104).

30 Vgl. dazu GREEN/MCMEEKIN/IRWIN (1994, S. 1047-1059); PORTER/van der LINDE (1995a, S. 120-134); PORTER/van der LINDE (1995b, S. 97-118); HEMMELSKAMP (1997, S. 177-194); CLEFF/RENNINGS (2000, S. 331-347).

werden, dass die Erwartung zukünftiger (verschärfter) Gesetze immerhin von fast der Hälfte der Umweltinnovatoren als innovationsrelevant eingeschätzt wurde. Es wurde bereits in den 1970er Jahren festgestellt, dass Umweltschutzinnovationen oft durch Umweltgesetze oder behördliche Eingriffe, aber ganz selten – im Gegensatz zu heute – aus betriebswirtschaftlichen Gründen eingeführt wurden.[31] Heutzutage gewinnen auch freiwillige und kooperative Umweltschutzmaßnahmen seitens der Unternehmen immer mehr an Bedeutung. Während die allgemeinen Umweltinnovationsdeterminanten (Technology Push, Markt Pull, Regulatory Pull und Push) je nach Innovationsgegenstand oft als ausschlaggebend erkannt sind, sind die betrieblichen Einflussfaktoren auf die Umweltinnovationen bisher nur ansatzweise erforscht. Einige beispielhafte empirische Ergebnisse werden im Folgenden dargestellt.

2.2.2.3 Unternehmensspezifische Einflussfaktoren auf Umweltinnovationen

Werden statt Märkte bzw. Branchen einzelne Unternehmen betrachtet, lassen sich die bisher dargestellten Determinanten um die unternehmensspezifischen Eigenschaften ergänzen.[32] In der Innovationsforschung werden innovationsrelevante Unternehmenseigenschaften wie Größe, Finanzkraft und Marktanteile als zentral für den Innovationswettbewerb angesehen, wobei deren Wirkung je nach Einzelfall unterschiedlich ausfallen kann.[33] Auch die Ausgangssituation der Innovationsaktivitäten ist in jedem Unternehmen anders, was die Erklärung der Stärke einzelner Determinanten sowie der Effekte der Umweltinnovationen erschwert. Empirische Studien, die Determinanten und Effekte der Umweltinnovationen untersuchen, zeigen, dass aus unternehmerischer Sicht neben den technologischen, marktlichen und umweltpolitischen Determinanten (umfeldspezifische Faktoren) auch unternehmerische Aspekte (unternehmensspezifische Faktoren) bei Umweltinnovationen eine entscheidende Rolle spielen. Die Branche, die Unternehmensgröße und die Unternehmenskultur sind für unternehmerische Umweltinnovationen bzw. deren -potenziale von großer Relevanz und werden daher im Folgenden anhand empirischer Studien näher dargestellt.

Die Innovationsimpulse weisen v.a. abhängig von der *Branche* oder dem Sektor durchaus unterschiedliche Stärke und Wirkung auf.[34] Nach einer RKW-Innovationsstudie werden in bestimmten Branchen mehr Innovationen im Umweltbereich durchgeführt als in anderen. Insbesondere in den Branchen Papier/Druck/Verlag, Chemie/Erdöl sowie im Metall verarbeitenden Gewerbe finden überproportional häufig umweltbezogene Innovationen statt, dagegen sind diese in den Branchen Metallwaren, Lebensmittel/Tabak und

[31] Vgl. STREBEL (1979, S. 5).
[32] Vgl. RUBIK (2002, S. 271f.); SCHWARZ/BIRKE/LAUEN (2002); EBINGER (2005, S. 89f.).
[33] Vgl. dazu SCHWITALLA (1993, S. 97 und 266ff.).
[34] Vgl. KLEMMER/LEHR/LÖBBE (1999, S. 80); FICHTER/NOACK/BEUCKER et al. (2006, S. 35).

Maschinenherstellung unterproportional nachzuweisen.[35] Die Branchenzugehörigkeit gilt generell als ein signifikanter Einflussfaktor auf Umweltinnovationen.[36] Dabei sind jedoch, entsprechend der Multi-Impuls-These, auch weitere Faktoren wie z.B. Branchenstruktur oder -entwicklung relevant. Isgesamt sind solche *Kontextbedingungen* für Umweltinnovationen von Branche zu Branche und von Land zu Land unterschiedlich.[37] Die Branchenzugehörigkeit konnte – wie bereits erwähnt – empirisch als signifikanter Einflussfaktor für Umweltinnovationen identifiziert werden. Bezogen auf die institutionelle Umwelt als eine Kooperationsbedingung, stellt BLÄTTEL-MINK fest: *„Je innovativer die Umwelt, desto erfolgreicher die innovativen Aktivitäten des Unternehmens“*.[38] Interessanterweise gilt die Umweltbranche in Deutschland in letzten Jahren als eine der wenigen Wachstumsbranchen – verglichen mit anderen Sektoren.[39]

Bezogen auf die *Unternehmensgröße* wird deutlich, dass sich die Situation der KMU deutlich von derjenigen der großen Unternehmen unterscheidet. Die Umweltinnovationspotenziale sind für KMU anders als für Großunternehmen.[40] Oft wird angenommen, dass die KMU aufgrund ihrer geringen finanziellen bzw. organisatorischen Kapazitäten weniger zu Umweltinnovationen in der Lage seien. Allerdings besitzen sie Eigenschaften wie z.B. Flexibilität, die helfen können, Umweltinnovationshemmnisse zu überwinden. In der allgemeinen Innovationsliteratur gelten speziell mittelständische *Betriebe* sogar als besonders innovativ[41] und werden als Hauptträger der Wirtschaftsentwicklung angesehen. Eigenschaften wie Flexibilität, Kreativität und hohe Mitarbeitermotivation, die den KMU zugesprochen werden, gelten als entscheidende Stärken im Wettbewerb. Während die KMU aufgrund ihrer Flexibilitätsvorteile schneller ökologisch und innovativ werden können, verfügen die Großunternehmen über eine bessere Marktübersicht und stärkere Präsenz in der Öffentlichkeit[42] sowie über synergetische Effekte und größere Finanzkraft.

Generell kann festgestellt werden, dass die Realisierung von Umweltinnovationen für die meisten Betriebe inzwischen Teil ihres Alltags ist. Wie CLEFF und RENNINGS (1999) in

---

35 Vgl. DIECKHOFF et al. (2000, S. 9). Die RKW-Innovationsstudie umfasst eine telefonische Befragung von 650 Unternehmen des verarbeitenden Gewerbes in Deutschland mit mindestens 50 Mitarbeitern.

36 Vgl. CLEFF/RENNINGS (1999a, S. 365); HÜBNER (2002, S. 102); LEHR/LÖBBE (1999, S. 13).

37 Vgl. ZUNDEL (1999, S. 12); CLEFF/RENNINGS (1999b, S. 59); CLEFF/RENNINGS (1999a, S. 365). Vgl. dazu Fallstudien für ausgewählte Branchen in: KLEMMER (1999). Zu internationalen branchenbezogenen Unterschieden hinsichtlich des Einflusses der Umweltpolitik auf Umweltinnovationen vgl. BLAZEJCZAK/EDLER (1999, S. 35-56).

38 BLÄTTEL-MINK (1998a, S. 280).

39 Vgl. ZUNDEL (1999, S. 11).

40 Vgl. BEISE/GEHRKE/LEGLER et al. (1997, S. 3). Auf die Diskrepanz zwischen Unternehmensgröße und Innovationspotential hat bereits Schumpeter (1934) hingewiesen. Die sog. (neo-)Schumpetersche Hypothese besagt, dass die Fähigkeit zu technischen Innovationen positiv mit der Unternehmensgröße zusammenhängt. Vgl. BASS (1999, S. 216).

41 Vgl. KOWOL (1998, S. 101-104 und S. 341); KARL/MÖLLER/MATUS (2004, S. 21). Zur Abgrenzung zwischen Mittelstand und Großunternehmen unter innovationsrelevanten Gesichtspunkten vgl. WALTHER (2004, S. 36f.).

42 Vgl. HEMMELSKAMP (1999a, S. 58).

einer Analyse des Mannheimer Innovationspanels (MIP) gezeigt haben, waren 80% aller Innovatoren in Deutschland gleichzeitig Umweltinnovatoren.[43] Hinsichtlich der Unternehmensgröße belegen die empirischen Studien, dass mehr als 60% des Erfolges mittelständischer Unternehmen vom Inhaber selbst abhängt und dieser damit zum Einflussfaktor auf die Innovationsfähigkeit des Unternehmens ist, d.h. „die Innovationskraft des Unternehmers [ist] immer auch zugleich die Innovationskraft des Betriebes".[44] Nach einer von RKW durchgeführten Studie ist des Weiteren mit der Größe des Unternehmens ein Steigen der Innovationsbereitschaft und -fähigkeit zu beobachten. Allerdings besteht hinsichtlich der positiven Beziehung zwischen Unternehmensgröße und Innovation in der Literatur keine einheitliche Meinung.[45] Eine Metaanalyse von 53 empirischen Studien stellt fest, dass die Innovationsfähigkeit mit der Unternehmensgröße zunimmt. Als Innovationsvorteile von KMU werden empirisch u.a. ihre größere Flexibilität und eine schnellere Implementation von Veränderungen identifiziert. Große Unternehmen sind tendenziell durch ihre formalisierte Struktur und ihre beträchtliche Bürokratie benachteiligt, wodurch sich hauptsächlich die Innovationskultur und das Verantwortungsbewusstsein für Innovation abschwächen.[46]

Einige Studien sehen auch in der *Unternehmenskultur* einen bedeutenden Einflussfaktor sowohl für die Innovationsfähigkeit als auch für den Ablauf von Innovationsprozessen.[47] Durch die Integration von Umweltaspekten wird das betriebliche Zielsystem um die ökologische Dimension erweitert.[48] In vielen Unternehmen wurde mittlerweile der Umweltschutz zum (Bestand-)Teil der Unternehmenskultur, weil durch umweltfreundlichere Prozesse und Produkte die Marktstellung und das Image des Unternehmens verbessert werden können.[49] Unternehmen tragen die ökologische Verantwortung nicht nur unter dem Gesichtspunkt, dass sie Emissionsquellen sind, sondern auch als Quellen des Wissens um technische, ökonomische und naturwissenschaftliche Zusammenhänge. Insbesondere durch ihr Wissen und Innovationspotenzial können Unternehmen zu einem nachhaltigen und zukunftsträchtigen Umweltschutz beitragen. Zwischen der Unternehmenskultur und Umweltinnovationen besteht ein enger Zusammenhang, der z.B. von SEIDL (1993) für ökologische Produktinnovation[50] sowohl theoretisch als auch empirisch nachgewiesen wurde. Dieser Zusammenhang ist hinsichtlich der Kulturaspekte multikausal (z.B. Selbstverständnis des Unternehmens, Kommunikation).

---

43 Vgl. dazu CLEFF/RENNINGS (1999a, S. 363).
44 HAMER (2001, S. 35).
45 Vgl. HARTMANN/BRENTEL/ROHN (2006, S. 17).
46 Vgl. DIECKHOFF et al. (2000, S. 5); HARTMANN/BRENTEL/ROHN (2006, S. 17).
47 Vgl. HAUSCHILDT (1997); STEINMANN/SCHREYÖGG (1997, S. 623); ERNST (2003, S. 23-44).
48 Vgl. PÖLZL (2002, S. 26).
49 Vgl. ROTH (1991, S. 187); GEELHAAR/RAMSEIER/MUNTWYLER (1996, S. 89).
50 Vgl. SEIDL (1993).

Als Bestandteil der Unternehmenskultur konnte z.B. das *Umweltbewusstsein* als Einflussfaktor empirisch belegt werden. Der potenzielle Imagegewinn eines umweltfreundlichen Unternehmens mag hier Auslöser sein. Etwas geringeren Einfluss haben Faktoren wie die Erschließung neuer Märkte und die Ausweitung bzw. die Sicherung des Marktanteils. Dies liegt daran, dass umweltrelevante Produkteigenschaften nicht als wesentliche Produktattribute zur Erschließung neuer Märkte angesehen werden, sondern lediglich als Faktor zur Produktdifferenzierung.[51] Steigendes Umweltbewusstsein der Unternehmen kann zu einer wachsenden Nachfrage nach ökologischen Produkten und Dienstleistungen beitragen, die ressourceneffizienter genutzt werden können. Darüber hinaus zeigt eine Analyse des Einflusses betriebsinterner Interessengruppen (wie Geschäftsführung, Führungskräfte, betroffene Mitarbeiter und Betriebsrat) insbesondere eine hohe Relevanz der Führungskräfte für Innovationsmaßnahmen im Umweltbereich.[52]

Zusammenfassend stellen diese bereits erörterten vier generellen Gruppen der Einflussfaktoren auf Umweltinnovationen – die technischen, marktlichen, umweltrechtlichen und unternehmensspezifischen Faktoren – ein breites Spektrum dar. Die hier erwähnten empirischen Ergebnisse zeigen, welche Auslöser für Umweltinnovationen aus unternehmerischer Sicht prinzipiell wichtig sein können. Diese Faktoren variieren mit dem Innovationsgegenstand oder je nach Innovationskontext. Insgesamt hängt die Realisierung von Umweltinnovationen nicht nur von unternehmensbezogenen (technologischen und ressourcenspezifischen) Innovationspotenzialen, sondern auch von verschiedenen externen Innovationsanreizen (Markteinflüssen, Umweltrecht) ab, die sich aber auch als Innovationshemmnisse herausstellen können.

---

51 Vgl. RENNINGS (2005).

52 Vgl. DIECKHOFF et al. (2000, S. 15).

2.3 Zwischenresümee: Notwendigkeit unternehmensübergreifender Realisierung von Umweltinnovationen

Umweltinnovationen stellen ein vielfältiges und komplexes Phänomen dar, das eine breite Anwendung in verschiedenen Unternehmensbereichen erfährt. Nicht nur Produkte oder Verfahren (Prozesse) können deren Gegenstand sein, sondern auch verschiedene organisatorische Konzepte bzw. Maßnahmen, die in einem Unternehmen entwickelt und umgesetzt werden. Umweltinnovationen werden nicht mehr als *Ergebnis* (Produkt, Verfahren oder Dienstleistung) verstanden, sondern als *Prozess* der Erneuerung, der sich in einem Netzwerk von Wechselwirkungen zwischen einzelnen Positionen und Akteuren entwickelt und auf verschiedenen Wegen, wie z.B. durch Einführung, Imitation, Verbesserung erfolgen kann. Die Innovationsförderung ist speziell im Zuge der Umweltorientierung der Unternehmen (z.B. in Innovationsprozessen) auf verschiedene Promotoren innerhalb eines Unternehmens angewiesen. Dabei ist zu erwähnen, dass die Innovationsbereitschaft und -fähigkeit der Promotoren im Rahmen der Innovationsprozesse eine bedeutende Rolle spielt.[1]

Die verschiedenen Arten von Innovationen und demzufolge auch von Umweltinnovationen müssen zwangsläufig ganzheitlich betrachtet werden, weil sie sich durchaus gegenseitig beeinflussen können. Beispielsweise werden technische Innovationen durch organisatorische Innovationen begleitet. Ausgehend von der Zielstellung der Arbeit ist es somit wichtig, die Umweltinnovationen nicht nur im technischen Sinne zu verstehen, sondern auch Änderungen von Unternehmensstrukturen zu berücksichtigen. Anhand der bisherigen Ausführungen konnte bereits eine Eingrenzung auf einige relevante Elemente für das weitere Vorgehen vorgenommen werden, die in Abbildung 3 enthalten sind.

Abb. 3: Eingrenzung auf relevante Erklärungsdimensionen für betriebliche Umweltinnovationen

Quelle: Eigene Darstellung.

Insgesamt machen die bisherigen Ausführungen deutlich, dass Unternehmen auf vielfältige Impulse angewiesen sind, die nur gemeinsam mit dem externen Umfeld eines Unternehmens bewältigt werden können. Wie kann somit das Zusammenspiel von notwendigen Impulsen beeinflusst werden, damit Unternehmen ihre Innovationspotenziale besser erschließen oder die Hemmnisse schneller ermitteln und überwinden können. Da es eine Vielzahl möglicher

---

1 Vgl. HARTMANN/BRENTEL/ROHN (2006, S. 16).

Einflussfaktoren gibt,[2] werden die unternehmerischen Grenzen nicht nur bei der Generierung und Umsetzung der Umweltinnovationen, sondern auch bei der Überwindung der eigenen Defizite bzw. Barrieren (z.B. bezüglich komplexer Gesetzgebung) deutlich. Dies ist auch in der betriebswirtschaftlichen Forschung zu Umwelt- und Nachhaltigkeitsinnovationen zu sehen, wo bisher nur wenige Erkenntnisse bezüglich unternehmensendogener Potenziale ermittelt wurden.[3] Eine vollständige Analyse aller Einflussfaktoren – unternehmensintern und -extern bzw. volks- und betriebswirtschaftlich – erscheint unmöglich und scheint auch nicht zweckmäßig zu sein, weil diese generell mit dem Innovationsgegenstand (z.B. Produkt- oder Prozessinnovation) oder je nach Innovationskontext (z.B. Branche oder Region) variieren.

Da im Fokus der vorliegenden Untersuchung kein konkreter Innovations*gegenstand* steht, wird der Innovations*kontext* als besonders relevant für diese Forschungsarbeit hervorgehoben. Diese Eingrenzung des Betrachtungsrahmens ist deswegen notwendig, weil Umweltinnovationen komplex sind und je nach Bezugkontext (Nation, Region, Branche usw.) unterschiedliche theoretische und konzeptionelle Zugänge erforderlich sind. Bezug nehmend auf die vorliegende Forschungsfrage wird dabei die *Branche* als ein relevantes Kriterium für die Kooperationsanalyse unter Umweltinnovationsgesichtspunkten gewählt.[4] Dies ist damit zu begründen, dass laut den bereits dargestellten empirischen Ergebnissen die Branche als signifikanter Einflussfaktor für betriebliche Umweltinnovationen gilt. Andere mögliche Bezugsebenen wie z.B. Region wären eher für regional- bzw. wirtschaftspolitische Studien erkenntnisfördernd und weniger für den hier vorliegenden betriebswirtschaftlichen Fokus geeignet, in dem die Unternehmen ein zentrales Erkenntnisobjekt darstellen.

Zusammenfassend ist festzustellen, dass zwischen den einzelnen Einflussfaktoren auf Umweltinnovationen insgesamt ein dynamischer Zusammenhang besteht. Bezug nehmend auf die Zielsetzung dieser Arbeit können insgesamt unternehmensspezifische und umfeldspezifische Einflussfaktoren auf Umweltinnovationen unterschieden werden (vgl. Abbildung 4), weil sie die damit verbundenen Anforderungen abbilden lassen.

Abb. 4: Ansatzpunkte zur Beeinflussung der Umweltinnovationen

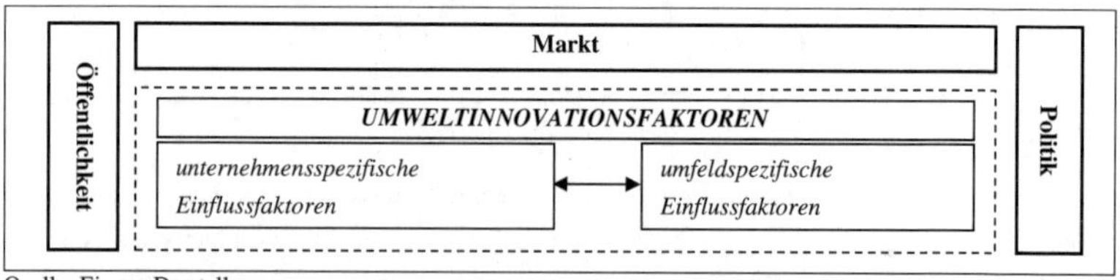

Quelle: Eigene Darstellung.

2 Die bisherige Forschung setzte den Schwerpunkt auf einige ausgewählte Faktoren wie z.B. Umweltpolitik oder Umweltmanagementsysteme.

3 Vgl. dazu z.B. FICHTER (2005, S. 129).

4 Die Branche gilt somit in der Arbeit als ein Kriterium für die Auswahl eines empirischen Falls. Vgl. Kapitel 5.2.2.2.

Um diesen Herausforderungen gerecht zu werden (z.B. die umweltgerechte Gestaltung von neuen Verfahren und Produkten), kommt den Kooperationen eine besondere Bedeutung zu. Während die Perspektive von Kooperationen als Instrument der Innovationsförderung im Allgemeinen bereits in zahlreichen Studien untersucht wurde,[5] ist dies bezogen auf *umweltorientierte* Kooperationen bisher nur sporadisch erfolgt. Um den Beitrag der Kooperation zu Umweltinnovationen zu erklären, müssen zunächst begriffliche und strukturelle Grundlagen der Kooperationen geschildert und dann weitere relevante Ansatzpunkte konkretisiert werden.

[5] Zu Einsatzmöglichkeiten der Kooperation als Instrument für die allgemeine Innovationsförderung vgl. z.B. BOEHME (1986, S. 103ff.). In der Literatur gibt es mittlerweile zahlreiche Studien, die mit unterschiedlichen empirischen Ausrichtungen untersucht haben, ob der Innovationserfolg von einer Kooperation des Innovators mit anderen Partnern bestimmt wird. Dieser Zusammenhang wurde bereits seit Beginn der 1970er Jahre in vielen Arbeiten nachgewiesen. Zu einer Zusammenstellung von ausgewählten Studien, die Kooperation als Erfolgsfaktor der Innovationen thematisieren, vgl. HAUSCHILDT (1998, S. 1ff.). Zur Kooperation als Instrument im Innovationsprozess, d.h. in der Entwicklung, in der Leistungserstellung und in der Markteinführung vgl. STAUDT/TOBERG/LINNE et al. (1992, S. 6-21); HAUSCHILDT (1997, S. 189ff.); KIRCHMANN (1996, S. 442ff.); KOWOL (1998); BUSE (2000, S. 23ff.); WALLNER (1999, S. 6); DUSCHEK (2002, S. 3ff.); PLESCHAK/SABISCH (1996, S. 273ff.); ENDRES (2001, S. 104).

3. Konzeptionelle Grundlagen und Gestaltungsmöglichkeiten umweltorientierter Kooperationen

3.1 Begriffsdefinition: Kooperation und umweltorientierte Kooperation

3.1.1 Der Kooperationsbegriff

Der Begriff der Kooperation wird in verschiedenen Forschungsgebieten, z.B. in der Spieltheorie, der Organisations- bzw. Institutionstheorie, der Soziologie und der Sozialpsychologie verwendet.[1] In der wirtschaftswissenschaftlichen Literatur wurden Kooperationen bereits Ende 1950er Jahre in der Forschung zu Interorganisationsbeziehungen thematisiert. Ihre strategische Bedeutung und organisatorische Ausgestaltung wurden jedoch anfangs kaum behandelt.[2] Auf die damals geringe Bedeutung des Phänomens der Kooperationen in der Organisationstheorie wurde nicht nur von GROCHOLA (1972) hingewiesen, sondern auch in der jüngeren Literatur.[3] Die meisten betriebswirtschaftlichen Beiträge zu Kooperationen bezogen sich nach SYDOW entweder auf die rechtlichen Aspekte oder auf die Systematisierung des Gegenstandsbereiches.[4] Üblicherweise wird der Kooperationsbegriff in der einschlägigen Literatur für die Zusammenarbeit zwischen Unternehmen oder innerhalb eines Unternehmens verwendet.[5] GROCHOLA definierte Kooperation als „jede Art von Zusammenarbeit von Personen und Institutionen".[6] Diese Definition entspricht den organisationstheoretischen Ansätzen. Diese verstehen *Kooperation* als eine Unternehmensverbindung, in der gleichartige, delegierte Teilaufgaben der Mitgliedsunternehmen koordiniert werden.

Vor diesem Hintergrund können zwei Funktionen der Kooperation ermittelt werden: Kooperationen zur „Vermeidung der Doppelaktivitäten oder die Überwindung einer Unvollkommenheit der Faktorausstattung"[7] und „die Zusammenarbeit zur gemeinsamen Erfüllung von Aufgaben im Interesse bestimmter Ziele zweier oder mehrerer Unternehmen".[8] Im Hinblick auf die letzte Funktion genügt die Koordinierung einzelner Unternehmensfunktionen unter gleichgerichteten Ziel-Mittel-Wechselbeziehungen.[9] WURCHE betrachtet eine wechselseitige Ziel-Mittel-Verflechtung als Abgrenzungskriterium für Kooperationen. Dabei erarbeitet er drei Ansätze, die die Ziel-, Mittel- und Beziehungsebene umfassen. Während auf

---

1 Vgl. AULINGER (1996, S. 30); CORSTEN (2000, S. 484).

2 Vgl. LOUIS (1979); SALJE (1981, S. 1f.); STREBEL (1983, S. 59); BOEHME (1986, S. 24); SYDOW (1992, S. 5); AULINGER (1996, S. 31f.); HAUSCHILDT (1998, S. 4); KUPP (2001, S. 61).

3 Vgl. TRÖNDLE (1987, S. 2ff.).

4 Vgl. SYDOW (1992, S. 5).

5 Vgl. z.B. GÖTZELMANN (1992, S. 88). Im Folgenden werden die Begriffe Kooperation und Zusammenarbeit synonym verwendet.

6 GROCHOLA (1972, S. 1f.).

7 SYDOW (1992, S. 93).

8 BOEHME (1986, S. 24). Zu einer ähnlichen Definition vgl. HANSEN/RABBE et al. (1995, S. 64).

9 Vgl. AULINGER (1996, S. 58).

der Zielebene Aushandeln, Festsetzung und Verfolgung gemeinsamer Ziele sowie auch das gemeinsame Verfolgen von (individuell durchaus unterschiedlichen) Zielen erfolgt, wird auf der Mittelebene eine arbeitsteilige Organisation von Aufgaben und Funktionen durch eine gemeinsame Nutzung der Ressourcen, eine Ausgliederung der Teilaufgaben und Funktionen oder eine gemeinsame Erfüllung der Aufgaben zum Gegenstand. Der dritte Aspekt bezieht sich schließlich auf die Interaktionsprozesse zwischen den Kooperationspartnern. Hierbei werden wechselseitige Beziehungsaufnahme, bewusste Verhaltensabstimmung, ex-ante-Koordination oder gemeinsame Entscheidung hervorgehoben.[10] Insgesamt kann festgestellt werden, dass mit einer Kooperation eine Form der Koordination verbunden ist, die in argumentativer Abstimmung bzw. Verhandlung (als Lenkungsinstrument) zwischen den Akteuren besteht.[11] Demnach gibt es eine Vielzahl von möglichen Kooperationsformen, wie z.B. zwischen-, inner- und überbetriebliche Kooperationen,[12] strategische Allianzen,[13] Unternehmensnetzwerke[14] oder Verbände.[15] Die Unterschiede zwischen diesen Begriffen beziehen sich auf verschiedene Aspekte wie z.B. Akteure, Zielsetzung usw.

In der Managementpraxis und -forschung wird den Unternehmensnetzwerken und -kooperationen als eigenständigem Modell der Austauschkoordination eine immer größere Bedeutung beigemessen.[16] In der Literatur wird nicht immer zwischen einem Netzwerk und einer Kooperation differenziert. Obwohl die Netzwerke aufgrund gemeinsamer Interessen meistens zufällig entstehen und weitgehend informellen Charakter haben, werden sie oft auch bewusst als Instrument zur Förderung der Wettbewerbsfähigkeit von Unternehmen und Regionen eingesetzt.[17] Darüber hinaus bilden die im engeren Sinne gefassten Netzwerke eine Voraussetzung der Kooperationen, d.h. „Netzwerke sind eine Möglichkeit, Kooperationen zu generieren".[18] Insgesamt wird deutlich, dass Kooperationen einerseits als eine bestimmte Form der Ausgestaltung von Netzwerkbeziehungen verstanden,[19] andererseits als eines von mehreren möglichen Strukturmerkmalen interorganisationaler Netzwerke[20] angesehen werden können. Darüber hinaus können nach DUSCHEK verschiedene Netzwerkformen wie regionale Netzwerke, strategische Netzwerke oder Projektnetzwerke unter *Innovationsnetzwerken*

10 Vgl. dazu ausführlich WURCHE (1994a, S. 48-54).
11 Vgl. PREIMESBERGER (1997, S. 373); WURCHE (1994a, S. 32ff.).
12 Vgl. GÖTZELMANN (1992, S. 88).
13 Vgl. WURCHE (1994a); BULLINGER/WARSCHAT (1997, S. 30-35); von der OELSNITZ (2003b, S. 516-520); HIPPE (1996, S. 26f.); DUSCHEK (2002, S. 30).
14 Vgl. SYDOW (1992, S. 19ff. und 79); BUSE (1997, S. 468); DUSCHEK (2002, S. 27).
15 Vgl. SYDOW (1992, S. 118). Zu Kooperationen zählen z.B. auch intensiver Erfahrungsaustausch, Arbeitsgemeinschaften oder Joint-Ventures, nicht aber Lieferbeziehungen, Handelsvertreter oder Kauf/Verkauf von Lizenzen. Vgl. BULLINGER/WARSCHAT (1997, S. 38).
16 Vgl. von der OELSNITZ (2003b, S. 516); SYDOW (1992, S. 102).
17 Vgl. POTRATZ/WIDMAIER (2000, S. 5).
18 MÜLLER/WIECHMANN/SCHOLL u.a. (2002, S. 6). Vgl. auch HIPPE (1996, S. 23); HANSEN et al. (1995, S. 62f.); SYDOW (1992, S. 93-94).
19 Vgl. AULINGER (1996, S. 31 und 187).
20 Vgl. SYDOW/WINDELER (2000, S. 12).

zusammengefasst werden.[21] Innovationskooperationen reichen nach KARL et al. vom informellen Informations- und Erfahrungsaustausch, Lizenzkooperationen, Patentgemeinschaften zur vertraglichen koordinierten Einzelforschung bis hin zu Kapitalbeteiligungen und Gemeinschaftsunternehmen.[22] Ausgehend von dem breiten Spektrum der Kooperationsbegriffe werden in der folgenden Argumentation Kooperationen als eine Netzwerkform verstanden. Angesichts dessen, dass in der Literatur eine Vielzahl an Definitionen von beiden Begriffen[23] vorhanden ist und eine deutliche Abgrenzung zwischen den Begriffen selten vorgenommen wird, sind für die vorliegende Arbeit beide Begriffe relevant, wobei die Bezeichnung „Kooperation" hier bevorzugt, und „Netzwerk" als eine übergeordnete Form verstanden wird.

3.1.2 Umweltorientierte Unternehmenskooperation

Im Gegensatz zu klassischen Kooperationen werden die umweltorientierten Kooperationen noch als neue Erscheinung angesehen, was sich auch darin widerspiegelt, dass die Forschung in diesem Bereich trotz zunehmender Anzahl der Berichte – meistens empirisch ausgerichteter Arbeiten – noch nicht weit fortgeschritten ist.[24] Die Forschung auf diesem Gebiet wird zunehmend auch durch einen Fokus auf Nachhaltigkeitsnetzwerke[25] gerichtet, welche zwar den Anspruch auf Nachhaltigkeit erheben, aber nicht konsequent alle Nachhaltigkeitsdimensionen berücksichtigen, sondern nur die ökonomischen und ökologischen Aspekte.[26] Aufgrund der Komplexität der Nachhaltigkeit ist es durchaus angemessen, weiterhin die umweltorientierten Kooperationen zu erforschen. Die umweltorientierten Kooperationen sind als eine Alternative im Vergleich zu klassischen Kooperationen anzusehen, weil sie nicht nur aus ökologischen Gründen durch Unternehmen eingegangen werden, sondern oft auch aus ökonomischen. Durch den Umweltbezug weisen sie eine größere Komplexität[27] auf, die nicht alleine auf der Unternehmensebene zu bewältigen ist.

---

21 Vgl. DUSCHEK (2002, S. 44f.).

22 Vgl. KARL/MÖLLER/MATUS (2004, S. 2).

23 Zur Unklarheit des *Netzwerkbegriffs* vgl. exemplarisch DUSCHEK (2002, S. 30); HANSEN et al. (1995, S. 66); MORSCHETT (2003, S. 389); SYDOW (2003c, S. 299). Zur unterschiedlichen Auffassung des *Kooperationsbegriffs* vgl. KUPP (2001, S. 61); BELLMANN/HIPPE (1996, S. 57); STEIN (2003, S. 170).

24 Vgl. LONG/ARNOLD (1995, S. 56ff.); HERDE (2003, S. 29); RONDINELLI/LONDON (2003, S. 64ff.).

25 In diesem Zusammenhang wird häufig auch der Begriff *nachhaltige Innovationsnetzwerke* als Kooperationsform verwendet. Solche werden aufgrund der komplexen Anforderungen oft in Form regionaler Netzwerke realisiert. Darunter versteht man eine „überbetriebliche Zusammenarbeit zwischen mehr als zwei Akteuren (Unternehmen, Forschung, staatliche und kommunale Institutionen, gesellschaftliche Akteure), deren gemeinsame Zielsetzung auf ökonomische, ökologische und soziale Neuerungen umfassende Innovationsprozesse ausgerichtet ist und sich damit am Leitbild einer nachhaltigen Entwicklung orientiert" (KIRSCHTEN 2005, S. 32).

26 Vgl. z.B. STRÖMER (2001); GERSTLBERGER (2004).

27 Komplexität wird als Ergebnis von Kompliziertheit und Dynamik angesehen „und bewirkt, dass ein System weder vollständig beschreibbar noch sein Verhalten prognostizierbar ist". SYDOW (1992, S. 252).

Die Bildung von umweltorientierten Kooperationen stärkt nicht nur die Beziehungen zwischen Unternehmen und anderen Akteuren, die zur Verbesserung ökonomischer Entwicklung beitragen oder z.B. durch umweltbezogene Aktivitäten auch die Wettbewerbsfähigkeit fördern. Vielmehr ist das Spektrum sehr breit gefächert und reicht von unternehmensbezogenen zu regionalen Kooperationen. Die betriebswirtschaftliche umweltorientierte Literatur arbeitet unterschiedliche Aspekte dieser Kooperationen heraus. Entsprechend den diversen Kooperationsabsichten wurden auch bezüglich umweltorientierter Kooperation verschiedene Definitionen entwickelt, die vom betrachteten Kooperationsgegenstand abhängig sind, weswegen auch unterschiedliche Bezeichnungen verwendet werden. Tabelle 9 zeigt einige Beispiele.

Tab. 9: Definitionen umweltorientierter Kooperationen nach ausgewählten deutschsprachigen Arbeiten

Verfasser (Jahr)	*Definition*	*Umweltbezogener Kooperationscharakter (Beispiele)*
Götzelmann (1992)	Kooperation stellt „eine spezifische Form der Zusammenarbeit einer Unternehmung mit anderen Unternehmungen, Personen bzw. Institutionen des privaten oder öffentlichen Sektors dar, die den Merkmalen der bewussten Handlung, der (horizontalen) Autonomie sowie der gegenseitigen Abhängigkeit Rechnung trägt" (S. 95).	Umweltschutzinduzierte Kooperationen zw.: • Unternehmung und öffentlichem Sektor (z.B. bei Normenformulierung, -vermeidung) (S. 118-125, 136-157); • Unternehmung und privatem Sektor (z.B. standort- und produktbezogene Kooperationen) (S. 126-130, 157-164); • Zwischenbetriebliche Kooperationen (z.B. vertikale und horizontale F&E-Kooperationen, Nutzungs- und Rückstandskooperationen) (S. 131-135, 164-174).
Aulinger (1996)	„Kooperation dient der Steigerung der Effizienz bei dem Erreichen von Zielen mehrerer Beteiligter, wenn zwischen den Zielen der Beteiligten gleichgerichtete Wechselbeziehungen bestehen" (S. 31).	Unternehmenskooperationen zur Umsetzung von Maßnahmen einer ökologischen Unternehmenspolitik, z.B.: • Informationsaustausch zwischen Hertie und den Warenherstellern (S. 327-335); • Arbeitsgemeinschaft Ökologischer Lebensmittelhersteller (S. 335-342); • Selbstverpflichtungsabkommen des BIV-Kälteanlagebauers (S. 342-349).
Brockhaus (1996)	„Von gesellschaftsorientierten Kooperationen soll dann gesprochen werden, wenn sich Anspruchsgruppen aus unterschiedlichen gesellschaftlichen Subsystemen an einem Interaktionsprozess freiwillig beteiligen und gemeinsame Regeln, Normen oder Strukturen nutzen, um Fragen in einem gemeinsamen Problembereich zu erörtern, kollektive Lösungen zu erarbeiten und gegebenenfalls auch umzusetzen" (S. 61).	Gesellschaftsorientierte Kooperation zw. Unternehmen und ihren gesellschaftlichen Anspruchsgruppen (wie Umweltschutz-, Konsumentinnenorganisationen, Behörden), z.B.: • Ausstellungsprojekt „Gentechnik – Pro und Contra" (S. 99-130); • Forum „Marktwirtschaft und Umwelt" zur Erarbeitung eines Konzeptes für eine ökologische Steuerreform (S. 131-158); • Kooperation des Wahrenhauses Hertie mit dem BUND (S. 159-184).

Verfasser (Jahr)	*Definition*	*Umweltbezogener Kooperationscharakter (Beispiele)*
Schneidewind (1998)	Eine ökologisch orientierte Unternehmungskooperation bedeutet „die bewusste und verständigungsorientierte Koordination von Unternehmungen mit anderen Akteuren, bei der die Verständigung (explizit) auf ökologische Verbesserungen zielt" (S. 289).	Kooperationsformen: • Marktorientierte vertikale Kooperationen (entlang der Wertschöpfungskette); • Marktorientierte horizontale Kooperationen (innerhalb einer Branche/mit Wettbewerbern); • Politikorientierte Kooperationen (mit Staat und Verwaltung); • Öffentlichkeitsorientierte Kooperationen (mit öffentlichen Anspruchsgruppen wie Umweltschutz-/Verbraucherorganisationen, Anwohnern); • Laterale Kooperationen (Mischformen aus den oben genannten Kooperationen).
Krcal (1999)	Unter zwischenbetrieblicher Umweltschutzkooperation sind „alle Formen der Zusammenarbeit" zu verstehen, „die eine gemeinsame Leistungserstellung zur Umsetzung von Umweltschutzmaßnahmen durch zwei oder mehr Partner (Lieferanten, Endprodukthersteller, Entsorger) ermöglichen, mit dem Ziel, die Umweltverträglichkeit von Produkten zu erhöhen" (S. 9).	Kooperationen zw. Herstellern, Lieferanten und Entsorgern zur Verbesserung der Entsorgung von Produkten: • diverse Kooperationsfelder innerhalb der Produktlebensphasen (S. 132-155); • Beispiele u.a. aus der Automobilbranche (S. 177-197).
Kupp (2001)	Kooperation ist „jegliche Form freiwilliger und bewusster Zusammenarbeit zur Erreichung gemeinsamer Ziele" (…), „bei der die Kooperationspartner rechtlich und wirtschaftlich selbständig bleiben, wobei die Kooperation in der Regel Teilbereiche der Aufgabenvielfalt der Kooperationsteilnehmer umfasst" (S. 61).	Kooperation zw. Umweltschutzorganisationen und Unternehmen: • Etablierung eines Öko Labels (S. 90-103); • Beeinflussung ökologisch relevanter staatlicher Normen (S. 104-122); • Etablierung neuer Umweltschutztechnologien (S. 123-139); • Kooperationen zur Diffusion von umweltrelevantem Wissen (S. 140-150).

Quelle: Eigene Zusammenstellung in Anlehnung an die jeweils angegebenen Quellen.

Wie aus Tabelle 9 ersichtlich, sind im Umweltkontext unterschiedliche Definitionen zur Untersuchung des Kooperationsphänomens anzutreffen. Dabei wird ersichtlich, dass nur wenige Autoren den Umweltbezug bei umweltorientierten Kooperationen hervorheben bzw. explizieren. Außer der Definition von SCHNEIDEWIND und KRCAL weisen die Autoren keinen expliziten Umweltbezug auf, basieren somit auf klassischen Kooperationsdefinitionen, die auf konkrete Beispiele zu umweltorientierten Kooperationen zwischen verschiedenen Akteuren übertragen werden. Darüber hinaus sind auch bezogen auf die Art der involvierten *Akteure* (z.B. NGO, Politik, Unternehmen usw.) Unterschiede festzustellen, wie die Beispiele in Tabelle 9 zeigen. Auffällig ist dabei, dass umweltorientierte Kooperationen meistens zwischen Unternehmen und/oder anderen gesellschaftlichen bzw. politischen Akteuren stattfinden. Insbesondere scheint die Politik als Akteur für umweltorientierte Kooperationen besonders relevant zu sein, weil zum einen dadurch eher den wirtschaftlichen und gesellschaftlichen Belangen Rechnung getragen werden kann und zum anderen die Lösung der ökologischen Probleme nicht alleine den Unternehmen, sondern auch der Öffentlichkeit und der Politik obliegt.

GÖTZELMANN untersucht Kooperationen im ökologisch-gesellschaftlichen Kontext und berücksichtigt wie AULINGER und BROCKHAUS auch den öffentlichen und den privaten Sektor (Privatpersonen und Umweltschutzverbände), wobei AULINGER Unternehmenskooperationen als Instrument ökologischer Unternehmenspolitik betrachtet,[28] wogegen BROCKHAUS und KUPP Kooperationen als Instrument zur Erfüllung von Forderungen gesellschaftlicher Anspruchsgruppen (wie z.B. NGOs) ansehen. Eine deutlichere Abgrenzung des Begriffs der umweltorientierten Kooperation von anderen Formen der Zusammenarbeit ist bei AULINGER und SCHNEIDEWIND festzustellen, indem die Kooperation von der marktlichen Koordination und von hierarchischen Anordnungen unterschieden wird, in deren Rahmen die Interessen der Partner nicht explizit berücksichtigt werden.

Diese Diskussion zeigt deutlich, dass die Forschung im Bereich der umweltorientierten Kooperationen vielfältig ist. Die Breite an Definitionen lässt erkennen, dass der Begriff umweltorientierter Kooperation – analog zum allgemeinen Kooperationsbegriff – je nach seinem konkreten Gegenstand unterschiedlich formuliert wird. Hier wurde auch ersichtlich, dass die Entwicklung eines betriebswirtschaftlichen Verständnisses einer umweltorientierten Kooperation kontextspezifisch erfolgt. Gemeinsam ist ihnen jedoch, dass umweltorientierte Kooperationen auf eine Umweltentlastung bzw. -verbesserung abzielen. Um diesen Begriff präziser zu fassen, ist für die Arbeitszwecke unabdingbar, die wesentlichen Kooperationsmerkmale zu definieren. Welche grundsätzlichen begriffsbestimmenden Merkmale eine umweltorientierte Kooperation aufweisen soll, wird im Folgenden erörtert.

3.1.3 Konstitutive Merkmale umweltorientierter Unternehmenskooperation

Eine Definition soll genau die Merkmale beinhalten, welche es erlauben, die in der Praxis auftretende spezifische Problematik sowie die Chancen und Gefahren umweltorientierter Kooperation zu vermitteln und angemessen zu thematisieren. Insgesamt ist darauf hinzuweisen, dass trotz zunehmender Forschung bezüglich des Kooperationsphänomens „ein erheblicher Teil der Inkonsistenzen und Unschärfen aus dem deskriptiven Anspruch resultiert, eine Kombination *objektiv* zu beobachtender Merkmale zu entwerfen, die den Tatbestand der Kooperation widerspruchsfrei, vollständig und eindeutig beschreiben.“[29] Basierend auf den o.g. Definitionen (z.B. von GÖTZELMANN) wird ersichtlich, dass die grundlegenden

---

[28] Vgl. AULINGER (1996, S. 101). AULINGER liefert Aussagen über Anregungen für die Gestaltung von Kooperationen im Rahmen der ökologischen Unternehmenspolitik (S. 381), die er an verschiedenen Fallbeispielen darstellt und reflektiert. Auf dieser Grundlage gibt er Hinweise zum operativen Management von Kooperationen im Rahmen ökologischer Unternehmenspolitik (S. 325).

[29] WURCHE (1994a, S. 32), Hervorhebung im Original.

Merkmale des Kooperationsbegriffes je nach Disziplin unterschiedlich akzentuiert werden.[30] Um den Beitrag einer umweltorientierten Kooperation zu Umweltinnovationen zu untersuchen, muss die Kooperation gewisse Anforderungen erfüllen wie z.B. eine Inklusion verschiedener Akteure oder die Erschließung von Umweltentlastungspotenzialen. Vor diesem Hintergrund werden hier folgende konstitutive Merkmale zur Beschreibung von umweltorientierten Kooperationen unterschieden:

- freiwillige und bewusste Zusammenarbeit zwischen verschiedenen Akteuren;
- gemeinsame Umweltziele (gemeinsame umweltorientierte Aktivitäten);
- rechtliche und wirtschaftliche Selbstständigkeit der Kooperationspartner.

Eine besondere Bedeutung gewinnt hier zunächst die *Freiwilligkeit* der Kooperationsbeteiligung als Merkmal der umweltorientierten Kooperation.[31] Eine zwischenbetriebliche Kooperation resultiert hier aus der freiwilligen Erklärung der Kooperationspartner, zusammenzuarbeiten. Eine Zwangsmitgliedschaft (z.B. bei der IHK) wird nicht als Grundlage einer Kooperation interpretiert.[32] Wenn das Kriterium der Freiwilligkeit nicht erfüllt wird, kann die Legitimität mindestens eines der beiden Kooperationspartner gefährdet sein.[33] Nach GÖTZELMANN kann aber auch eine eingeschränkte Freiwilligkeit eintreten, z.B. durch Gesetze, die eine Zwangsmitgliedschaft in Verbänden fordern.[34] Hierbei schlägt WURCHE vor, „von Kooperationen dann zu sprechen, wenn sich die Akteure in einer solchen Interdependenzsituation immer wieder freiwillig dazu bereitfinden, die eigenen Mittel so zu wählen, dass dadurch die Ziele und Interessen des jeweils anderen respektiert und berücksichtigt werden".[35] Unter den im vorigen Kapitel dargestellten umweltorientierten Kooperationsbegriffen findet sich der explizite Bezug auf Freiwilligkeit nur in den Definitionen von BROCKHAUS und KUPP.

Die Eingrenzung auf *bewusste*, d.h. beabsichtigte Formen der Zusammenarbeit resultiert aus dem Charakter umweltorientierter Kooperationen und schließt „Pseudokooperationen" aus, die durch gleichförmiges Verhalten der Marktteilnehmer ohne faktische Bindung gekennzeichnet sind. Demnach kann hier nicht jede Art der Koordination über den Marktmechanismus als Kooperation betrachtet werden,[36] weil eine Kooperation grundsätzlich die Ziele und Interessen der durch sie verbundenen Akteure als einen bewussten und aktiven

---

30 Vgl. KUPP (2001, S. 61); BOEHME (1986, S. 25); KLUTMANN (2003, S. 97); MOLL (2000, S. 47).

31 Vgl. MORSCHETT (2003, S. 390). Da die in dieser Arbeit behandelten Kooperationen nicht den Charakter eines Firmenzusammenschlusses haben, werden hier die kartellrechtlichen Fragen der Unternehmenskooperationen nicht näher behandelt. Es handelt sich hier um kartellfreie Kooperationen, deren Wettbewerbsbeeinflussung als nicht spürbar angesehen wird. Sie spielen hauptsächlich für die vertragliche und organisatorische Gestaltung von Kooperationen eine wichtige Rolle. Vgl. dazu ausführlicher SALJE (1981, S. 9ff.); AULINGER (1996, S. 60f.), SYDOW (1992, S. 74).

32 Vgl. AULINGER (1996, S. 58f.).

33 Vgl. KUPP (2001, S. 62).

34 Vgl. GÖTZELMANN (1992, S. 90).

35 WURCHE (1994b, S. 144f.).

36 Vgl. GÖTZELMANN (1992, S. 89).

Vorgang voraussetzt. Dies umfasst „alle Formen eines aufeinander abgestimmten Handelns von Akteuren“[37] wie z.B. den Verzicht auf ökologisch bedenkliche Produkte, gemeinsame Mobilisierung der Ressourcen oder die gemeinsame Erarbeitung von Standards.

Daraus wird deutlich, dass sich die Kooperationspartner bewusst mit den Bedingungen und Folgen ihres Handelns im Rahmen einer Kooperation auseinandersetzen müssen, um spezifische Ziele zu verfolgen.[38] Damit die Umweltziele einer umweltorientierten Kooperation erreicht werden könnten, soll diese – wie die Diskussion der Begrifflichkeit gezeigt hat – durch *mehrere und heterogene Akteure* aus Wirtschaft, Politik und Gesellschaft realisiert werden, was den Anforderungen an Umwelt- und Nachhaltigkeitsorientierung entgegenkommt.

Des Weiteren ist als nächstes Kooperationsmerkmal die Erreichung *gemeinsamer Umweltziele* von Bedeutung.[39] Grundvoraussetzung für die Zusammenarbeit sind komplementäre Zielsetzungen, über welche ausreichend kommuniziert werden muss.[40] Das Kooperationsziel ist in Bezug auf Inhalt, Umfang und Zeit genau zu definieren. Um die Ziele effektiv erreichen zu können, ist an dieser Stelle eine angemessene Umsetzungsstrategie und die Kontrolle des Kooperationserfolges (z.B. durch einen Koordinator) von Bedeutung. In der Praxis lässt sich jedoch beobachten, dass die Ziele der Partner und die Ziele der Kooperation nicht immer harmonisieren.[41] Im Rahmen der Realisierung eines *gemeinsamen Kooperationsziels* (z.B. Etablierung eines Öko-Labels) können Unternehmen auch *individuelle Ziele* (z.B. Förderung des Verkaufs ökologischer Produkte oder Imageverbesserung in der Gesellschaft) anstreben. Zwar können die Partner mehrere und unterschiedliche Ziele gleichzeitig verfolgen, die Kooperationsziele aber werden von den Partnern gemeinsam verfolgt, z.B. Zugangsmöglichkeiten zu umweltfreundlichen Technologien, Realisierung von Synergieeffekten, Kosten- und Risikoreduktion. Im Rahmen der umweltorientierten Kooperationen verfolgen Unternehmen immer zugleich auch Ziele, die zur Lösung weiterer betrieblicher Probleme im technischen, marktlichen und betriebswirtschaftlichen Sinne beitragen und zu einer Win-win-Situation führen.[42]

Ein weiteres Merkmal des Kooperationsbegriffes ist die *rechtliche* und *wirtschaftliche Selbstständigkeit der Akteure*.[43] GÖTZELMANN behauptet in diesem Zusammenhang, dass

---

37 SCHEIDEWIND (1998, S. 292). Das bewusste Handeln wird insbesondere in der Strukturationstheorie thematisiert. Dazu ausführlich vgl. SCHEIDEWIND (1998); KUPP (2001, S. 43-46 und 62).

38 Vgl. LANGE/SCHAEFER/DALDRUP (2001, S. 77) .

39 Zu diesem Merkmal vgl. SALJE (1981, S. 39f.); BOEHME (1986, S. 25); KUPP (2001, S. 62f.).

40 Vgl. KLUTMANN (2003, S. 97). EBINGER spricht in diesem Zusammenhang über Kooperationen mit gemeinsamer Zielsetzung oder zumindest mit einer gleichgerichteten Zielbeziehung sowie möglichst einer *win-win-Situation* für die beteiligten Partner. Vgl. EBINGER (2003, S. 3).

41 Vgl. BULLINGER/WARSCHAT (1997, S. 31); KUPP (2001, S. 62f.). TRÖNDLE unterscheidet zwei Arten der Kooperation: einerseits Kooperation zur Erreichung gemeinsamer Ziele und andererseits die Kooperation zur gemeinsamen Erreichung unterschiedlicher Ziele. Vgl. TRÖNDLE (1987, S. 22 und 39ff.).

42 Vgl. MÜLLER-CHRIST (2001, S. 81).

43 Vgl. SALJE (1981, S. 4); BOEHME (1986, S. 25); AULINGER (1996, S. 59); KUPP (2001, S. 63).

die rechtliche Selbstständigkeit „keinen Anhaltspunkt zur Unterscheidung kooperativer und konzentrativer Gebilde bietet, weil wirtschaftlich unselbständige Tochtergesellschaften unterschiedlicher Konzerne rechtlich selbständig sein können“.[44] Somit misst er dem Kriterium der wirtschaftlichen Selbstständigkeit einen konstitutiven Charakter bei. Die wirtschaftliche Selbstständigkeit bedeutet, dass ein Unternehmen strategische Entscheidungen selbst treffen und umsetzen kann, was aber mit seiner rechtlichen Selbstständigkeit zusammenhängt. Bei freiwillig eingegangenen Kooperationen ist die Autonomie zumindest in der Anfangsphase groß, jedoch durch eine dauerhafte Interaktion ist i.d.R. mit gewissen Interdependenzen zu rechnen.[45] Die Interdependenzen sind je nach Bedeutung der Kooperationsaufgabe bzw. Macht der Kooperationspartner (infolge einer relativen Stärkung der Wettbewerbsposition) einer eigenen Dynamik unterworfen.

Insgesamt lässt sich aus den dargestellten Definitionen und den konstitutiven Kooperationsmerkmalen schlussfolgern, dass es für eine weiterführende Analyse der umweltorientierten Kooperation entscheidend ist, dem Ausdruck einen Inhalt zu geben, der bestimmte beobachtete Erscheinungen hinreichend beschreibt und andere als nicht-zugehörig ausklammert.

Deshalb soll – in Anlehnung an diese definitorischen und merkmalsbezogenen Grundlagen – unter einer ***umweltorientierten Kooperation*** jegliche Form *freiwilliger* und bewusster Zusammenarbeit marktlicher, politischer und/oder öffentlicher *Akteure* zur Erreichung *gemeinsamer Umweltziele* verstanden werden, bei der die Kooperationspartner *rechtlich und wirtschaftlich selbstständig* bleiben.

Diese begriffsbestimmenden Merkmale stellen einen Ausgangspunkt für die Kooperationsanalyse dar. Sie unterscheiden die Kooperation von der marktlichen Koordination und von hierarchischen Anordnungen, bei denen die Interessen der Kooperationspartner eher über Marktpreise oder über einfache Anordnung erfolgen.[46] Da Kooperation als dynamisches Gebilde angesehen wird, ist sie sowohl internen als auch externen Veränderungen unterworfen. Daher ist ihre Gestaltung und Steuerung ausschlaggebend, um z.B. eine innovative Idee umzusetzen. Ob eine umweltorientierte Kooperation entsprechend der Zielstellung der Arbeit innovationsfördernd sein kann, hängt u.a. davon ab, wie sie gestaltet wird. Darauf wird im nachfolgenden Kapitel näher eingegangen.

---

44 GÖTZELMANN (1992, S. 90).

45 Weiterführend vgl. SYDOW (1992, S. 92). Das gleichzeitige Vorhandensein von Autonomie (in diesem Falle Eintrittsentscheidung und rechtliche Selbstständigkeit) und Interdependenz wurde von BOETTCHER (1974) als „Paradoxon der Kooperation“ bezeichnet. Vgl. dazu BULLINGER/WARSCHAT (1997, S. 31).

46 Vgl. SYDOW (1992, S. 102 und 130f.); weiterführend vgl. dazu auch Kapitel 4.1.1.

3.2 Anforderungen und Gestaltungsoptionen umweltorientierter Kooperationen

3.2.1 Strukturmerkmale von Kooperationen

(Unternehmens-)kooperationen lassen sich hinsichtlich *vielfältiger Kriterien* bzw. Dimensionen in Abhängigkeit vom jeweiligen Untersuchungsobjekt unterscheiden.[1] Zwischen manchen Gestaltungsmerkmalen bestehen einerseits Überschneidungen,[2] andererseits ist eine Untersuchung der (Unternehmens-)Kooperationen anhand der in der Literatur auffindbaren Vielzahl der Kooperationsdimensionen nicht handhabbar und nicht zweckmäßig. Die in der Literatur vorgebrachte Kritik bezüglich der zahlreichen Merkmale bezieht sich auf folgende Aspekte:[3]

- einerseits besteht jedes Merkmal aus mehreren Teilmerkmalen, die eine deutliche Bestimmung erschweren oder verhindern (z.B. wird das Merkmal *Intensität* durch solche Einzelmerkmale wie *Zahl*, *Umfang* und *Wichtigkeit* der Aufgabenstellung erklärt);
- andererseits stellen die Merkmalsausprägungen keine eindeutige Zuordnungsvorschrift dar (z.B. die Ausprägungen ‚Klein- und Großgruppen' des Merkmals ‚Gruppenstruktur').

Vor diesem Hintergrund wird im Folgenden eine Auswahl solcher Kooperationsmerkmale[4] vorgestellt, die eine differenzierte Kennzeichnung umweltorientierter Kooperationen ermöglichen und den Kooperationskontext widerspiegeln. Dies ist für die vorliegende Zielstellung insofern erkenntnisfördernd, weil, um den Beitrag der Kooperation zu Innovationen zu untersuchen, auch wichtig ist, verschiedene Kennzeichen bzw. Determinanten einer Kooperation aufzuzeigen, weil sie potenziell für die ökologische Handlungsorientierung unter Umweltinnovationsgesichtspunkten relevant sein können. Dabei handelt es sich somit um Gestaltungskriterien, die einen *strukturellen und prozessualen* Charakter haben. Die Gestaltungsmerkmale (Strukturvariablen) der Kooperationen können im Allgemeinen Hinweise darauf liefern,

- welche Gestaltungsmöglichkeiten von Kooperationen bestehen;
- wie das Funktionieren von bestehenden Kooperationen optimiert werden kann sowie
- wie und welche Ziele/Effekte durch eine (umweltorientierte) Kooperation erreicht werden können.

---

1 Eine Zusammenstellung der Gestaltungsparameter in der deutschsprachigen Kooperationsliteratur befindet sich bei WURCHE (1994a, S. 133). Weiterhin zu Ausgestaltungskriterien einer Kooperation vgl. GROCHOLA (1972, S. 5); SALJE (1981, S. 6); STAUDT/KRIEGESMANN/FISCHER (1992, S. 124-145); LUTZ (1993, S. 46); STREBEL (1983, S. 61ff.); BUSE (1997, S. 456-464); MOLL (2000, S. 47); FICHTER (2005, S. 253).

2 Obwohl die Übergänge zwischen den einzelnen Formen fließend sind, kann es vorkommen, dass sich die genannten Kooperationsformen insbesondere hinsichtlich der beteiligten Partner und der Ziele der Kooperation vermischen.

3 Vgl. hierzu GÖTZELMANN (1992, S. 105).

4 Diese können auch für umweltorientierte Kooperationen relevant sein, weil sie einen allgemeinen Charakter aufweisen.

Die ausgewählten relevanten Gestaltungsmerkmale können in Form eines morphologischen Kastens[5] dargestellt werden (vgl. Tabelle 10).

Tab. 10: Morphologischer Kasten für die Kooperationseinordnung bzw. -gestaltung

Gestaltungsmerkmale	*Ausprägung*				
Anzahl der Beteiligten	zwei Unternehmen			mehrere Unternehmen	
Zutrittsmöglichkeiten	offener Zutritt			geschlossener Zutritt	
Gegenstand	Objekte			Unternehmensfunktionen	
Richtung	horizontal		vertikal		Lateral
Umfang (Extensität)	niedriger Umfang		mittlerer Umfang		hoher Umfang
Intensität (Tiefe)	stillschweigend aufeinander abgestimmtes Verhalten	unverbindliche Zusammenarbeit / Empfehlungen	Austausch von Informationen / Ergebnissen	koordiniertes Vorgehen	gemeinschaftliches Vorgehen
Zeitliche Ausdehnung	sporadisch		begrenzt		unbegrenzt

Quelle: Eigene Darstellung in Anlehnung u.a. an SYDOW (1992, S. 120); KUPP (2001, S. 77f.).

Diese Gestaltungsmerkmale der Kooperationen werden im Folgenden näher erläutert, weil diese Merkmale potenziell innovationsrelevante Ansatzpunkte zu Innovationsförderung durch eine umweltorientierte Kooperation darstellen.

a) Anzahl der an der Kooperation Beteiligten

Bezogen auf die Anzahl von Partnern in einer Kooperationsbeziehung werden die meisten Arrangements nur zwischen zwei Unternehmen eingegangen.[6] Je mehr Partner an einer Kooperation beteiligt sind, desto größer ist der Abstimmungsaufwand und die Anforderung an die Verfügbarkeit von Ressourcen.[7] Andererseits weist KUPP darauf hin, dass die Anzahl von Kooperationspartnern entscheidend für die Mobilisierung von in die Kooperation eingebrachten Ressourcen ist.[8] Die Anzahl der Kooperationspartner hängt auch mit den Zutrittsmöglichkeiten zur Kooperation zusammen und gibt nicht nur einen Aufschluss über die quantitative Beteiligung der Kooperationsparteien, sondern kann auch Auswirkungen auf die Kooperationsstabilität haben.

b) Zutrittsmöglichkeiten zu der Kooperation

Je nach Kooperationsvorhaben kann der Zutritt für Dritte ermöglicht („offener" Zutritt) oder verboten („geschlossener" Zutritt) werden.[9] Kooperierende Unternehmen sind eher an einer geschlossenen Kooperation interessiert, weil der Vorteil einer Kooperation i.d.R. „auf der Exklusivität des Kooperationsergebnisses beruht".[10] So streben Unternehmen durch eine Kooperation strategische Wettbewerbspotenziale, Kostensenkungs- oder Differenzierungspotenziale an. Eine offene Kooperation ist dagegen für ähnlich positionierte Unternehmen denkbar,

5 Vgl. dazu ausführlich PÖLZL (2002, S. 239-242) und die dort zitierte Literatur.
6 Vgl. SYDOW (1992, S. 120); BUSE (1997, S. 460); GÖTZELMANN (1992, S. 106f.); AULINGER (1996, S. 70).
7 Vgl. KUPP (2001, S. 77f.).
8 Vgl. KUPP (2001, S. 77f.).
9 Vgl. STREBEL (1983, S. 61); BOEHME (1986, S. 37); AULINGER (1996, S. 76).
10 WURCHE (1994a, S. 148), vgl. dazu auch KUPP (2001, S. 81).

die gleiche Maßnahmen durchführen, jedoch zu unterschiedlichen Kosten.[11] Allerdings können durch eine Kooperation gewisse Vorteile erst dann erreicht werden, wenn sich daran eine große Anzahl von Unternehmen beteiligt.

c) Gegenstand der Kooperation

Im Allgemeinen haben Kooperationen zum Gegenstand:[12]

- Objekte (Produkte, Dienstleistungen),
- Unternehmensfunktionen (diverse Ansatzmöglichkeiten: von der Markt- und Umfeldbeobachtung über Produktion bis zur Markteinführung).

Die Bestimmung des *Objektes* sowie des Inhaltes der Kooperation ergibt sich unmittelbar aus dem Kooperationsziel. Die funktionale Kooperation, d.h. Funktionsaufteilung, gilt hauptsächlich für Kooperationen in F&E,[13] wobei Gegenstand der Kooperation nahezu alle Tätigkeitsbereiche eines Unternehmens sein können wie z.B. Vertrieb, Produktion, Logistik. SALJE differenziert hier zwischen *Hauptfunktionen* (wie z.B. Produktion und Verkauf) sowie *Hilfsfunktionen* (z.B. Beschaffung, Werbung, Lagerhaltung, Transport und Verwaltung).[14] Nicht nur die Abstimmung von betrieblichen Funktionen oder die Funktionsausgliederung, sondern auch die Funktionsübertragung kann als neue Erscheinungsform der Kooperation angesehen werden.

d) Richtung der Kooperation

Das am häufigsten benutzte Kriterium zur Unterscheidung der Kooperation ist die Richtung. Dabei unterscheidet man folgende Kooperationen:[15]

- horizontale (in derselben Stufe des Wertschöpfungsprozesses),
- vertikale (in aufeinanderfolgenden Wertschöpfungsstufen),
- diagonale, auch als laterale bzw. komplementäre bezeichnet (branchenübergreifend).

Einerseits können die Kooperationen *vertikal* erfolgen (v.a. für die Lösung von produktbezogenen Umweltproblemen), andererseits treten sie auch z.B. in Form von Branchenlösungen (*horizontal*) auf. Bei einer *diagonalen* Kooperation arbeiten Unternehmen unterschiedlicher Branchen über verschiedene Stufen der Wertschöpfungskette zusammen. Ein *Verwertungsnetzwerk* beschreibt eine Kooperation dar, die aus allen drei Kooperationsformen bestehen kann.[16]

---

11 Vgl. KUPP (2001, S. 81); REINHARDT (2000, S. 34).

12 Vgl. BOEHME (1986, S. 32f.); KUPP (2001, S. 63).

13 Weiterführend vgl. STREBEL (1983, S. 61).

14 Vgl. SALJE (1981, S. 6); weiterführend vgl. BUSE (1997, S. 459); AULINGER (1996, S. 57f.).

15 Vgl. SALJE (1981, S. 6); BOEHME (1986, S. 33f.); STAUDT et al. (1992, S. 125ff.); LUTZ (1993, S. 46); BUSE (1997, S. 458); KUPP (2001, S. 75); KALUZA (2002, S. 79).

16 D.h. vertikal – durch die Unternehmenskooperation in derselben Branche, aber auf verschiedenen Fertigungsstufen; horizontal – durch die Unternehmenszusammenarbeit derselben Fertigungsstufen, jedoch aus unterschiedlichen Branchen; lateral – durch die Unternehmenskooperation verschiedener Fertigungsstufen und unterschiedlicher Branchen. Vgl. KALUZA (2002, S. 79f.).

e) Umfang (Extensität) der Kooperation

Prinzipiell können Kooperationen alle unternehmerischen Aufgabenfelder betreffen, z.B. Kooperationen bezogen auf Risikomanagement oder auf Möglichkeiten zur Kostenreduktion, Neuproduktentwicklung und Personalmanagement. Der Umfang einer Kooperation kann in unterschiedlichem Ausmaß erfolgen:[17]

- niedriger Umfang (Kooperationen zum Informationsaustausch),
- mittlerer Umfang (Kooperationen für einzelne Projekte[18] oder Aktionen) oder
- hoher Umfang (Kooperationen im Produkt- und Produktionsbereich).

Mit wachsendem Umfang der Kooperation steigt die Handlungsmotivation der beteiligten Akteure.[19] Die Handlungsmotivation wird auch von situativen Faktoren wie z.B. Vertrauen, gegenseitiger Abhängigkeit oder der Identifikation mit dem Kooperationsziel beeinflusst. Der Umfang der Kooperation hängt eng u.a. mit der Dauer und Intensität (Anzahl der involvierten Personen, Häufigkeit der Absprache) der Kooperation zusammen.

f) Intensität (Tiefe)

Eine relevante *Determinante* für die Auswahl des richtigen Kooperationskreises ist u.a. die Intensität der Zusammenarbeit durch die Einbeziehung sowohl stillschweigender als auch vertraglicher Vereinbarungen (z.B. vom Erfahrungsaustausch bis hin zur Gründung eines Gemeinschaftsunternehmens).[20] Eine zwischenbetriebliche Zusammenarbeit kann insgesamt unterschiedliche Intensitätsgrade aufweisen:[21]

- stillschweigend aufeinander abgestimmtes Verhalten,
- unverbindliche Zusammenarbeit/Empfehlungen,
- Austausch von Informationen/Ergebnissen,
- koordiniertes Vorgehen,
- gemeinschaftliches Vorgehen.

Das Merkmal der Intensität umfasst einerseits die Häufigkeit der Interaktionen zwischen den Akteuren und andererseits die durch Interaktion gebundenen materiellen, finanziellen und personellen Ressourcen.[22] Wesentlichen Einfluss auf die Intensitätsform haben Art und Umfang der koordinierten Teilaufgaben. Mit dem Intensitätsgrad ist auch die Bindungsart (bzw. die rechtliche Ausgestaltung) einer Kooperation eng verbunden. Bezogen auf die Zielstruktur der Teilnehmer als Entscheidungsparameter lassen sich drei Bindungsarten[23] der Kooperation unterscheiden: unverbindliche oder lose Kooperation, vertragliche Kooperation

---

17 Vgl. KUPP (2001, S. 84).

18 Unter einem Projekt ist ein „zeitlich begrenztes, im Prinzip einmaliges Vorhaben eher innovativer Natur" zu verstehen. Vgl. SCHWANNINGER/KÖRNER (2003, S. 76).

19 Vgl. KUPP (2001, S. 84f.); HABANN (1999, S. 26ff.).

20 Vgl. GROCHOLA (1972, S. 5).

21 Vgl. BOEHME (1986, S. 34). Zu einer modifizierten Klassifikation vgl. PLESCHAK/SABISCH (1996, S. 289f.).

22 Vgl. SYDOW (1992, S. 87f.); BULLINGER/WARSCHAT (1997, S. 34).

23 Vgl. GROCHOLA (1972, S. 5); SALJE (1981, S. 8); BUSE (1997, S. 459f.).

und kapitalbindende Kooperation (gesellschaftsvertragliche bzw. -rechtliche Zusammenarbeit durch eine Beteiligung an einer Gesellschaft).

g) Zeitliche Ausdehnung der Kooperation
Denkbare Kriterien für den Zeitaspekt einer Kooperation sind sporadisch, begrenzt oder unbegrenzt.[24] Bezogen auf die Dauer kooperativer Aufgabenerfühlung wird zwischen[25]

- der Zusammenarbeit beim Erhalt bzw. bei der Erfüllung eines Einzelauftrages (sog. Auftragskooperation) und
- der Zusammenarbeit in bestimmten Bereichen auf längere Sicht (sog. kurz-, mittel- oder langfristige Kooperation) unterschieden.

Die Dauer ist eng mit dem Gegenstand der Kooperation verbunden und ergibt sich aus dem Umfang der Kooperation, d.h. aus der Art und Menge der Themen bzw. Bereiche, die im Rahmen einer Kooperation behandelt werden.[26]

Zusammenfassend kann konstatiert werden, dass die verschiedenen Merkmale auch für die Kennzeichnung umweltorientierter Kooperationen geeignet sein können. Sie zeigen allgemeine Kennzeichen, die je nach Kooperation unterschiedlich sein können, weil jede Kooperationsform unterschiedliche qualitative, quantitative, räumliche und zeitliche Ausprägungen aufweist. Darüber hinaus bestehen zwischen diesen Gestaltungskriterien vielfältige Zusammenhänge. Die hier vorgestellten Merkmale können einerseits dazu genutzt werden, eine bzw. mehrere Typologien von Kooperationen herzuleiten, was grundlegend für theoretische Erkenntnisse des Kooperationsphänomens und für praktische Gestaltungsvorschläge zielführend wäre, allerdings nicht Ziel dieser Arbeit ist. Andererseits zeigen sie verschiedene Ansatzpunkte und Möglichkeiten für die Analyse umweltorientierter Kooperationen, welche Gegenstand des empirischen Teils dieser Arbeit ist. Ein Überblick über unterschiedliche Kooperationsformen und deren Effekte findet sich im nachfolgenden Abschnitt.

3.2.2 *Klassifikation umweltorientierter Unternehmenskooperationen*

Die bisherige Forschung zu umweltorientierten Kooperationen richtet ihren Fokus auf verschiedene Formen der Kooperationsgestaltung. Die umweltorientierten Kooperationsformen können dementsprechend nach verschiedenen Kriterien systematisiert werden. Es bestehen auch große Unterschiede bezüglich ihrer Wirkmechanismen, ihrer Reichweite sowie ihres Nutzens.[27] Dies hängt auch damit zusammen, dass die Vielfalt möglicher (z.B. markt- oder politikorientierter) Kooperationen im Umweltkontext nicht nur Gegenstand der

24 Vgl. BOEHME (1986, S. 36f.).
25 Vgl. GABLER (1994, S. 1923).
26 Vgl. KUPP (2001, S. 79); GÖTZELMANN (1992, S. 109).
27 Weiterführend dazu vgl. SCHNEIDEWIND (1998, S. 328ff.); BMU/UBA (2001, S. 178).

Betriebswirtschaftslehre ist, sondern auch anderer wissenschaftlicher Disziplinen, z.B. der Umweltökonomie oder der Verwaltungswissenschaften (als kooperatives Verwaltungshandeln, regulierte Selbstregulierung etc.).[28] Das wird auch in einer erweiterten Systematisierung der umweltorientierten Kooperationen gegenüber der herkömmlichen Herangehensweise deutlich. Während beispielsweise SCHNEIDEWIND seine Klassifizierung an theorieorientierten Merkmalen ansetzt, zeigt GÖTZELMANN eine makroperspektivische Einordnung auf, die durch das umweltpolitische Leitprinzip geprägt ist.[29]

Da es sich in der vorliegenden Arbeit hauptsächlich um Wirkungen umweltorientierter Kooperationen auf die betrieblichen Umweltinnovationen handelt, beschränkt sich die folgende Darstellung auf einige bedeutende Kooperationsformen im Umweltschutz, die einen umfassenden Überblick über das Spektrum der umweltorientierten Kooperationen ermöglichen. Diese Typologien der umweltorientierten Kooperationen orientieren sich an dem wissenschaftstheoretischen Grundverständnis der Arbeit, wonach die Systematisierungen aus dem umweltökonomischen oder -politischen Bereich für die vorliegende Arbeit nicht erkenntnisleitend sind.

Eine relativ breit gefasste und betriebswirtschaftlich konforme Typologie, welcher der Zielbezug und die Partner als Klassifizierungsdimensionen[30] zugrunde liegen, ist auf SCHNEIDEWIND[31] (1995 und 1998) zurückzuführen. So wurde in der anfänglichen Forschung auf diesem Gebiet zwischen *marktorientierten* (vertikal bzw. horizontal) und *gesellschaftsorientierten Kooperationen* unterschieden, wie Tabelle 11 zeigt.[32] Während die ersten auf die Erhöhung der Wettbewerbsfähigkeit und Beeinflussung der Marktbedingungen abzielen, streben die gesellschaftsorientierten Kooperationen[33] an, auf die Forderungen der Anspruchsgruppen (z.B. Politik) zu reagieren, Konflikte beizulegen und die gesellschaftspolitische Diskussion im Sinne einer zunehmenden Ökologisierung zu beeinflussen. Das Interesse der Unternehmen an den gesellschaftsorientierten Kooperationen ist auf vielfältige Vorteile zurückzuführen, z.B. Verbesserung des Images in der Öffentlichkeit oder Erschließung neuer Marktnischen. Durch gezielte PR-Aktionen können sie die Bekanntheit des Unternehmens erhöhen, was auch ein wichtiges Strategieelement ist. Wesentliche Besonderheiten beider Kooperationsformen stellt Tabelle 11 dar.

---

[28] Vgl. BROCKHAUS (1996, S. 58).
[29] Vgl. SCHNEIDEWIND (1995); GÖTZELMANN (1992).
[30] Zu diesen Schlüsselkategorien vgl. auch BROCKHAUS (1996, S. 43).
[31] Vgl. SCHNEIDEWIND (1998, S. 328-396).
[32] Vgl. SCHNEIDEWIND (1995, S. 18); PREIMESBERGER (1997, S. 374); HERDE (2003, S. 29).
[33] Unter gesellschaftsorientierten Kooperationen sind politik- und öffentlichkeitsorientierte Kooperationsformen subsumiert. Zu gesellschaftsorientierten Kooperationen auch vgl. BROCKHAUS (1996).

Tab. 11: Ökologisch orientierte Kooperationsformen von Unternehmen

Kooperations-formen	*Marktorientierte Kooperationslösungen*		*Gesellschaftsbezogene Kooperationen*
Alternative Koordinationsformen	Markt, Hierarchie	Konkurrenz	Konflikt
Partner	Einzelne Unternehmen entlang der Wertschöpfungskette	Mehrheit oder alle Unternehmer einer Branche	Unternehmen, politische Institutionen (Gesetzgeber, Behörden), öffentliche Anspruchsgruppen
Ziel der Kooperation	• Erhöhung der Wettbewerbsfähigkeit einzelner Branchen • stoffliche und thermische Verwertungswege	• Beeinflussung der Wettbewerbsbedingungen der Branche • Produktrückgabesysteme • Logistikkooperationen	Lösung ökologisch orientierter Konflikte
Beispiele	• Regionale Vermarktungskooperationen im Lebensmittelbereich • Kooperationen in der textilen Kette	• Kooperationen für ökologische Mindeststandards • Erarbeitung von Ökobilanzbasisdaten für Produkte	• Verzicht auf ökologisch bedenkliche Produkte in Sortimenten (in Zusammenarbeit mit Anspruchsgruppen) • Runde Tische
		Freiwillige Branchenverpflichtung	
	Branchenweite Entsorgungslösungen		

Quelle: Vgl. PREIMESBERGER (1997, S. 374); SCHNEIDEWIND (1998, S. 328f.); BMU/UBA (2001, S. 174).

Im Laufe der Zeit wurde die allgemeine Kooperationsgliederung von SCHNEIDEWIND (1998) erweitert, was durch Einbeziehung weiterer Anspruchsgruppen zur präziseren Unterscheidung geführt hat. Diese Kooperationsformen sind in jeweils unterschiedlichen Kontexten (Markt, Politik, Öffentlichkeit) verankert. Im Folgenden werden diese Kooperationen kurz charakterisiert, um dann zu untersuchen, ob es eine besonders vorteilhafte Kooperationsform gibt, um Umweltinnovationen zu beeinflussen.

Marktorientierte vertikale Kooperationen bezeichnen eine Zusammenarbeit einzelner Unternehmen entlang einer Wertschöpfungskette oder einer Produktlinie, die meistens aus Wettbewerbsgründen (wie verkürzte Absatzwege, Imagevorteile u.ä.) erfolgt.[34] Die häufigste Form der vertikalen Kooperation ist die Zusammenarbeit zwischen Industrie und Handel[35] wie z.B. eine regionale Vermarktungskooperation im Lebensmittelbereich oder eine Kooperation innerhalb der textilen Kette (Texweb) zwischen COOP und Natura-Line in der Schweiz.[36] Insbesondere angesichts der Produktverantwortung der Hersteller hinsichtlich der Umweltrelevanz ihrer Produkte arbeiten viele Akteure entlang der Wertschöpfungskette zusammen (z.B. Zusammenarbeit zwischen Axel Springer Verlag und Otto Versand oder Zusammenarbeit von Unternehmen der Elektrotechnik- und Elektroindustrie).[37] Auch im Bereich Entsorgung spielen die vertikalen Kooperationen eine zunehmende Rolle (z.B. in der

[34] Vgl. PREIMESBERGER (1997, S. 375); EBINGER (2003, S. 3); KRCAL (1999, S. 9).
[35] Vgl. GABLER (1994, S. 1923).
[36] Vgl. BROCKHAUS (1996, S. 42); SCHNEIDEWIND (1995, S. 18); WESTERMANN et al. (2000).
[37] Ziel war eine Optimierung der Umweltverträglichkeit eines Produktes durch das Zusammenwirken aller Akteure, die innerhalb der jeweiligen Wertschöpfungskette Einfluss auf umweltrelevante Faktoren haben. Vgl. UBA (2002b, S. 326).

Automobilindustrie). Die Kooperation mit Vor- und Nachstufen, also mit Lieferanten, produzierenden und konsumierenden Abnehmern sowie mit Entsorgern wird angesichts des integrierten Umweltschutzes immer häufiger angestrebt, weil hier aus betriebswirtschaftlicher Sicht noch ungenutztes Potenzial liegt.[38] Weiterhin bietet dazu auch der Bereich des Stoffstrommanagements[39] Potenziale. Solche Akteurskooperationen werden sogar als Katalysator von umweltorientierten Innovationsprozessen angesehen.[40] In vertikalen Kooperationen steht die Erhöhung der Wettbewerbsfähigkeit im Vordergrund, was unter Umweltinnovationsgesichtspunkten relevant sein kann.

Die ***marktorientierten horizontalen Kooperationen*** haben nicht nur eine möglichst effiziente Koordination von Akteuren innerhalb gegebener marktlicher Rahmenbedingungen zum Ziel, sondern versuchen auch, die Rahmenbedingungen zu gestalten. Eine horizontale Kooperation erfolgt zwischen aktuellen und/oder potenziellen Konkurrenten, z.B. zwischen Herstellern von Haushaltsgeräten, zwischen dem Lebensmittel-Einzelhandel[41] oder auch in der Textilindustrie.[42] Dabei kommt es häufig auf die Vermeidung oder Beseitigung von Wettbewerbsverzerrungen an, die besonders im Umweltbereich zeitliche Gefahren bergen. Eine horizontale Kooperation hat – ähnlich wie die vertikale Kooperation – eine Beeinflussung von Wettbewerbsbedingungen oder die Erhöhung der Wettbewerbsfähigkeit der beteiligten Unternehmen zum Ziel.

Als Beispiel können hier Kooperationen für ökologische oder soziale Mindeststandards und Branchenselbstverpflichtungen genannt werden, um das Erreichen von Kostenvorteilen durch Einsatz umweltgefährdender, aber kostengünstiger Werk- und Betriebsstoffe durch einige Unternehmen zu verhindern (z.B. Verzicht auf Problemstoffe in den Produkten bzw. der Herstellung) oder die gemeinsame Einrichtung von Märkten oder Börsen für ökologische Produkte, um eine zusätzliche Differenzierung und mehr Markt zu ermöglichen.[43] Der Gegenstand der Kooperation ist nicht nur eine Vereinbarung von technischen Prozessen, sondern kann auch eine Art von Verhaltenskodex in Bezug auf die Umwelt sein. Diese Kooperationsform ist hauptsächlich zur Behandlung von vielfältigen branchenweiten Umweltproblemen (auch für Dienstleister) geeignet.

---

38 Vgl. STREBEL (1993, S. 9); KRCAL (1999, S. 17ff.).

39 Generell liegen ihm zwei Konzepte zugrunde, nämlich einerseits das Management von Stoffströmen (Material- und Informationsflüsse) und andererseits das Management von Kooperationen. Dies beinhaltet auch die Definition des Stoffstrommanagements durch die Enquete-Kommission „Schutz des Menschen und der Umwelt“: „Unter dem Management von Stoffströmen der beteiligten Akteure wird das zielorientierte, verantwortliche, ganzheitliche und effiziente Beeinflussen von Stoffsystemen verstanden, wobei die Zielvorgaben aus dem ökologischen und dem ökonomischen Bereich kommen, unter Berücksichtigung von sozialen Aspekten. Die Ziele werden auf betrieblicher Ebene, in der Kette der an einem Stoffstrom beteiligten Akteure oder auf der staatlichen Ebene entwickelt“ ENQUETE-KOMMISSION (1998).

40 Vgl. MINSCH/EBERLE/MEIER et al. (1996, S. 129ff.).

41 Vgl. GABLER (1994, S. 1923); BUSE (1997, S. 458).

42 Vgl. UBA (2002b, S. 328).

43 Vgl. PREIMESBERGER (1997, S. 375); SCHNEIDEWIND (1995, S. 18f.).

Die ***politikorientierten Kooperationen***[44] umfassen eine Zusammenarbeit zwischen Unternehmen und regionalen Vollzugsbehörden, Kooperation in Form runder Tische, Branchenselbstverpflichtungen oder freiwilliger Vereinbarungen, wobei die politischen Akteure eine Schlüsselposition einnehmen. In der Praxis gibt es eine Vielzahl an Begriffen für dieses in Deutschland und Europa zunehmend genutzte umweltpolitische Instrument. *Freiwillige Vereinbarungen* und *Selbstverpflichtungen, umweltbezogene Selbstverpflichtungen, freiwillige Kooperationslösungen (Branchenabkommen), freiwillige Zusagen, Selbstverpflichtungserklärungen, voluntary agreements, negotiated agreements* oder *moral suasion* sind einige der gängigen Begriffe.[45] Es handelt sich insgesamt um kooperative Instrumente wie Absprachen und Verhandlungen, insbesondere Branchenabkommen und Verbandslösungen, informelles Verwaltungshandeln (z.B. Verhandlungen im Vorfeld von Planfeststellungsverfahren), aber auch Mediationsverfahren (bisher v.a. in den USA und Japan).[46] Die politikorientierten Kooperationen werden auch im Bereich des Umweltrechts eingegangen. Beispielsweise werden sog. „Zwangskooperationen" verordnet, wie das aufgrund von § 22 KrW-/AbfG der Fall ist, wonach die ökologische Produktverantwortung „von der Wiege bis zur Bahre", d.h. von der Konzeptionisierung über Verwendung, Kreislaufführung und Entsorgung der Produkte gefordert wird.[47] Durch die Zusammenarbeit zwischen den Unternehmen und den Gesetzgebungsorganen kann es z.B. einen Informationsgewinn zugunsten der Verbesserung der unternehmerischen Planung oder der Berücksichtigung künftiger Grenzwerte bei Investitionsentscheidungen geben.[48]

Beispielsweise werden freiwillige Selbstverpflichtungen[49] in der deutschen Umweltpolitik als Mittel zur Zielfindung verstanden, weil ihnen ein Umweltziel zugrunde liegt und sie i.d.R. mit einer Androhung von umweltpolitischen Maßnahmen verbunden sind. Somit stellen sie ein umweltpolitisches Instrument dar.[50] Die freiwilligen Selbstverpflichtungen gelten zuweilen als besonders marktwirtschaftskonform und erfreuen sich in Deutschland wachsender Beliebtheit.[51] Insbesondere im Rahmen der Diskussion um eine nachhaltige Entwicklung nehmen politikorientierte Kooperationen eine zentrale Rolle als Alternative gegenüber rechtlichen und fiskalischen Instrumenten ein und genießen wachsende Akzeptanz in der

---

44 Vgl. dazu BMU/UBA (2001, S. 176).
45 Vgl. FABER (2001, S. 207).
46 Vgl. SIMONIS (2001, S. 8f.).
47 Vgl. EBINGER (2005, S. 209).
48 Vgl. GÖTZELMANN (1992, S. 125).
49 Die *Selbstverpflichtungen* werden als „rechtlich unverbindliche Zusagen (d.h. nicht vertraglich fixierte Vereinbarungen) der Wirtschaft oft von einzelnen Branchen verstanden, die Maßnahmen zum Umweltschutz durchzuführen oder umweltbelastende Aktivitäten zu unterlassen oder zu reduzieren, um bestimmte Umweltziele zu erreichen". MEFFERT/KIRCHGEORG (1998, S. 201). Eines der ersten *Selbstverpflichtungsabkommen* (SV) war *eine Zusage der Automobilindustrie* zur Senkung des Kraftstoffverbrauchs von PKW und Nutzfahrzeugen im Jahre 1979. Ziel war es, die Verbrauchswerte der Fahrzeuge bis 1985 gegenüber 1978 um durchschnittlich 10-12% zu verringern, wodurch entsprechende Verordnungen des Staates verhindert werden sollten. Vgl. GELDSETZER (1997, S. 22f.).
50 Vgl. KLEMMER/LEHR/LÖBBE (1999, S. 69); KRAMER/URBANIEC (2001, S. 309f.).
51 Vgl. BDI (Hrsg.) (1999, S. 13); KOM (2002) 412, S. 3; URBANIEC (2003, S. 88ff.); MÖLLER (2004).

Politik.[52] Demgegenüber verweisen RENNINGS et al. darauf, dass freiwillige Selbstverpflichtungen das Ergebnis politischer Verhandlungen zwischen Staat und Wirtschaftsverbänden sind, die weder an den Preismechanismus gebunden sind noch zwangsläufig zum Einsatz marktkonformer Instrumente führen – und aus diesen Gründen nicht als marktwirtschaftliches Instrument der Umweltpolitik zu betrachten sind.[53]

Aufgrund der zunehmenden Bedeutung der Zusammenarbeit im Umweltschutz werden auch oft ***Kooperationen mit öffentlichen Anspruchsgruppen*** eingegangen. Dazu gehören betroffene Bürger sowie alle Anspruchsgruppen, die öffentliche Anliegen vertreten, z.B. Umweltschutz- oder Verbraucherorganisationen. Erwähnenswert sind hier beispielhaft die Wirtschaftskooperationen des Bundes für Umwelt- und Naturschutz (BUND) z.B. mit dem Warenhauskonzern Hertie mit dem Ziel einer Sortimentumstellung, mit dem Unternehmen Cherry (Hersteller von Computertastaturen) zur Entwicklung eines umweltverträglichen Produkts oder mit der Deutschen Bahn AG zur Umsetzung von Abfalltrennungskonzepten in Zügen.[54] Die öffentlichkeitsorientierten Kooperationen haben sich aufgrund der ökologischen Ausrichtung in letzter Zeit dynamisch entwickelt. Die darin involvierten unterschiedlichen Akteure tragen nicht nur zu neuen Ideen und unkonventionellen Lösungen bei, sondern bringen auch ergänzende Fähigkeiten und Ressourcen (z.B. Marktkenntnis und -macht oder hohe öffentliche Wahrnehmung) in die Kooperation ein, wodurch die Umweltstrategien leichter durchgesetzt werden können.

Laterale (bzw. latente) Kooperationen sind Mischformen aus den oben genannten Kooperationen und erfolgen zwischen Unternehmen unterschiedlicher Branchen und Wertschöpfungsstufen (z.B. Haushaltsgerätehersteller und Energieversorgungsunternehmen).[55] Sie kommen meistens in Form von Unternehmensnetzwerken zustande, die aus einer größeren Anzahl von Partnern bestehen und je nach Bedarf aktiviert werden können.[56] Solche Kooperationsformen stoßen eher auf das Interesse kleiner und mittlerer Unternehmen. Dies ist hauptsächlich mit der asymmetrischen Machtverteilung und mit der nicht-strukturellen Koordinationsmechanismen zu begründen. Dabei finden sich entweder produktbezogene Partner verschiedener Branchen zusammen, die ihren Kunden eine neuartige Leistung anbieten wollen, oder es werden organisatorische bzw. technologische Verbesserungen umgesetzt, die durch ein Umweltinnovationspotenzial gekennzeichnet sind.

---

52 Vgl. BDI (1999, S. 13); KRAMER/URBANIEC (2001, S. 309f.).
53 KLEMMER/LEHR/LÖBBE (1999, S. 21); weiterführend vgl. auch RENNINGS et al. (1996).
54 Vgl. BMU/UBA (2001, S. 177).
55 Vgl. BUSE (1997, S. 458). Weiterführend vgl. BROCKHAUS (1996, S. 159-184); MAY (2000, S. 19ff.); GÖTZELMANN (1992, S. 127f.).
56 Vgl. BUSE (1997, S. 468f.); BMU/UBA (2001, S. 178); SCHNEIDEWIND (1998, S. 389).

Ein Beispiel der vertikalen, horizontalen und lateralen Kooperation stellt von Verwertungsnetzwerk dar.[57] Ein Verwertungsnetz entsteht, wenn mehrere Unternehmen aufeinanderfolgender Produktionsstufen bei der stofflichen und/oder thermischen Rückstandsverwertung zusammenarbeiten. Somit ist ein regionales Verwertungsnetz als Netzwerk zu bezeichnen, „in dem Rückstände aus der Produktion sowie aus dem Konsumbereich innerhalb der regionalen Industrie als Rohstoffersatz sowie als Ersatz für Primärenergieträger eingesetzt werden".[58]

Zusammenfassend zeigt diese Darstellung einen breiten Überblick über die Einsatzgebiete von umweltorientierten Kooperationen auf. In der Praxis werden unterschiedliche Kooperationen genutzt, die jedoch in erster Linie zur Lösung von Umweltproblemen und umweltbezogenen Interessenkonflikten eingesetzt werden. Beispielhaft können hier die umweltpolitischen (wie die politische Einflussnahme von Branchenverbänden, freiwillige Branchenvereinbarungen) oder die öffentlichkeitsorientierten umweltorientierten Kooperationen von Unternehmen mit Umweltschutzorganisationen genannt werden. Nicht alle in der Literatur vorhandenen Klassifikationen wurden hier näher betrachtet, sondern nur diejenigen, die das Kooperationsphänomen möglichst umfassend darstellen, um auf dieser Grundlage Folgerungen für das weitere Vorgehen vornehmen zu können. Die detaillierte Spezifizierung der Kooperationsformen zeigt, dass sie u.a. von der Art der Kooperationsakteure abhängig sind. Aufgrund der zunehmenden Bedeutung der Umweltaspekte und ihrer Komplexität gewinnen Kooperationen mit verschiedenen Akteuren immer mehr an Bedeutung, weil sich die Unternehmen dadurch erhoffen, ihre eigene Innovations- und Wettbewerbsfähigkeit verbessern zu können. Umweltorientierte Kooperationen leisten für Unternehmen durchaus einen vorteilhaften Beitrag, weil sie oft zu *Win-win Potenzialen* führen, d.h. sie verfolgen Ziele, die nicht nur einen ökologischen, sondern auch einen ökonomischen Bezug aufweisen können. Ihr guter Ruf bei Unternehmen resultiert aus den vielfältigen Impulsen, die sie liefern. Beispielsweise können Unternehmenskooperationen mit Umweltschutzorganisationen zwar vielfältige Ideen und Konzepte generieren,[59] jedoch wird ihre Innovationswirkung entweder nicht thematisiert oder nicht erkannt. Andererseits sind auch Kooperationen zwischen Unternehmen und Behörden (politischen Akteuren) nur begrenzt geeignet, um Umweltinnovationen zu realisieren bzw. zu entwickeln,[60] weil sie häufiger zu Vollzugszwecken eingegangen werden.

---

[57] Vgl. KALUZA (2002, S. 79). Eine solche Art von ökologischen Netzwerken wurde zunächst in Dänemark (Industriesymbiose Kalunborg) und Österreich (Steiermark und das Projekt „Ökoprofit" Graz) initiiert. In Deutschland wurden beispielsweise im Gewerbegebiet Heidelberg-Pfaffengrund oder in Henstedt-Ulzburg/ Kaltenkrichen ähnliche regionale Verwertungsnetzwerke initiiert. Vgl. dazu v.a. STREBEL/SCHWARZE (1998). Die fundamentale Forschung auf dem Gebiet hat v.a. STREBEL geleistet. Vgl. STREBEL (1995, S. 113-125); STREBEL (1996, S. 49-64); STREBEL/SCHWARZ (1998). Zu früheren Ansätzen, Versuchen und Beispielen von anderen Autoren vgl. STREBEL (1998, S. 4f.); STREBEL (2002, S. 118ff.).

[58] SCHWARZ (1998, S. 11).

[59] Vgl. z.B. KUPP (2001).

[60] Vgl. dazu ausführlicher Kapitel 3.3.1.1.

Vor dem Hintergrund der Vielfalt der Kooperationen kann angenommen werden, dass sie einen potenziellen Beitrag zu Umweltinnovationen leisten können, weil sie v.a. auf ökologische Verbesserungen fokussieren, die aus Sicht der verschiedenen Kooperationsakteure als innovativ angesehen werden können. Dabei ist jedoch hervorzuheben, dass nicht jede ökologische Verbesserung innovativ sein muss. Entscheidend ist dabei die subjektive Sichtsweise der Akteure, was als innovativ wahrgenommen wird.[61] Daher erweist sich hier die *Akteursperspektive* als eine relevante Bezugsebene.[62] Dabei ist jedoch näher zu spezifizieren, welche Akteure als besonders innovationsrelevant angesehen werden. Bevor die Bedeutung der verschiedenen Akteure für Umweltinnovationen herausgestellt wird (Kapitel 3.3.1.2), ist zunächst zu zeigen, welchen Innovationsbeitrag die verschiedenen Kooperationsformen leisten (Kapitel 3.3.1.1). Die weiteren Ansatzpunkte einer umweltorientierten Kooperation zur Innovationsförderung werden im Folgenden herausgestellt.

[61] Zur subjektiven Dimension des Innovationsbegriffs vgl. Kapitel 2.1.1.
[62] Dies wird als ein Kriterium für Fallauswahl im empirischen Teil herangezogen. Vgl. Kapitel 5.2.2.2.

3.3 Innovationsrelevante Einflusspotenziale von umweltorientierten Kooperationen

3.3.1 Ansatzpunkte zur Innovationsförderung durch umweltorientierte Kooperationen

3.3.1.1 Vorüberlegungen zum Beitrag umweltorientierter Kooperationen zur Innovationsförderung

Zwar werden Kooperationen als innovationsfördernd und vorteilhaft angesehen, jedoch ist dies in der Praxis nicht immer der Fall.[1] Kooperationen können auch zur Bremse für Innovationen werden.[2] Anhand der in Kapitel 2.2 dargestellten Einflussfaktoren auf Umweltinnovationen wurde bereits deutlich, wie komplex die Anforderungen an Umweltinnovationen sind, und dass Unternehmen dadurch auf verschiedene Grenzen stoßen können. Diese Einflussfaktoren bilden aber eine solide Grundlage für weitere Spezifizierung und Erweiterung. In diesem Zusammenhang ist zu konstatieren, dass innerhalb des breiten „Sets" von innovationsrelevanten Einflussfaktoren immer häufiger auf die Bedeutung von Netzwerken bzw. Kooperationen hingewiesen wird. So wurde beispielsweise bereits in der bisherigen Forschung bezüglich des Einflusses der *Umweltpolitik* auf die Umweltinnovationen deutlich, dass die Förderung freiwilliger Kooperationen bzw. Vereinbarungen eine Grundanforderung an eine innovationsorientierte Umweltpolitik darstellt.[3] Dadurch können umweltpolitische Vorgaben kostengünstiger und effizienter umgesetzt werden.[4] Nicht nur in der Umweltpolitik sind aber Potenziale für Umweltinnovationen durch Kooperation festzustellen.

Die bisherige Forschung zeigt darüber hinaus deutlich, dass eine hohe Bedeutung von Kooperationen insbesondere bei *technischen Umweltinnovationen* festzustellen ist, wo die F&E-Kooperation[5] neben anderen Faktoren wie Marktnachfrage, technologische Voraussetzungen, Firmengröße und Marktstruktur zu den wesentlichen Einflussfaktoren zählt.[6] Dadurch werden auch *marktliche Faktoren* positiv beeinflusst, weil sie zur Verbesserung der Wettbewerbsfähigkeit oder des Images der Unternehmen beitragen können. Beispielsweise bei der Produktnutzung erweist sich die Zusammenarbeit oft als notwendig, weil dadurch den Unternehmen problemadäquate Informationen z.B. über Nutzungsgewohnheiten der Verbrau-

---

1 Zu dieser Aussage vgl. EBINGER (2003, S. 2).

2 Vgl. MINSCH/EBERLE/MEIER et al. (1996, S. 244).

3 Vgl. KLEMMER/LEHR/LÖBBE (1999, S. 41f.); KARL/MÖLLER (2003, S. 207f.). Als Beispiel können hier die staatlich geförderten Innovationsnetzwerke sowie gezielte F&E-Projekte am Beispiel der energiesparenden Kühlschränke genannt werden. Vgl. JÄNICKE/MEZ/BECHSGAARD et al. (1999, S. 70).

4 Vgl. SCHALTEGGER/HAHN/BURRITT (2005, S. 194).

5 Ein Beispiel ist die F&E-Kooperation für ökologische Produktinnovation wie „grüner Fernseher". Vgl. EBINGER (2005).

6 Vgl. z.B. HEMMELSKAMP (1999b, S. 88).

cher bereitgestellt und demzufolge negative Auswirkungen für den Verbraucher und die Umwelt aus Produktion und Konsum vermieden werden können.[7]

Da die Umweltinnovationsdeterminanten je nach Untersuchungsgegenstand variieren, wird hier der Fokus darauf gerichtet, die umweltorientierte Kooperation als Einflussfaktor zur Verbesserung der betrieblichen Rahmenbedingungen für Umweltinnovationen zu betrachten. Inwieweit die Kooperation die Rahmenbedingungen von Umweltinnovationen beeinflussen kann, hängt u.a. von verschiedenen Faktoren ab, die die Ziele bzw. auch Effekte einer Kooperation (wie z.B. Effizienzsteigerung[8] eines Unternehmens, Verbesserung der Wettbewerbsfähigkeit, Kostensenkung etc.) beeinflussen.

Die dieser Arbeit zugrunde liegende *Perspektive der Innovationsförderung* durch umweltbezogene Kooperationen wird zwar oft erwähnt, jedoch selten genauer untersucht, obwohl es durchaus Potenziale gibt, was die nachfolgenden Studien exemplarisch zeigen. Beispielsweise zeigte BROCKHAUS, dass die gesellschaftsorientierten Kooperationen zwischen Unternehmen und NGOs einen Beitrag zu Verbesserung der betrieblichen Innovationsfähigkeit leisten.[9] KLEMMER et al. stellen z.B. bei der Untersuchung der freiwilligen Selbstverpflichtungen zwischen Wirtschaft und Staat fest, dass sie „nur sehr begrenzt zur Entstehung von Umweltinnovationen“ beitragen, jedoch hauptsächlich zur Diffusion von bereits vorhandenen Umweltinnovationen führen.[10] In einer von CLEFF und RENNINGS durchgeführten Breitenerhebung wurde auch gezeigt, dass der Einfluss freiwilliger Umweltvereinbarungen auf Umweltinnovationen in Deutschland nur eine schwache Wirkung aufweist.[11] Die geringe Anreizwirkung freiwilliger Umweltvereinbarungen für Innovationen wurde auch in einer Studie von OECD bestätigt.[12]

Die meisten empirischen Studien versuchen jedoch, die Bedeutung der umweltorientierten Kooperation für Umweltinnovationen nur am Rande neben anderen Faktoren zu erforschen. So analysiert STÖRMER regionale umweltinformationsorientierte Unternehmensnetzwerke (RUN),[13] die aus Erfahrungsgruppen, Unternehmer- und Berufsverbänden sowie Projektnetzwerken (wie Ökopartnerschaft und ÖKOPROFIT) bestehen. Aufgrund der geringen Bedeutung der Maßnahmenumsetzung wurde das Netzwerk RUN als „nicht

---

7 Vgl. GÖTZELMANN (1992, S. 164).

8 Um die Öko-Effizienz zu steigern, stehen den Unternehmen verschiedene Strategien zur Verfügung. Einerseits können sie intensive F&E allein bzw. in Kooperation betreiben oder mit kleinerem Aufwand weniger intensive Kooperationen (z.B. Informationsaustausch) eingehen. Vgl. BMU (2002, S. 79).

9 Vgl. BROCKHAUS (1996). Weiterführend vgl. LÖHR (2005).

10 Vgl. KLEMMER/LEHR/LÖBBE (1999, S. 71); SUNNEVAG (2000).

11 Vgl. CLEFF/RENNINGS (1999a, S. 380). Die schwache bzw. indirekte Innovationswirkung durch umweltorientierte Kooperation ist z.T. auf die Grenzen des häufig gewählten quantitativen Vorgehens zurückzuführen, die konkrete Umweltinnovationen abfragen und den prozessualen und akteursbezogenen Beitrag ausblenden.

12 Vgl. BRAATHEN/JOHNSTONE (2003, S. 22).

13 Vgl. STÖRMER (2001).

innovationsumsetzungsstark“ eingestuft.[14] Auch in den umsetzungsorientierten Projektnetzwerken (wie Ökoprofit) werden hauptsächlich marktgängige Lösungen (z.B. Einführung von UMS und damit die kontinuierliche Verbesserung) eingesetzt. Es werden lediglich inkrementelle Innovationspotenziale im Rahmen der durch Unternehmen eingeschlagenen Entwicklung festgestellt. Die Gründe dafür wurden nicht näher untersucht, da der Fokus auf nachhaltigkeitsorientierte Entwicklung der Regionalpolitik lag. Nicht nur die *umweltpolitisch* oder *regional* ausgeprägten Kooperationen im Umweltschutzbereich weisen eine schwache Wirkung auf, sondern auch die rein unternehmensspezifischen *(branchenbezogenen)* Kooperationen wie z.B. im SCM in der Lebensmittelindustrie, denen nach KRAMER auch eine geringe Bedeutung für die Entstehung von Innovationen beigemessen wird.[15]

Es stellt sich die Frage, warum nur eine geringe Innovationswirkung durch eine umweltorientierte Kooperation festgestellt wird. Eine mögliche Antwort ist damit verbunden, dass an solchen Kooperationen nicht alle unter Umweltinnovationsgesichtspunkten relevanten Kooperationsakteure beteiligt waren. Solche Kooperationen mit innovationsrelevanten Akteuren wurden zwar bislang nicht so oft eingegangen, sind aber aufgrund der zunehmenden Bedeutung der Umweltinnovationen für nachhaltige Entwicklung umso wichtiger.[16] Dabei wird viel zu selten und nicht hinreichend thematisiert, welche Akteure innovationsfördernd sind.

3.3.1.2 Anforderungen an die Akteurskonstellation als ein innovationsrelevanter Anhaltspunkt umweltorientierter Kooperation

Im Zuge der zunehmenden Umweltrelevanz gewinnen – wie bereits gezeigt – Beziehungen zwischen Unternehmen und/oder politischen und/oder gesellschaftlichen Akteuren nicht nur in der betrieblichen Praxis, sondern auch in der betriebswirtschaftlichen Forschung vielfältig an Bedeutung. Grundsätzlich handelt es sich dabei um die Überwindung eigener Problemlagen bzw. Verbesserung der eigenen wirtschaftlichen und ökologischen Situation, die aufgrund der allgemein auftretenden Veränderungen neue Ideen bzw. Konzepte erfordern, die aber auch immer komplexer werden und alleine durch Unternehmen nur mit großem Aufwand bewältigt werden können.

Nicht nur für eine umweltorientierte Kooperation, sondern auch bei Umweltinnovationen ist ein umfassendes Akteursspektrum einzubeziehen, das aus verschiedenen Akteuren bestehen soll,[17] weil die Integration möglichst unterschiedlicher Akteure u.a. den Zugang zu

14 Vgl. STÖRMER (2001, S. 298).
15 Vgl. KRAMER (2006, S. 228).
16 Vgl. Kapitel 1.1.
17 Vgl. dazu Kapitel 2.2.2.

umweltbezogenem Wissen und zu notwendigen Ressourcen verbessert.[18] Im Rahmen der vorliegenden Arbeit spielt das Akteursspektrum eine besondere Rolle. Der unter Umweltinnovationsgesichtspunkten wesentliche Hauptakteur ist das Unternehmen. Hinzu kommen auch andere Akteure, die aufgrund des steigenden *Komplexitätsgrades* von Umweltinnovationen immer mehr zur Kooperation bereit sind.[19]

In den bisherigen Ausführungen wurde zwar bereits darauf hingewiesen, dass für die Förderung von Umweltinnovationen verschiedene umweltpolitische, wirtschaftliche und öffentliche Akteure relevant sind.[20] Darüber allerdings, ob alle diese Akteure (in dieser Konstellation) tatsächlich der betrieblichen Umweltinnovationen förderlich sind, gibt es in der Literatur verschiedene Auffassungen, die jedoch hinsichtlich der Umweltinnovationen bisher nur pauschal erwähnt werden. Daher wird im Folgenden hierauf näher eingegangen.

Da Umweltinnovationen „keine Selbstläufer“[21] sind, sollte eine Kooperation durch eine geeignete Akteurskonstellation gekennzeichnet sein, in der sich die dazu notwendigen verschiedenen Kompetenzen gegenseitig ergänzen. Betrachtet man die Akteurskonstellation bei Innovationssystemen,[22] wird ersichtlich, dass dabei verschiedene Akteure als innovationsrelevant angesehen werden.[23] Das Konzept des Innovationssystems in nationalen Maßstab geht auf LUNDVALL (1992) und NELSON (1993) zurück, es finden aber auch Beispiele auf regionaler Ebene[24] Anwendung. Unter einem *regionalen Innovationssystem* werden nach der EUROPÄISCHEN KOMMISSION (2002) sämtliche unternehmerischen Innovationsaktivitäten in einer Region in Kombination mit den zur Unterstützung dieser Aktivitäten geschaffenen Institutionen und Infrastrukturen verstanden.[25]

Nach HÜBNER kommen in einer Volkswirtschaft die Hauptakteure des Wirtschafts- und Innovationsgeschehens aus drei Bereichen:[26]

- Wirtschaft (Unternehmen als Innovationsträger und Konsumenten, Bürger als Konsumenten);
- Öffentliche Hand und Politik;
- Wissenschaft und Forschung.

---

[18] Vgl. KARL/MÖLLER/MATUS (2004, S. 2); BLAZEJCZAK/EDLER (1999, S. 44).
[19] Vgl. z.B. KARL/MÖLLER (2003, S. 210); BULLINGER/WARSCHAT (1997, S. 30)..
[20] Vgl. Kapitel 2.2.2.
[21] RENNINGS (1999a, S. 33).
[22] Nach HAUSCHILDT erfasst ein Innovationssystem „alle diejenigen Personen, die aktiv Beiträge zum Zustandekommen der Innovation leisten, aber auch diejenigen, die passiv von der Innovation betroffen sind und die durch ihre Reaktion zum Innovationserfolg beitragen.“ HAUSCHILDT (2004, S. 98).
[23] Dieser Begriff bezieht sich auf Unternehmen und seine unmittelbaren Partner. In der Literatur umfasst das Begriffsverständnis eines Innovationssystems auch das jeweilige nationale politisch-gesellschaftliche Umfeld der Innovationstätigkeit. Weiterführend vgl. MEIßNER/SABISCH (2001). Zur Übersicht über Akteure im Rahmen eines nationalen Innovationssystems vgl. STÖRMER (2001, S. 84).
[24] Vgl. dazu z.B. BRACZYK et al. (1997); GERSTLBERGER (2004), GERSTLBERGER (2006).
[25] Vgl. EUROPÄISCHE KOMMISSION (2002, S. 15); BRACZYK/COOKE/HEIDENREICH (1998).
[26] Vgl. HÜBNER (2002, S. 23).

HÜBNER betont weiter: *„Konzepte für ein zukunftsfähiges Wirtschafts- und Innovationsgeschehen* ***müssen*** *alle drei Akteursbereiche erfassen und ihre spezifische Verantwortlichkeit berücksichtigen".*[27] Insgesamt ist diese Akteurskonstellation in hohem Maße mit den bei Umweltinnovationen geltenden Lenkungssystemen[28] Politik, Wirtschaft und Öffentlichkeit vergleichbar, wobei der wesentliche Unterschied darin liegt, dass besonders unter Innovationsgesichtspunkten die *wissenschaftlichen Akteure* und weniger die im breiten Sinne verstandene Öffentlichkeit als relevant angesehen werden. Da insbesondere unter Öffentlichkeit sehr heterogene Akteure (Bürger, NGO usw.) subsumiert werden, ist es durchaus angemessen diese Akteursgruppe differenzierter je nach Untersuchungskontext zu betrachten.

Die Einbeziehung unterschiedlicher öffentlicher Akteure stellt eine systemübergreifende Perspektive dar, was sich aber in der Praxis aufgrund der diversen Interessen als problematisch erweisen kann. So treten v.a. bei Kooperationen zwischen Unternehmen und Umweltschutzorganisationen oft konfliktäre Vorstellungen oder gesellschaftspolitische Konsensthemen auf.[29] Solche Kooperationen dienen als Instrument zur Interessen- und Konflikthandhabung zwischen Unternehmen und gesellschaftlichen Anspruchsgruppen (Öffentlichkeit). Diesem Verständnis folgend wird hier den gesellschaftlichen Gruppen wie Bürgern oder Umweltschutzorganisationen für die Innovationsförderung im Sinne der betriebswirtschaftlichen Forschung keine direkte Bedeutung beigemessen, weil sie ihr Handeln in erster Linie auf symbolische und ethische Inhalte richten und ihnen in Kooperationen klare und enge Grenzen gesetzt sind.[30] Darüber hinaus erfordern solche Kooperationen auch andere theoretische Zugänge.

Eine zunehmende Bedeutung der Zusammenarbeit mit wissenschaftlichen Partnern ist in den letzten Jahren auch in der nicht umweltbezogenen Innovationsforschung zu erkennen.[31] Erfolgreiche Innovationen erfordern immer mehr enge Kooperationen von öffentlichen Forschungseinrichtungen (Wissenschaft) mit Industriepartnern. Solche Kooperationen werden sowohl durch das Ministerium für Bildung und Forschung (BMBF) mit seinen Verbundprojekten als auch durch die Europäische Kommission mit integrierten Projekten und Exzellenz-Netzwerken gefördert.[32]

---

27 HÜBNER (2002, S. 267), Hervorhebung durch die Verfasserin.

28 Vgl. Kapitel 2.2.2.

29 Vgl. dazu BROCKHAUS (1996, S. 52f.).

30 Vgl. dazu BROCKHAUS (1996, S. 53ff.).

31 Darauf verweisen auch empirische Untersuchungen zu technologieorientierten Informations- und Geschäftsbeziehungen, die einen starken positiven Einfluss der F&E-Kooperationen mit anderen Unternehmen, des Informationsaustausches mit Kunden sowie der technologieorientierten Austauschbeziehungen mit Hochschulen und Forschungseinrichtungen auf den technischen und wirtschaftlichen Innovationserfolg von Unternehmen zeigen. Vgl. GEMÜNDEN/WALTER (1999, S. 113).

32 BDI (2001, S. 5f.).

Die Bedeutung der wissenschaftlichen Akteure im Umwelt- und Nachhaltigkeitskontext[33] wird durch manche Autoren erkannt. Speziell für Umweltinnovationen „erscheint eine intensivere Zusammenarbeit zwischen den Hochschulen und den Unternehmen bzw. dem Staat (als Regulierer) erwünscht".[34] Umweltinnovationen können nicht alleine durch Marktakteure (Unternehmen) und Wissenschaft realisiert, sondern sie werden auch durch die Umweltpolitik beeinflusst. Daher kommt den Behörden auch für allgemeine innovationspolitische Maßnahmen durchaus eine bedeutende Rolle zu. Unternehmen benötigen somit einen Anstoß seitens der Regierung bzw. anderer Anspruchsgruppen. PORTER und van der LINDE stellen fest: „Companies must become more proactive in defining new types of relationships with both regulators and environmentalists. Businesses need a new mind-set".[35]

Vor diesem Hintergrund ist hervorzuheben, dass die Eingrenzung der Öffentlichkeit auf Wissenschaft hier als angemessen erscheint (vgl. Abbildung 5), weil das Lenkungssystem Öffentlichkeit auch z.B. Umweltschutzorganisationen und Bürger umfasst, die jedoch – wie bereits erwähnt – eher für gesellschaftliche, ökologische Konfliktinteressen[36] und weniger für betriebliche Innovationsaspekte eine Rolle spielen.

Abb. 5: Relevante Akteure für die Förderung der Umweltinnovationen

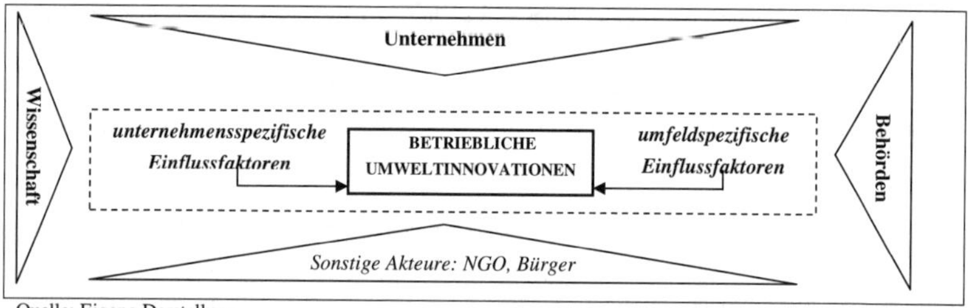

Quelle: Eigene Darstellung.

Zwischen diesen Akteursgruppen bestehen diverse direkte und indirekte Verbindungen. Es kann davon ausgegangen werden, dass Kooperationen zwischen wirtschaftlichen, technologieorientierten bzw. wissenschaftlichen und umweltpolitischen Akteuren besonders bei der Erschließung von Umweltinnovationspotenzialen relevant sind. Die Bedeutung der Akteure stellt allerdings für die Erforschung des Zusammenhangs zwischen Umweltinnovationen und Kooperationen nur *einen* Ansatzpunkt dar. Darüber hinaus kommen neben den Akteuren auch weitere Einflussfaktoren in Betracht, worauf speziell im empirischen Teil näher eingegangen wird.

33 Zur Bedeutung der Wissenschaft speziell für Nachhaltigkeitsinnovationen vgl. FICHTER (2005, S. 284).
34 KLEMMER/LEHR/LÖBBE (1999, S. 116).
35 PORTER/van der LINDE (1995a, S. 133).
36 Vgl. HÜBNER (2002, S. 346ff.).

3.3.2 Bedeutung der Kooperation zur Beeinflussung der Umweltinnovationen: Folgerungen und Implikationen für das weitere Vorgehen

Die Darstellung der beiden Phänomene umweltorientierter Kooperation und Umweltinnovation ermöglichte ein besseres Problemverständnis, um den Untersuchungsgegenstand präziser abgrenzen und gleichzeitig Ansatzpunkte für die Analyse solcher Kooperationen unter Umweltinnovationsgesichtpunkten zu bestimmen. Insgesamt liegt diesen Ausführungen die Annahme zugrunde, dass umweltorientierte Kooperation vielfältige Ansatzpunkte zur Beeinflussung der Umweltinnovationen bietet. Unter dem Gesichtspunkt der Wirkung auf betriebliche Umweltinnovationen ist davon auszugehen, dass dabei eine Zusammenarbeit von Wirtschaft (Unternehmen), Politik (Behörden) und Wissenschaft erforderlich ist. Das bedeutet, dass zwar beispielsweise Produktinnovationen durch Unternehmen realisiert werden, jedoch aufgrund der Tatsache, dass sie von verschiedenen Umweltvorschriften (z.B. Produktverantwortung) sowie auch von Kundenpräferenzen abhängig sind und dass im Prozess der Produktentwicklung die Teilnahme weiterer Akteure zu berücksichtigen ist. Daraus resultiert die Frage, *wie bzw. inwieweit umweltorientierte Kooperationen zwischen Wirtschaft, Politik und Wissenschaft tatsächlich innovationsförderlich sein können.*

Gegenstand dieser Arbeit ist darüber hinaus zu klären, welche weiteren Bedingungen bzw. Anforderungen an eine Kooperation zu stellen sind, damit die innovationsrelevante Wirkung erzielt wird. Es wird hier davon ausgegangen, dass umweltorientierte Kooperationen insbesondere zwischen verschiedenen Akteuren ein vielfältiges Spektrum an Voraussetzungen und Bedingungen für die Beeinflussung der Umweltinnovationen liefern können. Diese sind jedoch noch näher zu untersuchen, weil der Beitrag der Kooperationen zur Förderung der Umweltinnovationen bislang noch nicht hinreichend erforscht wurde. Daraus ergibt sich die Frage, *welche Bedingungen dabei als innovationsrelevant angesehen werden können.*

Um weitere Ansatzpunkte für den Zusammenhang zwischen Umweltinnovationen und Kooperationen zu spezifizieren, sollen nun theoretische Ansätze herangezogen werden. In der Literatur sind verschiedene Kooperations- bzw. Netzwerkansätze vorhanden, die es ermöglichen, auf verschiedene Weise den Beitrag von Kooperationen zu (Umwelt-)innovationen, basierend auf unterschiedlichen Annahmen, zu erklären. Der Fokus liegt hier auf die Analyse theoretischer Kooperationsansätze unter dem Gesichtspunkt der Innovationsförderung. Entsprechend der Zielstellung der Arbeit ist auch zu klären, an welchen Aspekten die Kooperationsanalyse vor dem Hintergrund des vielfältigen Phänomens der umweltorientierten Kooperation ansetzen soll. Durch die bisherige Reflexion des jeweiligen Vorverständnisses sowie durch den theoretischen und empirischen Bezug im weiteren Teil können die relevanten Perspektiven noch genauer präzisiert werden, der eine plausible Problemerklärung sowie Hinweise auf bessere Lösungen ermöglicht.

4. Theoretische Kooperationsansätze und deren Beitrag zur Innovationsförderung

Im vorherigen Kapitel wurde das Verhältnis zwischen den Umweltinnovationen und Kooperation thematisiert sowie der Untersuchungsfokus auf innovationsrelevante Kontextfaktoren wie Branche und Kooperationsakteure eingegrenzt. Damit wurden Ansatzpunkte für die Kooperationsanalyse unter den Umweltinnovationsgesichtspunkten aus Sicht eines Unternehmens ermittelt. Sollen aber Möglichkeiten für die Umweltinnovationen durch umweltorientierte Kooperation formuliert werden, so setzt dies zunächst ein vertieftes theoretisches Verständnis der Kooperation voraus. Erst auf Basis theoretischer Konzepte wird es möglich sein, entsprechende Handlungsempfehlungen für die Innovationsförderung zu formulieren. Dabei stellt sich die Frage, aus welcher theoretischen Perspektive umweltorientierte Kooperation zwecks der Innovationsförderung dargestellt werden kann. Bei einer Literaturdurchsicht wird schnell deutlich, dass kaum eine Thematik so breit gefächert ist oder kaum einem empirischen Phänomen so viele verschiedene theoretische Ansätze gewidmet sind wie der Kooperation. Um erklären zu können, wie bzw. inwieweit eine umweltorientierte Kooperation Umweltinnovationen beeinflussen kann, muss auch die Relevanz der Innovationen in der Kooperationsforschung theoretisch analysiert werden.[1] Dabei sind solche theoretischen Ansätze von Bedeutung, die Kooperation erklären und ihre Wirkungsweise bezüglich der Innovationspotenziale aufzeigen können.

4.1 Auswahl relevanter Theorieansätze

Immer mehr wirtschaftliche und gesellschaftliche Akteure, die ökologische Verbesserungen erzielen wollen, setzen auf Kooperationen in ökologieorientierten Netzwerken. Da solche Kooperationen ein dynamisches Phänomen darstellen, sind sie Gegenstand zahlreicher Theorien geworden. Dennoch fehlt bisher eine Theorie, die umweltorientierte Kooperationen umfassend erklärt.[2] Aus diesem Grund greift die vorliegende Arbeit auf klassische Kooperationsansätze zurück,[3] die Ansatzpunkte zur Analyse von Kooperationen unter Umweltinnovationsgesichtspunkten liefern.[4] Im Folgenden werden die zwei bekanntesten Ansätze der

1 Da es weder eine geschlossene Kooperationstheorie noch eine Innovationstheorie gibt, können vor dem Hintergrund der theoretischen Grundlagen für beide Forschungsphänomene teilweise dieselben theoretischen Ansätze herangezogen werden, wie z.B. die Neue Institutionenökonomik.

2 SCHEIDEWIND hat einige Ideen zur Ausgestaltung einer solchen Theorie in Ansätzen skizziert. Dabei betonte er den integrativen Charakter einer Theorie der ökologisch orientierten Kooperation. Vgl. SCHEIDEWIND (1995, S. 20).

3 In der Literatur wird Kooperation von zahlreichen Theorien behandelt. In der BWL finden sich beispielsweise Aussagen dazu in der Transaktionskostentheorie, der Agency-Theorie, der Spieltheorie, der Team-Theorie, der Anreiz-/Beitragstheorie, der Organisationstheorie, der Informations-Theorie, der Lern-Theorie, der Netzwerk-Theorie oder auch der Wettbewerbstheorie. Für einen Überblick über die potenziellen Theorien zur Erforschung der Innovationskooperationen vgl. HAUSCHILDT (1998, S. 8f.).

4 Dabei handelt es sich nur um einen Diskussionsausschnitt von den relevanten Kooperationstheorien und nicht um die Darstellung des für die Kooperationsforschung typischen breiten Theoriespektrums. Die hier herangezogenen Theorieansätze basieren auf der Netzwerk- bzw. Kooperationsliteratur.

Netzwerk- und Kooperationsforschung herangezogen:[5] die Neue Institutionenökonomie: Transaktionskostenansatz (TKA) und der interaktionsorientierte Netzwerkansatz (INA).

Diese ökonomischen und interorganisationalen Ansätze wurden ausgewählt, weil sie sowohl die *Komplexität als auch die Dynamik* von (umweltorientierten) Kooperationen umfassend darstellen und erklären können, was für die Erklärung ihres Beitrags zu Umweltinnovationen relevant ist, weil deren Wirkungen auch als komplex, unsicher und dynamisch bezeichnet werden.[6] Hier werden zwei Erklärungsmodelle ausgewählt, die auf *individueller Ebene* (TKA), *organisationaler Ebene* (INA) und *Netzwerkebene* (INA) argumentieren. Die Entstehung wie auch die Ausgestaltung einer Kooperation beeinflusst deren Erfolg, der anhand der erreichten Effekte beurteilt werden kann. Die ausgewählten Ansätze sind auch zur Strukturierung von Forschungsfrage gut geeignet und zeigen Argumente und Bedingungen für eine Erklärung von (umweltorientierten) Kooperationen auf (vgl. Tabelle 12).

Tab. 12: Erklärungsebenen der ausgewählten Theorieansätze

Theorieansätze / **Kriterien**	***Transaktionskostenansatz***	***Interaktionsorientierter Netzwerkansatz***
Komplexität	Individuelle Ebene	Organisationale Ebene Netzwerkebene
Dynamik	Entstehung	Etablierung

Quelle: Eigene Darstellung.

Im Folgenden werden die zwei ausgewählten Ansätze mit ihren grundlegenden Annahmen jeweils skizziert und anschließend wird deren innovationsrelevanter Beitrag beurteilt. Das besondere Augenmerk richtet sich dabei auf den Beitrag der Kooperation zu Innovationen sowie die innovationsrelevanten Kooperationsbedingungen.

5 Eine Übersicht über die am häufigsten herangezogenen Theorien sowohl in Monographien als auch in deutschsprachigen Zeitschriftenbeiträgen (1993-2002) geben ZENTES/SWOBODA/MORSCHETT (2003, S. 8ff.). Auf dieser Grundlage lässt sich feststellen, dass – abgesehen von Transaktionskostentheorie und Spieltheorie – ein klares Muster der theoretischen Grundlegung nicht erkennbar ist, wobei in jüngeren Beiträgen management- bzw. netzwerktheoretische Ansätze (z.B. Interaktions- und Austauschtheorie, Resourcen Dependence Ansatz, interaktionsorientierter Netzwerkansatz) immer mehr an Bedeutung gewinnen. Vgl. SWOBODA (2003, S. 37ff.). Andere, z.B. arbeitsökonomische, politische, institutionalistische oder die Property-Rights-Theorie werden hier bewusst ausgeklammert, weil sie in diesem Zusammenhang nicht hinreichend erklärungsrelevant sind. Zu einer Übersicht über mögliche Theorieansätze zur Erklärung von Kooperationen vgl. z.B. SYDOW (1992, S. 168-224).

6 Vgl. KRAMER/MÜLLER (2004, S. 280); FICHTER (2005); KRAMER (2006, S. 223).

4.2 Der Transaktionskostenansatz: Entwicklung, Grundfragen und Ansatzpunkte für Innovationen durch Kooperation

Der Transaktionskostenansatz stellt nicht nur Annahmen über das Verhalten der wirtschaftlichen Akteure auf, sondern befasst sich auch mit Aspekten des Handelns in Institutionen bzw. Unternehmen. Dabei ist besonders relevant herauszufinden, wie bzw. unter welchen Bedingungen die Kooperation einen Innovationsbeitrag leistet.

4.2.1 Grundannahmen des Transaktionskostenansatzes

Der Transaktionskostenansatz (TKA) wird zusammen mit dem Prinzipial-Agenten-Ansatz und dem Property-Rights-Ansatz zur neo-institutionalistischen Organisationsökonomie (auch Neue Institutionenökonomie) gezählt.[1] Dieser Theorieansatz geht auf COASE (1937)[2] und auf die Weiterentwicklung durch WILLIAMSON (1975, 1985) zurück. Er verknüpft die Markt- und die Organisationstheorie miteinander und wird am häufigsten für die Untersuchung der Evolution strategischer Netzwerke bzw. Unternehmenskooperationen[3] herangezogen. Mit dem TKA wird insbesondere der Frage nach dem Grund für die Existenz von Institutionen nachgegangen, wobei er auch Erklärungsansätze für die Vielfalt von Organisationsformen bereitstellt.[4] Er nimmt nicht nur bei der Untersuchung der kooperativen Beziehungen eine grundlegende Bedeutung ein. Vielmehr kann mit dem Ansatz die ganze Bandbreite von Organisationsformen ökonomischer Aktivitäten erfasst werden. Dabei bezieht er sich explizit auf die Analyse der Kosten für die Markt- und Organisationsnutzung.[5]

Aus der Sicht des Transaktionskostenansatzes wird die Entscheidung, welcher Koordinierungsmechanismus – Markt (als Preissystem) oder Organisation (als Hierarchiesystem) – günstiger ist, durch eine Abwägung entstehender Kosten (Höhe der Kosten) getroffen.[6] Nach WILLIAMSON, dem Vertreter der Neuen Institutionenökonomie, ist die zentrale *Grundannahme des Transaktionskostenansatzes*, dass die an dem Austauschprozess beteiligten Individuen die Transaktionskosten alternativer Organisationsformen bewerten und die Alternative mit den geringsten Kosten wählen.[7]

---

1 Vgl. KUTSCHKER/SCHMID (2002, S. 438f.); ZENTES/SWOBODA/MORSCHETT (2003, S. 19).

2 In seinem Artikel „The Nature of the Firm" beschrieb COASE (1937) die Ursache für die Existenz verschiedener Koordinierungsformen.

3 Vgl. dazu SYDOW (1992, S. 7 und 129f.).

4 Vgl. WILLIAMSON (1990, S. 20); WILLIAMSON (1994, S. 86f.); MACHARZINA (1999, S. 49); SWOBODA (2003, S. 48).

5 Vgl. ZENTES/SWOBODA/MORSCHETT (2003, S. 19). Der TKA findet nicht nur in der Betriebswirtschaftslehre Anwendung, sondern wird auch bei der Analyse netzwerkartiger Arrangements ökonomischer Institutionen genutzt. Vgl. SYDOW (1992, S. 129).

6 Vgl. SYDOW (1992, S. 130f.); WORATSCHEK/ROTH (2003, S. 156).

7 Vgl. WILLIAMSON (1975, 1985).

Nach dem Effizienzkriterium[8] des Transaktionskostenansatzes wird zwischen Produktionskosten (für Produkte, Dienstleistungen oder Kapital) sowie Transaktionskosten unterschieden, wobei häufig nur auf die Transaktionen[9] fokussiert wird.[10] Jede Interaktion des Unternehmens mit seiner Umwelt und jede Form der Koordination zwischen verschiedenen Wirtschaftssubjekten ist mit Ressourcenbindung und -verbrauch verbunden, wodurch Transaktionskosten entstehen. Transaktionskosten ergeben sich also durch die Abwicklung und Organisation des Austausches von Gütern und Leistungen. Betrachtet wird dabei jedoch nicht der physische Austauschvorgang von Gütern oder Dienstleistungen, sondern die Klärung und Vereinbarung des Tausches. Die Transaktionskosten fallen speziell für die Koordination von Austauschbeziehungen an und können wie folgt aufgeteilt werden:[11]

- Anbahnungskosten (z.B. Kosten der Suche nach Transaktionspartnern, Informationskosten und Informationsbeschaffungskosten);
- Vereinbarungskosten (z.B. Verhandlungskosten, Vertragsformulierung);
- Kontrollkosten (z.B. Kosten der Überwachung des Vertragsinhalts, Kosten der Sicherstellung Einhaltung von Termin-, Qualitäts-, Mengen-, Preisvereinbarungen);
- Anpassungskosten (z.B. Kosten infolge von Änderungen während der Laufzeit, Konditionsanpassungskosten).

Diese Transaktionskosten umfassen all jene Ressourcen, die für die Schaffung, Erhaltung, Unterstützung und Einrichtung von Institutionen und Organisationen notwendig sind. Sie sind nicht objektiv und a priori gegeben, sondern werden vom Individuum subjektiv empfunden.[12] Die Höhe der Transaktionskosten variiert je nach Gegenstand des Austausches sowie je nach den an der Transaktion Beteiligten und ist monetär nur teilweise zu erfassen. Um die Transaktionskosten (vorwiegend Informations- und Kommunikationskosten) zu reduzieren, ist eine geeignete (optimale) Organisationsform auszuwählen, die zwischen Markt und Hierarchie als Extrempunkten möglicher Kontrollstrukturen anzusiedeln ist.[13]

Transaktionskosten können als Kriterium zu einer ökonomischen Analyse von Institutionen,[14] deren Strukturen und Koordinationsmechanismen sowie auch zu einer Analyse des Handelns des Top-Managements dienen. Das Top-Management ist insbesondere bei der Änderung oder

---

8 Effizienz bedeutet hier das Transaktionskostenminimum. Vgl. MACHARZINA (1999, S. 49).

9 Transaktion wird als Übertragung eines Gutes oder einer Leistung über eine technisch trennbare Schnittstelle hinweg definiert. Vgl. WILLIAMSON (1990, S. 1); MATTEN/WAGNER (1999, S. 483f.).

10 Vgl. KUTSCHKER/SCHMID (2002, S. 438); SCHMIDT (1995, S. 106).

11 Vgl. PICOT (1982, S. 270); SYDOW (1992, S. 130); SWOBODA (2003, S. 48).

12 Vgl. HÜSER (1996, S. 74). Laut Schätzungen belaufen sich die Transaktionskosten auf 50 bis 60 v. H. des Nettosozialprodukts. Vgl. KLEMMER/LEHR/LÖBBE (1999, S. 46).

13 Vgl. SYDOW (1992, S. 130f.).

14 In der NIÖ wird zwischen *Institution* und *Organisation* unterschieden. Während die Institutionen Regeln und Normen umfassen, setzt sich eine Organisation aus Individuen, aus Staat, Firma, Interessenvertretung etc. zusammen. Vgl. KLEMMER et al. (1999, S. 45); RICHTER/ FURUBOTN (1999, S. 7f. und 513).

Nutzung der Institution ausschlaggebend[15] und hat daher direkten Einfluss auf Transaktionskosten.

Neben den hier dargestellten *Elementen des Transaktionskostenansatzes* wie dem Begriff der Transaktion und der Transaktionskosten gehören zu den konstitutiven Determinanten auch: Verhaltensannahmen (begrenzte Rationalität – Opportunismus), Merkmale und Infrastruktur der Transaktion sowie transaktionsabhängige Eigenschaften (Faktorspezifität, Häufigkeit und Unsicherheit bzw. Komplexität). Abbildung 6 illustriert die Beziehung dieser Faktoren.

Abb. 6: Grundmodell der Transaktionskostentheorie

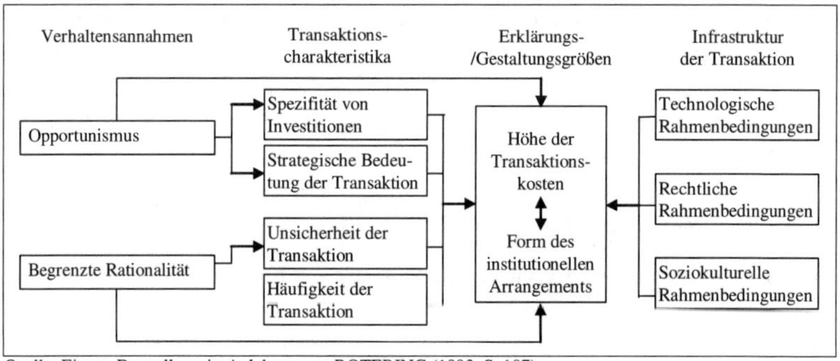

Quelle: Eigene Darstellung in Anlehnung an ROTERING (1993, S. 107).

Insgesamt gelten die Transaktionscharakteristika als Entscheidungsvariablen für mögliche Maßnahmen, durch die sich Kooperationen unter dem Gesichtspunkt der Transaktionskosten effizienter gestalten lassen.[16] Darüber hinaus können Austauschbeziehungen durch weitere ergänzende Einflussgrößen charakterisiert werden – z.B. Anzahl der Transaktionspartner, Variantenvielfalt, Komplexität, die im Zusammenhang mit den zentralen Transaktionskostenparametern auftreten können. Neben den Verhaltens- und Transaktionskostenmerkmalen ist noch die *Transaktionsatmosphäre* (Infrastruktur der Transaktion) als Einflussgröße zu nennen, die alle technologischen, rechtlichen und soziokulturellen Rahmenbedingungen umfasst, unter denen die Austauschprozesse ablaufen. Damit kann z.B. das Ausmaß des gegenseitigen Vertrauens unter den Transaktionspartnern analysiert werden. Die transaktionskostentheoretische Analyse beschäftigt sich somit mit den Verhaltensannahmen der Transaktionspartner, den situativen Transaktionscharakteristika und den Bedingungen der Transaktionskostenatmosphäre, worauf noch konkreter eingegangen wird.

---

15 Vgl. MACHARZINA (1999, S. 49).
16 Vgl. WOHLGEMUTH (2002, S. 52).

4.2.2 Transaktionsspezifische Einflussfaktoren

Der Bestimmung der Transaktionskosten einer Organisationsform liegen folgende zwei Annahmen über personale und situative Bedingungen zugrunde:[17]

- Individuen handeln grundsätzlich opportunistisch (individuelle Nutzenmaximierung, incl. Arglist und Täuschung), um ihren individuellen Nutzen zu maximieren; aufgrund kognitiver Beschränkungen sind Menschen durch eine begrenzte Rationalität gekennzeichnet, was die Möglichkeit perfekter Kontrakte ausschließt (Verhaltensannahmen);
- Transaktionen differieren hinsichtlich des Ausmaßes, in dem eine Transaktion dauerhafte „transaktionsspezifische Investitionen" erfordert, hinsichtlich der mit einem Austausch verbundenen Unsicherheit[18] sowie hinsichtlich der Transaktionshäufigkeit (Umweltfaktoren).

Bei der Analyse des *Verhaltens der Transaktionspartner* sind die *begrenzte Rationalität* der handelnden Akteure und die Möglichkeit von *Opportunismus* zu berücksichtigen. Während die erste Eigenschaft mit Problemen wie beschränkten Kapazitäten der Informationsverarbeitung oder vollständiger Problemlösung verbunden ist, entsteht Opportunismus z.B. aufgrund unzureichend konkretisierter Vertragsinhalte, wodurch sich eine Gelegenheit zur eigennützigen Zweckentfremdung der Ressourcen bietet.[19] Diese Annahmen erklären, wie die Kosten überhaupt entstehen und warum die Höhe der Transaktionskosten zuweilen zunimmt. Ist eine Transaktion – bei begrenzter Rationalität der Transaktionspartner – mit hoher Unsicherheit über die zu erbringende Leistung und mit hoher transaktionsspezifischer Investition (wie z.B. in Sach- oder Humankapital) verbunden, dann ist zu erwarten, dass die marktliche Koordination ökonomischer Aktivitäten scheitert. Des Weiteren besteht bei einer kleineren Zahl der Anbieter die Gefahr des Opportunismus, weil sie innerhalb gegebener Spielräume eigene Interessen verfolgen. Die Berücksichtigung weiterer Einflussfaktoren wie Informationsverkeilung[20] (information impactedness), Transaktionshäufigkeit (frequency) und Vertrauensklima (atmosphere) spricht auch eher für hierarchische Koordinationsstrukturen.

Entsprechend der Annahme des Transaktionskostenansatzes gilt, dass die beteiligten Organisationen durch Abstimmung ihres Handelns versuchen, ihre Kosten zu minimieren.

---

[17] Vgl. SYDOW (1992, S. 131); SWOBODA (2003, S. 48). Ausführlicher zu Verhaltensannahmen vgl. WILLIAMSON (1990, S. 50ff.); KUTSCHKER/SCHMID (2002, S. 439). Zu den Umweltfaktoren als Determinanten von Transaktionen vgl. WILLIAMSON (1990, S. 59-72).

[18] Die Unsicherheit stellt einen weiteren Faktor der Transaktion dar, der sich auf die Kosten der unterschiedlichen institutionellen Arrangements auswirkt. Es werden zwei Arten von Unsicherheit unterschieden: *Unsicherheit über die Umweltentwicklung (exogene Unsicherheit)*, da sich Faktoren außerhalb des Einflussbereiches der Transaktion verändern können und so das Transaktionsziel für einen oder sogar beide Transaktionspartner gefährden können; *Unsicherheit über das Verhalten (endogene Unsicherheit)* des Transaktionspartners, die sowohl aus der begrenzten Rationalität des Akteurs als auch aus seinem opportunistischen Handeln resultieren kann. Vgl. WILLIAMSON (1990, S. 64); MATTEN/WAGNER (1999, S. 486f.).

[19] Vgl. CEZANNE/MAYER (1998, S. 1349).

[20] Informationsverkeilung ist ein Zustand komplexer und dynamischer Umweltbedingungen bei einer asymmetrischen Informationsverteilung unter den Akteuren. Vgl. WILLIAMSON (1990, S. 58).

Diese Abstimmung sollte auf Grundlage unterschiedlicher Organisationsformen geschehen,[21] um so die *eigene Effizienz* zu erhöhen. Daher ist eine intermediäre Organisationsform zwischen Markt und Hierarchie anzustreben, die die Vorteile beider Kontrollstrukturen (governance structures) miteinander verbindet.[22] Aus der Verbindung der speziellen Vorteile von Markt und Hierarchie ergibt sich, dass kooperative Arrangements dezentrale Optimierungsentscheidungen gestatten und gleichzeitig deren Ausrichtung auf ein gemeinsames Oberziel sichern.[23] Eine solche Organisationsform ist dann vorteilhaft, wenn die Kosten für den Erwerb von notwendigen, stark ungleichen Fähigkeiten der Transaktionspartner sehr hoch sind und andererseits die Aktivitäten der Transaktionspartner in hohem Maße komplementär sind. Die intermediären Koordinationsformen wie Netzwerke können zur Reduktion von Unsicherheit und Opportunismus in Austauschbeziehungen führen. In der Managementforschung stellt „Kooperation" neben Markt und Hierarchie das dritte eigenständige Modell der Austauschkoordination dar. Sie gilt als effizienteste Organisationsform, weil sie Vorteile beider Koordinationsstrukturen unter gewissen Bedingungen miteinander vereint. In Anbetracht dessen spielt im TKA v.a. das Vertrauen[24] eine große Rolle, das neben dem Preis (Markt) und der Anweisung (Hierarchie) zum ergänzenden Koordinationsmechanismus mit gezählt wird und grundlegend für jede Kooperation ist.[25]

Die Einordnung von Kooperationen auf einem Kontinuum zwischen Markt und Hierarchie stellt ein zentrales Element der Transaktionskostentheorie dar. Die Argumentation ist, dass aus transaktionskostenoptimaler Sicht (Effizienzkriterium: Minimierung der Transaktionskosten) die Bildung von hybriden Arrangements dann sinnvoll ist, wenn eine mittlere Spezifität der Transaktion und hohe Unsicherheit der Umwelt gegeben sind.[26] Die *Unsicherheit* der Handlungsumwelt führt generell zu einer Erhöhung der Transaktionskosten, weil zusätzliche Maßnahmen der Informationsbeschaffung und -übertragung durchzuführen sind.

Die Unvollkommenheit der den Wirtschaftsakteuren zur Verfügung stehenden Informationen verursacht Transaktionskosten, weil aufgrund der erheblichen Unsicherheit und Informationsunvollkommenheit des Wirtschaftslebens Transaktionskosten nicht vermieden werden können. Laut Annahme der Neuen Institutionenökonomie sind Informationen unvollkommen

---

21 Vgl. SYDOW (1992, S. 130ff.).

22 Vgl. SYDOW (1992, S. 102); WORATSCHEK/ROTH (2003, S. 156); MORSCHETT (2003, S. 390).

23 Vgl. von der OELSNITZ (2003a, S. 186).

24 Zu einer Definition von Vertrauen vgl. beispielsweise WORATSCHEK/ROTH (2003, S. 159).

25 Während das Marktversagen in Situationen mit hohen transaktionsspezifischen Investitionen (Komplexität) sowie in Situationen mit spezifischen Transaktionskosten für einen Transaktionsgegenstand wie z.B. bei der Transaktion von Wissen bzw. Informationen (d.h. im Falle des Technologie- bzw. Wissenstransfers) zu erwarten ist, spricht man vom Hierarchieversagen in dem Fall, wenn bei sicheren Transaktionen, einer geringen Komplexität und einer Vielzahl potenzieller Transaktionspartner (mit einer schwach ausgeprägten Organisationskultur und offenen Interessenunterschieden) interne Transaktions- und Koordinationskosten verursacht werden. Vgl. SYDOW (1992, S. 133f.).

26 Vgl. WILLAMSON (1985, S. 79ff.).

und asymmetrisch,[27] woraus eine gewisse Unsicherheit für alle Markt- und Politikteilnehmer resultiert. Eine Unsicherheitsreduzierung kann beispielsweise durch Informationsgewinnung im Rahmen einer Kooperation erfolgen. Der TKA liefert Entscheidungshilfen für konkrete Organisationsprobleme und hat die Intention, „Bedingungen abzuleiten, unter denen produktive Transaktionsbeziehungen zustande kommen und dauerhaft sind".[28]

Zusammenfassend ist festzustellen, dass mit dem Transaktionskostenansatz eine effiziente Organisationsform für Austauschprozesse im Kontinuum zwischen Markt und Hierarchie gewählt werden kann. Diese Organisationsform erscheint dann sinnvoll, wenn unter komplexen, dynamischen Umweltbedingungen flexible und innovative Entscheidungen getroffen werden müssen. Mit dem TKA kann gezeigt werden, warum Unternehmen kooperieren und unter welchen Bedingungen sie am effizientesten kooperieren. Die Durchführung gemeinsamer Vorhaben ermöglicht den Unternehmen eine stärkere Konzentration auf ihr Kerngeschäft („systemische Rationalisierung")[29] und trägt gleichzeitig zu Senkung der Transaktionskosten bei. Aus Sicht der Transaktionskostentheorie sind die mit dem Innovationsgeschehen verbundenen Kosten am Anfang höher, was mit der Suche nach neuen Wegen und Märkten verbunden ist. Langfristig können aber durch Innovationen die Transaktionskosten gesenkt werden (z.B. bei organisatorischen Innovationen). Durch verschiedene Flexibilisierungsmaßnahmen versuchen Unternehmen, v.a. ihre Innovationskraft zu steigern.[30] Inwieweit institutionenökonomisch fundierte Anreize die Innovationsbedingungen bei einer Kooperation verbessern können, wird im Weiteren diskutiert.

4.2.3 Kooperationsvorteile und deren Beitrag zur Innovationsförderung

Die Transaktionskostentheorie wird sowohl zur Erklärung der formalen als auch der – vertraglich kaum formalisierten – *informellen Beziehungen*[31] herangezogen. Dabei muss jedoch die Netzwerkkonstellation genauer berücksichtigt werden.[32] Netzwerke sind einerseits durch eine Vielzahl von autonomen *Akteuren* mit Markteigenschaften gekennzeichnet, andererseits tragen sie zur Umsetzung der gewählten Ziele durch koordiniertes Handeln bei, was normalerweise als typische Fähigkeit einer Hierarchie gilt. An dieser Stelle ist hervorzuheben, dass netzwerkartige Beziehungen, die eher informell sind, sich auch effektiv sowie – entgegen transaktionskostentheoretischen Voraussagen – transaktionskostenreduzierend

[27] Vgl. dazu GRUNER/HOMBURG (1999, S. 125).
[28] CEZANNE/MAYER (1998, S. 1348).
[29] Vgl. SYDOW (1992, S. 2).
[30] Vgl. SYDOW (1992, S. 110).
[31] Diese entsprechen dem in der Literatur gängigen Ausdruck „Stärke schwacher Bindungen", die informelle und lockere Verbindungen darstellen, durch rechtlich und wirtschaftlich autonome Akteure gekennzeichnet sind und eine Möglichkeit netzwerk-externer Impulse sowie Zugang zu vielfältigen Informationsquellen bieten. Zur besonderen „Stärke schwacher Verbindungen" vgl. GRANOVETTER (1973), hier zitiert nach GERSTLBERGER (2004, S. 61).
[32] Vgl. PICOT (1982, S. 269); STÖRMER (2001, S. 131).

auswirken können.[33] Netzwerke sind nur unter bestimmten Voraussetzungen die vorteilhafte Alternative, um nicht nur die wirtschaftlichen Effizienzziele, sondern auch die etwaigen Kontrollziele (durch hierarchische Elemente dieser Organisationsform) zu erreichen.[34] Eine Reduzierung der Transaktionskosten durch interorganisationale Beziehungen führt zu folgenden Vorteilen:[35]

- Durch gemeinsam angelegte Projekte (Transaktion) können sowohl die Fixkosten als auch das *Risiko* auf alle Akteure aufgeteilt werden;
- Langfristige Absprachen mit Lieferanten (formale Beziehung) können das mit transaktionsspezifischen Investitionen verbundene Risiko verringern;
- Eine genaue Kenntnis der Partner in stabilen und intensiven Beziehungen ermöglicht die Reduktion der Such- und Verhandlungskosten sowie zum Teil auch der laufenden Kosten;
- Eine *Koordination der Beziehungen* kann durch die Schaffung von Organisationseinheiten und deren Besetzung mit geeigneten Personen verbessert werden;
- Durch interorganisationale Informationssysteme kann sowohl die Kommunikation erleichtert als auch *Informations- und Kommunikationskosten* gesenkt werden;
- Infolge enger Beziehungen kann auch ein Transfer *nicht-kodifizierten Wissens* erfolgen;
- Die Schaffung *wechselseitiger (interorganisationaler) Abhängigkeiten* durch Netzwerk-Partnerschaften reduziert das opportunistische Verhalten und damit auch Überwachungs- und Durchsetzungskosten;
- In einem Netzwerk können *Produkt- und Prozessinnovationen* gemeinschaftlich schneller *durchgesetzt* werden, was bei zunehmenden technologischen Interdependenzen immer dringender erscheint;
- *Intensiver Informationsaustausch* verringert Qualitätsrisiken und ermöglicht Einsparungen bei der Qualitätskontrolle;
- Durch Netzwerke wird interorganisationales *Lernen* beschleunigt. Der Lernkurveneffekt führt zu einer Reduktion der Fixkosten bei einer gemeinsamen F&E;
- Vertrauensbildende Maßnahmen fördern nicht nur die *Interorganisationskultur* (und dadurch z.B. einen freieren Informationsaustausch von Konstruktionsdaten einer Produktinnovation), sondern verstärken auch „credible commitments" der Partner.

Die Transaktionskostentheorie ist für einen Innovationsbeitrag durch Kooperation dann relevant, wenn die Transaktionskosten – z.B. bei der Generierung und Umsetzung von Umweltinnovationen oder auch die Informationskosten – beim Zugang zum technischen, marktlichen und umweltpolitischen Wissen gesenkt werden. Der Transaktionskostenansatz verdeutlicht die Relevanz von Wissen und Information für den Innovations- und auch für den Diffusionsprozess.[36] Beispielsweise bietet er Anreize für Umweltinnovationen u.a. durch die

[33] Vgl. dazu SYDOW (1992, S. 165).
[34] Vgl. SYDOW (1992, S. 157).
[35] Vgl. SYDOW (1992, S. 141ff.); STÖRMER (2001, S. 132).
[36] Vgl. BLAZEJCZAK/EDLER/HEMMELSKAMP et. al. (1999b, S. 16).

Etablierung und Sicherung von Verfügungsrechten über Umweltressourcen, wie z.B. durch die Gestaltung des Haftungsrechts. In der vorliegenden Arbeit wird implizit davon ausgegangen, dass Kooperationsakteure einen Informationsvorsprung gegenüber anderen Akteuren haben. Ein Informationsaustausch zwischen den verschiedenen Kooperationsakteuren kann daher für alle vom Nutzen sein. Hierdurch kann z.B. eine Optimierung der Produkte oder der Produktionsprozesse ermöglicht werden, womit Innovationspotenziale verbunden sein können.

Der häufig mit Risiko behaftete Innovationsbereich ist insbesondere aufgrund seiner Zukunftsorientierung mit *Unsicherheit* verbunden.[37] Die Unsicherheit über die zukünftigen Umweltzustände, unter denen die vereinbarten Leistungen erbracht werden, gilt als eine Einflussgröße für die Transaktionskosten. Insbesondere das Wissen um ökologische und technologische Zusammenhänge als kooperative Ressource ist mit Informationsasymmetrien und Unsicherheiten verbunden.[38] Dabei wird die Unsicherheit nicht nur durch den zeitlichen Horizont, sondern auch durch das opportunistische Verhalten beeinflusst, was schließlich die bereitzustellenden Informationsverarbeitungskapazitäten bestimmt. Da Transaktionspartner bei der Gestaltung von Austauschbeziehungen auch ihr Eigeninteresse verfolgen und dabei verschiedene Strategien wie z.B. Täuschung oder Zurückhaltung von Informationen nutzen können, ist dabei das opportunistische Menschenverhalten immer zu berücksichtigen.

Zusammenfassend ist festzuhalten, dass der hier dargestellte Kooperationsansatz nur *einen* Beitrag für die Erklärung der Umweltinnovationsförderung durch eine Kooperation leistet. In der Diskussion wurde deutlich, dass in diesem Zusammenhang auch Probleme auftreten können, die z.B. mit Umweltunsicherheit, begrenzter Rationalität oder Informationskosten verbunden sind. Weiterhin wird bei diesem statischen Ansatz auch die Fokussierung von Beziehungen, Interaktionen und Veränderungen bemängelt. Da Umweltinnovationen komplex sind und jede Koordinationsform (Markt, Hierarchie, Kooperation) unter bestimmten Bedingungen vorteilhaft ist, kann die Innovationsförderung bzw. der Abbau von Innovationshemmnissen sowohl durch verhaltensbezogene als auch transaktionsspezifische Aspekte lediglich teilweise reflektiert werden. Insgesamt ist der Beitrag des TKA zur Erklärung der Innovationsimpulse zunächst auf die Existenz von Transaktionskosten

---

37 Vgl. dazu beispielsweise SCHMIDT (1995, S. 107).

38 Dies wird durch ein *Informationsparadoxon* verdeutlicht, das darauf hinweist, dass ein Akteur Informationen dann richtig bewerten kann, wenn sie ihm bekannt sind. Das bedeutet, dass er aus bestimmten Hinweisen und Signalen den zu erwartenden Nutzen zu erreichen versucht. Vgl. HÜSER (1996, S. 29).

zurückzuführen, die durch eine Kooperation gesenkt werden können.[39] Daraus wird ersichtlich, dass die Transaktionskostentheorie nur vereinzelt Vorteile der Kooperation unter Umweltinnovationsgesichtspunkten erkennen lässt, weil hier das Hauptaugenmerk auf die Effizienz von Organisationen gelegt wird und z.B. Machtaspekte unberücksichtigt bleiben. Der Ansatz muss daher um weitere theoretische Überlegungen ergänzt werden.

[39] Vgl. BLAZEJCZAK/EDLER (1999, S. 40).

4.3 Der interaktionsorientierte Netzwerkansatz

4.3.1 Grundannahmen

Der interaktionsorientierte Netzwerkansatz ging aus einem von der IMP-Forschergruppe[1] um HÅKANSSON (1982, 1987) entwickelten Konzept industrieller Märkte als Netzwerke[2] interagierender Unternehmen hervor. Dieses Konzept fokussiert auf langfristige, stabile Austauschbeziehungen in Industriegütermärkten, an denen mehrere interagierende Akteure (Kunden, Händler, Zulieferer, Produzenten etc.) beteiligt sind. Der verhaltenswissenschaftliche Ansatz von HÅKANSSON ermöglicht es, in Verbindung mit klassischen Organisationstheorien auch die Vorteile der Netzwerkorganisation herauszuarbeiten, Problemfelder zu benennen und Gestaltungsempfehlungen zu formulieren. Seine Wurzeln liegen in der sozialen Austauschtheorie.[3] Er liegt auch dem situativen Ansatz[4] konzeptionell nahe. Insgesamt wird er als Theorieansatz bezeichnet, der die komplexe Realität strategischer Netzwerke darstellen kann, da hier die Integration unterschiedlicher Begründungszusammenhänge gelungen ist. Gegenstand dieses Netzwerkansatzes sind implizite Kooperationen, die eine Vielzahl von Einzelbeziehungen umfassen und ohne exakte Grenzen bestehen.

Aufgrund der besonderen Ausprägung der *Interaktionen* im industriellen Sektor bezieht sich der Netzwerkansatz explizit auf die Analyse industrieller Netzwerke, die von HÅKANSSON wie folgt definiert werden: „An industrial network consists of companies linked together by the fact that they either produce or use complementary or competitive products. Consequently the network always contains an element of both cooperation and conflict."[5] Kennzeichnend für industrielle Märkte sind langfristige und stabile Austauschbeziehungen, an denen mehrere intensiv miteinander agierende Organisationen teilnehmen.[6] Während vertraglich abgesicherte Beziehungen meist innerhalb einer vertikal organisierten und durch Marktverhältnisse geprägten Wertschöpfungskette bestehen, sind an nicht-formalen Kooperationen häufig Akteure mit unterschiedlichen Erfahrungshintergründen und institutioneller Einbindung beteiligt. Für diese Form der produktions- und innovationsorientierten Zusammenarbeit hat sich der Begriff „Netzwerk" durchgesetzt.[7]

---

1 Die „International Marketing and Purchasing Group" ist ein informeller Zusammenschluss von Forschern aus sieben Nationen. Sie wurde v.a. durch die Arbeiten des schwedischen Teams um HÅKANSSON (Universität Uppsala) bekannt.

2 Kennzeichnend für diese Netzwerke ist, dass sie aus einer Vielzahl von Einzelbeziehungen ohne exakt bestimmbare Grenzen und Zugehörigkeiten bestehen und eine Verflechtung zahlreicher dyadischer, Kleingruppen- und ggf. auch Großgruppenkooperationen darstellen. Vgl. AULINGER (1996, S. 198).

3 Vgl. SWOBODA (2003, S. 56); STÖRMER (2001, S. 147); SYDOW (1992, S. 219).

4 Vgl. GEBERT (1979, S. 283ff.); KASPER (1982, S. 577); STAEHLE (1999, S. 48ff.). Zur Erweiterung des situativen Ansatzes vgl. BIERFELDER (1989, S. 30f.).

5 HÅKANSSON (1989, S. 16).

6 Vgl. SYDOW (1992, S. 216).

7 Vgl. HÅKANSSON (1987).

Charakteristisch für Netzwerke ist, dass sie aus Akteuren[8] bestehen, die über materielle und immaterielle Ressourcen verfügen und damit Aktivitäten realisieren. Die zwischen den Akteuren bestehenden Beziehungen sind oft dauerhaft und reichen über einmalige Markttransaktion hinaus, was ein gewisses Maß an Vertrauen unter den Akteuren voraussetzt.[9]

Das Netzwerkmodell von HÅKANSSON zeigt, wie sich die marktgerichteten Aktivitäten von Unternehmen zu stabilen, sich gleichwohl wandelnden Interorganisationsbeziehungen verdichten. Kooperationen entstehen oft aus relativ unbedeutenden Transaktionen (d.h. ohne hohe Investitionen oder ein hohes Maß an gegenseitigem Vertrauen), und zwar durch intendierte und auch evolvierende Austauschaktivität. So können Kooperationen das Ergebnis intendierter (geplanter) Handlungen sowie auch spontaner Prozesse sein.[10] Solche Beziehungen können zu einer essenziellen Ressource für das Unternehmen werden, die nicht nur den Zugriff auf weitere Ressourcen und damit strategische Option ermöglicht, sondern auch die Wahlmöglichkeiten einschränken kann.

4.3.2 Elemente des Netzwerkmodells

Der Analyserahmen des interaktionsorientierten Netzwerkansatzes (vgl. Abbildung 7) besteht aus:

- Individuen, Personengruppen, Unternehmen und Unternehmensgruppen als unmittelbaren Interaktionsakteuren;
- Ressourcen als Interaktionsinhalten (Produkte, Informationen, Finanzmittel, soziale Aspekte);
- Aktivitäten als Interaktionsprozessen;
- „Atmosphäre“ sowie
- dem erweiterten Kontext der Beziehungen.

Das Verhalten der Interaktionspartner ist hier nur vor dem Hintergrund der „social embeddedness“ zu verstehen.[11]

---

8 Dabei ist im interaktionsorientierten Netzwerkansatz die Organisation der Akteur.
9 Vgl. GEELHAAR/RAMSEIER/MUNTWYLER (1996, S. 89).
10 Vgl. HÅKANSSON (1989, S. 126f.).
11 STÖRMER (2001, S. 141).

Abb. 7: Netzwerkmodell von HÅKANSSON

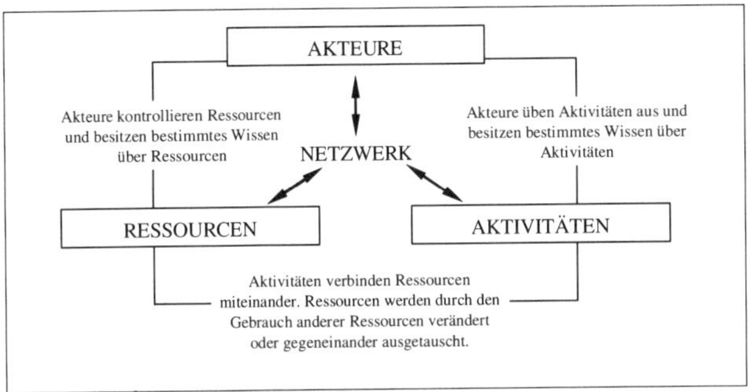

Quelle: Vgl. HÅKANSSON (1987, S. 17).

Die ein Netzwerk bildenden *Akteure* sind zwar selbstständig und einzigartig, jedoch besitzen sie auch bestimmte gemeinsame Basismerkmale, d.h. jeder Akteur kontrolliert bestimmte Ressourcen und Aktivitäten. Zugang zu den Ressourcen anderer Akteure wird durch die Beziehungen untereinander ermöglicht, die im Rahmen der Austauschprozesse entstehen. Die Akteure streben einen wirtschaftlichen Erfolg an, indem sie ihre Kontrolle über Aktivitäten und Ressourcen im Netzwerk vergrößern. Eine weitere Annahme ist auch, dass die Akteure durch begrenztes Wissen gekennzeichnet sind. Vor diesem Hintergrund beziehen sich die meisten Interaktionen darauf, Wissen zu erwerben.[12]

Um den *Ressourcen*bezug (Sachgüter, Dienstleistungen, Finanzmittel, Informationen) zu sichern, gehen Unternehmen langfristige Austauschbeziehungen ein. Dazu müssen sie eigene Ressourcen und Zeit einsetzen, was in der Aufbauphase eine Investition zur Sicherung der zukünftigen Ressourcenzufuhr ist. Kennzeichnend für langfristige Beziehungen ist, dass sie stabil, interdependent und relativ geschlossen sowie beim Partnerwechsel mit hohen Kosten verbunden sind. Daher betrachten Unternehmen die Interaktionsbeziehungen als eine ihrer wichtigsten Ressourcen, da sie den Zugriff auf weitere Ressourcen von Dritten sowie strategische Wahlmöglichkeiten eröffnen – vorausgesetzt, dass sie einmal etabliert sind. Aufgrund des Ressourcenaustausches, der -kombination und -entwicklung kommt es zu verschiedenen *Aktivitäten* wie technischen, finanziellen oder sozial orientierten, geistigen oder physischen Aktivitäten. Wiederkehrende Aktivitäten können als Aktivitätszyklen und deren Gesamtheit kann als Aktivitätsstruktur zusammengefasst werden.[13]

Neben diesen verschiedenen Komponenten des Netzwerkes wie Akteuren, Aktivitäten und Ressourcen werden im Rahmen des Ansatzes auch verschiedene Bindungsebenen[14] des

[12] Vgl. HÅKANSSON/JOHANSON (1993, S. 37ff.).
[13] Vgl. HÅKANSSON (1987, S. 15); HÅKANSSON/JOHANSON (1993, S. 40f.).
[14] Vgl. HÅKANSSON/JOHANSON (1997, S. 134).

Netzwerkes wie funktionale Interdependenzen, Macht-, Wissens- und Zeitstrukturen unterschieden.

Mit dem Netzwerkansatz kann gezeigt werden, wie Akteure durch Kooperation Informations- und Wissensressourcen gewinnen können. „Das Netzwerk mit den Variablen Akteure, Aktivitäten und Ressourcen ist in eine Struktur mit den Dimensionen Macht, Wissen und Zeit eingebettet." Die *Macht*struktur umfasst die Kontrolle, die Akteure über Aktivitäten und Ressourcen haben. Die *Wissen*sstruktur entsteht aus der Fähigkeit, das Wissen sowie die Erfahrungen aus der Vergangenheit zu akkumulieren. Aufgrund der aufgenommenen Änderungen kommt es im *Zeit*ablauf zu einer Weiterentwicklung des Netzwerkes.[15] Für die prozessuale Entwicklung des Netwerkes kommt Interaktionen und Beziehungen eine besondere Rolle zu. Daher werden sie im Folgenden erläutert.

4.3.3 Rolle der Interaktionen und Beziehungen

In der Literatur wird zwischen Interaktionen und Beziehungen unterschieden, wobei die Beziehungen eher allgemeiner, langfristiger sind und einen Kontext bilden, in dem Interaktionen stattfinden. Der Aufbau von Beziehungen wird als Investition in eine Ressource betrachtet: „Relationships are one of the most valuable resources that a company possesses".[16] Beide Elemente stehen somit in einer engen Wechselbeziehung (Verknüpfung). Einerseits kann diese positiv sein, z.B. durch die Unterstützung des Austausches im Rahmen einer Beziehung, andererseits aber auch negativ, wenn der Austausch behindert wird. Eine Wechselbeziehung kann sowohl auf der funktionalen Ebene (zusammen mit konkreten Aktivitäten) als auch auf der persönlich-individuellen Ebene der Akteure (zusammen mit der subjektiven Wertschätzung des Partners bzw. des Netzwerks) erfolgen. Die Beziehungen sind determiniert durch:[17]

- „Gegenseitige Orientierung" als Bereitschaft der Akteure, miteinander in Interaktion zu treten sowie eine gemeinsame Wissensbasis und Respekt für die Interessen des Partners;
- Investitionen der Akteure in die Beziehung;
- Zusammengehörigkeitsgefühle;
- Abhängigkeit der Akteure voneinander und
- Atmosphäre i.S. eines Spannungsverhältnisses zwischen Konflikt und Kooperation in der Beziehung.

Mit Interaktionen gehen Austausch- und Anpassungsprozesse einher. Während ein einzelner Austausch von ökonomischen und sozialen Gütern immer Teil eines Prozesses ist, in dem die Beteiligten sukzessiv den gemeinsamen Aufbau von Wissen und Vertrauen anstreben, deutet

[15] Vgl. HAUSMANN (1996, S. 58ff.).
[16] HÅKANSSON (1987, S. 10).
[17] Vgl. JOHANSON/MATTSSON (1987, S. 37ff.).

die Anpassung auf die iterativen Annäherungen und Angleichungen der ökonomischen, technischen und sozialen Systeme der Partner hin. Durch die Anpassungsprozesse kommt es einerseits zur Stärkung des Zusammengehörigkeitsgefühls, und andererseits zur Erhöhung der Abhängigkeit. Dies wirkt sich auf die Dauerhaftigkeit und Veränderbarkeit der Beziehungen aus. Die aus Interaktionen resultierenden Veränderungen, bezogen auf Einstellungen und Wissen der Akteure, spiegeln sich in gemeinsamer Orientierung wider.

Im Netzwerkansatz von HÅKANSSON wird der Fokus auf die Verschiebung von Macht-[18] und Einflussstrukturen in Netzwerken gerichtet. Eine wichtige Rolle spielt hierbei die Netzwerkposition des einzelnen Akteurs, weil sie ihm konkrete Handlungsmöglichkeiten sowie die Zugriffsmöglichkeiten auf Ressourcen aufzeigt, die von anderen Unternehmen im Netzwerk kontrolliert werden. Die Bestimmung der Netzwerkposition eines Unternehmens innerhalb des Netzwerks ist abhängig von[19]

- seiner Funktion;
- seiner relativen Bedeutung;
- der Stärke seiner Beziehung zu anderen Netzwerkteilnehmern sowie
- der Identität dieses Unternehmens.

Die Netzwerkposition eines Akteurs verändert sich mit seinem strategisch relevanten Wandel innerhalb des Netzwerks. Während sich in der Anfangsphase die Austauschbeziehungen i.d.R. auf relativ unbedeutende Transaktionen beziehen (mit wenig Vertrauen und geringem Risiko), können sie sich langfristig zu komplexen Beziehungen mit größerem Vertrauen und höherem Risiko entwickeln. Diese Interaktionen erfordern technische, ökonomische, administrative und soziale Elemente, die miteinander verwoben sind. Für erfolgreiche Netzwerkinteraktion ist somit der sog. „Fit“ – das Zusammenwirken – von besonderer Bedeutung.[20]

Durch die Interaktionen der Akteure kommt es zur prozessualen Entwicklung des Netzwerks. Basierend auf interorganisations-theoretischen Netzwerkansätzen werden Netzwerke nach GRABHER durch vier Basismerkmale charakterisiert:[21]

- *Reziprozität* bezeichnet die Wechselseitigkeit der Austauschprozesse in langfristiger Perspektive. Die Beziehungen unter den Netzwerkpartnern enden erst, wenn erwartete Reaktionen von Beteiligten ausbleiben. Dabei stellen die Reaktionen häufig eine implizit verpflichtete Gegenleistung dar, die v.a. auf der Verlässlichkeit der Partner (und nicht auf den Verträgen) basiert.

---

18 COOK weist auf ein Machtparadoxon bei der Machtausübung in Austauschbeziehungen hin: Je mehr Ressourcen einer anderen Organisation durch die Ausnutzung von Macht für die eigene Organisation mobilisiert werden, desto größer wird letztlich die Abhängigkeit der zunächst mächtigeren Organisation von der anderen Organisation. Dadurch stellt sich langfristig ein Gleichgewichtszustand ein. Vgl. COOK (1977, S. 73).

19 Vgl. JOHANSON/MATTSSON (1987, S. 36); SWOBODA (2003, S. 56).

20 STÖRMER (2001, S. 145).

21 Vgl. von GRABHER (1993, S. 8ff.); weiterführend vgl. STÖRMER (2001, S. 146).

- *Interdependenz* ist die wechselseitige Abhängigkeit der Partner im Beziehungsgeflecht. Im Rahmen langfristiger sozialer Austauschbeziehungen, in denen die Netzwerkakteure komplementäre, gegenseitig ergänzende Stärken aufbauen, nimmt die Abhängigkeit durch die Anpassungsprozesse der Akteure zu. Durch dieses wechselseitige Aufeinander-Angewiesen-Sein kommt es zur Verfestigung der Beziehungen, was schließlich auch dazu führt, dass eine Konfliktlösung eher innerhalb der Beziehungen und nicht durch Reorganisation des Netzwerkes erfolgt.
- *Lose Verbindungen* (loose coupling, weak ties) kommen trotz der Anpassungsprozesse in Netzwerken überwiegend vor. Sie sind durch einen geringen Grad der horizontalen oder vertikalen Verflechtungen gekennzeichnet. Akteure bleiben i.d.R. weiterhin rechtlich und wirtschaftlich selbstständig. Dies verhindert, dass die Akteure aufgrund zu enger Beziehungen in eine „lock-in"-Situation geraten, wodurch die Flexibilität und Anpassungsfähigkeit zu weit reduziert werden könnte. Solche losen Verbindungen begünstigen interaktives Lernen[22] und dadurch auch Innovationen. Dabei haben die Akteure die Möglichkeit, das Wissen zu erwerben, das nicht auf den Märkten beschafft werden kann. Aufgrund der Selbststeuerung der Einzelnen entstehen auch redundante Strukturen, die für die Flexibilität des Netzwerks von Bedeutung sind und einen Zusammenbruch des Netzwerks beim Ausfall eines Partners verhindern.
- *Macht* und daraus resultierende Machtasymmetrie sind notwendig zur Handhabung von Interdependenzen. Sie bestimmen die Positionen der Akteure im Netzwerk. Zu den Machtquellen in Netzwerken zählen beispielsweise die wirtschaftliche Lage, eine Technologiekompetenz, das Expertenwissen, Vertrauen und Legitimität.

SCHAMP (1998) erwähnt ergänzend die Komplexität von Netzwerkrelationen und die Dauerhaftigkeit von Netzwerken als Netzwerkeigenschaften.

4.3.4 Stellenwert der Kooperationen im Rahmen der Netzwerkinteraktionen

Im interaktionsorientierten Netzwerkansatz gilt, dass jedes Unternehmen aufgrund der begrenzten eigenen Ressourcenbasis von den komplementären Ressourcen anderer Firmen abhängig ist.[23] Die Unternehmensumwelt besteht hier aus heterogenen Unternehmen. Daher ist es für den Erfolg eines Unternehmens eminent wichtig, den richtigen Partner zu finden, z.B. aufgrund bisheriger Erfahrungen mit dem (potenziellen) Partner oder auf Grundlage eines Vergleichs der Unternehmensprofile (Organisationsform, Ressourcen, Kultur).[24] Eine so etablierte Partnerschaft ist grundlegend für die Entwicklung enger Beziehungen zwischen den

---

22 In Anlehnung an das von DOZ entwickelte nicht-lineare Prozessmodell sind für die Entwicklung einer Kooperation nicht nur die Ausgangsbedingungen der interorganisationalen Kooperation, sondern auch der Prozess des Lernens in der Kooperation ausschlaggebend. Die Ergebnisse seiner Studie heben die Relevanz der Schaffung günstiger Ausgangsbedingungen für interorganisationales Lernen hervor. Vgl. DOZ (1996).

23 Vgl. HÅKANSSON/JOHANSON (1997, S. 132f.).

24 Vgl. HÅKANSSON/JOHANSSON (1984, S. 10).

Netzwerkpartnern auf verschiedenen Ebenen (persönliches Vertrauen und gegenseitige Sympathie, Austausch von Prozess- und Innovationswissen, langfristige Verträge etc.), die – im Gegensatz zu den tendenziell opportunistischen Individuen im Transaktionskostenansatz – eher nicht durch opportunistisches Verhalten gekennzeichnet sind. Beziehungen sind aber nicht statisch, sondern dynamisch und auf einen gegenseitigen Anpassungsprozess angewiesen. Die *Dynamik* eines Netzwerkes resultiert aus den Interdependenzen der Beziehungen: „(...) specific links will affect the whole or parts of the network's functioning, and it is therefore important to understand them. Thus any individual relationship may be important to the functioning of the network, but it will never be decisive on its own (...) A network is never stable or in balance, but is always changing in all kinds of ways".[25] Darüber hinaus kann die dynamische Evolution im interorganisationalen Netzwerk z.B. durch Ein- und Austritt der Akteure oder auch durch Veränderungen von Netzwerkpositionen beeinflusst werden, wobei ein Wandel der Positionen im Netzwerk die gesamte Akteurs-Beziehungs-Konstellation beeinflusst.[26]

Im Rahmen der Netzwerkinteraktionen haben Kooperationen[27] i.S. einer abgestimmten Zusammenarbeit einen besonderen Stellenwert. Bezogen auf den Formalisierungsgrad können formale und informelle Kooperationen unterschieden werden.[28] Da *formale Kooperationen* nach außen für andere Akteure sichtbar sind, weisen sie einen instrumentellen Charakter auf. Sie bestätigen das Image und die eigene Position, beweisen Loyalität gegenüber Partnern und dienen zur Abschreckung potenzieller Konkurrenten. Sie sind mit einem bestimmten Aufwand verbunden und werden meist vom oberen Management der Organisationen beschlossen. Im Gegensatz dazu basieren *informelle Kooperationen* v.a. auf dem in sozialen Austauschprozessen geschaffenen Vertrauen zwischen den Netzwerkpartnern, das als Voraussetzung dafür gilt, dass Unsicherheit reduziert werden kann und das Netzwerk gegenüber marktlichen Austauschbeziehungen an Stabilität und Effizienz gewinnt.[29] Hier besteht bewusst ein gegenseitiges Interesse, zu kooperieren. Die Akteure sind i.d.R. direkt in den Leistungsaustausch eingebunden, d.h. sie repräsentieren überwiegend unteres und mittleres Management.[30]

---

25 HÅKANSSON (1989, S. 171, 170). Zu Dynamik der Beziehungen vgl. auch HÅKANSSON (1982, S. 20); HÅKANSSON/JOHANSSON (1993, S. 48).

26 Vgl. SYDOW (2003d, S. 340f.).

27 Vgl. dazu z.B. SYDOW (1992, S. 102). Als wichtig wird die Kooperation v.a. im Bereich technologischer Entwicklung erachtet, was eine von HÅKANSSON (1989) durchgeführte Studie von 123 schwedischen KMU zeigt. Daraus resultiert, dass die Hälfte aller Entwicklungsaktivitäten in enger, überwiegend formalisierter Kooperation v.a. mit Abnehmern und Lieferanten, aber auch mit horizontalen Partnern wie Universitäten und Forschungseinrichtungen erfolgt. Ein weiteres Ergebnis lässt schlußfolgern: je langfristiger die Kooperation angelegt ist, desto vielfältiger sind die Bereiche, auf welche sie sich erstreckt. Zu dieser Studie vgl. SYDOW (1992, S. 17).

28 Vgl. HÅKANSSON/JOHANSSON (1988, S. 374f.); HÅKANSSON (1989, S. 112f.).

29 Vgl. POWELL (1990).

30 Vgl. HÅKANSSON/JOHANSON (1997, S. 130f.).

Im Verlauf des Kooperationslebenszyklus kann es nach TRÖNDLE zu Konflikten unterschiedlicher Intensität kommen.[31] Während am Anfang der Kooperation erhebliche Anpassungs- und Koordinationsprobleme auftreten können, ist die Konfliktwahrscheinlichkeit bei zunehmend vertrautem Kooperationsklima und steigender Kenntnis der Partner geringer, wobei in der Reifephase aufgrund eines Misserfolgs schwerwiegende Konfliktfelder auftreten können, weil die Schuld für das Versagen meist auf die Partner abgewälzt wird. Nachteilig kann sich auch die Dynamik der turbulenten Umwelt auf eine Kooperation auswirken, weil hiermit fundamentale Veränderungen einhergehen können, die die Fortführung der Kooperation behindern. Auch das Eingehen möglichst vieler Kooperationen informeller und formeller Art kann zu einer Schwächung der eigenen Stellung im Netzwerk führen. Zusammenfassend stellen die hier dargestellten Kooperationsmerkmale potenzielle Ansatzpunkte für innovationsfördernde bzw. -hemmende Faktoren dar. Inwieweit dieser Aspekt relevant ist, wird im Folgenden diskutiert.

4.3.5 Innovationsprozesse in Netzwerken

Mit dem Netzwerkansatz wird versucht, die innovationsbezogenen Interaktionen zwischen verschiedenen Akteuren theoretisch zu erfassen. Wie es zu einer erfolgreichen Innovationsgenerierung als Ergebnis von Interaktionen zwischen mehreren Akteuren kommt, hat aus prozessualer Sicht HÅKANSSON dargestellt.[32] Seinem Ansatz liegen folgende Argumente zugrunde:

- „Das Zusammentreffen verschiedener Wissensbereiche kann – ebenso wie die Kombination unterschiedlicher Technologien – die Entstehung von neuem Wissen und Innovationen fördern.
- Innovationsprozesse laufen stufenweise ab: Lernen, Adaptieren und Sozialisieren. Der Lernprozess benötigt dabei externen Input, soll der nicht im *learning by doing* verharren.
- Aufgrund der raschen Zunahme von Wissen und Informationen sind die Unternehmen gezwungen, sich zu spezialisieren, was ein Outsourcing bestimmter Teilbereiche nötig macht“.[33]

In seiner Forschung stellte HÅKANSSON (1989) fest, dass eine Kooperation im F&E-Bereich mit anderen Akteuren für Unternehmen durchaus vorteilhaft sein kann. Den partnerschaftlichen Beziehungen zwischen Unternehmen kann aus Sicht der IMP-Forscher eine Doppelfunktion hinzu geschrieben werden: die Effizienzsteigerung der beteiligten Unternehmen und die Förderung des Innovationspotenzials der Unternehmen. Diese Funktionen werden durch weitere Faktoren ermöglicht, die der nachfolgenden Tabelle zu entnehmen sind.

---

[31] Vgl. TRÖNDLE (1987, S. 141ff.).
[32] Vgl. HÅKANSSON (1989, S. 3ff.).
[33] STÖRMER (2001, S. 145).

Tab. 13: Effizienz- und Innovationspotenzial von Unternehmensbeziehungen

Potenzielle effizienzsteigernde Faktoren	*Potenzielle innovationsfördernde Faktoren*
• Nutzung von Synergiepotenzialen; • Zeit- und Flexibilitätsvorteile, u.a. durch die Vernetzung von Informations- und Kommunikationssystemen; Frühwarnsysteme, verzahnte Organisationsstrukturen, gewachsenes gegenseitiges Organisationswissen; • Sicherung des mittel- bis langfristigen Zugangs zu wichtigen Ressourcen; • Kostensynergien, z.B. Fixkostendegression durch gemeinsame Nutzung von Einrichtungen; • bessere Durchsetzung von gemeinsamen Interessen gegenüber Dritten; • Erhöhung des individuellen Images durch Beziehungen zu einem renommierten Unternehmen; • Zugang zu sonst unzugänglichen Ressourcen z.B. Kundenstamm, Marktzugangsstrategien.	• frühzeitige, zuverlässige und spezifische Informationen über Märkte, Meinungen & Innovationen; • verkürzter Innovationsprozess durch Ressourcenpooling und Wissensredundanz; • erhöhte Produktqualität durch Integration der Stakeholder in den Entwicklungsprozess; • schnelle Fehlerkorrektur aufgrund frühzeitigen Feedbacks bei engen Kundenbeziehungen; • koordinierte Einführung innovativer Produkte durch enge Beziehungen zu Kunden.

Quelle: Eigene Darstellung in Anlehnung an JOHANSON/MATTSON (1991, S. 258) (1987, S. 37ff.); GEMÜNDEN/HEYDEBRECK (1994, S. 261-277).

Kooperative Erklärungsansätze sowie Impulse für die Entstehung und Umsetzung von Innovationen werden nicht nur als Anpassungsprozesse an die Rahmen- und Umweltbedingungen auf gesamtwirtschaftlicher Ebene verstanden, sondern auch als gegenseitiges Agieren *verschiedener Akteure* angesehen. Netzwerke werden als wettbewerbsrelevante Faktoren betrachtet, die zur effizienten Ausnutzung vorhandener Infrastruktur sowie zur Reduktion verschiedener Transaktionskosten führen. Unter *dynamischen* Gesichtspunkten können sie durch kollektive Lernprozesse die Innovationsfähigkeit erhöhen und Unsicherheit reduzieren.[34] Nach SYDOW werden den Netzwerken einerseits Flexibilität, Innovations- und Lernfähigkeit zugeschrieben, andererseits sind sie auch mit unklaren Zuständigkeiten, ungeregelten Kommunikationswegen und ungeplanten Abhängigkeiten verbunden.[35] In der Netzwerkforschung gewinnt v.a. das systematische Lernen in einem Innovationsprozess an Bedeutung.[36] Damit Netzwerke ihre innovationsfördernde Wirkung entwickeln können, müssen sie ihre Fähigkeit zum Lernen und zur Anpassung an neue Herausforderungen fördern. Durch unternehmensübergreifende Kommunikation und Kooperation sowie den Aufbau und die Pflege von Beziehungen zu allen gesellschaftlich relevanten Gruppen und Institutionen kann die unternehmerische Innovationsfähigkeit verbessert[37] und dadurch ein Beitrag zum nachhaltigen Wirtschaften geleistet werden.

[34] Vgl. STÖRMER (2001, S. 127).
[35] SYDOW (2003b, S. 284).
[36] Vgl. KOSCHATZKY (2001, S. 6).
[37] Vgl. LAUEN/SCHWARZ (2004, S. 31).

4.3.6 Würdigung des interaktionsorientierten Netzwerkansatzes

Trotz gewisser Vorteile wie der Verbindung sozialer und ökonomischer Aspekte – im Gegensatz zu anderen Theorien, die diese Aspekte getrennt betrachten –, ist – ähnlich wie bei der ökonomischen Netzwerkforschung im Allgemeinen – hervorzuheben, dass der Netzwerkansatz auf einer Reihe von Prämissen basiert, denen kein gemeinsamer Erklärungszusammenhang zugrunde liegt.[38] Als problematisch erweist sich insbesondere die Definition der Atmosphäre, die aufgrund der unterschiedlich ausgeprägten Netzwerkpositionen in umweltorientierten Unternehmensnetzwerken die Macht- und Abhängigkeitsverhältnisse in einem Netzwerk erklären soll. Die Atmosphäre ist allerdings wissenschaftlich kaum messbar. Ein weiterer Kritikpunkt an diesem Ansatz zielt auf deren Annahme, dass Strukturen von Industriegütermärkten auch auf andere Branchen[39] und organisationale Kontexte übertragbar seien. Dies führt dazu, dass Anpassungen sowohl auf der Ebene der einzelnen Unternehmen als auch der Kooperation notwendig werden. Weitere Defizite sind die nicht ausgereifte methodische Umsetzung des theoretischen Bezugsrahmens, der zu sehr kontingenztheoretisch geleitet und zu wenig netzwerkanalytisch fundiert wurde und auch empirisch nicht hinreichend überprüft ist. SYDOW äußert auch Kritik bezüglich der Unterschätzung der restriktiven Wirkung der Einbindung in Kooperationsbeziehungen.[40] Obwohl dieser Ansatz keine deterministischen Aussagen über den Einfluss einzelner Variablen bietet, wird er dadurch nicht unpräzise, sondern gewinnt an Flexibilität, woraus sich Erweiterungsmöglichkeiten ergeben.[41]

Mit dem interaktionsorientierten Netzwerkansatz liegt nun eine umfassende Erklärungsbasis für die Evolution und die Organisation von Kooperationen (und auch Netzwerken) vor. Der Ansatz stellt eine Netzwerkperspektive dar und ermöglicht direkte Empfehlungen für das Management. Durch die (Weiter-)Entwicklung und Verfestigung der sozioökonomischen Beziehungen können Stabilität und Wandel von Kooperation gesichert werden. Die Interaktionen kommen dabei nicht in einem gesellschaftlichen Vakuum zustande, sondern finden in einem dynamischen und strukturierten sozialen Umfeld statt, was wiederum für die Erklärung der Innovationsprozesse durch Kooperation von Vorteil ist.[42] Schließlich wird das ökonomische Handeln nicht isoliert, sondern im Kontext mit den sozialen Beziehungen der Akteure betrachtet. Dieser Ansatz liefert Hinweise darauf, dass ein Veränderungsimpuls für die Netzwerkorganisation von der marktlichen, rechtlichen, technologischen und kulturellen Netzwerkumwelt ausgehen kann und von Netzwerkakteuren erkannt werden muss.

---

38 Vgl. HERDE (2003, S. 30).

39 Beispielsweise wird der *Branche* eine Bedeutung für die Evolution der Netzwerkorganisationen zugesprochen: „Every industry has its own *clockspeed* – or rate of evolution – depending upon its products, processes and customers“. FINE et al. (2002, S. 70), zitiert nach SYDOW (2003d, S. 344).

40 Vgl. SYDOW (1992, S. 219f., 222 und 233); SWOBODA (2003, S. 56).

41 HANSEN/RAABE/DOMBROWSKY (1995, S. 69).

42 Vgl. HAUSMANN (1996, S. 58).

Grundsätzlich kann hier angenommen werden, dass die an der umweltorientierten Kooperation beteiligten Unternehmen aufgrund ihrer geringen Erfahrung hinsichtlich der Technologieentwicklung, der Umweltauswirkungen oder der Bereitstellung von umweltverträglichen Produkten und Dienstleistungen nur über ein begrenztes Wissen verfügen. Daher wird die Interaktion mit anderen Akteuren zur Kompensation der Unsicherheit des Marktes oder zur *Beeinflussung* der noch unbeständigen Marktbedingungen als notwendig erachtet.[43]

Hinsichtlich der Bedeutung von Kooperationen für die Innovationsförderung gibt es aus Sicht des Netzwerkansatzes durchaus einige Ansatzpunkte, die auch im Rahmen umweltorientierter Kooperation Geltung haben können. Sie unterstützen einen schnellen Know-how-Austausch und fördert die Problemlösungsfähigkeit, wodurch sich die Innovationsfähigkeit verbessern kann.

[43] Ein typisches Beispiel für marktbezogene Netzwerke sind *regionale Entsorgungsringe*, an denen sich bis zu 300 Unternehmen beteiligen, um Produktabfälle gemeinsam zu entsorgen und dadurch Entsorgungskosten zu senken. Vgl. HERDE (2003, S. 29).

4.4 Zusammenfassende Würdigung theoretischer Ansätze: Bedarf an weiterführender Exploration

Die dargestellten theoretischen Ansätze eröffnen unterschiedliche Zugänge für das Verständnis von Kooperationen. Ziel der vorhergegangenen theoretischen Diskussion war es nicht, eine neue Theorie zu erarbeiten, sondern es sollten die vorliegenden Erkenntnisse für die Erklärung des Innovationsbeitrags in kooperationsrelevanten Ansätzen expliziert werden, weil die vorgestellten Theorieansätze eine Vielfalt an Ausprägungen bieten. Vor diesem Hintergrund werden zunächst die unterschiedlichen Theorieansätze kurz zusammengefasst, um die Ansatzpunkte (Kontextvariablen) für die weitergehende Analyse[1] zu verdichten.

Der *Transaktionskostenansatz* liefert nähere Informationen über die Bedingungen der Evolution und Organisation von Netzwerken. Die Relevanz für die vorliegende Arbeit resultiert daraus, dass er der Frage nachgeht, unter welchen Umständen Kooperationen effizient sind, da dies im Hinblick auf die Innovationsrealisierung eine zentrale Rolle spielt. Der Transaktionskostenansatz geht davon aus, dass die Transaktionspartner ihre Kosten für die Transaktion minimieren wollen. Beispielsweise kann eine kontinuierliche Zusammenarbeit mit einer relativ kleinen Zahl von Unternehmen und einer mittleren Laufzeit die Transaktionskosten wie z.B. Such-, Anbahnungs- und Vereinbarungskosten sowie Kontroll- und Anpassungskosten reduzieren.[2] Es ist anzunehmen, dass die durch eine umweltorientierte Kooperation gewonnenen externen Ressourcen zur Reduzierung der Transaktionskosten beitragen können und so die Effizienz der betrieblichen Innovationsmaßnahmen unterstützen. Im Fall des Transaktionskostenansatzes werden die Aspekte der Abhängigkeit sowie der Berücksichtigung der direkten Umwelt nicht thematisiert.

Zwar liefert die vorgestellte Theorie relevante Hinweise, jedoch nimmt der interaktionsorientierte Ansatz hier eine besondere Bedeutung ein. Er bietet eine relativ umfassende Grundlage für die Kooperationsanalyse, weil er einen heuristischen Rahmen darstellt und Elemente des TKA (z.B. begrenzte Rationalität) mit einbezieht. Mit dem *interaktionsorientierten Netzwerkansatz* kann ein umfassender Bezugsrahmen für die Kooperationsanalyse vorgelegt werden, weil er *Akteure, Interaktionsprozess, Umwelt und Atmosphäre (Macht und Abhängigkeit)* als entscheidende Variablen einbezieht. Ergänzend werden in dem Interaktionsmodell spezielle Netzwerkbeziehungen wie Lernen, Investitionen, Anpassungen, Vertrauen/Engagement und Distanz berücksichtigt. Da der interaktionorientierte Ansatz für seine allgemeinen deterministischen Aussagen über Ausprägungen der Hauptvariablen (Akteure, Aktivitäten, Ressourcen) zum Teil kritisiert

---

1 Es gilt somit, eine Verknüpfung zwischen den hier betrachteten Ansätzen herzustellen, um zu einer breiteren Erklärungsbasis für die möglichen Einflussfaktoren auf Innovationen durch eine Kooperation zu gelangen.

2 Vgl. SYDOW (1992, S. 139); BLAZEJCZAK/EDLER (1999, S. 40).

wird, lässt dies den weiteren empirischen Forschungsbemühungen auch im Rahmen der vorliegenden Arbeit Spielraum für zusätzliche *Konzeptualisierungen und Erweiterungen.* Die hier präsentierten Erklärungsansätze zeigen nur ansatzweise den Innovationsbeitrag durch Kooperationen auf. Wesentliche Ansatzpunkte für die Funktions- und Wirkungsweise von Netzwerken bzw. Kooperationen stellt Tabelle 14 dar.

Tab. 14: Wesentliche Ansatzpunkte für einen innovationsrelevanten Kooperationsbeitrag

	TKA	*Interaktionsorientierter Netzwerkansatz*
Akteure	Individuen in Unternehmen/ Institution mit begrenzter Rationalität (bounded rationality)	Individuen, Personengruppen, Unternehmungen und Unternehmensgruppen
Struktur	Netzwerk als Zwischenform von Markt und Hierarchie kann die transaktionskostenspezifischen Vorteile beider Formen integrieren	Netzwerk mit den Variablen „Akteure, Aktivitäten und Ressourcen" ist in eine Struktur mit den Dimensionen Macht, Wissen und Zeit eingebettet
Prozess (Innovationsbeitrag)	• Reduzierung der Transaktionskosten durch Verminderung der Unsicherheit und Komplexität der Beziehungen • Gemeinschaftliche Durchsetzung von Innovationen • Gemeinsames Forschen und Lernen • Informations- und Wissensaustausch	• Sicherung d. Ressourcenbezugs • frühzeitige, zuverlässige und spezifische Informationen über Märkte, Innovationen; • verkürzter Innovationsprozess durch Ressourcenpooling und Wissensredundanz; • Entstehung von neuem Wissen und Innovationen durch Zusammentreffen verschiedener Wissensbereiche; • Innovationen als Resultat von Interaktionen zwischen mehreren Akteuren

Quelle: Eigene Darstellung.

Die hier dargestellten Ansätze bilden einen Ausgangspunkt für konzeptionelle Überlegungen zur Analyse umweltorientierter Kooperationen. Aus theoretischer Sicht sind für die vorliegende Zielstellung insbesondere folgende Argumente wichtig: die Reduktion der Unsicherheit der komplexen Umwelt, der Zugang zu Ressourcen sowie die Interaktion zwischen den verschiedenen Kooperationspartnern, die sich in den gemeinsamen Aktivitäten ausdrückt.

Insgesamt ist zu konstatieren, dass die hier dargestellten Kooperations- bzw. Netzwerktheorien einen eingeschränkten Erklärungsgehalt im Hinblick auf die Frage nach den Bedingungen liefern, unter denen eine umweltorientierte Kooperation etabliert werden und eine innovationsfördernde Wirkung entwickeln kann. Daher ist dazu weitere explorative Forschung erforderlich, um den Beitrag der Kooperation zu Innovationen genauer zu erforschen. In Kapitel 5 wird ein Analyserahmen konstruiert, der die Identifikation der Innovationspotenziale durch eine umweltorientierte Kooperation ermöglicht und der Annahmen und Fragen aus möglichst unterschiedlichen Richtungen, Ansätzen und Disziplinen berücksichtigen soll, um das heuristische Potenzial zu erhöhen. Dem Analyserahmen liegt nicht nur der interaktionsorientierte Netzwerkansatz zugrunde. Vielmehr werden auch die in Kapitel 2 und 3 herausgestellten Ansatzpunkte für Umweltinnovationen (wie Branche oder verschiedene Akteure) einbezogen, um dem Forschungsziel gerecht zu werden.

5. KONZEPTIONELLE UND METHODISCHE ÜBERLEGUNGEN FÜR DIE ANALYSE DES KOOPERATIONSBEITRAGS ZU UMWELTINNOVATIONEN

5.1 Analyserahmen: Anforderungen an den konzeptionellen Rahmen für Innovationsförderung der umweltorientierten Kooperationen

Um ein ganzheitliches Bild der Einflussmöglichkeiten einer Kooperation auf Umweltinnovationen darzustellen, muss eine tiefer gehende empirische Analyse durchgeführt werden, weil die theoretischen Kooperationsansätze zwar einige Ansatzpunkte zur Innovationsförderung liefern, diese sich jedoch nur auf einzelne Kooperationsaspekte wie z.B. Lernen oder Zugang zu Ressourcen beziehen. Methodisch handelt es sich hier nicht um die Stützung der Praxis auf Basis statistisch festzustellender Korrelationen, sondern es muss zunächst ein gedankliches Raster zur Verfügung gestellt werden, das eine theoretische Strukturierung des Problems in seinen wesentlichen Aspekten ermöglicht. Aus wissenschaftlicher Sicht handelt es sich hier um die Entwicklung eines methodisch begründbaren heuristischen[1] Analyserahmens, der die bisherigen Überlegungen aus unterschiedlichen theoretischen Perspektiven bündelt. Der Analyserahmen muss erkenntnisleitend in Bezug auf das formulierte Forschungsziel sein. Demnach muss er im Wesentlichen Anforderungen genügen, die sowohl aus der *umweltorientierten Kooperation* resultieren als auch mit den *Umweltinnovationen* zusammenhängen, und welche aus den in den vorangegangenen Kapiteln explizierten Grundlagen resultieren. Diese einzelnen Elemente können weitgehend in einen Analyserahmen integriert werden, weil sie dazu dienen, die theoretischen und praktischen Aspekte der forschungsleitenden Fragestellung wiederzugeben und Antworten in Form von theoriegenerierenden Hypothesen sowie Gestaltungsempfehlungen abzuleiten.[2]

Dabei wird die Kooperation weder als statisch noch als „Blackbox" verstanden. Vielmehr müssen hier auch Umfeld (Kontext) und Wirkungen der Kooperation berücksichtigt werden, weil die Kooperation ein dynamisches Phänomen ist und in ihrem Prozesscharakter durch viele Einflussfaktoren determiniert wird.[3] Im vorliegenden Zusammenhang ist es deshalb

---

1 Unter Heuristik wird nach WITTE „eine Regel oder Vorschrift oder Anleitung verstanden, die auf plausible und begründete Weise zu einem Lösungsvorschlag für ein Problem führt" (WITTE 1979, S. 28).

2 Ausgehend von verschiedenen kooperationsrelevanten Theorieansätzen werden im Rahmen der Arbeit Vorannahmen fundiert zusammengetragen, die aber nicht zu theoriebasierten Hypothesen, sondern zu erkenntnisleitenden Fragestellungen verdichtet werden, was eine Offenheit für neue Erkenntnisse gewährleistet. Zu einer ähnlichen Vorgehensweise vgl. FLICK (1995b, S. 150f.).

3 Dazu bietet WIESENTHAL eine Skizzierung von Variablen an, die noch keinen normativen, sondern nur heuristisch-explorativen und explikativen Charakter haben. Sie umfassen drei Dimensionen der Kooperationsanalyse: Themen, Akteure und Kontext (Rahmenbedingungen). Vgl. WIESENTHAL (2001, S. 178). Ähnliche Analysekategorien kommen auch in anderen Forschungsansätzen zur Anwendung. Beispielsweise unterscheidet BROCKHAUS im Rahmen seines konzeptionellen Analyserahmens bei der Netzwerkanalyse zwischen Zielsetzung/Funktion, Akteuren und Strukturen. Vgl. BROCKHAUS (1996, S. 98). FAURE/RUBIN berücksichtigen bei der Beschreibung und Analyse von environmental negotiations folgende Elemente: „actors, structure, strategies, process, and outcome(s)". FAURE/RUBIN (1993, S. 18).

sinnvoll, drei Untersuchungsebenen zu unterscheiden, die im weiteren Verlauf dieses Kapitels noch begründet werden:

- Kontext: Kooperationsakteure, -struktur und -prozess;
- Wirkung: Branche, Umweltinnovationen, Umweltinnovationspotenziale sowie
- Bedingungen: innovationsrelevante Kooperationsbedingungen.

Die Ausgestaltung der theorierelevanten Kategorien ist vom konkreten Untersuchungsgegenstand abhängig. Das gilt auch für die vorliegende Arbeit. Hier ist es notwendig, solche kennzeichnenden Konzepte aus der Empirie zu identifizieren, die als relevant angesehen werden können, um den zu untersuchenden Forschungsgegenstand besser zu erforschen. Abbildung 8 gibt die Integration der relevanten Ansatzpunkte in einem Analyserahmen wieder.

Abb. 8: Analyserahmen für Innovationswirkungen durch umweltorientierte Kooperation

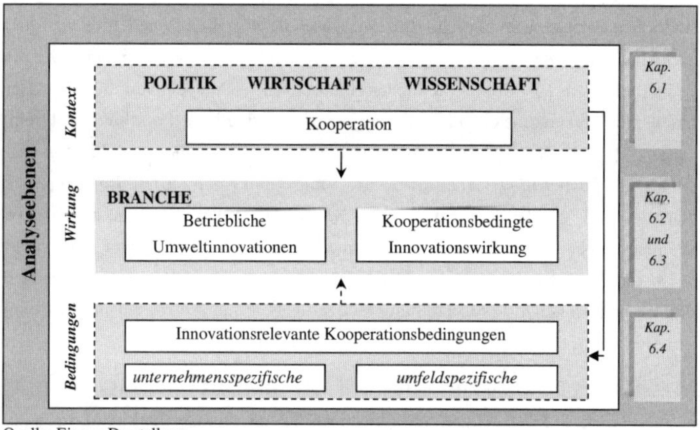

Quelle: Eigene Darstellung.

Auf Grundlage der zu untersuchenden Zusammenhänge zwischen der Kooperation und den Umweltinnovationen werden die bestehenden Erkenntnisse konkretisiert resp. weiterentwickelt. Die Fokussierung der Kategorien – Kontext, Wirkung und Bedingungen – determiniert auch die allgemeinen Forschungsfragen in diesem Bereich.

Kontext

Der Kontext als eine grundlegende Kategorie des Analyserahmens umfasst ein politisches, ein wirtschaftliches und ein wissenschaftliches System, in welches eine Kooperation eingebettet ist. Die Einbettung ist durch die Einbeziehung verschiedener Akteure möglich. Um Umweltinnovationen realisieren zu können, sind in Anlehnung an den interaktionsorientierten Netzwerkansatz von HÅKANSSON nicht nur die Kooperationsakteure (als Innovatoren bzw. Impulsgeber), sondern auch Kooperationsaktivitäten und -ressourcen relevant. Mithilfe dieser Kategorien können die wesentlichen Besonderheiten der Funktionsweise einer umweltorientierten Kooperation dargestellt werden, die als Ausgangspunkt der Wirkungsanalyse dienen.[4] Basierend auf den Eigenschaften einer umweltorientierten Kooperation wird hiermit der Wirkungsbereich des klassischen Modells des interaktionsorientierten Netzwerkansatzes breiter ausgelegt und auf Akteure v.a. aus dem umweltpolitischen Bereich ausgeweitet, die üblicherweise nicht in industriellen Netzwerken organisiert sind. Eine andere Modifizierung im Vergleich zu dem interaktionsorientierten Netzwerkansatz resultiert auch daraus, dass die hier erfolgenden Interaktionsaktivitäten nicht auf einen Innovationsprozess (als Ergebnis) im Sinne einer F&E-Kooperation abzielen, sondern vielmehr die Interaktionen als Prozess und die Innovationsgenerierung als Ergebnis der Interaktionen verstanden werden. Diese Herangehensweise entspricht den interaktiven Innovationsmodellen, die aufgrund der Dynamik und Komplexität der Innovationsprozesse – im Gegensatz zu linearen Innovationsmodellen – zunehmend an Bedeutung gewinnen.[5] Die theoretische Diskussion macht auch deutlich, dass es verschiedene Erfahrungen bezüglich der Interaktion mit externen Akteuren gibt und dass dadurch große Unklarheit besteht, inwieweit in einem innovativen Unternehmen durch solche Interaktionen die Integration der ökologischen Aspekte sowie die Realisierung innovativer Umweltschutzmaßnahmen gefördert werden können. Darüber hinaus wurde ausgehend vom Innovationskontext vorläufig eine Eingrenzung auf eine Branche vorgenommen, weil dies besonders für Umweltinnovationen relevant ist, während bei umweltorientierten Kooperationen nicht die Eingrenzung auf eine Branchenkooperation erfolgte, sondern vielmehr die Heterogenität der Akteure herausgestellt wurde.

Wirkung

Um die Innovationswirkung einer umweltorientierten Kooperation abschätzen zu können, sind zuerst die in Unternehmen realisierten Umweltinnovationen darzustellen. Es ist zu zeigen, welcher Art sie sind und wodurch sie beeinflusst bzw. ausgelöst wurden. Im zweiten Schritt ist die durch die jeweiligen Akteure wahrgenommene Wirkung zu beurteilen. Da hier kein konkreter Innovationsprozess im Fokus der Forschung liegt, ist es an dieser Stelle besonders relevant zu untersuchen, *inwieweit die Innovationswirkung durch eine umweltorientierte Kooperation möglich ist* und *wie sich die Akteursinteraktionen im Sinne eines Prozesses innovationsfördernd auswirken können.* Diese Herangehensweise ermöglicht es, die Kooperationsrelevanz für die Innovationsförderung zu erklären und die bislang pauschal postulierte indirekte bzw. schwache Innovationswirkung der umweltorientierten Kooperation zu differenzieren.

---

4 Zu einem ähnlichem Vorgehen für eine Kooperationsanalyse vgl. STÖRMER (2001, S. 196).

5 Zu diesen Innovationsmodellen vgl. Kapitel 2.1.4.

Bedingungen

Um explizieren zu können, wie bzw. unter welchen Bedingungen eine umweltorientierte Kooperation eine innovationsrelevante Wirkung entfalten kann, müssen auch kooperationsbedingte Einflussfaktoren identifiziert werden, die die Innovationsförderung durch umweltorientierte Kooperation unterstützen. Da in der Literatur eine Vielzahl von Kooperationsmerkmalen zu finden ist,[6] ist es wenig angemessen, alle zu analysieren, weil sie je nach Forschungsschwerpunkt unterschiedliche Relevanz für die Kooperationsgestaltung gewinnen. Für eine Innovationswirkung durch umweltorientierte Kooperationen liegen hierzu bisher nur *vereinzelte* Aussagen über *mögliche* empirisch ermittelte Einflussfaktoren vor. Auch die Kooperationsforschung selbst liefert nur einen allgemeinen Beitrag dazu (z.B. in Bezug auf verschiedene Akteure). Um strukturiert vorzugehen, sind die umfeld- und unternehmensspezifischen Merkmale zu unterscheiden. Damit kann auch eine Exploration des praxisnahen Wissens bezüglich der Gestaltungsbedingungen vorgenommen werden, die innovationsrelevante Einflussgrößen identifiziert und deren Beziehungen zueinander aufzeigt. Auf Basis der bisherigen Forschungsbemühungen wird versucht, theoretische Defizite zu überwinden. Ausgehend von der in der Umweltinnovationsforschung verbreiteten Multi-Impuls-These wäre auch hier ein Zusammenspiel von verschiedenen Faktoren plausibel.

Der hier betrachtete Forschungsgegenstand wird in einer neuen Form aufgegriffen. Nicht die systematische Auswertung aller relevanten Gesichtspunkte, die mit der Kooperation zusammenhängen, wird hier angestrebt, sondern es werden solche Fragen untersucht,[7] die grundlegend für die Analyse des Einflusses von Kooperationen auf Umweltinnovationen sind. Vor diesem Hintergrund wird die der Arbeit zugrunde liegende Forschungsfrage, wie und unter welchen Bedingungen eine umweltorientierte Kooperation einen Umweltinnovationsbeitrag leisten kann, im Einzelnen durch folgende Teilfragen weiter spezifiziert:

- Welche Rolle spielen die Kontextfaktoren wie z.B. Kooperationsakteure für betriebliche Umweltinnovationen? Insbesondere bei der Kooperationsanalyse ist zu berücksichtigen, welche Akteure teilnehmen und welche Kooperationsmotive sie haben, welche Ziele und Aktivitäten realisiert und welche Ressourcen und Beziehungen dazu eingesetzt werden? Dies ermöglicht auch zu zeigen, inwieweit durch solche Interaktionen die Integration der

6 Einige wurden bereits im Kapitel 3.2.1 vorgestellt, wobei sie v.a. strukturelle Merkmale darstellen, die im Hinblick auf das Forschungsziel und -gegenstand zu kurz greifen.

7 Explikation und Reflexion des jeweiligen Vorverständnisses sowie das Feedback der Praxis tragen dazu bei, die theoretischen Perspektiven immer weiter zu einem heuristischen Bezugsrahmen zu verdichten und zu präzisieren, „(…) indem Fragen und Interpretationsmuster zur genaueren Definition des Problems und Hinweise auf seine mögliche Lösung entwickelt werden (…)“. KUBICEK (1977, S. 17). Ein Bezugsrahmen zeigt, „wie man ein Steuerungsproblem (z.B. Bestimmung einer Unternehmensstrategie) erörtert und sich dabei Wissen und Erkenntnisse verfügbar macht, wie z.B. Erfahrungssätze aus erfolgreichen oder erfolglosen Problemlösungsprozessen, Kennzahlensysteme, Prognosemethoden usw“ (STEINMANN/SCHREYÖGG 1993, S. 38).

ökologischen Aspekte in einem innovativen Unternehmen sowie Realisierung innovativer Umweltschutzmaßnahmen unterstützt werden können.

- Welche Umweltinnovationen werden durch Unternehmen realisiert und welche Gründe gibt es für deren Realisierung? Welche Rolle spielt die Branche dabei? Welchen Beitrag leistet eine umweltorientierte Kooperation zur Realisierung der betrieblichen Umweltinnovationen? Inwieweit ist die Innovationswirkung durch eine umweltorientierte Kooperation möglich und wie ist sie zu erklären?
- Welche Kooperationsmerkmale sind innovationsrelevant? Unter welchen Kooperationsbedingungen kann es zur Innovationsförderung kommen?

Bevor auf die Erforschung der bereits konkretisierten Teilfragen eingegangen wird, erfolgt zunächst die Darstellung und Begründung der methodischen Vorgehensweise.

5.2 Forschungsdesign und Methodik

Entsprechend dem Ziel der vorliegenden Arbeit werden im folgenden Kapitel zunächst methodische Überlegungen vorgestellt, die sich aus den Erkenntniszielen und der Fragestellung ergeben. In der empirischen Forschung wird generell zwischen quantitativem und qualitativem Vorgehen unterschieden.[1] In diesem Kapitel findet zunächst eine kurze Gegenüberstellung dieser beiden Vorgehensweisen statt um zu zeigen, dass für die gewählte Fragestellung ein qualitativer Forschungsansatz vorteilhafter ist, wobei auch dem quantitativen Vorgehen eine Bedeutung beigemessen wird, indem die qualitativ gewonnenen Ergebnisse quantitativ überprüft werden. Im Folgenden wird die Anwendung der für das vorliegende Forschungsproblem geeigneten Forschungsmethoden und -instrumente spezifiziert. Dabei wird auch die Fallauswahl begründet.

5.2.1 Auswahl der qualitativen Vorgehensweise für die Erkenntnisgewinnung

5.2.1.1 Kennzeichen qualitativer und quantitativer Forschung

In Tabelle 15 werden zusammenfassend die grundlegenden Unterschiede vorgestellt. Die beiden Ansätze divergieren insbesondere in folgenden Aspekten: Zugang zum Forschungsfeld, Forschungsprozess und -ergebnis.

Tab. 15: Gegenüberstellung ausgewählter Merkmale qualitativer und quantitativer Forschung

Merkmale	*Qualitativ*	*Quantitativ*
Untersuchungszweck	Generierung von Hypothesen (Entdeckungszusammenhang)	Überprüfung von Hypothesen (Begründungszusammenhang)
Forschungslogik	induktiv, abduktiv (rekonstruktives Vorgehen)	deduktiv (kritischer Rationalismus)
Wirklichkeits-verständnis	Wirklichkeit wird vom Subjekt konstruiert; holistischer Ansatz	Realität ist objektiv existent und in ihren Bestandteilen erfassbar; eher elementaristischer Ansatz
Erkenntnisprinzip	Geisteswissenschaftlich: Ziel ist Verständnis für soziales Handeln und Aufdecken allgemeiner Gesetzmäßigkeiten; Gegenstandsangemessenheit	Naturwissenschaftlich: Erklärung wird gesucht; richtige Operationalisierung und Messung
Erkenntnis-gegenstand	Forschungsprozess richtet sich nach dem Relevanzsystem des Erforschten; Erkenntnisgegenstände sind Deutungs- und Handlungsmuster in der Erhebungssituation	Forschungsprozess richtet sich nach dem Relevanzsystem des Forschers; Erkenntnisgegenstände sind Variablenverteilung und -korrelationen
Offenheit des Forschungsprozesses	hohe Flexibilität; Offenheit des Forschers gehört zu den zentralen Prinzipien	Standardisierung lässt Veränderung kaum zu
Datenerhebung	nicht bzw. gering standardisierte Verfahren (v.a. Interviews, Dokumente)	standardisierte Verfahren (v.a. Fragebögen, Messungen)
Datenanalyse	interpretative Verfahren (Offenheit)	statistisch-quantifizierende Verfahren
Verallgemeinerung	fallspezifische Begründung (Einzigartigkeit des empirischen Phänomens)	repräsentative Stichprobe (Repräsentativität der Daten), Verteilung von Merkmalen

Quelle: Eigene Darstellung in Anlehnung an SCHANZ (1988, S. 7); LAMNEK (1995a, S. 139); SEIPEL/RIEKER (2003, S. 32ff. und 83-103); ECKERT (2004, S. 14).

---

1 Vgl. LAMNEK (1995, S. 129); WEBER (2003, S. 19f.); FÜLBIER (2004, S. 268).

Beide Strategien stellen verschiedene Wege dar, empirische Belege zu sammeln und zu analysieren, und sind mit unterschiedlichen Vor- und Nachteilen verbunden. So zielen die qualitativen Ansätze auf fallspezifische Begründung ab und es fehlt ihnen eine Repräsentativität der Datenbasis.[2] Den quantitativen Methoden wird aufgrund von Antwortverweigerungen oft häufig vorgeworfen, dass der Stichprobenumfang[3] zu gering, die Aussagekraft von standardisierten Daten eingeschränkt und die Kontrolle anderer Einflussgrößen unzureichend sei.[4] Um diese Kontroverse zu relativieren, weist MÜLLER darauf hin, dass die Kritik an quantitativer Forschung zwangsläufig den Ausgangspunkt für eine Würdigung des Wesens qualitativer Forschung darstellt und umgekehrt.[5] Die richtige Auswahl der Forschungsstrategie ist vom Forschungsgegenstand und -interesse abhängig, weil es keine per se schlechten oder guten Methoden gibt, wohl aber die einen unter gegebenen Umständen nur effektiver als die anderen sind.[6] Die Bewertung einer Methode in der empirischen Forschung sollte „immer nur relativ zu den jeweiligen Forschungsabsichten" erfolgen und ihre Auswahl „relativ zum Erkenntnisinteresse".[7] Ein wesentlicher Unterschied zwischen *qualitativer* und *quantitativer Forschung* liegt somit darin, dass die quantitative Forschung auf die Betrachtung von Merkmalsverteilungen und -korrelationen abzielt, während im qualitativen Sinne diese Bezüge und ihre Strukturen zu entdecken und zu beschreiben sind.[8] Obwohl derzeit der kritische Rationalismus in den Wirtschaftswissenschaften dominiert, bleibt nichtsdestotrotz „(...) die konstruktivistische Forschung ein wichtiger Bestandteil betriebswirtschaftlichen Erkenntnisgewinns."[9] In der Praxis der empirischen Forschung gewinnen qualitative Methoden zunehmend an Akzeptanz.[10] Der dominanten Rolle umfangreicher quantitativer Fragebogenerhebungen, die zunehmend als Erkenntnis hemmend kritisiert werden, steht bereits eine Trendwende in renommierten Zeitschriften wie dem *Academy of Management Journal* und dem *Administrative Science Quarterly* gegenüber, wo zunehmend qualitative Untersuchungen veröffentlicht werden.[11]

2 Dazu ausführlicher KELLE (1994, S. 35ff.); MEYER (2003, S. 477f.).

3 Das Problem liegt eher in der unsauberen Stichprobenziehung. Gelegentlich werden auch Vollerhebungen durchgeführt, jedoch selten. Zu Gefahren bzw. Defiziten bei der Stichprobenauswahl in der empirischen Innovationsforschung vgl. HAUSCHILDT/SALOMO (2005, S. 13).

4 Weiterführend wird kritisch auf die Aufstellung von ad-hoc-Hypothesen und demzufolge niedrigen Informationsgehalt hingewiesen oder darauf, dass die Ergebnisse empirischer Forschung oft eine Inventarisierung des Ist-Zustandes als Gewinnung theoretischen Wissens darstellen. Vgl. CHMIELEWICZ (1994, S. 143ff.). Zur weiteren Kritik an den hypothesenprüfenden Verfahren vgl. BOHNSACK (2000, S. 17ff.); SEIPEL/ RIEKER (2003, S. 74).

5 Vgl. MÜLLER (1999, S. 150).

6 Vgl. ROLL (2003, S. 317). Die reduzierte Darstellung (d.h. Quantifizierung) ist in einigen Wissenschaften angebrachter (z.B. Physik), und in anderen weniger (z.B. Psychologie). Vgl. KLEINING (1995, S. 14).

7 Vgl. MÜLLER (1999, S. 152).

8 Vgl. WITT (2001, Abs. 18). Zur Kritik an den qualitativen und quantitativen Methoden der empirischen Innovationsforschung vgl. GERSTLBERGER (2004, S. 354).

9 FÜLBIER (2004, S. 269).

10 Vgl. MÜLLER (1999, S. 129).

11 Vgl. BERG (2006, S.362).

5.2.1.2 Begründung der Auswahl des qualitativ-quantitativen Forschungsdesigns

Da die dieser Arbeit zugrunde liegende Fragestellung bezüglich des Zusammenhangs zwischen einer umweltorientierten Kooperation und Umweltinnovationen im Rahmen der wirtschaftswissenschaftlichen Forschung bislang als *noch nicht hinreichend erforscht* einzustufen ist, kann diese Problemstellung eher im Entdeckungszusammenhang (exploratives Ziel) verortet werden, weshalb für die Bearbeitung des Themas in Anbetracht des geringen Wissenstandes über Einflussfaktoren für Umweltinnovationen durch Kooperation zunächst ein qualitatives Design[12] zweckmäßiger erscheint. Zwar gibt es bereits einige Untersuchungen zu umweltorientierten Kooperationen, jedoch wurde ihr Einfluss auf die Umweltinnovationen bisher nicht systematisch untersucht und eher oberflächlich (bzw. häufig isoliert) thematisiert.[13] Weiterhin ist die Anwendung qualitativer Ansätze auch aus anderen Gründen zweckmäßig:

> „Wissenschaftliche Forschung im Allgemeinen, naturwissenschaftliche wie auch geisteswissenschaftliche, sozialwissenschaftliche im Besonderen soll *dann 'qualitativ'* vorgehen, *wenn die Gegenstände und Themen*, nach allgemeinem Wissensstand, nach Kenntnis des Forschers oder auch nur nach seiner Meinung, *komplex, differenziert, wenig überschaubar, widersprüchlich sind* oder wenn zu vermuten steht, dass sie nur als 'einfach' erscheinen, aber – vielleicht – Unbekanntes verbergen".[14]

Vor diesem Hintergrund lässt sich vermuten, dass der Forschungsgegenstand durchaus in zweifacher Hinsicht als komplex[15] eingeordnet werden kann:

- bezüglich der Fragestellung und
- bezüglich des Forschungsgegenstandes, d.h. einer umweltorientierten Kooperation *als einem interdisziplinären*[16] *und dynamischen Phänomen bzw. als einer* dynamischen Interaktionsstrategie diverser Akteure (nicht nur Unternehmen).

---

12 Dies ist zu empfehlen, wenn es um die Erschließung und Generierung von Erkenntnissen zu bislang *wenig erforschten Gebieten* geht und der Forscher anstrebt, ein Untersuchungsphänomen aus der Perspektive der Beteiligten zu analysieren. Vgl. WOLFF (2005, S. 40); WITT (2001, Abs. 36); KELLE (1994, S. 37ff.); speziell in der betriebswirtschaftlichen Forschung vgl. MEYER (2003, S. 478f.); PAUL (2005, S. 352f.).

13 Demgegenüber ist der Zusammenhang zwischen der F&E-Kooperation und Umweltinnovationen bereits breiter untersucht worden.

14 KLEINING (1995, S. 16), Hervorhebung durch die Verfasserin.

15 Die Komplexität der Forschungsfrage bezüglich der Umweltinnovationen durch eine umweltorientierte Kooperation kann hier als ein zentrales Entscheidungskriterium für die Auswahl der qualitativen Vorgehensweise herangezogen werden. Dabei ist jedoch zu erwähnen, dass der Komplexitätsbegriff sowohl umgangssprachlich diffus aufgefasst wird (z.B. als Modeerscheinung in Managementwissenschaften, vgl. KAPPELHOFF (2002, S. 53ff.), als auch im wissenschaftlichen Kontext eine eindeutige und interdisziplinär anerkannte Definition fehlt. Vgl. BELLMANN/MILDENBERGER (1996, S. 125); GROTHE (1997, S. 155ff.); ECKERT (2004, S. 18). Bezugnehmend auf systemtheoretische Ansätze in den Sozial- und Wirtschaftswissenschaften wird hier eine *Komplexitätsdefinition* herangezogen, die umfasst: (a) eine relativ große Anzahl der Elemente, wobei (b) die Art und Menge der Beziehungen zwischen den Elementen (Variablen, Problemkomponenten) unterschiedlich sind (linear, nicht-linear, einseitig, wechselseitig) und (c) die einzelnen Elemente sowie die zwischen ihnen bestehenden Einflussbeziehungen durch eine Dynamik gekennzeichnet sind. Vgl. u.a. BÜSSOW/MAINZ (2002, S. 40); KRAMER (2002, S. 287f.).

16 Die Interdisziplinarität äußert sich in verschiedenen Dimensionen des Forschungsgegenstandes, v.a. durch unterschiedliche Kooperationspartner (Wirtschaft, Politik, Wissenschaft), ein breites Themenspektrum (z.B. Umweltpolitik, Umwelttechnik, Umweltrecht, Kosten usw.) und diverse Auswirkungen. Vgl. KRAMER (2002).

Grundsätzlich handelt es sich hier um zwei Phänomene – sowohl Umweltinnovationen als auch umweltorientierte Kooperation –, die häufig als komplex bezeichnet werden, was aber selten begründet wird. Bei Innovationen gilt Komplexität als typisch, weil neben dem *Neuigkeitsgrad auch Unsicherheit/Risiko* und *Konfliktgehalt* zu den konstitutiven Merkmalen betrieblicher Innovationsaufgaben gehören und eng mit diesen verknüpft sind.[17] Die Kooperationskomplexität ist meistens auf die hohen Anforderungen an die Interaktionskompetenz der Partner (Kommunikationsfähigkeit, Konflikttoleranz usw.) zurückzuführen.[18]

Qualitative Forschung bietet sich hier als adäquates Instrumentarium für die Analyse umweltorientierter *Kooperationen* an,[19] weil aufgrund ihrer komplexen Realität sowie der Schwierigkeit der Messbarkeit und Quantifizierung subjekt- und situationsbestimmter Handlungen die quantitative Forschungsmethodik an die Grenzen ihrer Erklärungsfähigkeit stößt. Ein weiteres Argument ergibt sich aus den spezifischen Akteurskonstellationen umweltorientierter Kooperationen und dem Entwicklungsstadium der Forschungsfelder. Darüber hinaus sind viele Nutzendimensionen der Kooperation quantitativ nicht erfassbar.[20] Eine ausschließliche Verwendung quantitativer Methoden erwiese sich in diesem Kontext laut BALLING auch als problematisch:

> „Interorganisationale Beziehungen sind häufig verdeckt sowie nur informeller Art und deshalb methodisch schwer zu erfassen. Für die Analyse empfiehlt sich deshalb die Verwendung qualitativer Methoden".[21]

Die qualitativen Methoden helfen, neben der Art und Richtung von Kooperationen auch die Bedeutung entsprechender Netzwerkstrukturen und deren Wirkungen zu erfassen.[22] Dies ist auch notwendig, um Inhalte und Dynamik interorganisationaler Beziehungen (auch Rekonstruktion dieser Prozesse) sowie den Kontext und die Geschichte des interorganisationalen Netzwerks zu berücksichtigen, was mit nur quantitativ-statistischen Methoden nicht bzw. nur begrenzt möglich wäre.

Insgesamt finden sich viele Anhaltspunkte, die die Annahme unterstützen, dass der hier zu untersuchende Forschungsgegenstand als komplex eingestuft werden kann. Während interdisziplinäre Phänomene wie durch die Umweltthematik[23] aus unternehmerischer Sicht als

---

[17] Vgl. THOM (1980, S. 23); PÖLZL (2002, S. 17ff.); SCHRÖDER/HINZE (2000, S. 350).

[18] Vgl. CORSTEN (2000, S. 485f.); SYDOW (2003a, S. 3); SOMMER (2005, S. 211).

[19] Insgesamt ist auch zu erwähnen, dass die qualitative Forschung nicht nur in die Kooperationsforschung Eingang gefunden hat, sondern auch in viele andere Disziplinen der Betriebswirtschaftslehre (u.a. in der ökologischen betriebswirtschaftlichen Forschung). Vgl. z.B. BURSCHEL (1996); RÖHR (2000).

[20] Vgl. BALLING (1998, S. 169). Eine Abfrage der relevanten (theoriegeleiteten) Informationen mithilfe eines standardisierten Fragebogens würde hier alleine als nicht geeignet erscheinen, weil diese Vorgehensweise eine isolierte Überprüfung der ex ante formulierten Zusammenhänge intendieren und nicht der Zielstellung im heuristischen Sinne gerecht werden könnte. Allerdings gilt das quantitative Vorgehen zur Überprüfung der qualitativ gewonnen Ergebnisse durchaus als angemessen.

[21] BALLING (1998, S. 178f.) mit Verweis auf SYDOW (1992, S. 123f.).

[22] Vgl. SYDOW (1992, S. 124 und 319).

[23] Vgl. BROCKHAUS (1996, S. 43ff.); MÜLLER-CHRIST (2001, S. 82ff.).

komplex und multikausal verursacht angesehen werden,[24] weisen die Austauschprozesse und dadurch die Lernprozesse im Rahmen einer Kooperation auf dynamische Aspekte hin.[25] Zusammenfassend geben – in Anlehnung an die dargestellte Charakteristik – folgende Aspekte des Untersuchungsgegenstandes Anlass dazu, ein qualitatives Forschungsdesign zu wählen (vgl. Tabelle 16).

Tab. 16: Auswahlkriterien für die Anwendung der qualitativen Forschung

Aspekte	*Übertragung auf die vorliegende Arbeit*
Entdeckung	Ziel bezieht sich auf Entdeckung und weniger auf die Begründung
Exploration	Die Forschung befindet sich hier im explorativen Stadium (geringer Wissensstand über Einflussfaktoren auf Umweltinnovationen durch Kooperation)
Komplexität	Sowohl die Fragestellung *Umweltinnovationen durch eine Kooperation* als auch die beiden Phänomene *Umweltinnovation* und *Kooperation* gelten als komplex.

Quelle: Eigene Darstellung.

Darüber hinaus erweist sich die Auswahl des qualitativen Forschungsansatzes nicht zuletzt aus *forschungsökonomischen Gründen*[26] als vorteilhaft,[27] weil er auf die umfassende und tiefgründige Analyse eines einzelnen Falls bzw. weniger Fälle konzentriert ist, was sich i.d.R. auch in niedrigeren Forschungskosten als bei einem Fragebogen widerspiegelt. Ein qualitativ orientiertes Untersuchungsdesign empfiehlt sich hier auch deshalb, weil es die Berücksichtigung und *Analyse unterschiedlicher Perspektiven* sowie die Reflexion des Forschers über die Forschung als Teil der Erkenntnis und damit eine *bessere Rekonstruktion des Forschungsgegenstandes* erlaubt. Eine gegenstandsreduzierende Abstraktion,[28] die mit einem quantitativen Forschungsdesign (lineare Forschungsstrategie) einhergehen würde, wäre alleine dem immanenten Charakter des Forschungsgegenstandes folglich in keiner Weise angemessen. Nichtsdestotrotz werden die quantitativen Methoden zur Validierung der qualitativen Ergebnisse herangezogen. Dieses Vorgehen ist besonders zu empfehlen, weil für die qualitativen Methoden der Datenerhebung und -auswertung zwar mehrere Gründe sprechen, diese jedoch der erkenntnislogischen Perspektive nur begrenzt gerecht werden können, weil die qualitativ gewonnenen Ergebnisse nur begrenzt verallgemeinerbar sind. Um den qualitativen Ergebnissen breitere Geltung zu geben, werden sie im Nachhinein quantitativ überprüft. Dieser Forschungsweg scheint besonders vorteilhaft zu sein, weil qualitative und quantitative Methoden einzeln dem Forschungsgegenstand nicht ausreichend gerecht werden können und die Kombination beider Methoden immer häufiger in der Wissenschaft empfohlen wird.

---

24 Vgl. z.B. MEFFERT/KIRCHGEORG (1998, S. 70); THIEM (2000, S. 86). Weiterführend vgl. dazu KRAMER/DELAKOWITZ/HOFFMANN (2003, S. 1ff.).

25 Vgl. GRAAP (2001, S. 467f.). Lernen bedeutet für die meisten Unternehmen einen dynamischen Prozess. Vgl. MALERBA (1992, S. 845).

26 Zu einer ähnlichen Begründung vgl. z.B. BROCKHAUS (1996).

27 Vgl. ECKERT (2004, S. 16).

28 Die Abstraktion ist nicht nur mit Vernachlässigung oder Vereinfachung verbunden, sondern v.a. mit zwei weiteren Aspekten: „*Generalisierung* über singuläre Instanzen" und „*Hinausschauen* über gegenwärtige Handlungsmuster in Unternehmen", die tendenziell zur Steigerung von Komplexität führen (FRANK 2003, S. 286).

5.2.2 *METHODISCHE VORGEHENSWEISE*

5.2.2.1 Forschungsmethodik und -strategie

Für die empirische Untersuchung der vorliegenden Studie wird – ausgehend von den dargestellten Überlegungen – ein Methoden-Mix gewählt. Da besonders unter dem Dach der qualitativen Forschung verschiedene Forschungsansätze und -methodologien beheimatet sind, die in der Wissenschaft z.T. recht unterschiedlich klassifiziert werden, wird an dieser Stelle kurz auf die verschiedenen Klassifikationen bzw. Merkmale qualitativer Forschung eingegangen, weil sie auch im Rahmen der Arbeit als zentral angesehen werden. YIN unterscheidet fünf Forschungsstrategien: *„archival analyses, case studies, experiments, history, and surveys“.*[29] Die Wahl der Methode ergibt sich in erster Linie aus der Forschungsfrage. Insbesondere, wenn im Vordergrund der Forschung Antworten auf die Fragen „Wie“ und „Warum“ gesucht werden,[30] eignet sich die Methode der *Fallstudie*. Da der Arbeit die betriebswirtschaftliche Fragestellung zugrunde liegt, wie bzw. inwieweit eine umweltorientierte Kooperation innovationsförderlich sein kann, ist die Entscheidung für diese Methode als qualitatives Instrument plausibel.[31] Trotz divergierender Auffassungen über Fallstudiendefinitionen besteht ein Konsens darüber:

> „(...), dass dann von Fallstudien gesprochen wird, wenn einzelne oder wenige Untersuchungseinheiten sehr intensiv analysiert werden, ohne dabei die Probleme von Auswahl, Repräsentativität etc. explizit zu beobachten. Die Fallstudien selbst können mit verschiedenen qualitativen oder auch quantitativen Methoden durchgeführt werden; zum Standardset gehören strukturierte Leitfadeninterviews, Dokumentenanalysen, teilnehmende Beobachtung, narrative Interviews und Gruppendiskussionen (...), wobei die Untersuchungseinheiten i.d.R. durch Betriebe bzw. Organisationen gebildet werden“.[32]

In der Betriebswirtschaftslehre wurden Fallstudien lange Zeit jedoch als Methode der Erkenntnisgewinnung vernachlässigt, was u.a. darauf zurückgeführt werden kann, dass „die konservative Publikationspolitik der führenden US-amerikanischen Fachzeitschriften, für die das Anspruchsniveau der verwendeten statistischen Verfahren oft wichtiger als der dadurch erzielte Erkenntnisfortschritt ist“,[33] vorherrscht. Wie bereits im vorangegangenen Kapitel angemerkt wurde, gibt es jedoch bereits renommierte amerikanische Zeitschriften wie das *Academy of Management Journal*, die die Fallstudie als Methode der Erkenntnisgewinnung anerkannt haben. Einen maßgeblichen Beitrag dazu leistete EISENHARDT (1989). Das besonders Innovative an ihrem Ansatz ist, dass die Fallstudien nicht nur für die Prüfung von ad hoc formulierten oder theoretisch abgeleiteten Hypothesen, sondern für die Entwicklung von Theorien angewandt werden. Theorie wird hier als Set von *Konzepten* verstanden, die

---

29 YIN (1994, S. 13).

30 Vgl. YIN (1994, S. 6 und 15); ROLL (2003, S. 315ff.).

31 Auf die Vorteile der Fallstudien für weitere Erkenntnisse über die spezifischen Innovationswirkungen, z.B. umweltpolitischer Instrumente, weist z.B. HEMMELSKAMP (1999b, S. 244) hin. HAUSCHILDT weist auch auf die Anwendung der Case Study Research-Studien in der Innovationsforschung hin, die in den jüngsten Arbeiten vorzufinden sind. Vgl. (HAUSCHILDT 2002, S. 29); SCHWITALLA (1993, S. 91f.).

32 HAUPTMANN/ROGALSKI (1992, S. 210f.).

33 BERG (2006, S. 362).

durch *Hypothesen* miteinander verknüpft sind.[34] Die Fallstudien sind generell durch verschiedene Nutzungsalternativen gekennzeichnet:

- zur Illustration, um lediglich eine theoriearme Deskription darzustellen;
- zur Generierung von Konzepten und Hypothesen;
- als Hypothesentest und
- als methodischer Test und zur methodischen Verfeinerung.

Diese Alternativen verfolgen unterschiedliche wissenschaftliche Ziele. Im Rahmen dieser Arbeit wird eine *Fallstudie* einerseits zur Generierung von Konzepten und Hypothesen, andererseits zu deren Überprüfung eingesetzt. Dabei geht es darum, folgende Stärken dieser Methode zu nutzen:

> „Die explorative Untersuchung eines neuen Forschungsgegenstandes, das gezwungenermaßen unstrukturierte Herangehen an neue Inhalte, das Sammeln von 'Wissen' über einen neuen Forschungsgegenstand ist das Anwendungsfeld der qualitativen Methode, in dem sie zweifellos konkurrenzlos ist. Auf dieser Basis kann dann ein Set von Hypothesen, ein theoretischer Rahmen entwickelt werden".[35]

In der Literatur wird zwischen Einzelstudien und Mehrfachstudien als Untersuchungsdesign differenziert. Erstere sind für ein *einzigartiges* oder sehr seltenes Ereignis geeignet,[36] weil sie die Einzigartigkeit des untersuchten Objektes oder Ereignisses erschließbar macht und einen außergewöhlich intensiven Zugang zum Untersuchungsobjekt ermöglicht. In sonstigen Fällen finden Mehrfachstudien eine Anwendung, weil sie der Replikationslogik folgen und demzufolge die Validität (Gültigkeit) und die Reliabilität (Zuverlässigkeit) der erhobenen Daten als wichtigste Gütekriterien der qualitativen Forschung erhöhen.[37] Entscheidend für die Wahl des Untersuchungsdesigns ist das beabsichtigte Verhältnis zwischen möglicht großer Realitätsnähe und hoher Datenintegrität, da diese beiden Ziele mit keiner Methode maximal erreicht werden können. Des weiteren stellen in der betriebswirtschaftlichen Forschung Fallstudien dann eine geeignete Methode dar, wenn bislang nur wenige wissenschaftlich gesicherte Erkenntnisse zu der zu untersuchenden Fragestellung vorliegen.[38] Mit Fallstudien lassen sich beschreibende und auf Tendenzen hinweisende Aussagen erarbeiten; sie erlauben, innere Zusammenhänge aufzudecken, wodurch sie ein ausgeprägtes *exploratives Potenzial* besitzen.[39] Die Fallstudienforschung ist damit für komplexe Beobachtungsaufgaben angemessen, wo der Kontextbezug und die Detailgenauigkeit wichtiger als die Datenintegrität sind. Somit kann mithilfe von Fallstudien ein tieferes Verständnis der untersuchten

---

34 Vgl. DENZIN (1978, Kap.2).

35 HAUPTMANN/ROGALSKI (1992, S. 215).

36 Vgl. YIN (1994, S. 38ff.). Zu Einzelfallstudie vgl. auch LAMNEK (1995b, S. 17); MEYER (2004, S. 211).

37 Vgl. MAYRING (1999, S. 116ff.); CHMIELEWICZ (1979, S. 71f.); ROLL (2003, S. 315). Zur Kritik dieser Gütekriterien vgl. SEIPEL/RIEKER (2003, S. 128ff.). Weiterführend vgl. Kapitel 5.2.3.

38 Vgl. BERG (2006, S. 367).

39 Vgl. ROLL (2003, S. 316). Das in einem Fall gewonnene Erfahrungswissen wird entweder „ad hoc oder im Rahmen späterer Analysen *exploriert*, d.h. im wörtlichen Sinne ausgeschöpft, indem es in theoretische Begriffe und Annahmen übersetzt wird, die den *Ausgangsbezugsrahmen transzendieren*, indem sie zu neuen Annahmen, Fragen und Interpretationsmustern führen". KUBICEK (1977, S. 16), Hervorhebungen im Original. Zur Zielsetzung einer explorativen empirischen Forschung vgl. WOLLNIK (1977, S. 42ff.).

Phänomene erreicht werden.[40] Kooperationen gehören zu typischen Analysefeldern der Fallstudienforschung im wirtschaftswissenschaftlichen Bereich.[41]

Für die Kooperationsanalyse unter Umweltinnovationsgesichtspunkten erweist es sich als sinnvoll, eine *Intensivfallstudie* durchzuführen, weil dadurch die dem Forschungsstadium des Untersuchungsgegenstandes angemessene Gründlichkeit der Analyse gewährleistet werden kann. Entsprechend der qualitativen Vorgehensweise spielt bei der Auswahl der Einzelfallstudie *nicht die Repräsentativität* des Forschungsgegenstandes, sondern vielmehr seine *Einzigartigkeit*[42] eine Rolle. Mit dieser Auswahlentscheidung wird somit eine tiefgründige Analyse einer erfolgreichen Kooperation – und nicht eine möglichst breite Erfassung verschiedener Kooperationen – bezweckt. Letzteres könnte dazu dienen, einen (breiten) Vergleich anzustellen und Aussagen über die Verteilung von Sicht- und Erfahrungsweisen zu treffen.[43]

> „Zur Durchdringung des vielschichtigen Kooperationsphänomens ist auch die detaillierte Betrachtung und Analyse am Fallbeispiel ein häufig verwendetes Instrument (...). Mit Hilfe einer Fallstudie kann die komplexe Materie an einem spezifischen Beispiel untersucht und im Sinne eines Induktionsschlusses (...) Ableitungen und Empfehlungen für Kooperationen allgemein bzw. ähnliche Kooperationen gemacht werden. Meist wird dabei ein einziges Kooperationsprojekt im Detail analysiert, um den notwendigen Tiefgang für ein Erkennen der komplexen Zusammenhänge und Wirkungsabläufe deutlich machen zu können".[44]

Die Forschungssituation, dass während einer gegebenen Untersuchung nur *eine* Gruppe oder eine Organisation studiert wird, ist in der Praxis keine Ausnahme.[45] Dabei ist jedoch zu erwähnen, dass die qualitative Forschung und speziell die Fallstudien oft Gegenstand kritischer Diskussionen sind, die v.a. die *Grenzen der Repräsentativität*[46] und die *Anzahl der Untersuchungsfälle* fokussieren.[47]

Damit aber genaue und tiefgreifende Ergebnisse erzielt werden und gleichzeitig deren wissenschaftliche Verwertbarkeit sichergestellt wird, muss die Fallstudienanalyse (auch

---

40 Vgl. ROLL (2003, S. 316).

41 Vgl. z.B. MEYER (2003, S. 479); MEYER (2004, S. 214).

42 Vgl. LAMNEK (1995b, S. 16); FLICK (1995b, S. 149). Darunter ist eine vorbildliche Kooperation gemeint, die typische Eigenschaften aufweist, die auch für andere Kooperationen gelten können.

43 Zu Auswahl der Breite- bzw. Tiefestrategie vgl. FLICK (1995a, S. 89).

44 BALLING (1998, S. 180).

45 Vgl. GLASER/STRAUSS (1998, S. 55). Zu beispielhaften betriebswirtschaftlichen Arbeiten, die auf Einzelfallstudien basieren, vgl. BURSCHEL (1996); ECKERT (2004); speziell für Kooperationen bzw. Netzwerke vgl. EBINGER (2005); RANK et al. (2005).

46 Die am häufigsten gestellte Frage wegen der Grenzen der Repräsentativität ist: Wie können die Ergebnisse aus einer Fallstudie verallgemeinert werden? Solche Kritik ist dabei nicht angemessen, wie das YIN erklärt: *„Case studies, like experiments, are generalizable to theoretical propositions and not to populations or universes. In this sense, the case study, like the experiment, does not represent a ‚sample', and the investigator's goal is to expand and generalize theories (analytic generalization) and not to enumerate frequencies (statistical generalization)"* (YIN 1984, S. 21).

47 Die qualitative Forschung bezieht eine kleine Zahl von Akteuren in die Untersuchung ein, die meist sehr bewusst nach bestimmten Kriterien ausgewählt werden, z.B. als Experten für einen bestimmten Themenbereich im Experteninterview. Vgl. MEUSER/NAGEL (1991). Da die qualitative Forschung mit kleinen Fallzahlen arbeitet, wird den Begründungen, *„warum und wofür die Resultate Gültigkeit besitzen"* [MAYRING (1999, S. 13)], besondere Bedeutung beigemessen.

wegen des vielfältigen Materials) einem groben Ablaufplan folgen. Der Forschungsprozess resp. -ablauf im Rahmen einer Fallstudie wird in der Literatur unterschiedlich gehandhabt. Generell können fünf Phasen unterschieden werden: Vorbereitungsphase (Forschungsfokus), Fallauswahl, Datenerhebung,[48] Datenanalyse sowie Auswertung.[49] Die hier bevorzugte Einzelfallstudie ist darüber hinaus von einer konkreten Forschungsmethode oder Erhebungstechnik zu unterscheiden. Mithilfe einer qualitativen Datenauswertung wird angestrebt, eine Kooperation in der Tiefe zu ergründen und mehr über die strukturellen und akteursbezogenen Einflüsse auf Umweltinnovationspotenziale durch umweltorientierte Kooperation zu erfahren. Eine anschließend durchgeführte Erhebung mittels eines Fragebogens wird zur Überprüfung der qualitativ gewonnen Ergebnisse eingesetzt. Die Zusammenfassung der wesentlichen Elemente des Forschungsdesigns ist Abbildung 9 zu entnehmen.

Abb. 9: Methodischer Ablauf des Forschungsprozesses

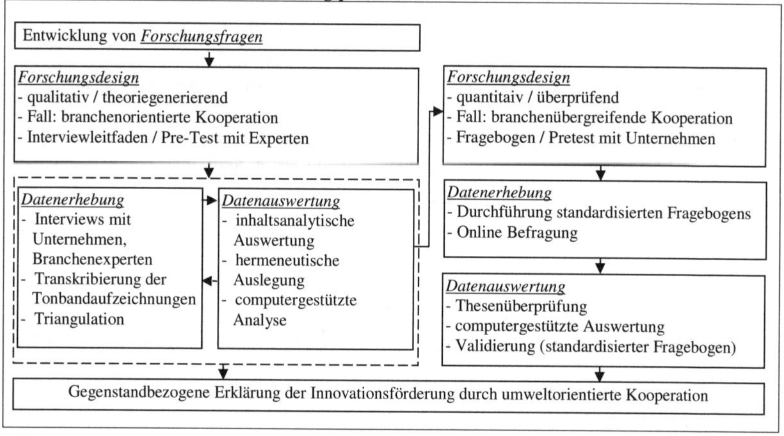

Quelle: Eigene Darstellung.

Im folgenden Abschnitt wird zunächst die Auswahl der Untersuchungsfälle – umweltorientierter Kooperationen – begründet. Weiterhin werden die benutzten Datenquellen/-instrumente zur Erforschung dieser Untersuchungsfälle dargestellt.

48 Zu den Erhebungsverfahren gehören: Qualitatives Interview (z.B. narratives, problemzentriertes, Tiefeninterview), Gruppendiskussion (z.B. Kreativ-Gruppe, Delphi-Befragung), indirekte Befragung (z.B. projektive, assoziative Techniken), qualitative Beobachtung, qualitatives Experiment, biographische Methode. Vgl. MÜLLER (1999, S. 133).

49 Die Fallanalyse muss an einem groben Ablaufplan orientiert sein, der zumindest aus einer Fragestellung, Falldefinition, Materialsammlung, Aufbereitung und Falleinordnung besteht. Vgl. MAYRING (1999, S. 29f.); YIN (1988, S. 27ff.).

5.2.2.2 *Fallauswahl*

Um die Analyse der Umweltinnovationspotenziale durch eine umweltorientierte Kooperation durchführen zu können, würde einerseits die Heranziehung einiger weniger problemrelevanter Fälle eine tragfähige Grundlage bilden; andererseits erweist sich die Berücksichtigung einer größeren Zahl von Fällen bei einer solchen Vorgehensweise als problematisch, weil aufgrund des bereits angedeuteten explorativen Stadiums der Erforschung des Untersuchungsgegenstandes die Einbeziehung zusätzlicher Fälle zu einer oberflächlichen Analyse führen würde. Eine vergleichende Analyse zusätzlicher Kooperationsfälle gibt eher Anhaltspunkte über die Bedeutung bzw. Typologie der Kooperationen, gestattet aber weniger Aussagen über die innovationsrelevanten Wirkungen der Kooperation.[50] Daher wird hier *ein* Kooperationsfall analysiert, um einerseits die Vielschichtigkeit und Komplexität des einzelnen Falles so weit wie möglich zu berücksichtigen und andererseits die in diesem Forschungsstadium gebotene Gründlichkeit der Analyse zu gewährleisten.[51] Bevor die genaue Auswahl begründet wird, ist noch die Abgrenzung zwischen einem Fall und einer Untersuchungseinheit vorzunehmen. Die definitorische Abgrenzung des Falls von der Untersuchungseinheit ist von der Art der formulierten Forschungsfrage abhängig.[52] Im Rahmen der Arbeit wird auf der Basis der vorliegenden Problemstellung als *Fall (Sample)* eine umweltorientierte Kooperation verstanden, die zum einen im Rahmen einer Intensivfallstudie untersucht wird, und zum anderen werden die daraus resultierenden Ergebnisse an einem anderen Kooperationsbeispiel überprüft. Als *Untersuchungseinheiten* werden die jeweiligen Kooperationsakteure verstanden, deren Auswahl im Rahmen der Intensivfallstudie nach inhaltlichen Kriterien erfolgt.

Bei der Auswahl der Untersuchungsobjekte wurde darauf geachtet, dass diese möglichst „typischen" Fälle darstellen. Aufgrund der zuvor dargestellten *Heterogenität und Komplexität des zu untersuchenden Phänomens* sowie der weitgehenden *Unerforschtheit des Gegenstandsbereichs* können mehrere die Erkenntnisgewinnung leitende Selektionskriterien herangezogen werden.[53] Unter Berücksichtigung des Forschungsproblems, der Frage nachzugehen, inwiefern eine umweltorientierte Kooperation zu betrieblichen Umweltinnovationen beitragen kann, erfolgte die Auswahl von zwei Kooperationsfällen, die als erkenntnisleitend angesehen werden, nach folgenden Kriterien:

---

50 Vgl. BALLING (1998, S. 179).

51 Dies widerspricht dem Vorgehen nach EISENHARDT (1989), die einen Vergleich von mehreren Fällen postuliert. Zu der Kritik an EISENHARDT vgl. DYER/WILKINS (1991, S. 613ff.).

52 Vgl. ROYER (2000, S. S. 187); YIN (1994).

53 Der Grad der Erfüllung der Kriterien wurde im Vorfeld der Studie evaluiert, indem öffentlich zugängliche Informationen ausgewertet wurden. Auf dieser Grundlage wurde ein umweltorientiertes branchenbezogenes Netzwerk ausgewählt. Bevor eine endgültige Entscheidung zur Auswahl des Beispiels für die Intensivfallstudie getroffen wurde, hat ein Gespräch mit dem Verantwortlichen des Netzwerkes stattgefunden, in dem überprüft wurde, ob dieses Beispiel für die Zielstellung der Arbeit geeignet ist.

a) *Kooperationsziel mit hohem Umweltbezug*, um die daraus resultierenden Umweltverbesserungs- bzw. -optimierungspotenziale und Innovationspotenziale in Unternehmen abzuleiten;
b) *Möglichst unterschiedliche Kooperationsakteure*: Kooperationsakteure aus unterschiedlichen Lenkungssystemen (Wirtschaft, Wissenschaft und Politik);[54]
c) *Branchenbezogene und branchenübergreifende Kooperation*: Eingrenzung der qualitativen Forschung auf eine *Branche,* weil sowohl Kooperationen als auch Umweltinnovationen von Branche zu Branche unterschiedlich sind.[55] Im quantitativen Teil wurde auf dieses Kriterium verzichtet, weil es sich dabei um Überprüfung der qualitativ gewonnenen Ergebnisse handelt, die an einem Kooperationsbeispiel mit mehreren Branchen erfolgen wird.

Begründung der Fallauswahl für die qualitative Analyse

zu a)

Aufgrund der Vielzahl unterschiedlicher Netzwerke und Kooperationen im Umweltschutzbereich[56] wurde – entsprechend der o.g. Auswahlkriterien – für die vorliegende Untersuchung eine Kooperation ausgewählt, die durch ihre interne Vielfalt die Untersuchung des Kooperationsfalls aus verschiedenen Perspektiven ermöglicht. Im ersten Schritt wurde ein umweltorientiertes Kooperationsnetzwerk – das Netzwerk der *IKS* (Industricabfall-Koordinierungsstelle Sachsen) – gewählt, das als innovatives und erfolgreiches Beispiel im Umweltbereich (speziell der Abfallwirtschaft[57]) in Deutschland[58] gilt. Weiterhin leistete die 1995 gegründete IKS einen wichtigen Beitrag zur Gründung der 1998 etablierten Umweltallianz Sachsen[59] sowie zu deren Fortschreibung im Jahr 2003. Vor der Auswahl dieses Netzwerkes wurden auch andere Kooperationsinitiativen, z.B. Texweb – Kooperation in der Textilindustrie, COUP 21 – Cooperation des Umweltamtes mit Pionierunternehmen für

---

54 Vgl. Kapitel 3.3.1.2.

55 Vgl. dazu Kapitel 2.2.2.3.

56 Vgl. dazu beispielsweise Kapitel 3.2.2.

57 Ökologisch gesehen, wird der Abfall als ein Problemfeld gesehen, in dem ständig neue Lösungen und Wege und Maßnahmen gesucht werden. Aus ökonomischer Sicht sind dabei jedoch die größten Einsparpotenziale vorhanden. Beispielsweise ergab die durch UBA durchgeführte Analyse, dass der Abfallbereich im Rahmen der Umweltmanagementsysteme zu den Bereichen mit dem größten Kostenoptimierungspotenzial gehört. Vgl. UBA (2002a, S. 12). Weiterführend vgl. KRAMER/URBANIEC (2001, S. 289ff.) und Kapitel 6.1.1.

58 Ähnliche umweltorientierte Kooperationen gibt es auch in den alten Bundesländern, *z.B.* ABAG (Gesellschaft für innovative Technologie- und Managementberatung mbH) in Baden-Württemberg oder HIMTECH Hessen (Hessische Industriemüll Technologie GmbH). Vgl. IKS (Hrsg.) (2000, S. 12). *„In den neuen Bundesländern gibt's so was nicht (...). Eigentlich die alten Bundesländer waren auch ein bisschen Vorbild für uns, so etwas zu gründen. Die Bildung der IKS ging eigentlich aus einer Bestandsaufnahme in den alten Bundesländern hervor (...). Wir haben etwas in Sachsen gemacht, was in anderen Bundesländern grundsätzlich nicht da ist (...). Diese ganzheitliche Betrachtung der Abfallwirtschaft gibt es woanders in Deutschland nicht. Das ist nur hier in Sachsen"* (Interview mit Experte G).

59 Die Umweltallianz Sachsen ist eine branchenübergreifende freiwillige Vereinbarung zwischen der Sächsischen Staatsregierung und der sächsischen Wirtschaft, die die Grundlage zur Verbesserung bzw. Weiterentwicklung der Rahmenbedingungen für eine umweltverträgliche Wirtschaftsentwicklung im Freistaat Sachsen bildet. Vgl. http://www.smul.sachsen.de/de/wu/umweltallianzen/index_start.html (Stand: 09.02.02) sowie auch KRAMER/URBANIEC (2001, S. 309f.).

das 21. Jahrhundert,[60] analysiert, die bereits häufiger wissenschaftlich untersucht worden waren.

zu b)

Ein wichtiger Vorteil der gewählten Kooperationen, der auch zum Erkenntnisgewinn beiträgt, ist, dass ihre *Akteure aus unterschiedlichen Lenkungssystemen* (Politik, Wirtschaft und Wissenschaft) stammen. Dadurch sind differenzierte Aussagen über die Reichweite der Kooperation und die Erfassung mehrerer Aspekte möglich. Im Vordergrund stehen dabei *Unternehmen* als Kooperationsakteure, die im Rahmen der Einzelfallstudie als umweltaktiv, wirtschaftlich relativ stabil und innovativ gelten. Repräsentiert sind hier überwiegend mittelständische Unternehmen,[61] welchen eher als Großunternehmen Innovationsfähigkeit zugesprochen wird,[62] obwohl sie sich kapazitätsbedingt selten mit Innovationen beschäftigen. Darüber hinaus wird in den neuen Bundesländern der Mittelstand als ausgesprochen kooperativ bezeichnet, d.h. durch seine Bereitschaft, Probleme über Unternehmensgrenzen hinweg gemeinsam anzugehen, werden verschiedene Hürden bei der Produktion, im Einkauf und der Vermarktung überwunden sowie die Anpassung an dynamische Wettbewerbsbedingungen erleichtert.[63] Neben den Unternehmen sind auch weitere Akteure (*Experten* als Vertreter eines Verbandes, einer Forschungseinrichtung und eines umweltpolitischen Vertreters) an der Kooperation beteiligt, die sich schwerpunktmäßig mit den spezifischen Handlungen der Unternehmen direkt bzw. indirekt befassen. Die Experten spielen eine wichtige Rolle, weil sie nicht nur als Multiplikatoren für die ganze Branche fungieren, sondern auch einen wesentlichen Beitrag zur Kooperationsentwicklung leisten. Sie verfügen über ein branchenrelevantes Know-how und Wissenspotenzial in Bezug auf Umweltinnovationen.

zu c)

Aufgrund der großen Vielfalt des Netzwerkes IKS, das aus mehreren branchenorientierten Kooperationen besteht,[64] wurde die Eingrenzung auf *eine Branche* vorgenommen, weil die Branchen einerseits durch unterschiedliche wirtschaftliche und umweltbezogene Entwicklungen sowie Innovationspotenziale gekennzeichnet sind und andererseits die

---

60 Vgl. EBINGER/JANOSCHKA (2004, S. 32ff).

61 Die daran beteiligten Unternehmen repräsentieren nach der EU-Definition der *KMU* die Gruppe mittlerer Unternehmen. Dazu gehören Unternehmen mit 50-249 Beschäftigten oder mit dem Jahresumsatz bis zu 50 Mio. €. Zu dieser Definition vgl. BROCKMANN (2005, S. 39f.). Eine andere gängige Definition des Mittelstandes in Deutschland ist die vom IfM Bonn, nach der mittelgroße Unternehmen 10 bis 499 Beschäftigte und von 1 bis unter 50 Mio. € Umsatz haben. Vgl. MÜLLER (2004, S. 9). Von Bedeutung ist an dieser Stelle auch, dass unter Zugrundelegung des Definitionskriteriums Umsatz die KMU 99,9% aller sächsischen Unternehmen ausmachen. Unter Berücksichtigung der Beschäftigtenzahl betrug 2002 der Anteil aller sächsischen Betriebe mit weniger als 250 Beschäftigten 99,5%. Vgl. SÄCHSISCHES STAATSMINISTERIUM FÜR WIRTSCHAFT UND ARBEIT (Hrsg.) (2003, S. 19).

62 Vgl. dazu beispielsweise KARL/MÖLLER/MATUS (2004, S. 21); WALTHER (2004, S. 36f.).

63 Vgl. SÄCHSISCHES STAATSMINISTERIUM FÜR WIRTSCHAFT UND ARBEIT (Hrsg.) (2003, S. 78).

64 Die Arbeit der IKS konzentriert sich dabei hauptsächlich auf abfallwirtschaftlich orientierte Branchenarbeitskreise wie: Maschinen- und Anlagenbau/Metallverarbeitung, Textil- und Bekleidungsindustrie, Druck- und Papierverarbeitung. Vgl. KIETZ/WILLE (1999, S. 62); weiterführend vgl. Kapitel 6.1.

Analyse mehrerer Kooperationen einer Typologisierung bzw. einem Branchenvergleich dienen könnte, was aber in der vorliegenden Forschungsarbeit nicht angestrebt ist. Ausgehend von den bisherigen empirischen Ergebnissen, dass Umweltinnovationen generell sektorspezifisch unterschiedlich ausgeprägt sind, wurde aus den im IKS-Netzwerk vertretenen Branchenkooperationen ein *Abfallwirtschaftlicher Branchenarbeitskreis „Druck und Papierverarbeitung“* ausgewählt, weil er ein erfolgreiches und vielschichtiges Beispiel einer Kooperation entlang der Wertschöpfungskette - von der Papierherstellung über Druckindustrie bis hin zu Entsorgung - darstellt.[65] Nach der Wirtschaftszweigklassifikation NACE sind die zwei Branchen „Papier-, Verlags- und Druckgewerbe, Vervielfältigung von Ton-, Bild- und Datenträgern“ sowie „Abfallbeseitigung“ dem Dienstleistungssektor zuzuordnen. Dieser Wertschöpfungscharakter der Kooperation stellt unter Nachhaltigkeitsgesichtspunkten ein aktuelles, aber auch ein komplexes Forschungsfeld dar.

> *„Wir haben diesen Branchenarbeitskreis so aufgebaut, dass wir gesamte Kooperationskette Papier eingebunden haben, von der Papiererzeugung über die Papierverarbeitung, die Papierveredlung bis zum Papierrecycling. Also, in anderen Branchen ist es eigentlich Fertigung. Hier ist es auch vom Beginn der Herstellung des Werkstoffes Papier bis zum Recycling (…) so, dass die Kooperation von Beginn bis Ende da ist. Das ist ein Sonderfall (…) in dieser Branche. Das hat sich eigentlich als positiv erwiesen, es zeigt sich aber, dass es in anderen Branchen schwer zu machen ist“* (Experte G).

Der abfallwirtschaftliche Branchenarbeitskreis gilt unter ökologischen Gesichtspunkten als besonders innovativ im Vergleich zu anderen im IKS-Netzwerk vertretenen Branchenkooperationen, weil die an dieser Kooperation beteiligten Unternehmen sowohl den Innovationen als auch den Umweltschutzmaßnahmen eine hohe Bedeutung beimessen. Die Papier- und Druckindustrie kann insgesamt als ein geeignetes Forschungsfeld zur Untersuchung umweltorientierter Kooperationen betrachtet werden, da hier aufgrund technologie- und marktbedingter Entwicklungen dem Anteil an Innovatoren eine überdurchschnittliche Bedeutung zukommt (vgl. Tabelle 17).

[65] Zu wirtschaftlichen und umweltbezogenen Spezifika der Branchen vgl. ausführlicher Kapitel 6.2.1.

Tab. 17: Ausgewählte Kennzahlen zur Innovationstätigkeit von Branchen

Branchen	***Innovatorenquote in%***		***Innovationsaufwendungen in Mrd. €***		***Innovationsintensität in%***	
	2003	***2004***	***2003***	***2004***	***2003***	***2004***
Bergbau	35	32	0,4	0,2	1,9	1,2
Nahrungsmittel/Tabak	36	54	2,6	2,5	1,7	1,6
Textil/Bekleidung/Leder	53	54	0,8	0,6	2,9	2,3
Holz/Papier/Druck/Verlag	*47*	*54*	*2,6*	*2,4*	*2,9*	*2,6*
Chemie/Pharma/Mineralöl	**81**	**72**	**11,2**	**11,8**	4,7	5,1
Gummi-/Kunststoffverarbeitung	65	56	2,4	1,9	4,1	3,2
Glas/Keramik/Steinwaren	44	57	1,0	0,8	3,0	2,2
Metallerzeugung/-bearbeitung	62	55	4,0	4,2	2,7	2,7
Maschinenbau	**75**	**75**	8,0	8,4	5,0	4,8
Elektroindustrie	73	72	**10,5**	**11,2**	7,2	7,2
Instrumententechnik	**78**	70	3,0	3,0	**9,0**	**8,3**
Fahrzeugbau	70	65	**24,2**	**27,7**	**8,1**	**8,5**
Möbel/Sport-/Spielwaren/Recycling	48	56	0,5	0,6	1,7	1,9
Großhandel	34	35	2,3	2,5	0,4	0,4
Einzelhandel	35	-	2,8	-	0,5	-
Verkehr/Post	31	30	3,4	3,6	2,3	2,1
Banken/Versicherungen	50	63	5,7	6,4	0,7	0,8
Software/Telekommunikation	70	**78**	4,4	6,9	6,1	5,6
Technische/F&E-Dienstleistungen	67	55	2,8	2,7	**7,5**	**7,8**
Unternehmensberatungen	48	43	1,7	1,8	1,5	2,3
Sonstige Unternehmerdienste	31	-	0,9	-	1,1	-
Bewachung/Reinigung/ Arbeitnehmerüberlassung/Entsorgung	–	*45*	–	*0,8*	–	*1,5*
Wohnungswesen/Vermietung	39	–	1,0	–	0,9	–

Quellen: ZEW (2004, S. 9); ZEW (2005, S. 10), „–" bedeutet fehlende Daten aufgrund der veränderten Branchenzuordnung; die Angaben der Branchen mit den höchsten Werten sind fett gedruckt.

Unter Innovationsgesichtspunkten wird deutlich, dass in einem Branchenvergleich die Papier- und Druckindustrie zwar eine unterdurchschnittliche Innovationsintensität aufweist, jedoch bezogen auf die Innovatorenquote einen überdurchschnittlichen Stellenwert erlangt. Weiterhin wird nach einer RKW-Innovationsstudie ersichtlich, dass die umweltbezogenen Innovationen u.a. in der Branche Papier/Druck/Verlag überproportional häufig vertreten sind.[66] Daher kann hier durchaus von einer innovationsrelevanten Branche ausgegangen werden. Sowohl ihr Wirtschaftspotenzial, ihre allgemeine gesellschaftliche Relevanz[67] als auch v.a. ihre Bedeutung unter Umweltgesichtspunkten stellen durchaus viele Ansatzpunkte für umweltinnovative Aktivitäten dar. Darüber hinaus wird diese Branche im Vergleich z.B. zur Textil- oder Automobilindustrie seltener wissenschaftlich untersucht, was ihre Auswahl zusätzlich interessant macht. Die wesentlichen Eigenschaften des für die Intensivfallstudie gewählten Kooperationsfalls gemäß der o.g. Auswahlkriterien werden in Tabelle 18 zusammengefasst.

[66] Vgl. DIECKHOFF et al. (2000, S. 9). Die RKW-Innovationsstudie umfasst eine telefonische Befragung von 650 Unternehmen des verarbeitenden Gewerbes in Deutschland mit mindestens 50 Mitarbeitern.

[67] Die Papier- und Druckindustrie ist durch eine hohe Bedeutung für Wirtschaft, Gesellschaft und öffentliches Leben gekennzeichnet. Vgl. ANDERSEN/BECK/KÖSLLING et al. (2003, S. 14); BUNDESVERBAND DRUCK (Hrsg.) (2001, A1, S. 1), http://druck.verdi.de/industriepolitik (Stand: 20.11.06).

Tab. 18: Zusammenfassung der wesentlichen Eigenschaften des gewählten Kooperationsfalls

Ebenen der Auswahlkriterien	*Eigenschaften bzw. Ausprägung*
Kooperationsebene	• primär abfallwirtschaftliche Zielsetzung (Umweltbezug) • branchenbezogene Kooperation innerhalb der Wertschöpfungskette • Akteure aus Politik, Wissenschaft und Wirtschaft
Unternehmensebene	• KMU-Unternehmensgröße • umweltaktive und innovative Unternehmen
Expertenebene	• Vertreter aus Politik, Wissenschaft und Wirtschaft • Multiplikatoren für die Branche

Quelle: Eigene Darstellung.

Zusätzlich zu den drei Kriterien waren darüber hinaus für die Wahl des Fallbeispiels auch folgende *forschungspragmatische Kriterien* ausschlaggebend:

- Kooperationsdauer: Mehrjähriges Bestehen der Kooperation, bei welcher von bereits gut etablierten Kooperationsbeziehungen ausgegangen werden konnte und bei welcher die Kooperationseffekte besser evaluiert werden können;
- Bereitschaft der Akteure zur Teilnahme an der empirischen Untersuchung.

Begründung der Fallauswahl für die quantitative Überprüfung

Für die Durchführung der Fragebogenerhebung wurde ein Umweltverband ausgewählt. Dieser Kooperationsfall stellt einen der bekanntesten und größten Umweltverbände in Deutschland dar und ist auch die größte Umweltinitiative der Wirtschaft in Europa[68]. Der im Jahre 1984 von Hamburger Unternehmen gegründete Bundesdeutsche Arbeitskreis für Umweltbewusstes Management (B.A.U.M.) e.V. hat zum Ziel, Unternehmen, Kommunen und Organisationen für vorsorgenden und integrierten Umweltschutz sowie für die Verwirklichung der Vision des nachhaltigen Wirtschaftens zu sensibilisieren. Da die quantitative Forschung auf einem standardisierten Fragebogen basiert, ist hier keine direkte Auswahl von den einzelnen Partnern notwendig. Dabei wurden alle Mitglieder des Umweltverbandes kontaktiert. Des Weiteren gehören diesem Verband über 500 Unternehmen aller Größen und Branchen an, wobei insgesamt ca. 2.500 Mitglieder daran beteiligt sind. Zur Realisierung der Umweltziele unterstützt der B.A.U.M. e.V. seine Mitglieder direkt oder kooperiert im Rahmen ökologisch wirksamer, ökonomisch sinnvoller und sozialer Projekte. Dies wird durch ein breites Spektrum an Informationsdiensten, Veranstaltungen, Plattformen für Erfahrungsaustausch und Know-how-Transfer, den Aufbau von Kontakt- und Informationsnetzwerken, den Dialog mit Unternehmen, Politik, Verbänden und Wissenschaft sowie die Integration in anwendungsorientierte Forschung oder die Initiierung großer medienwirksamer Kampagnen umgesetzt. Der B.A.U.M. e. V. erwarb sich durch seine Arbeit eine hohe Reputation und Glaubwürdigkeit, die bereits 1991 von den Vereinten Nationen durch die Aufnahme in die *Global 500 Roll of Honour* gewürdigt wurde. Im Laufe der Zeit folgten auch weitere Auszeichnungen und Preise in Anerkennung der praktischen Leistungen zum Schutz und zur

[68] Vgl. BAUM (Hrsg.) (2002, S. 8.).

Verbesserung der Umwelt. Damit ist dieser Kooperationsfall für eine empirische Untersuchung besonders interessant.

Insgesamt können die hier gewählten Kooperationsfälle den Forschungsprozess aus verschiedenen Untersuchungsperspektiven unterstützen, weil sie einerseits typische Eigenschaften der umweltorientierten Kooperation darstellen, andererseits aufgrund sowohl der inhaltlichen als auch der formalen oder strukturellen Kriterien bezüglich des Umweltbezugs, der Akteurskonstellation und der Branchenvielfalt durchaus als geeignete Fälle angesehen werden können. Dadurch wird ermöglicht, nicht nur das Forschungsproblem aus verschiedenen Perspektiven zu analysieren und zu erforschen, sondern auch die qualitativ ermittelten Befunde durch einen weiteren Kooperationsfall zu überprüfen, um die Validität der Ergebnisse zu erhöhen.

5.2.2.3 Datenquellen und -erhebung

Im Folgenden werden die Quellen und Instrumente der Datenerhebung beschrieben, die im Rahmen der qualitativen und quantitativen Analyse eingesetzt wurden. Um einen Einblick in die betrieblichen Innovationspotenziale und -aktivitäten durch eine Kooperation zu gewinnen, wurde im Rahmen der Einzelfallstudie eine mündliche Befragung in Form von *Interviews* durchgeführt, die um eine *Dokumentenanalyse* sowie *Betriebsbegehungen* ergänzt wurde. Dagegen wurde im Rahmen der quantitativen Überprüfung ein Online-Fragebogen eingesetzt. Für ein Kooperationsphänomen ist eine Kombination aus verschiedenen Datenquellen besonders zu empfehlen, da dies die Aussagekraft und Validität der Daten erhöht.[69] Im Rahmen der Arbeit wird insgesamt folgendes methodisches Vorgehen zur Erfassung und Analyse des Kooperationsphänomens gewählt:

- Vertiefende mündliche Befragung der an der Kooperation beteiligten Unternehmen nach schriftlicher oder telefonischer Kontaktaufnahme;
- Dokumentenanalyse, die als Ergänzung zu den Interviews eingesetzt wurde, was charakteristisch für die qualitative Forschung ist. Dies umfasst die Analyse von Unternehmensdokumenten, Kooperationsvereinbarungen von 1996 und 2001, von Protokollen von Treffen des Branchenarbeitskreises, Presseartikeln und Veröffentlichungen, dem abfallwirtschaftlichen Branchenkonzept, Verbandsunterlagen, Internetinformationen etc. Diese Quellen sind v.a. bei der „objektiven" Rekonstruktion der Fälle hilfreich.[70]

---

[69] Dieser Aspekt wird im Zusammenhang mit der Triangulation näher erläutert. Vgl. Kapitel 5.2.2.3.

[70] Der Vorteil der Dokumentenanalyse ist, dass Dokumente bzw. Sekundärmaterialien (Geschäftsberichte, Presseveröffentlichungen, interne Dokumente sowie frühere empirische Untersuchungen) nicht durch die Forschungsfragen beeinflusst werden und einen Einblick über die Tätigkeit der ausgewählten Partner ermöglichen. Vgl. MAYRING (1999); BERG (2006, S. 364); CHMIELEWICZ (1994, S. 142). Solche Dokumente werden aus strategischen Gründen erstellt. Sie dienen nicht nur als unternehmensinternes Steuerungsinstrument bzw. Kommunikationsmittel, sondern sie beabsichtigen auch, das Unternehmens- oder Kooperationsimage nach außen zu verbessern. Daher muss jede Dokumentenanalyse kritisch vorgehen.

- Ergänzende Interviews mit Experten, d.h. solchen Partnern, die bei der Dokumentenanalyse unterrepräsentiert sind, weil sie v.a. als Multiplikatoren und nicht als direkte Innovatoren (wie Unternehmen) fungieren.
- Beobachtung, die bei einigen Unternehmen erfolgte und den Zweck verfolgte, die im Interview geschilderten technologischen Prozesse bzw. andere Informationen praktisch nachzuvollziehen und dadurch ein besseres Verständnis des betrieblichen Umweltengagements sowie des Technologiestandes zu entwickeln.
- Durchführung einer standardisierten Fragebogenerhebung zur Überprüfung und Validierung der qualitativ gewonnenen Ergebnisse.

Während die Fragebögen eine ergänzende Rolle innerhalb der verwendeten Instrumente der Datenerhebung spielen, kommt den *Interviews* eine grundlegende Bedeutung für die Erforschung des Beitrags einer umweltorientierten Kooperation zur Innovationsförderung zu. Für die Zwecke der Untersuchung wurden problemzentrierte Interviews eingesetzt. Unter problemzentrierten Interviews versteht man „(…) Formen der offenen, halb-strukturierten Befragung (…) d.h. dem Befragten stehen alle Freiheitsgrade beim Antworten offen, während die Freiheitsgrade des Interviewers eingeschränkter sind. Das Interview ist auf eine bestimmte Problemstellung zentriert“.[71] Diese Herangehensweise orientiert sich unmittelbar an den Forschungsfragen und gewährleistet neben einer hohen Flexibilität in der Interviewdurchführung auch die Möglichkeit zur Erschließung subjektiver Zusammenhänge und die Wiedergabe „subjektiver Wahrnehmungen und Verarbeitungsweisen gesellschaftlicher Realität“,[72] d.h. der subjektiven Problemsicht. Die Subjektivität der Forscher soll nach MURCK „nicht als Störvariable eliminiert, sondern für den Verständigungs- und Verstehensprozess genutzt werden“.[73] Im Verlauf des Gesprächs bietet sich für den Interviewer die Möglichkeit, unklare Sachverhalte zu klären sowie auch unerwartete Antworten näher zu hinterfragen, besonders interessante Aspekte zu vertiefen sowie kontextabhängige und alltagsweltliche Deutungszusammenhänge zu entdecken.[74] Problematisch sind bei den Interviews grundsätzlich zwei Aspekte: zum einen, dass sich die Experten bzw. die Befragten häufig kontrolliert fühlen, und zum anderen, dass sie vielfach ein spezifisches Interesse verfolgen, das wiederum ihr Antwortverhalten beeinflusst.[75] Diesen Kritikpunkten an der Interviewmethode wird durch die Kombination der Interviews mit unterschiedlichen Akteuren

---

[71] MODROW-THIEL (1993, S. 133). Zu einer ähnlichen Definition vgl. auch MAYRING (1999, S. 50).

[72] WITZEL (2000, Abs. 1). Weiterführend vgl. Kapitel 6.3.

[73] MRUCK (2000, S. 8). Das qualitative Interview unterliegt seinerseits Beschränkungen, d.h. die Aussagen der Interviewpartner bleiben immer auch ihre eigenen Konstruktionen, die der Forscher hinterfragen, jedoch kaum objektiv überprüfen kann. So weist MRUCK darauf hin, dass in der Interviewpraxis ein meist naturalistisches Verständnis von Interviewsituationen vorkommt: Die Interviewten agieren als „Informationslieferanten“ oder „Berichterstatter“ und „eine Reflexion der beiderseitigen Subjektivität und der kommunikativen Geladenheit von Interviewsituationen unterbleibt zumeist“ MRUCK (2000, S. 6).

[74] Vgl. MODROW-THIEL (1993, S. 133); BERG (2006, S. 364).

[75] Vgl. BÜHRMANN (2004, Abs. 17).

(Unternehmen und Experten) sowie durch die Triangulation[76] verschiedener Daten (Dokumente und Betriebsbegehungen) und Methoden (Einzelfallstudie und Fragebogenerhebung) entgegengewirkt. Insgesamt wurden im Rahmen der empirischen Erhebung *sieben Interviews* mit politischen, betrieblichen und wissenschaftlichen Vertretern durchgeführt.[77] Dabei werden die befragten Kooperationspartner als Experten für das komplexe Phänomen der Austauschbeziehungen im Sinne von LAMNEK betrachtet:

> „Man begreift den Einzelnen nicht als ein eher unbedeutendes und prinzipiell austauschbares Mitglied einer Population oder Stichprobe, das nur Träger von durch den Forscher als wichtig definierten Merkmalen ist – wie dies in der quantitativen Sozialforschung strukturnotwendig der Fall sein muß –, sondern man betrachtet den *Einzelnen als Fachmann für die Deutungen und Interpretationen des Alltags*".[78]

Entsprechend dieser Definition sind alle befragten Personen als Experten anzusehen, wobei für die Zwecke der Arbeit eine Unterscheidung in vier Unternehmensinterviews und drei Experteninterviews[79] (politische und wissenschaftliche Akteure) vorgenommen wurde.

Die befragten Unternehmen können als mittelständisch angesehen werden. Bei den *Interviewpartnern* handelt es sich in den meisten Fällen um Personen in leitender Funktion, die in der Lage sind, entsprechende Entscheidungen und Maßgaben (neue Ideen, Umweltlösungen im Unternehmen) strukturpolitisch aktiv um- bzw. durchzusetzen. Die Interviewpartner sind Geschäftsführer, Leiter verschiedener Unternehmensbereiche, die entweder die Funktion eines Umweltbeauftragten im Unternehmen erfüllen oder zumindest einen Überblick über das Gesamtbild – bezogen auf die Umweltsituation ihres Unternehmens – haben. Hierarchisch betrachtet gehören vier Personen zur obersten (Geschäftsführer) und drei Personen zur mittleren Führungsebene. Von den angeschriebenen Unternehmen waren jedoch nicht alle zu einem Interview bereit.[80]

---

76 Ausführlicher dazu vgl. LAMNEK (1995a, S. 245ff.). Die Triangulation wird von einigen Autoren auch als eine Validierungstrategie verstanden, was mit einer gewisse Kritik verbunden ist. Nach FLICK wird sie zu einer Alternative zur Validierung, wenn sie begründet erfolgt. Vgl. FLICK (1995c, s. S. 433). Die im Rahmen der Methodentriangulation gewonnenen Belege können dabei sowohl quantitativen als auch qualitativen Charakter aufweisen. Vgl. EISENHARDT (1989, S. 534f.); MEYER (2004, S. 232f.).

77 Ein Überblick über die befragten Akteure findet sich in Kapitel 6.1.3.1.

78 Vgl. LAMNEK (1995b, S. 6). Hervorhebung im Original.

79 Es gibt verschiedene Kriterien zur Bestimmung des Expertenstatus. Vgl. TÜRPITZ (2003, S. 3). Experteninterviews sind dadurch gekennzeichnet, dass nicht die Gesamtperson den Gegenstand der Analyse bildet, sondern der organisatorische oder institutionelle Zusammenhang im Mittelpunkt steht. Vgl. MEUSER/ NAGEL (1991, S. 442); KÖHLER (1992, S. 328).

80 Die Verweigerungsgründe aren unterschiedlich. *Ein Unternehmen* hat den Interviewtermin abgesagt, weil es erst vor kurzem Mitglied im Branchenarbeitskreis geworden war und noch keine Erfahrungen im Rahmen der Kooperation aufweisen konnte. Darüber hinaus obliegt die Teilnahme an der Kooperation erst seit wenigen Monaten einem neuen Unternehmensmitarbeiter, weil die vorher involvierte Person dauerhaft krank ist. Diese Informationen wurden zum Teil telefonisch, zum Teil per E-Mail übermittelt. Insgesamt war eine mangelnde Mitwirkungsbereitschaft dieses Unternehmens zu beobachten. Das *andere Unternehmen* sah trotz der Bereitschaft für ein Interview keine Effekte (bzw. nur „psychologische") im Rahmen der Kooperation. Dies wurde durch den Geschäftsführer, der gleichzeitig auch persönlich am Branchenarbeitskreis beteiligt ist, mit der geringeren Beschäftigtenanzahl im Vergleich zu den anderen am Branchenarbeitskreis teilnehmenden Unternehmen begründet.

Neben den Unternehmensinterviews, die im Wesentlichen der Erhebung wahrgenommener Besonderheiten der Kooperation und der Innovationspotenziale dienen, wurden auch Interviews mit Experten durchgeführt, die sich schwerpunktmäßig mit den spezifischen Kooperationsaktivitäten der Unternehmen direkt bzw. indirekt befassen. Die Interviews mit Experten dienten dazu, die strategische Bedeutung von Kooperationsentwicklungen einzuschätzen, umweltinnovationsrelevante Branchenerfahrungen zu ermitteln und die verschiedenen Aussagen von Unternehmen gegeneinander zu überprüfen sowie Hintergrundinformationen zu gewinnen. Die Experten verfügen i.d.R. über Kenntnisse zur Entwicklung in der Branche in Deutschland, insbesondere in Sachsen und haben andere Perspektiven als die Unternehmen (z.B. bezüglich anderer Kooperationen). Als Experten wurden ein Vertreter der IKS, ein Vertreter der Wertschöpfungsstufe Papiererzeugung und ein Vertreter einer wissenschaftlichen Einrichtung befragt.[81]

Die hier der Untersuchung durchgeführten problemzentrierten Interviews wurden durch folgende Instrumente[82] unterstützt:

- Interviewleitfaden,
- Tonträgeraufzeichnung und
- Kurzfragebogen, der dem Gesprächseinstieg[83] dient und dessen Beantwortung in den Interviewleitfaden integriert wird.

Entsprechend dem Verfahren des problemzentrierten Interviews wurde ein halbstrukturierter *Interviewleitfaden*[84] erstellt, der dazu dient, einen geordneten Ablauf des Interviews zu ermöglichen und die Vergleichbarkeit der Interviewergebnisse durch die vorgegebene Strukturierung sicherzustellen, die jedoch flexibel v.a. hinsichtlich der Reihenfolge an den Gesprächsverlauf angepasst werden kann.[85] Für das qualitative Vorgehen wurden zwei Leitfäden erstellt: einer für die Unternehmen und einer für die Experten, wobei sich die Unterschiede weniger auf die Inhalte, sondern vielmehr auf die Richtung der Fragen beziehen. Das bedeutet, dass in beiden Fällen weitgehend dieselben Aspekte abgefragt wurden, jedoch im Falle der Experten deren Meinung über die Umweltinnovationen in Unternehmen bzw. Branchen erfragt wurde, weil sie selbst nicht als Innovationsträger gelten. Dagegen stand bei Unternehmen die wahrgenommene direkte Auswirkung der Kooperation im Vordergrund. Die halb standardisierten Interviews können unterschiedlich ablaufen, weil hier eine möglichst

[81] Da im Mittelpunkt der Analyse die Effekte durch eine Kooperation in Unternehmen stehen, wurde auf die Befragung von zwei weiteren am Branchenarbeitskreis teilnehmenden Experten verzichtet, die institutionell ähnlich eingebunden sind wie die hier befragten Experten.

[82] Vgl. dazu WITZEL (2000, Abs. 7-10).

[83] Bereits bei der Kontaktaufnahme wurden die Forschungsfrage und die Forschungsziele erläutert, der erste Gesprächseinstieg, allgemeine Sondierungen und Ad-hoc-Fragen gestellt, die gewünschte Gesprächsform geklärt sowie die Anonymisierung der Gesprächsprotokolle zugesichert.

[84] Die Schwerpunktthemen (Fragenkomplexe) des Interviewleitfadens wurden in Tab. 19 vorgestellt.

[85] Im Verlauf dieser Erhebungsphase wurde jedoch darauf geachtet, abweichende Aspekte und Vorkommnisse, die in den vorherigen Interviews auffielen, in nachfolgenden Gesprächen (v.a. mit Experten) zu thematisieren bzw. klären.

umfassende Schilderung der untersuchten Thematik und nicht eine möglichst hohe Repräsentativität und Vergleichbarkeit im Vordergrund steht.[86] Inhaltlich zielte diese Untersuchung sowohl auf die Rekonstruktion vorgenommener Umweltschutzmaßnahmen und -innovationen (Umwelttechnik, UMS, Produktveränderungen) und die Rolle der befragten Akteure in diesem Kontext als auch auf die Erfahrungen der befragten Akteure im Rahmen der Kooperation. Die Interviewfragen können mehreren Fragekomplexen zugeordnet werden, die sich thematisch wie folgt gliedern lassen:

Tab. 19: Darstellung der wesentlichen Interviewschwerpunkte

Fragenkomplex	**Informationsgehalt**
Unternehmensprofil	Beschäftigte, Produktpalette, Hauptprodukte, wirtschaftliche Situation der Branche, Konkurrenzdruck in der Branche, Rechtsform, Gründungsjahr, Umsatz, F&E-Aufwendungen, Umweltschutzaufwendungen,
Stand des Umweltschutzes im Unternehmen	Umweltschutzorganisation, Entwicklung des Umweltschutzes: Unternehmenspolitik, Umweltschutzmaßnahmen, Motive für das Engagement im Umweltschutz
	Verbesserungspotenziale in den Bereichen Abfall, Energie, Abwasser, Lärm, Verkehr
Fragen zur Kooperation	Struktur (Form, Kooperationspartner)
	Inhalt (Kooperationsaufgabe)
	Austauschintensität, Kooperationsbeziehung
	Ressourcen
	Voraussetzungen für den Erfolg von Kooperationen
	Erwartungen an den Branchenarbeitskreis
Fragen zur Innovationsfähigkeit der Unternehmen und Umweltinnovationen	Informationsquelle für umweltbezogene Entscheidungen
	Umgesetzte Innovationen in den letzten drei Jahren
	Einfluss unternehmensübergreifender Kooperationen auf Umweltinnovationen

Quelle: Eigene Darstellung.

Die Interviews wurden mit Einverständnis der Gesprächspartner vollständig auf Tonträger aufgezeichnet,[87] sodass sie anschließend transkribiert werden konnten. Die Interviews dauerten zwischen 70 und 110 Minuten und umfassten nach der Transkription insgesamt ca. 150 Seiten. Die Transkription der Tonbandaufzeichnungen unterstützt die interne Validität und die Reliabilität der Daten durch Dokumentenarchivierung.

Nach Abschluss der qualitativen Untersuchung wurde dann eine *standardisierte Befragung* zur Überprüfung und Validierung der qualitativ gewonnenen Ergebnisse durchgeführt. Der Fragebogen wurde auf Basis der empirischen Ergebnisse aus der qualitativen Einzelfallstudie erstellt. Insgesamt wurden 25 Fragen formuliert, die inhaltlich den vier Fragekomplexen des qualitativen Interviewleitfadens entsprachen. Die Fragen wurden in einem Pretest mit zwei Unternehmen aus Ostdeutschland überprüft, die unterschiedliche Branchen repräsentieren und im Umweltbereich engagiert sind. Eines dieser Unternehmen ist im Maschinenbau tätig,

86 Vgl. BERG (2006, S. 364). Diese Fragen wurden in einem Pretest mit dem Kooperationskoordinator und einigen wissenschaftlichen Kollegen vor der eigentlichen Befragung überprüft und modifiziert.

87 Insbesondere die Tonbandaufzeichnung hilft bei der besseren Kontextualisierung von Aussagen. Vgl. FLICK (1995a, S. 108). Sie erlaubt dem Interviewer, die Kommunikationsprozesse authentisch und präzise zu erfassen und so die situativen Bedingungen und nonverbalen Äußerungen während des Gesprächs zu verfolgen sowie auch eine ständige Konzentration darauf, was gesagt wurde, um so die zusätzlichen Nachfragen gezielter stellen zu können.

während das zweite hauptsächlich auf Oberflächentechnik spezialisiert ist. Beide Unternehmen nehmen an Ökoprofit[88] teil, das als ein international verbreitetes Projektnetzwerk zur Einführung von Umweltmanagementansätzen gilt. Die im Pretest befragten Personen nehmen persönlich an der Kooperation teil und repräsentieren das Fachpersonal. Nach dem Pretest wurden zwei in Deutschland bedeutende und aktive Umweltverbände kontaktiert. Nur einer von diesen beiden hat Unterstützung für die Durchführung einer Fragebogenaktion und Interesse daran zugesagt. Bei den telefonischen Vorgesprächen mit dem Geschäftsführer des Verbandes wurde der Fragebogen auch einem Pretest unterzogen und an die Besonderheiten und Schwerpunktbereiche des Verbandes z.B. die nachhaltigkeitsorientierten Aspekte angepasst und ergänzt. Der Fragebogen wurde online programmiert und anschließend der Internetlink zum Fragebogen direkt durch den Umweltverband an alle Mitglieder verschickt. Insgesamt wurden lediglich 49 Fragebögen ausgefüllt, was einer Rücklaufquote von ca. 2% entspricht. Die so geringe Teilnahme an der Online-Befragung ist zwar kritisch zu sehen.[89] Da jedoch die quantitative Untersuchung hier als Ergänzungsinstrument zur Validierung der qualitativ gewonnenen Ergebnisse eingesetzt wurde, können durchaus gewisse Tendenzen und Empfehlungen hergeleitet werden.

Insgesamt zeigen die hier eingesetzten Datenquellen und Erhebungsinstrumente (v.a. leitfadengestützte Interviews sowie Dokumentenanalyse), dass keine unzulässige Bevorzugung eines einzigen bzw. bestimmten Erhebungsverfahrens erfolgte, wodurch eine Fehl- oder Überinterpretation einzelner Daten vermieden werden kann. Durch die *Triangulation* verschiedener Datenquellen und Forschungsmethoden wird die Ergebnisvalidität verbessert und eine zuverlässige Überprüfung der qualitativen Ergebnisse gewährleistet. Das Erreichen der angestrebten Erkenntnisziele wird jedoch auch durch die angemessenen Auswertungsmethoden gewährleistet, die nun erläutert werden.

5.2.2.4 Datenanalyse und -auswertung

Die Datenauswertung erfolgte in mehreren Schritten. Im *ersten Auswertungsschritt* wurden die transkribierten Interviews einer Grobanalyse unterzogen und mit Memos[90] versehen, um die ersten thematisch relevanten Konzepte zu identifizieren, die ein breites Spektrum an Informationen zu den einzelnen Akteuren, deren Umweltengagement, zur Realisierung von Umweltinnovationen sowie auch zu innovationsrelevanten Aspekten der Kooperation abdecken.

---

88 Das Ökoprofit-Projekt gilt als ein Beratungskonzept zur Erlangung des EMAS-Zertifikats für kleine und kleinste Unternehmen. Vgl. STÖRMER (2001, S. 252).

89 Die geringe Rücklaufquote ist häufig bei Online-Umfragen als Nachteil zu sehen. Vgl. http://www.lehreval.uni-osnabrueck.de/downloads/Probleme-Onlineevaluation.pdf (Stand: 25.06.07).

90 Memos sind reflexive Kommentare zu einzelnen Aspekten der Daten als Basis für eine tiefere Analyse. Sie werden als zentrales Instrument bei der Erarbeitung gegenstandbezogener Theorieelemente angesehen. Vgl. MAYRING (1999, S. 83ff.).

Diese Kodierung der ersten Konzepte erfolgte *computergestützt.*[91] Zur Datenauswertung wurde die Software ATLAS/ti[92] eingesetzt, um eine strukturierte Textanalyse zu gewährleisten. Die computergestützte strukturierte Textanalyse wurde wie folgt umgesetzt:

- Elektronische Datenerfassung der auf Tonband aufgezeichneten Gespräche mithilfe eines Textverarbeitungsprogramms;
- Aufbereitung der Texte für die weitere Analyse;
- Auswahl und Kodierung von als wichtig erachteten Items, die z.B. bestimmte Begriffe, Phrasen oder Verweise umfasst. Es wurden sowohl einzelne Worte als auch Textstränge kategorisiert.

Die Anwendung dieses Programms zur Analyse qualitativer Daten bezweckt, beim Kodierungsprozess die Transparenz zu erhöhen, indem die Forschungstechniken automatisiert und systematisiert werden. Dies entlastet einerseits den Forscher von mechanischen Aufgaben, und andererseits erweitert es die Gestaltungsmöglichkeiten und steigert damit die Qualität der Analyse.[93] Der EDV-Einsatz ist besonders zweckmäßig bei der Analyse von Unterschieden, Ähnlichkeiten und Beziehungen zwischen Textpassagen sowie bei der Überprüfung von theoretischen Annahmen anhand qualitativen Datenmaterials.[94] Die in diesem Auswertungsschritt erstellten Konzepte wurden mithilfe dieser Software auf zweifache Art kodiert. Durch die vergleichende Analyse von Textpassagen konnten *einerseits* sowohl abstrakte theoretische Begriffe bzw. Kodierungen (wie z.B. Innovationspotenzial, Kooperationsbesonderheit etc.) als auch alltagsnahe Kodierkategorien bzw. Konzepte (sog. In-vivo-Kodes, d.h. aus den Interviewtexten übernommene Begriffe wie z.B. Innovation, Entsorgung, Umweltmanagementsystem) sukzessive mit empirischem Gehalt gefüllt werden. *Andererseits* konnten auch Aspekte bzw. Dimensionen identifiziert werden, die zur Modifikation des aus theoretischen und alltagsnahen Kategorien abgeleiteten Erklärungsmodells (des Kategorienschemas[95]) und zu seiner Ergänzung durch weitere Kategorien und Subkategorien führen. Die in diesem Auswertungsschritt ermittelten Konzepte stellen eine Vielzahl möglicher Ansatzpunkte dar, die eine Konkretisierung der Hauptkategorien des

---

91 „Computergestützte qualitative Datenanalyse ist keine eigene qualitative Methode, sondern umfasst eine Vielzahl von Techniken der Datenorganisation, deren Verwendung von dem jeweiligen Gegenstandsbereich, den Forschungszielen und der methodologischen Orientierung (...) abhängen" (KELLE 2000, S. 491).

92 Zu den Eigenschaften dieses Programms vgl. MUHR (1997). Für die Arbeitszwecke wurde hier in Anlehnung an KELLE eines der bekanntesten Programme ausgewählt. Vgl. KELLE (2000, S. 486 und 491ff.).

93 Vgl. FLICK (1995a, S. 280). Die computergestützte Textverarbeitung ist besonders wichtig für einen Reputationszuwachs zugunsten der qualitativen Forschung. Vgl. MRUCK (2000, Abs. 29). Darüber hinaus sieht BERG durch die verstärkte Nutzung von Computerprogrammen zur strukturierten Textanalyse eine weitere Erhöhung der Akzeptanz von Fallstudien in der betriebswirtschaftlichen Forschung. Vgl. BERG (2006, S. 366).

94 Vgl. ausführlicher dazu KELLE (2000, S. 491ff.); FLICK (1995a, S. 278f.). Die verwendete Software verfügt über zahlreiche Funktionen wie Suchen, Kopieren, Ausschneiden, Kodevergabe, Zuordnung von Textpassagen zu Kodes (Speicherung von Textpassagen zusammen mit Kodewörtern), Memoerfassung (Speicherung und Verwaltung von Kommentaren und Memos), Vernetzungsfunktionen (Konstruktion und graphische Darstellung von Netzwerken von Codierkategorien) etc.

95 Das Kategorienschema stellt einen heuristischen Rahmen dar, dessen empirischer Gehalt durch Informationen aus dem Datenmaterial erschlossen wird. Vgl. KELLE (2000, S. 494).

theoriegeleiteten Analyserahmens ermöglichen. Dies sind u.a. Branche, Kooperation (Akteure, Ressourcen und Aktivitäten) und Umweltinnovationen usw. Im Zuge der Konkretisierung des Analyserahmens wurden einige Konzepte modifiziert bzw. kumuliert, soweit sie relevant waren. Beispielsweise wurde das Konzept „Kooperationsbesonderheit" mit „Kooperationserfolg" gleichgesetzt, was auf eine Übereinstimmung der Informationen an einigen Stellen hinweist. Manchen Textstellen wurde mehr als ein Kode zugeordnet, weil sie verschiedene Aspekte berücksichtigen. Bei der inhaltsanalytischen Auswertung des gesamten empirischen Materials wurden dazu thematisch relevante Eigenschaften der theoretischen Basiskategorien ermittelt. Die Auswahl der relevanten Items erfolgt in Anlehnung an die Auswertung früherer empirischer und theoretischer Untersuchungen und andererseits in Anlehnung an die von den Befragten selbst als relevant herausgestellten Faktoren. Auf dieser Grundlage erfolgte im zweiten Schritt eine Konkretisierung der Kategorien und ihrer untersuchungsrelevanten Dimensionen sowie auch der dabei auftretenden Beziehungen. Dabei wird der Beitrag der umweltorientierten Kooperation zur Innovationsförderung rekonstruiert und die innovationsrelevanten Kooperationsmerkmale werden identifiziert. Die qualitative Datenanalyse erfolgt durch den Einsatz interpretativer Verfahren wie der qualitativen Inhaltsanalyse. Die konzeptualisierten Textpassagen wurden demnach einer interpretativen Auslegung im Hinblick auf die identifizierten Kategorien, Eigenschaften und Zusammenhänge unterzogen und entsprechend der wissenschaftlich-hermeneutischen Vorgehensweise durch zahlreiche Zitate ergänzt, die durch einen hohen Plausibilisierungsgrad gekennzeichnet sind. Nach der Durchführung der Intensivfallstudie wurden die hier erzielten Ergebnisse durch einen Fragebogen validiert. Die quantitativ gewonnenen Ergebnisse werden nicht in einem separaten Kapitel dargestellt, sondern direkt in die hier rekonstruierte Fallstudie integriert, um so die qualitativ gewonnenen Ergebnisse zu überprüfen. Dies erleichtert eine plausible Argumentation und die Nachvollziehbarkeit der Ergebnisse.

5.2.3 *Evaluationskriterien zur Beurteilung der qualitativ gewonnenen wissenschaftlichen Erkenntnisse*

Der Kritik an der qualitativen Forschung, z.B. hinsichtlich der großen Interpretationsspielräume bei der Datenanalyse und der beschränkten Möglichkeit zur wissenschaftlichen Verallgemeinerung,[96] kann durch die Auswahl und Anwendung von geeigneten Gütekriterien gerecht werden, da die qualitative Forschung an andere Kriterien gebunden ist als die quantitative. In der qualitativ orientierten Betriebswirtschaftlehre werden zunehmend folgende Gütekriterien herangezogen:[97] Argumentative Interpretationsabsicherung, Regelgeleitetheit und Verfahrensdokumentation, Nähe zum Gegenstand sowie Triangulation (Interpolation) und kommunikative Validierung. Diese übergreifenden Gütekriterien sind

[96] Vgl. EISENHART (1989, S. 547); MAYRING (1999, S. 12); WITT (2001, Abs. 17f.). Zur begrenzten Verallgemeinerungsfähigkeit der qualitativen Daten vgl. YIN (1988); ZABY (1999, S. 16).

[97] Vgl. dazu MAYRING (1999, S. 119ff.).

auch für den der Arbeit zugrunde liegenden Forschungsprozess weitgehend umgesetzt worden, wie bereits bei der Datenerhebung und -auswertung erwähnt wurde. An dieser Stelle wird noch auf Reliabilität und Validität als wesentliche Kriterien der Qualitätssicherung wissenschaftlicher Ergebnisse hingewiesen, die auch angesichts des hier herangezogenen quantitativen Ansatzes besondere Relevanz aufweisen. Während beide diese Kriterien in der quantitativen Forschung durch einen standardisierten Fragebogen innerhalb einer bestimmten Stichprobe erfüllt werden, ist es im Rahmen der qualitativen Forschung eine genauere Begründung erforderlich.

Dem Kriterium der Reliabilität[98] der qualitativen Forschung wird hier durch eine systematische Dokumentation des Forschungsprozesses sowie auch die Transkription Rechnung getragen. Eine genaue *Verfahrensdokumentation* macht den Forschungsprozess nachvollziehbar. Dies wird neben der Explikation des Vorverständnisses und der Zusammenstellung des Analyseinstrumentariums auch durch die Auswertung der erhobenen Daten anhand der Gesprächsleitfäden und transkribierten Protokolle sowie anhand elektronischer Datenerfassung im Programm Altas.ti. erreicht. So wird das Kriterium der *Zuverlässigkeit* der Forschungsergebnisse (im Gegensatz zu quantitativer Forschung) als nur sehr eingeschränkt anwendbar erachtet.[99] Der Anspruch auf Reliabilität wird somit im Rahmen der qualitativen Forschung zurückgewiesen, weil jede Erhebungssituation (ein Interview) als singuläres Ereignis angesehen wird: „Menschen (also auch Versuchspersonen) entwickeln sich kontinuierlich, situative Bedingungen verändern sich, unterliegen dem sozialen Wandel".[100] Daher werden die quantitativen Methoden erst zur Überprüfung der qualitativ gewonnenen Ergebnisse eingesetzt, um zu zuverlässigeren Erkenntnissen zu kommen.

Ein weiteres Gütekriterium der Qualitätssicherung des Forschungsprozesses stellt die *Validität*[101] dar. Während die sukzessive entwickelten theoretischen Konstrukte eine interne Validitätsprüfung im Forschungsprozess erfordern, kann die externe Güteprüfung in der qualitativen Forschung durch eine möglichst detaillierte Dokumentation des Forschungsprozesses (sampling, ad hoc-Hypothesen) gewährleistet werden.[102] *Interne Validität* (Zuverlässigkeit der

---

98 Reliabel (verlässlich) heißt: Alle Daten können unter dieselben Kategorien subsumiert werden (100%-Regel). Eine Messung bzw. Auswertung ist dann *zuverlässig*, wenn sie durch intra- und interpersonale, -temporale und -instrumentale Einheitlichkeit und Genauigkeit gekennzeichnet ist. Ausführlicher dazu CHMIELEWICZ (1979, S. 71). Reliabilität bedeutet die Minimierung systematischer Verzerrungen; Wiederholung oder parallele Durchführung müsste zum gleichen Ergebnis führen.

99 Vgl. CORBIN/STRAUSS (1990, S. 424); KELLE (2000, S. 498). Unter Reproduzierbarkeit versteht man auch, dass die gleiche theoretische Erklärung des untersuchten Phänomens dann erreicht wird, wenn „von der gleichen theoretischen Perspektive" ausgegangen wird und „die gleichen allgemeinen Regeln der Datenerhebung und -analyse befolgt" werden sowie „ein ähnliches Set von Bedingungen" vorgefunden wird. Vgl. STRAUSS/CORBIN (1996, S. 214ff.).

100 MAYRING (1993, S. 117).

101 Die Beurteilung der Gültigkeit (also die Gegenstandsadäquatheit eines Verfahrens) geht der Frage nach, „ob das Interpretationsverfahren dem Gegenstand angemessen, adäquat ist, ob es z.B. sich in der Lage zeigt, die unterschiedlichen Ebenen und Modi der Kommunikation zu erfassen" (BOHNSACK 2000, S. 94).

102 Vgl. STRÜBING (2002, S. 336). Im Rahmen der qualitativen Forschung erfuhr das Kriterium der Validität eine Verschiebung „vom Messtechnischen zum Interpretativ-Kommunikativen". MRUCK (2000, Abs. 32).

Schlüsse) bedarf des Einsatzes geeigneter Analyseinstrumente. In die Datenauswertung werden neben den Interviewprotokollen u.a. auch Unternehmensdokumente einbezogen, um so durch die Vielfalt methodischer Verfahren die interne Validität zu sichern. Grundlegende Bedeutung kommt jedoch der *externen Validität zu.* Die externe Validität ist zwar besonders für die Generalisierung der Forschungsergebnisse von Bedeutung, jedoch wird sie in Fallstudien oft mit Kritik konfrontiert. Die methodologische Auseinandersetzung mit der qualitativen Forschung, zeigt dass „Wirklichkeit“ als soziales Konstrukt verstanden wird, was darauf hinweist, dass die „Gültigkeit“ einer spezifischen Interpretation von Forschungsergebnissen durch den Forschenden immer als subjektiv aufgefasst wird.[103] Die Erreichung einer „objektiven“ Gültigkeit einer spezifischen Interpretation erfolgt meistens über die Zustimmung der „Scientific Community“. Im Rahmen der vorliegenden Arbeit wird die Validierung durch eine hinreichend plausible Begründung der Interpretationen der vorgefundenen Forschungsbefunde erreicht. Die Verallgemeinerbarkeit der Forschungsergebnisse wird hier im Einzelfall schrittweise begründet. „Es müssen Argumente angeführt werden, *warum* die hier gefundenen Ergebnisse auch *für andere Situationen und Zeiten* gelten; es muss expliziert werden, *für welche Situationen und Zeiten* sie gelten.“[104] Somit spielt bei den qualitativen Ansätzen (im Gegensatz zu quantitativer Forschung) die Repräsentativität[105] der Daten weniger eine Rolle, sondern vielmehr die *Einzigartigkeit empirischer Phänomene,*[106] deren Analyse fast immer auch der Exploration von Wirkungszusammenhängen und der Ausweitung des Geltungsbereiches über den Einzelfall hinaus dient.

Weiterhin können die Forschungsergebnisse validiert werden, indem unterschiedliche Datenquellen und Methoden herangezogen werden.[107] Diese Validierungsmöglichkeiten wurden auch im Rahmen dieser Arbeit eingesetzt, wie Tabelle 20 zeigt.

---

[103] MAYRING expliziert, dass auch in den Naturwissenschaften akzeptiert wurde, dass es keine objektiven Messungen gibt, weil jede Messung einen Eingriff in den Gegenstandsbereich und damit zu einer Veränderung des Gegenstandes führt. Vgl. MAYRING (1999, S. 19). Eine andere Position vertritt STRÜBING, indem er feststellt, dass „die Realität zwar objektiv ist, aber nicht universell“ (STRÜBING 2002, S. 321).

[104] MAYRING (1999, S. 13), Hervorhebung durch die Verfasserin.

[105] Im Rahmen der qualitativen Forschung wird dann von Repräsentativität gesprochen, „(…) wenn mit dem untersuchten Fall ein *typischer und häufig existierender Fall* gezielt ausgewählt wird“ (MEYER 2003, S. 477). „Wenn es sich um typische, häufig anzutreffende Problemstellungen handelt, ist eine gewisse Verallgemeinerung der Erkenntnisse möglich“ (PAUL 2005, S. 351f.).

[106] Vgl. LAMNEK (1995b, S. 16); ECKERT (2004, S. 16). „The goal is not the breadth or representativeness of large research, but rather the depth of the knowing. The risks of low data integrity are traded for the currency and contextual richness of what is learned” (BONOMA 1985, S. 206) zitiert nach MEYER (2004, S. 225).

[107] Vgl. MAYRING (1999, S. 121f.).

Tab. 20: Eingesetzte Gütekriterien zur Evaluierung von qualitativen Forschungsergebnissen

Gütekriterien	*Instrumente*	*Relevante Forschungsphase*	*Umsetzung in vorliegender Untersuchung*
Reliabilität	Gesprächsleitfaden, Transkription, Interviewprotokolle	Datenerhebung	Ausführliche und systematische Dokumentation der gesammelten Daten (Fallstudiendatenbank)
	Programm Atlas.ti	Datenauswertung	Detaillierte Interviewkodierung und Zusammenfassungen in Form von Memos
Validität	Verwendung einer Vielzahl von Quellen	Datenerhebung	Interviews mit Kooperationsträgern sowie Analyse von kooperationsinternen und öffentlichen Dokumenten[108] und Betriebsbegehung
	Offenlegen einer schlüssigen Argumentationskette	Datenerhebung	Transparente Verknüpfung der Fragestellung mit den gesammelten Daten und Schlussfolgerungen
	Interviewprotokolle, Dokumente, Postskripte	Datenanalyse	Zuverlässigkeit der Schlüsse, iteratives Vorgehen während der Analyse, Vielfalt der methodischen Verfahren
	Dokumentation aller verwendeten Informationen	Datenerhebung	Detaillierte Dokumentation des Forschungsprozesses

Quelle: Eigene Darstellung.

Obwohl das explorative Vorgehen Verallgemeinerungen nur eingeschränkt gestattet, können einige Ergebnisse dieser Arbeit – durch die Auswahl einer typischen Kooperation – durchaus Bedeutung über den Einzelfall hinaus haben, was im Rahmen der vorliegenden Arbeit auch beabsichtigt ist. Da die hier betrachtete Kooperation im Vergleich zu anderen in der Praxis vorfindbaren Kooperationen als typischer Fall[109] angesehen werden kann, ist die hier zu identifizierende *innovationsfördernde Kooperationswirkung* auch auf andere Kooperationen gleichen Typus übertragbar. Dabei kann eine Verallgemeinerung bezüglich der ermittelten innovationsrelevanten Einflussfaktoren nur eingeschränkt vorgenommen werden. Die Beschränkung besteht darin, dass bisher nur vereinzelt weiterführende bzw. vergleichbare Ergebnisse in der Literatur vorliegen,[110] die auch auf explorativen Untersuchungen basieren. Die mögliche Verallgemeinerung wird kontinuierlich im Empirieteil durch die Heranziehung vereinzelter Studien und Praxisberichte erfolgen, in denen Erfahrungen aus anderen umweltorientierten Kooperationen aufgearbeitet sind. Zwar ermöglichen solche Ergebnisse, die in der Literatur zu finden sind, keine generalisierbaren Aussagen über den innovationsfördernden Beitrag einer umweltorientierten Kooperation, jedoch kann auf dieser Grundlage ein allgemeiner Rahmen skizziert werden, in dessen Grenzen sich unterschiedliche kooperationsbedingte Einflussfaktoren bewegen, die die Generierung und Umsetzung der Umweltinnovationen in Unternehmen beeinflussen können. Als problematisch erweist sich

[108] Durch Unternehmensdokumentationen wird z. B. die Gültigkeit der Ergebnisse, und durch Interviewpartner - eine kommunikative Validierung gesichert. Vgl. SEIPEL/RIEKER (2003, S. 130).

[109] Als Untersuchungsfeld wurde hier eine vertiefende Fallstudie (eine umweltorientierte Kooperation) ausgewählt, weil sie einen vielfältigen Zugang hinsichtlich der Akteure und auch Aktivitäten ermöglicht, die durchaus typisch für andere Kooperationen sind, wenn auch nicht in dem Umfang wie das hier der Fall ist.

[110] Vgl. Beispielsweise KIRSCHTEN (2006); FICHTER (2005); STÖRMER (2001).

dabei die Operationalisierung solcher Variablen, was typisch für qualitative Forschung ist.[111] Die hier gewonnenen Ergebnisse werden einer Überprüfung zwecks einer fallübergreifenden *Generalisierung* zugeführt, d.h. am Beispiel branchenübergreifender Kooperation validiert.

[111] Vgl. BALLING (1998, S. 174).

6. Analyse der Umweltinnovationspotenziale bei umweltorientierten Kooperationen: Wirkung und Bedingungen

Der bereits dargestellte theoretisch-konzeptionelle Rahmen ermöglicht eine gedankliche sowie sprachliche Strukturierung grundlegender Überlegungen dieser Forschungsarbeit. Die empirische Analyse von umweltorientierten Kooperationen für die Innovationsförderung bezieht sich hier auf:

- die Rahmenbedingungen, Struktur, Akteure der Kooperation (vgl. Kapitel 6.1);
- die Spezifika der Branche und die durch Unternehmen realisierten Umweltinnovationen (vgl. Kapitel 6.2);
- die wahrgenommene Innovationswirkung durch die an einer umweltorientierten Kooperation beteiligten Akteure (vgl. Kapitel 6.3) sowie
- die innovationsrelevanten Einflussfaktoren einer Kooperation (vgl. Kapitel 6.4).

Der hier gewählte umweltorientierte Kooperationsfall wird zunächst nach dem qualitativen Forschungsdesign detailliert betrachtet, um mehr Verständnis über mögliche Einflusspotenziale der Innovationsförderung zu gewinnen. Im nächsten Schritt werden die in der Intensiveinzelfallstudie gewonnenen Ergebnisse durch eine fragebogengestützte Untersuchung validiert. Die Ergebnisse dieser Umfrage werden nicht in einem separaten Kapitel platziert, sondern im Anschluss an die qualitativ gewonnenen Ergebnisse präsentiert, und so werden quantitativ und qualitativ gewonnene Ergebnisse direkt mit einander konfrontiert. Dies erfolgt in Anlehnung an den in Kapitel 5.1 dargestellten theoriegeleiteten Analyserahmen, der auf die Exploration und Explikation des Forschungsgegenstandes abzielt.[1]

6.1 Fallbeschreibung: Umweltorientierte Branchenkooperation

Als exemplarischer Kooperationsfall dient hier der Branchenarbeitskreis „Papier- und Druckindustrie", dessen wesentliche Kontextmerkmale und Funktionsweise in Kapitel 6.1.2 dargestellt werden. Im Unterschied zu der *quantitativ untersuchten branchenübergreifenden Kooperation* wird bei dem *qualitativ rekonstruierten branchenbezogenen Kooperationsfall* eine genaue Beschreibung des Forschungsgegenstandes explizit vorgenommen. Damit wird eine verständnisfördernde Grundlage für den weiteren Forschungsprozess zugrunde gelegt, der auf die Untersuchung der Innovationswirkung einer umweltorientierten Kooperation und der innovationsrelevanten Kooperationsbedingungen zielt. Zunächst sind hierzu einige Hintergrundinformationen zur Genese und Zielstellung der im Rahmen der Intensivfallstudie untersuchten branchenbezogenen Kooperation darzustellen.

[1] Da die Rekonstruktion der Realität in qualitativer Forschung gewisse subjektive Züge trägt, muss das Forschungsbemühen darauf gerichtet sein, „die jeweilige theoretische Perspektive zum einen zu explizieren und zum andern zu hinterfragen" (TOMCZAK 1992, S. 84).

6.1.1 Hintergrundinformationen zu Genese und Zielstellung der Kooperation

In dem hier gewählten Kooperationsfall „Papier- und Druckindustrie" handelt es sich um den abfallwirtschaftlichen *Branchenarbeitskreis „Druck und Papierverarbeitung"*, der am 28. November 1996[2] gegründet wurde. Gründungsziel der Kooperation ist im Allgemeinen die Förderung der Kreislaufwirtschaft durch die Berücksichtigung von Stoffkreisläufen. Der Arbeitskreis strebt an, die noch ungenutzten Potenziale zur Vermeidung, Verwertung und umweltverträglichen Beseitigung von Abfällen in der sächsischen Druckindustrie zu erkunden und Maßnahmen zu deren Nutzung zu initiieren, vorzubereiten und zu begleiten. Bei der Gründung dieser Kooperation wurden u.a. folgende Aufgaben festgehalten:[3]

- allgemeiner Informationsaustausch mit Unternehmen, öffentlichen Entsorgungsträgern und Betreibern von Entsorgungsanlagen;
- Informationsaustausch über Verwertungs- und Beseitigungsmöglichkeiten;
- Austausch von Erfahrungen und branchenspezifischem Wissen aus der Umsetzung des Abfallwirtschaftskonzeptes im Freistaat Sachsen;
- Erarbeitung von Dokumentationsvorlagen zur Erstellung betrieblicher Abfallbilanzen;
- Ermittlung und Erschließung von Abfallvermeidungs- und Verwertungspotenzialen insbesondere bei Herstellungs-, Verarbeitungs- und Veredelungsprozessen bzw. Ausrüstung sowie bei Einkauf, Lagerhaltung, Transport und Verwaltung;
- Diskussion gemeinsamer Initiativen für abfallwirtschaftliche Innovationen;
- Austausch und Verallgemeinerung von Erfahrungen, Erkenntnissen u.a., insbesondere durch branchenübergreifende Multiplikationsentwicklung.

Als Koordinierungs- und Kommunikationsorgan zwischen Wirtschaft, Wissenschaft und Behörden zielt der Branchenarbeitskreis darauf ab, den Austausch von Umweltinformationen und von Know-how zwischen verschiedenen Akteuren zu unterstützen, um eine umweltverträgliche und abfallarme Kreislaufwirtschaft aufzubauen[4] sowie die ökologische und ökonomische Effizienz der Industrieabfallwirtschaft im Freistaat Sachsen zu erhöhen, z.B. durch Erschließung und Initiierung von Abfallvermeidungs- und Verwertungspotenzialen bei Unternehmen und Behörden mit möglichst geringem Verwaltungsaufwand.[5] Im Allgemeinen beziehen sich die Arbeitsschwerpunkte auf die Unterstützung der Zielsetzung der Bundesregierung zur Förderung der Kreislaufwirtschaft sowie zur Vermeidung, Verwertung und umweltgerechten Entsorgung von Abfällen unter Berücksichtigung von Stoffkreisläufen. Die vielfältigen Entwicklungsperspektiven und die Relevanz der Abfallwirtschaft in Deutschland stellt der nachfolgende Exkurs dar.

---

[2] Die Grundlage für die abfallwirtschaftliche Branchenzusammenarbeit bildeten u. a. das Kreislaufwirtschafts- und Abfallgesetz (Krw-/AbfG) sowie die „Grundsätze der Abfallwirtschaftspolitik des Freistaates Sachsen" vom 07.07.1992. Vgl. KIETZ/WILLE (1999, S. 60).

[3] Vgl. IKS (1996, S. 2).

[4] Vgl. IKS (1996, S. 1).

[5] Vgl. IKS (o.J., S. 1); KIETZ/WILLE (1999, S. 61).

Exkurs: Relevanz der Abfallproblematik in Deutschland

Die Industrieabfallwirtschaftspolitik entspricht zwei Leitprinzipien: *Produktverantwortung* und *Kreislaufwirtschaftsprinzip*.[6] Die wesentliche Rolle in diesem Zusammenhang spielt das Verursacherprinzip, d.h. die Übertragung der Grundpflichten der Kreislaufwirtschaft auf Erzeuger und Besitzer von Abfällen. Dadurch kann nicht nur eine umweltpolitische Gerechtigkeit erreicht, sondern auch die Ökoeffizienz in der Abfallwirtschaft erhöht werden. Der Schwerpunkt der Industrieabfallwirtschaft lag auf besonders überwachungsbedürftigen Abfällen, ergänzt durch die Produkt- und produktspezifischen Abfälle als Massenabfälle. Insbesondere bezüglich der besonders überwachungsbedürftigen Abfälle liegen drei Grundsätze zugrunde:[7]

- privatwirtschaftliche Entsorgung besonders überwachungsbedürftiger Abfälle ohne Abfallabgabe und Andienungspflicht;
- effiziente staatliche Überwachung mit zuverlässigen staatlichen Rahmenbedingungen;
- das umweltpolitische Kooperationsprinzip.

Dementsprechend sind Staat, Wirtschaft und Gesellschaft herausgefordert, abfallwirtschaftliche Kooperationen zu initiieren und deren Ziele und Instrumente zu bestimmen.[8] Die Ansatzpunkte für die *Kooperation zwischen Staat und Wirtschaft* wurden v.a. in den branchenspezifischen Kooperationslösungen zur Erschließung von Abfallvermeidungs- und Abfallverwertungspotenzialen gesehen. Dies resultiert daraus, dass sich die Abfallwirtschaft in Deutschland im Umbruch befindet:[9] Seit der Verabschiedung des Kreislaufwirtschafts- und Abfallgesetzes (KrW-/AbfG) im Jahr 1994 erfolgt die Entsorgung von Hausmüll ähnlichen Gewerbeabfällen zunehmend durch private Unternehmen. Auf dem Abfallmarkt findet hier mittlerweile ein hoher Wettbewerb statt. Hauptakteure sind insbesondere die kommunalen Gebietskörperschaften, kommunale Unternehmen sowie Unternehmen der privaten Abfallwirtschaft. Als Folge dieser Entwicklung bilden sich mit großer Dynamik neuartige Kooperationsformen aus, z.B. zwischen öffentlichen und/oder privaten Körperschaften. Unterschiedliche historische Entwicklungen unter verschiedenen Ausgangsbedingungen führten je nach Region zu anderen Konstellationen von Akteuren mit verschiedenen abfallwirtschaftlichen Modellen, was zeigt, dass nach wie vor Kooperationsbedarf besteht, um die abfallwirtschaftlichen Innovationen zu fördern. Darüber hinaus stellt der Abfallbereich ein Forschungsgebiet dar, das einer dynamischen Entwicklung ausgesetzt ist, weil einerseits Abfall immer mehr zum Rohstoff wird, andererseits durch technologische und rechtliche Änderungen bei der Abfallverwertung vielfältiges Potenzial zur Innovationsumsetzung besteht. In den vergangenen 20 Jahren vollzog sich in der Abfallpolitik ein Paradigmenwechsel, der sich, ausgehend von der Abfallbeseitigung, zur Kreislaufwirtschaft wandelte, die auf dem Prinzip der Produktverantwortung von Herstellern und Vertreibern von Produkten beruht und zum Klimaschutz beiträgt.

Aus diesen dynamischen Änderungen in der deutschen Abfallwirtschaft ergaben sich Weiterentwicklungspotenziale für die hier betrachtete Kooperation, wie der Experte G erwähnte:

> *„Wir wollen eine partnerschaftliche Zusammenarbeit, einen Dialog mit den Abfallerzeugern haben, um gemeinsam nachhaltige Veränderungen zu erzielen. Inzwischen gab es eine Änderung; die Abfalllawine ist nicht mehr so, wie sie vor zehn Jahren aussah. Heute geht es eigentlich nicht mehr, salopp gesagt, um Kampf gegen den Abfall; heute geht es um Kampf um den Abfall“* (Experte G).

Ein „Kampf um den Abfall“ erfolgt zwischen privaten und öffentlich-rechtlichen Entsorgungsträgern, weil aufgrund von aktuellen Entwicklungen in der Abfallpolitik eine

6 Vgl. KIETZ/WILLE (1999, S. 60).
7 Vgl. IKS (o.J., S. 1).
8 Vgl. KIETZ/WILLE (1999, S. 60).
9 Vgl. WIRTZ (2007, S. 67). Dies zeigte auch der 2006 vom VDI veranstaltete Workshop im Rahmen des Forschungsprojektes „KIDA – Kooperation in der Abfallwirtschaft“, an welchem Akteure der kommunalen und privaten Abfallwirtschaft, abfallwirtschaftlicher Verbände, der kommunalen Verwaltung und der Landesministerien sowie auch Vertreter aus Hochschulen, Umweltschutzverbänden und dem Verbraucherschutz teilgenommen haben. Das Projekt KIDA – Kooperation in der Abfallwirtschaft – wird im Rahmen der sozial-ökologischen Forschung des BMBF gefördert (http://www.sozial-oekologische-forschung.org). Ziel ist es, in einem transdisziplinären und praxisbezogenen Ansatz durch Experten aus der Forschung sowie abfallwirtschaftlicher und -politischer Praxis gemeinsam praktisch anwendbares Orientierungs- und Handlungswissen zur Nachhaltigkeit in der Abfallwirtschaft zu erarbeiten. Vgl. http://www.nachhaltige-wirtschaft.de (Stand: 12.10.06). Weiterführend vgl. dazu SCHUG et al. (2007).

Unterauslastung der hochwertigen kommunalen Entsorgungsanlagen zu beobachten ist. Allerdings wird erwartet, dass die Abfallentsorgung in Zukunft aufgrund der Verzögerungen in der Erfüllung der Vorgaben von TASi (Technische Anleitung Siedlungsabfall) wieder von Kapazitätsengpässen bedroht sein wird.[10] Der hier untersuchte Branchenarbeitskreis wurde 1996 im Rahmen des branchenübergreifenden IKS-Netzwerkes (Industrieabfall-Koordinierungsstelle Sachsen)[11] initiiert, welches am 01.12.1995[12] auf Initiative des Sächsischen Staatsministeriums für Umwelt und Landwirtschaft gegründet und in der Anfangsphase finanziell unterstützt wurde.[13]

Exkurs: IKS-Netzwerk

Der Fokus der Branchenarbeit der IKS richtete sich insgesamt darauf, gemeinsam mit produzierenden Unternehmen sächsischer Branchen, mit Partnern aus Wissenschaft und Technik sowie mit Unterstützung des Sächsischen Staatsministeriums für Umwelt und Landwirtschaft Maßnahmen zur Vermeidung, Verwertung und umweltgerechten Beseitigung industrieller Abfälle zu initiieren und branchenübergreifende Maßnahmen und Forschungsvorhaben zum betrieblichen Abfallmanagement zu koordinieren. Die IKS ist für die Initiierung und Federführung von abfallwirtschaftlichen Branchenarbeitskreisen sowie auch für die wirksame Öffentlichkeitsarbeit zuständig.[14] Wesentliche Aufgaben sind:

- Gründung von ca. 10 Branchenarbeitskreisen in den wichtigsten industriellen Branchen in Sachsen, beginnend beim Bauwesen, über den Maschinenbau bis hin zur Druckindustrie;
- Beratung der Branchenarbeitskreise bezüglich der Probleme, Chancen und Potenziale der Abfallvermeidung, -verwertung;
- Erstellung abfallwirtschaftlicher Branchenkonzepte;
- Initiierung von Branchenvereinbarungen in Schwerpunktbranchen mit dem Sächsischen Umweltministerium und den Branchenverbänden sowie
- Durchführung von fachspezifischen Fachtagungen, Seminaren, Workshops, Projekten.

Neben dem hier untersuchten Branchenarbeitskreis sind in die Struktur des IKS-Netzwerkes auch weitere abfallwirtschaftsorientierte Branchenarbeitskreise wie Maschinen- und Anlagenbau/Metallverarbeitung, Textil- und Bekleidungsindustrie, Gießerei und Gesundheitswesen eingebunden, wobei im Laufe der Arbeit der IKS auch andere Branchen Interesse an der abfallwirtschaftlichen Branchenarbeit bekundeten. Aus diesem Grund wurden neben den sechs Branchenarbeitskreisen auch abfallwirtschaftliche Arbeitsgruppen[15] (ohne Gründungsprotokoll) und „Arbeitslinien“ als problembezogene Schwerpunktprojekte gebildet.[16] Diese Branchen weisen nicht nur verschiedene spezifische Besonderheiten – bezogen auf die Schwankungsbreite der Beschäftigtenzahlen oder unterschiedliche Profile innerhalb einer Branche (z.B. Textil- und Bekleidungsindustrie: Veredeler, Fadenhersteller, Flächenhersteller, Konfektionierer) – auf, sondern sind auch im Allgemeinen durch eine unterschiedliche Produktionsorganisation, z.B. lineare Produktionsabläufe (z.B. Maschinenbau, Druckereien, Gießereien), durch eine objektgebundene Produktion mit wechselnden Standorten (z.B. Bauwirtschaft) oder durch Dienstleistungsunternehmen (z.B. Krankenhäuser) gekennzeichnet.[17]

---

[10] Vgl. RAHMEYER (2007, S. 99).

[11] Dies wurde in den 1990er Jahren europaweit als Förderprojekt ausgeschrieben.

[12] Vgl. IKS (Hrsg.) (2000, S. 7). Das IKS-Netzwerk war zunächst bis 2001 befristet und wurde dann aufgrund der erfolgreichen Zusammenarbeit vom Verein Innovation & Kreislaufwirtschaft Sachsen e.V. (IKS e.V.) fortgesetzt. Essenziell für die Fortsetzung des Branchenansatzes waren Bundesregelungen wie z.B. die Verordnung nach dem Umweltauditgesetz über die Erweiterung des Gemeinschaftssystems auf das Umweltmanagement und die Umweltbetriebsprüfung auf weitere Bereiche (UAG-ErwV) vom 03.02.1998 sowie die Verwaltungsvorschrift zum Vollzug der Verordnung über Anlagen zum Umgang mit wassergefährdenden Stoffen und über Fachbetriebe (VVAwS) vom 25.02.1998.

[13] Vgl. KIETZ/WILLE (1999, S. 61).

[14] Vgl. KIETZ/WILLE (1999, S. 62).

[15] Die 1997/98 entstandenen abfallwirtschaftlichen Arbeitsgruppen sind ähnlich strukturiert wie die Branchenarbeitskreise, wobei für sie keine abfallwirtschaftlichen Konzepte erarbeitet wurden.

[16] Vgl. IKS (Hrsg.) (2000, S. 9); WILLE/BISCHOFBERGER/JUNGE (2001, S. 4).

[17] Vgl. IKS (Hrsg.) (2000, S. 13).

Angesichts der Vielfalt und großen Differenziertheit der Wirtschaftsbereiche und der Branchen wäre es nicht zweckmäßig, alle Kooperationen zu untersuchen, weil dies nur einem breiten Vergleich dienen würde und die hier bezweckte Intensivanalyse entsprechend dem explorativen Forschungsziel nur oberflächlich durchgeführt werden könnte. Die im Folgenden dargestellte Kooperationsanalyse fokussiert auf ihre Funktions- und Wirkungsweise. Als Basis der Untersuchung dienen dabei die mit den Kooperationsakteuren durchgeführten Interviews.[18]

6.1.2 Analyse der untersuchten Kooperation: Wesentliche Dimensionen

Ausgehend von den Hintergrundinformationen zur Genese und Struktur der untersuchten Kooperation ist im nächsten Schritt erforderlich, die Funktionsweise bzw. die Etablierung der Kooperation unter der Berücksichtigung der Kategorien des Analyserahmens[19] näher zu untersuchen. Dabei werden die grundlegenden Informationen sowohl für die branchenbezogene als auch für branchenübergreifende Kooperation dargestellt.

6.1.2.1 Kennzeichen der Kooperationsakteure

Insgesamt setzt sich die ***branchenbezogene Kooperation*** aus einer überschaubaren Anzahl von Kooperationspartnern zusammen, die zwischen 12-15 Teilnehmern variiert. Dies kann als Vorteil angesehen werden, weil bei einer großen Anzahl von Akteuren z.B. der Austausch weniger intensiv ist und der Aufbau von Vertrauensbeziehungen erschwert wird. Solche kleinen bis mittleren Kooperationen sind durch größere Kooperationschancen und demzufolge größere Kooperationseffekte gekennzeichnet.[20] Die besondere Rolle der Kooperation verdeutlicht die Akteurskonstellation, die in dem vorliegenden Fall nach drei Kriterien unterschieden werden kann:

a) nach ihrer Zugehörigkeit zu einem bestimmten Lenkungssystem[21] (Wirtschaft, Wissenschaft, Politik);
b) nach ihrer Zugehörigkeit zu einem Wirtschaftszweig (Papier-, Druckindustrie, Entsorgung);
c) nach der Art ihrer Betroffenheit (Unternehmen als Innovationsträger – direkt betroffen vs. Experten als Multiplikatoren – indirekt betroffen).

Bezug nehmend auf das erste Kriterium sind an der Branchenkooperation „Papier- und Druckindustrie" sowohl Fachleute aus Industrie, Wissenschaft und Technik *(Kriterium a)* als auch Vertreter sächsischer Verbände und Umweltbehörden wie etwa des Verbandes der Druckindustrie Sachsen/Thüringen/Sachsen-Anhalt, des Verbandes Ostdeutscher

[18] Zu den Methoden der Datenerhebung vgl. Kapitel 5.2.2.3.
[19] Vgl. Kapitel 5.1.
[20] Vgl. WIESENTHAL (2001, S. 180).
[21] Zu Definition des Lenkungssystems vgl. Kapite 3.3.1.2.

Papierfabriken e.V., des Sächsischen Staatsministeriums für Umwelt und Landesentwicklung (SMUL) und der Industrieabfall-Koordinierungsstelle Sachsen (IKS), beteiligt.[22] Diese Akteure aus Wirtschaft, Wissenschaft und Politik sind Vertreter von Unternehmen und Experten *(Kriterium c).* Während die Vertreter der Unternehmen über ein hohes Machtpotenzial v.a. in der Durchsetzung bestimmter innovativer Lösungen bei anderen Unternehmen (auch branchenweit) verfügen, sind die *Experten* durch ein großes Fachpotenzial innerhalb der Branche gekennzeichnet. Beispielsweise erfüllt der Vertreter des *Verbandes* als Geschäftsführer nicht nur eine marktrelevante, sondern auch eine politikbeeinflussende Rolle.[23] Sein Fachpotenzial für die Innovationsförderung spiegelt sich in der gemeinsamen Suche nach Lösungen im Rahmen der Kooperation wider. Abgesehen von der Kooperation nimmt er beispielsweise auch auf die Politik wegen hoher Strom- bzw. Gaspreise oder wegen neuer Gesetze Einfluss, indem er z.B. neue Ausnahmeregelungen für energieintensive Papierbetriebe aushandelt. Dies hängt damit zusammen, dass die Verbände generell über ein hohes Einflusspotenzial verfügen. Die Tabelle 21 gibt einen ersten Überblick über die wesentlichen Kenndaten der befragten Unternehmen und Experten.

Tab. 21: Wichtigste Kenndaten der befragten Unternehmen und Experten

Name		Institution/Tätigkeitsschwerpunkt (Rechtsform)	Beschäftigte	Umsatz im Jahr 2003
Unternehmen	*A*	*Druckerei*/Zeitungsdruck (GmbH & Co. KG)	S: 297 G: 853	S: 30 Mio. € G: 120 Mio. €
	B	*Druckerei*/Buch- und Broschürendruck (GmbH)[24]	S: 185 G: 210	S: 25 Mio. €** G: 30 Mio. €**
	C	*Entsorgungsbetrieb* (GmbH)	S: 41 G: 150*	S: 65 Mio. € G: 150 Mio. €
	D	*Druckerei*/breites Sortiment (v.a. Kinderbücher) (GmbH)	S: 205 G: 4.300**	S: 27 Mio. € G: 120 Mio. €
Expert	*E*	Verband für Papierherstellung und Altpapierverwerter (e.V.)	3	k.A.
	F	Wissenschaftliches Forschungsinstitut[25] (GmbH)	30	k.A.
	G	Umweltpolitischer Vertreter (Koordinator[26])	3	k.A.

* die Angaben beziehen sich nur auf die Tochtergesellschaft in Deutschland
** geschätzt k. A.: keine Angaben
Legende: *S: am Standort* *G: im Gesamtunternehmen* *k.A.: keine Angaben*
Quelle: Eigene Darstellung (Stand: 2004).

---

22 Vgl. IKS (1996, S. 2).
23 Ihm obliegt die Geschäftsführung des Verbandes und die Koordination von verbandsinternen Ausschüssen: des Altpapierausschusses (4 Mitgliedsunternehmen), des Umweltausschusses (14) und des technischen Ausschusses (30).
24 Es handelt sich um eine Niederlassung, gegründet als Folgeunternehmen.
25 *Tätigkeitsgebiete:* Druckindustrie, Maschinenbau (Softwareentwickler, Elektroniker, Feinmechaniker); *beispielhafte Produkte:* Passermesssystem, Druckspannungsmessgeräte etc.
26 Der Koordinator der Kooperation wurde vom sächsischen Staatsministerium für Umwelt und Landwirtschaft beauftragt.

Anhand der hier dargestellten Kennzahlen wie Beschäftigtenanzahl und Umsatz wird ersichtlich, dass die Unternehmen zu Gruppe der KMU[27] gehören. Betrachtet man die Branchenzugehörigkeit der Akteure *(Kriterium b)*, so bezieht sich diese Kooperation primär auf die Papier- und die Druckindustrie. Im Laufe der Zeit wurde sie auch um die Entsorgungsbranche erweitert. Dies erwies sich aufgrund der unternehmens- und branchenübergreifenden Umweltproblematik als notwendig. An der Kooperation sind somit verschiedene Akteure entlang der Wertschöpfungskette von der Papiererzeugung über die Papierveredelung (Druck) bis hin zur Papierverarbeitung beteiligt. Die Unternehmen repräsentieren zwei von drei Wirtschaftszweigen: die Druck- und die Entsorgungsindustrie. Die Papierindustrie wird hingegen nur durch einen wirtschaftspolitischen Experten (Verband) vertreten. Darüber hinaus sind neben diesem Experten auch weitere *Akteure* an der Kooperation beteiligt, die v.a. auf die Druckindustrie spezialisiert sind. Insbesondere gewinnen die branchenrelevanten Experten aufgrund der Umweltorientierung der Kooperation eine wichtige Rolle, weil dem Unternehmen A zufolge die Umweltprobleme besser mit Akteuren aus anderen, verwandten Bereichen gelöst werden können. Eine genauere Zuordnung der Unternehmen und Experten zu den drei Wirtschaftszweigen zeigt Tabelle 22.

Tab. 22: Einordnung der befragten Kooperationsakteure nach Wirtschaftszweigen

Wirtschaftszweige	Experten		Unternehmen
Papierindustrie	Verband *(E)*	umweltpolitischer Vertreter *(G)*	-
Druckindustrie	Forschungsinstitut *(F)*		Unternehmen *(A), (B), (D)*
Entsorgung	-		Unternehmen *(C)*

Quelle: Eigene Darstellung. Die Großbuchstaben verweisen auf die befragten Akteure.

Die hier dargestellte Akteurskonstellation wurde bei der Kooperationsgründung von Anfang an gezielt zusammengestellt.

Neben der hier untersuchten branchenbezogenen Kooperation wird auch ein ***branchenübergreifender Kooperationsfall*** herangezogen, um die qualitativ gewonnenen Ergebnisse zu validieren. Die quantitativ untersuchte Kooperation umfasst ein breites Spektrum an Branchen. Anhand dieser branchenübergreifenden Kooperation wird deutlich, dass daran einerseits das produzierende Gewerbe sowie Dienstleistungen, andererseits neben *Unternehmen* auch *weitere Akteure* wie z.B. Universitäten beteiligt sind. Die meisten befragten Unternehmen repräsentieren mit 8 % die Chemie- und Kosmetikindustrie, gefolgt von der Nahrungsmittelindustrie und dem Bankwesen mit jeweils 6 % (vgl. Tabelle 23). Da in den meisten Fällen die Branchen jeweils nur einzeln vertreten sind, können hier keine branchenabhängigen Zusammenhänge analisiert werden.

---

27 Eine in Deutschland gängige Definition des Mittelstandes ist die vom IfM Bonn, nach der mittelgroße Unternehmen 10 bis 499 Beschäftigten und 1 bis unter 50 Mio. € Umsatz haben. Vgl. BROCKMANN (2005, S. 39f.), MÜLLER (2004, S. 9).

Tab. 23: Branchenverteilung an der quantitativ untersuchten Kooperation (prozentual und absolut)

Branche	*Prozentangabe*	*Branche*	*Prozentangabe*
Chemie / Kosmetik	8 % (4)	Energieversorgungsunternehmen	2 % (1)
Nahrungsmittel / Naturkost	6 % (3)	Hotelwesen	2 % (1)
Bankwesen / Finanzdienstleister	6 % (3)	Unternehmensberatung	2 % (1)
Versandhandel	4 % (2)	Energiedienstleistung	2 % (1)
Pharmabereich	2 % (1)	Medien	2 % (1)
Lebensmittel und Körperpflege	2 % (1)	Messe- und Eventbereich	2 % (1)
Elektrotechnik	2 % (1)	Gebäudedienstleistungen	2 % (1)
Gießereiindustrie	2 % (1)	Telekommunikation	2 % (1)
Maschinenbau	2 % (1)	Öffentlicher Dienst	2 % (1)
Fahrzeugbau	2 % (1)	Universität	2 % (1)
Kunststoffverarbeitung	2 % (1)		

Quelle: Eigene Darstellung. *Anmerkung:* Die Zahlen in Klammern geben die absolute Anzahl der Befragten an.

Wird bei den im Rahmen der quantitativen Forschung befragten Akteure der *Umsatz* betrachtet, so wird deutlich, dass der Großteil der Akteure (24 %) zu Großunternehmen mit mehr als 150 Mio. Jahresumsatz zu zählen ist. Darauf weist auch die Mitarbeiteranzahl hin, die zeigt, dass 33 % der befragten Kooperationsakteure über 501 Beschäftigte haben (vgl. Tabelle 24). Diese Unternehmensgröße ist auf die Spezifik des branchenübergreifenden Kooperationsfalls zurückzuführen und stellt einen wesentlichen Unterschied zu dem qualitativ untersuchten Fall dar, wo hauptsächlich mittelständische Kooperationsunternehmen vertreten waren.

Tab. 24: Jahresumsatz der Unternehmen 2006 am Standort in Mio. und Mitarbeiteranzahl (prozentual und absolut)

Umsatz (im Jahresdurchschnitt)		*Mitarbeiteranzahl*	
Intervall	*Prozentangaben*	*Intervall*	*Prozentangaben*
< 1	9 % (4)	< 10	7 % (3)
> 1-5	7 % (3)	11-50	4 % (2)
> 5-10	0	51-100	4 % (2)
> 10-50	9 % (4)	101-250	11 % (5)
> 50-150	9 % (4)	251-500	2 % (1)
> 150	24 % (11)	> 501	33 % (15)

Gesamtrücklauf von Antworten = 49, Beantwortet = 26

Quelle: Eigene Darstellung. *Anmerkung:* Die Zahlen in Klammern geben die absolute Anzahl der Befragten an.

Bei der quantitativen Analyse hat sich erwiesen, dass die meisten der befragten Kooperationspartner (31 %) nicht persönlich an der Kooperation teilnehmen, während nur 20 % daran persönlich beteiligt sind. Dabei ist jedoch zu erwähnen, dass dieses Bild relativ stark verzerrt ist, weil ca. 45 % der Befragten die Frage nicht beantwortet haben. Der mögliche Grund dafür kann durch die Schwäche der internetbasierten Umfrage erklärt werden, die im Vergleich zu konventionellen Papierform durchschnittlich nidrieger liegt.[28]

Bei der Frage nach den bisher eingeführten Managementsystemen nehmen Umweltmanagementsysteme nach ISO 14001 und nach ISO 9001 mit jeweils ca. 35 % den ersten

28 Vgl. http://www.lehreval.uni-osnabrueck.de/downloads/Probleme-Onlineevaluation.pdf (Stand: 25.06.07).

Platz ein. EMAS wurde lediglich in 14 % der Unternehmen implementiert. Mit ca. 20 % wurden auch andere branchenspezifische Managementsysteme wie *OHSAS 18001* (Occupational Health and Safety Management Systems), *IFS* (International Food Standard), *Bio* (Zertifizierung als Bioproduzent), *SCC* (Safety Certification Contractors),[29] *AMS BAU* (das Konzept des Arbeitsschutzmanagementsystems für Unternehmen des Baugewerbes), *ISO/TS 16949* (Automobilstandard),[30] *EEA* (Evacuation Event Accountability für Dienstleistungen), BRC (British Retail Consortium),[31] *HACCP* (Hazard Analysis of Critical Control Points) und *VDA 6.2* (Zertifizierungsgrundlage für Dienstleister im Automobilbereich) eingeführt. Lediglich 10 % von den Befragten haben noch kein Managementsystem eingeführt.

Unternehmen als handlungsorientierter Rahmen

Eine besondere Rolle kommt im Rahmen der vorliegenden Arbeit den *Unternehmen* zu, weil sie einerseits als Träger der Innovationen fungieren, andererseits hauptverantwortlich für die Umweltverschmutzung sind.[32] In dem ***branchenbezogenen Kooperationsfall*** handelt es sich um *mittelständische Unternehmen*, die im Branchendurchschnitt über eine wichtige Marktposition verfügen. Die befragten Unternehmen sind entweder konzerngebunden als Tochtergesellschaften (wie A, C und D) oder sie fungieren als Stammhaus (wie Unternehmen B) mit einer Niederlassung. Die starke Marktposition der Unternehmen ist nicht regional – bezogen nur auf Sachsen – zu verstehen, sondern deutschlandweit. So ist das *Unternahmen A* ein Betrieb mit über 100-jährger Tradition, der als Tochtergesellschaft zu 50 % zur Verlagsgesellschaft Madsack, dem Herausgeber der Hannoverschen Allgemeinen Zeitung, und zu 50 % dem Axel Springer Verlag gehört. Ähnliche Organisationsstrukturen weist das *Unternehmen D* auf, das eine Tochtergesellschaft der Schlott Gruppe AG ist. Dieses Unternehmen sieht sich als die größte Bogenoffsetdruckerei Sachsens und als Marktführer in Deutschland. So hat der Unternehmensvertreter es während des Interviews nur auf „einen einzigen" Wettbewerber in Nürnberg hingewiesen. Die Konzernabhängigkeit besteht auch im Falle des *Unternehmen C*, das eine Niederlassung der Firma Münchner Akten- und Datenvernichtung (MAD) GmbH ist.[33] Da dieses Unternehmen seit längerer Zeit auch europaweit im Ausland tätig ist, konnte es sich einen festen Stand auf dem Markt sichern, was mit seiner Spezialisierung auf den Nischenbereich – auf die Entsorgung von Altpapier – zusammenhängt. Im Unterschied zu den drei anderen Unternehmen ist das *Unternehmen B* ein Stammhaus mit einer Niederlassung, das in Sachsen keine Wettbewerber hat und mit

---

29 SCC betrifft grundsätzlich jedes Unternehmen, das auf dem Gelände eines Mineralöl verarbeitenden Betriebs oder der chemischen Industrie als Kontraktor tätig ist. Z.B. Baufirmen, Wartungs-, Installationsfirmen und Reinigungsunternehmen, Transport- und Entsorgungsunternehmen etc.

30 Die ISO/TS 16949 wurde von der International Automotive Task Force (IATF) erarbeitet und ist der Nachfolger der in der Automobilindustrie angewandten Normen VDA 6.1, QS-9000, AVSQ und EAQF.

31 Standard für Qualität, Produktsicherheit und Hygiene sowohl für Produzenten von Lebensmitteln als auch jetzt für Produzenten von Verpackungen für Lebensmittel.

32 Vgl. dazu auch HÜBNER (2002, S. 281).

33 Diese ist zu 100 % Tochtergesellschaft der Georg Leinfelder Papierfabrik (LEIPA).

international tätigen Verlagen (z.B. mit einem Taschenbuchverlag und mit der Springer-Gruppe) zusammenarbeitet. Diese Unternehmen sind durch unterschiedliche Produktpaletten gekennzeichnet. Die Produktpalette der Druckereien reicht von Tageszeitungen (Unternehmen A) über Bücher und Broschüren (Unternehmen B) bis hin zu Spezialprodukten wie Kinderbüchern (Unternehmen D). Im Gegensatz zu den Druckereien, die aufgrund ihrer Produktionsstruktur stärker zur Umweltverschmutzung beitragen, ist das Unternehmen C direkt in der Umweltbranche tätig, wodurch lediglich ein geringer Handlungsbedarf besteht, im Umweltschutz aktiv zu werden. Tabelle 25 stellt die Unternehmen und deren hauptsächliche Produkte vor.

Tab. 25: Wesentliche Tätigkeitsgebiete der befragten Unternehmen

Akteure	***Produkte / Dienstleistungen***
A	*Produkte:* Tageszeitung; das Anzeigenblatt; die Bild-Zeitung (im Druckauftrag als Regionalsausgaben: Bild Leipzig, Halle, Magdeburg, Dresden, Thüringen, Chemnitz); Teilauflage der Bild am Sonntag; die Wochenendzeitung Sachsen
B	*Produkte:* Bücher (Hardcover), Broschüren (Softcover)
C	*Beispielhafte Dienstleistungen:* Handel, Sortieren (Verpressen, Lagern), Transport von Altpapier aus Druckereien (35 verschiedene Pariersorten), europaweit
D	*Produkte:* v.a. Broschüren und Bücher (Hauptprodukt: Kinderbücher mit 15-20 % des Umsatzes); viele Akzidenzen, auch für den Konzern

Quelle: Eigene Darstellung.

Trotz der Produkt- und demzufolge der Technologieunterschiede stellen die Unternehmen untereinander keine Wettbewerber dar, wie dies die Aussage des Vertreters des Unternehmens A verdeutlicht:

> *„So wie der Branchenarbeitskreis aufgebaut ist, ist ja von jedem praktisch ein bisschen was dabei. Wir haben Offsetdruck, wir haben Akzidenzdruck, wir haben Zeitungs- und Papierhersteller, Zeitungs-entsorger, also Papierentsorger. So, und was anderes ist es, wenn wir zum Beispiel im Bundesverband sind. Da sind viele Druckerhäuser auch mit einer ähnlichen Produktionsstruktur. Da sind die Gesprächsthemen gleich geartet"* (Unternehmen A).

Obwohl die meisten Kooperationsunternehmen in der Druckindustrie tätig sind, weisen sie hinsichtlich der eingesetzten technologischen Verfahren Unterschiede auf.[34] Die Berücksichtigung der Unternehmen mit unterschiedlichen Technologieverfahren war insofern interessant, weil diese Verfahren die Abfallwirtschaft beeinflussen. Diese Unternehmen wurden bereits bei der Gründung der hier untersuchten Kooperation (1996) durch die IKS als aktive und innovative Akteure in Sachsen ausgewählt.[35] Allen Unternehmen ist auch die Tatsache gemeinsam, dass ihre wirtschaftliche Situation – gemessen am Umsatz – nach der Einschätzung der Befragten zufriedenstellend bis sehr gut ist. Dies gewährleistet einerseits, dass die Unternehmen wirtschaftlich in der Lage sind, nötige Ressourcen (wie z.B. die

---

[34] Vgl. Zu verschiedenen Verfahren in der Druckindustrie vgl. ausführlicher Kapitel 6.2.1.2.

[35] Diese aktiven Unternehmen wurden anhand der Interviews bzw. Veröffentlichungen in Zeitungen, Anfragen bei Verbänden und bei Ministerium identifiziert (vgl. Experte G). Von der Gründung 1996 bis zum Zeitpunkt der Datenerhebung dauerte die Kooperation bereits 8 Jahre. Dabei handelt es sich um ausgewählte innovative Unternehmen, die einerseits eine Vorbildfunktion für die Branche erfüllen, und die sich andererseits bereit erklärt haben, an gemeinsamen umweltorientierten Aufgaben für die ganze Branche in Sachsen mitzuarbeiten und ihr Know-how zur Verfügung zu stellen.

eingesetzte Arbeitszeit für die Treffen und die damit verbundene Nachbereitung je nach Bedarf) für die Kooperationsteilnahme in einem bestimmten Rahmen aufzubringen. Andererseits erscheint die wirtschaftliche Entwicklung von Unternehmen unmittelbar mit deren Innovationsfähigkeit verbunden zu sein,[36] weil alle Unternehmen den Innovationen eine hohe Bedeutung beimessen.[37]

Demgegenüber kann anhand der quantitativ untersuchten ***branchenübergreifenden Kooperation*** zum Vergleich erwähnt werden, dass die befragten Unternehmen überwiegend die großen Unternehmen repräsentieren, die ein breites Branchenspektrum abdecken. Da diese Forschungsmethode zu Validierung der qualitativ gewonnenen Ergebnisse eingesetzt wurde, ist es nicht erforderlich, detaillierte Spezifika der befragten Unternehmen im Rahmen der branchenübergreifenden Kooperation darzustellen.

Position der Kooperationsteilnehmer in den Unternehmen

Betrachtet man die ***branchenbezogene Kooperation***, so fällt insgesamt auf, dass die Kooperationsteilnehmer in ihren Unternehmen als Fach- bzw. Führungspersonen fungieren. Als Fachleute lassen sich hier der Umweltbeauftragte (Unternehmen A), die Qualitätsbeauftragten (Unternehmen C und Experte E) und der Einkaufsleiter (Unternehmen B) verstehen. Im letztgenannten Fall fungiert dieser Kooperationsteilnehmer gleichzeitig als Führungsperson (Prokurist). Das Unternehmen D wird durch Geschäftsführer vertreten. Die Experten E und G sind gleichzeitig auch Geschäftsführer. Die Position der Teilnehmer variiert dabei unabhängig von der Branche oder von der Betroffenheit der Akteure (Unternehmen, Experte). Betrachtet man aber die betrieblichen Akteure genauer, so wird ersichtlich, dass sie nicht mit der gleichen innerbetrieblichen Macht ausgestattet sind. So erfüllen die Umwelt- bzw. Qualitätsbeauftragten in ihren Unternehmen eine beratende Funktion und verfügen i.d.R. über unterschiedliche Entscheidungsbefugnisse unterhalb der Vorstandsebene. Die Geschäftsführer üben demgegenüber einen hohen Einfluss aus, z.B. im Hinblick darauf, wer aus den Unternehmen an der Kooperation teilnehmen soll.
Nach STÖRMER ist die Position der betrieblichen Kooperationsteilnehmer u.a. auf die Bedeutung der Zielsetzung der Kooperation für das Unternehmen zurückzuführen.[38] Dem kann zugestimmt werden, weil die meisten Unternehmen durch ihre Geschäftsführer (Vertreter der Unternehmen A, B und D) repräsentiert sind. Der relativ hohe Anteil an Geschäftsführern als Kooperationsteilnehmer deutet erstens auf die hohe Bedeutung des Umweltschutzes in der Branche der Druckindustrie hin, zweitens auf die Verantwortung der Geschäftsführung für die betrieblichen Umweltbelange und drittens auf die hohe Relevanz der Kooperation für die Unternehmen. Das große Interesse der Führungskräfte an einer umweltorientierten Kooperation spiegelt sich in den befragten Unternehmen nicht nur in ihrer

[36] Vgl. zu diesem Zusammenhang auch MACHARZINA (2003, S. 662).
[37] Vgl. dazu Kapitel 6.2.2.
[38] Vgl. STÖRMER (2001, S. 264f.).

persönlichen Teilnahme wider, sondern auch in der Freistellung von Mitarbeitern für die Kooperationstreffen oder in der Einladung aller Teilnehmer zu Kooperationstreffen jeweils in unterschiedlichen Unternehmen (einschließlich Betriebsbesichtigung). Die Organisation der Kooperationstreffen bei jeweils unterschiedlichen Akteuren wird von allen Befragten als wichtig angesehen. So wird im Falle mangelnder Zeitkapazitäten des Geschäftsführers immer ein Vertreter entsandt, um in der Kooperation vertreten zu sein, worauf durch die Unternehmen A oder B explizit hingewiesen wurde. Dies steht im Zusammenhang mit der Kompetenz des Koordinators, die Kooperation direkt an den Interessen der beteiligten Akteure auszurichten und bestimmte praxisnahe Projekte anzustoßen.[39]

Die quantitative Auswertung der Fragebogenerhebung zeigt auch ein differenziertes Bild hinsichtlich der ausgeübten Funktionen der Kooperationsteilnehmer auf. Gegenüber der qualitativ untersuchten Kooperation, wo die Führungskräfte am stärksten vertreten waren, gehören die meisten befragten Akteure der ***branchenübergreifenden Kooperation*** (mit 42 %) zu Fachleuten. Sie repräsentieren unterschiedliche Bereiche auf der Abteilungsebene: sowohl allgemeine Funktionen (z.B. Verkaufsleiter, technischer Leiter) mit 20 % als auch umweltorientierte Funktionen (z.B. Umweltbeauftragte, Umweltreferent) mit 22 %. Sonstige befragte Akteure wie Vorstandsassistent oder Referent machen nur 8 % aus (vgl. Tabelle 26).

Tab. 26: Ausgeübte Tätigkeiten von befragten Beteiligten an der branchenübergreifenden Kooperation (prozentual und absolut)

Funktion der Befragten	*Anzahl*	*Funktion der Befragten*	*Anzahl*
Vorstand/Geschäftsführer	8 % (4)	Umweltbeauftragter	8 % (4)
Abteilungsleiter	8 % (4)	Umweltkoordinator/Sicherheitsfachkraft	6 % (3)
Projektmanagement	4 % (2)	Qualität und Umwelt	2 % (1)
Technischer Leiter	2 % (1)	Sicherheit/Gesundheit/Umweltmanager	2 % (1)
Hauptabteilungsleiter	2 % (1)	Leiter Operational Riskmanagement	2 % (1)
Infrastrukturleiter	2 % (1)	Umweltreferent	2 % (1)
Verkaufsleiter	2 % (1)	Vorstandsassistent/Assistenz der GF	2 % (1)
Referent	6 % (3)		

Quelle: Eigene Darstellung. *Anmerkung:* Die Zahlen in Klammern geben die absolute Anzahl der Befragten an.

Insgesamt zeigen die bisherigen Ausführungen eine hohe Heterogenität der Akteure (Unternehmen, Behörden, Wissenschaft) sowie der Kooperationsteilnehmer (Geschäftsführer, Fachleute). Um weitere Besonderheiten einschätzen zu können, sind neben diesen strukturellen Akteurseigenschaften auch ihre Kooperationsmotive zu untersuchen. Dadurch wird deutlich, welche strategische Bedeutung die verschiedenen Akteure der umweltorientierten Kooperation beimessen.

[39] Zu einer ähnlichen Begründung für die Relevanz der Teilnahme von Geschäftsführern an regionalen umweltinformationsorientierten Netzwerken vgl. STÖRMER (2001, S. 266).

Motive bzw. Erwartungen der Kooperationsteilnehmer

Betrachtet man die Kooperationsmotive aller Akteure, so lassen sich durchaus Unterschiede zwischen den einzelnen Akteuren beobachten. Diese Motive beziehen sich nicht nur auf das Interesse an dem *Informationsaustausch* (Unternehmen A, Unternehmen C, Experte E und F), sondern auch auf die *Gewinnung von Kontakten* (Unternehmen D) oder auf die *Vertiefung der Beziehungen* zu anderen Kooperationsakteuren (Unternehmen B, C, D), um sich mit den anderen innovativen bzw. wichtigen Branchenunternehmen in Sachsen zu vergleichen (Unternehmen B). Das Hauptinteresse besteht darin, alternative Handlungsmöglichkeiten kennen zu lernen, um das eigene Handeln reflektieren und verbessern zu können. Dabei wird deutlich, dass diese Akteursmotive mit nur wenigen Ausnahmen auf Umweltaspekte abzielen.

Bemerkenswert ist, dass alle Unternehmen als Motiv für die Kooperationsteilnahme auf die hohe *Relevanz der verschiedenen Akteure* hinweisen. Das Unternehmen A begründet dies mit der Vielfältigkeit der Druckindustrie, woraus das Kooperationsinteresse resultiert, z.B. durch Betriebsbesichtigungen *„mal über den Tellerrand rauszuschauen"*. Besonders motivierend erweist sich nach Unternehmen B die Teilnahme der *„entsprechenden Leute"*, die als *„sehr große und wichtige Partner"* fungieren und *„auch alle ein sehr hohes Niveau haben"*. Dadurch wird der Informations- und Know-how-Austausch positiv gefördert, was auch – wie die nachfolgende Aussage zeigt – zur Verbesserung der Unternehmenssituation beiträgt:

> *„Wir haben das höchste Interesse an Informationen und an Know-how. Und da ist für uns der Branchenarbeitskreis eine ganz willkommene Informationsaufnahmemöglichkeit. Man trifft die entsprechenden Leute dort und hat die Möglichkeit, auch auf kurzem Wege, sich dort weiterzuentwickeln und Informationen abzuheben"* (Unternehmen B).

Auf die besondere Relevanz der Kooperationsakteure für die Kooperationsteilnahme weisen auch Vertreter der Unternehmen C und D hin, die das Kennen lernen von Partnern aus der Branche in Sachsen anstreben, um die eigene Branchenkenntnis zu erweitern.

Nicht nur Unternehmen, sondern auch der Experte E unterstreicht die *Kompetenz der Kooperationsakteure* als Kooperationsmotiv. Für diesen Experten sind insbesondere der Koordinator und seine Partner wichtig, die z.B. im Bereich der Genehmigungsverfahren als „Fachleute" fungieren. Insgesamt messen alle Unternehmen und Experten dem *Know-how-Austausch mit den verschiedenen Kooperationsakteuren* eine hohe Relevanz bei, wobei bemerkenswert ist, dass der Vertreter des Forschungsinstituts (Experte F) nur teilweise gemeinsame Berührungspunkte mit seinem Tätigkeitsspektrum sieht, obwohl er auf die Druckindustrie spezialisiert ist und die meisten Kooperationsakteure die Druckindustrie vertreten. Dies kann damit begründet werden, dass sein Forschungsinstitut als Innovator gilt, das in hohem Maße F&E betreibt.

Darüber hinaus wird deutlich, dass gemeinsame Lösungen, die aus dem Kooperationsziel resultieren, nur sporadisch als Kooperationsmotiv genannt wurden. Nur *ein* Akteur (Untenehmen D) hat explizit erwähnt, dass seine Teilnahme mit der Zielsetzung der

Kooperation zusammenhängt. Sein primäres Kooperationsziel bezog sich auf die Erstellung eines abfallwirtschaftlichen Branchenkonzeptes.

> *„Wir haben da immer gern mitgearbeitet, um diesen Abfallkatalog[40] zu entwickeln, und da haben wir gerne mitgemacht, weil wir (...) eigentlich auch so ein bisschen (...) gesellschaftspolitische Arbeit machen. Also, dass man etwas tun sollte, was man nicht unbedingt muss"* (Unternehmen D).

Bemerkenswert ist hier auch der Befund, dass, obwohl die Kooperation einen expliziten Umweltfokus verfolgt, diesem Aspekt von den Akteuren als Kooperationsmotiv nur sekundär Bedeutung beigemessen wird. Die *Suche nach Innovationen* findet im Rahmen der Kooperation auch indirekt statt. Vielmehr streben die Akteure die *Verbesserung ihrer Lernfähigkeit* an. Dies wird v.a. durch Unternehmen A und B als Kooperationsmotiv angesehen.

Die wesentlichen Motive für die Kooperationsteilnahme, die in der internetbasiert durchgeführten Umfrage im Rahmen der ***branchenübergreifenden Kooperation*** genannt wurden, bezogen sich auf den Erfahrungs- und Informationsaustausch sowie das Interesse an Umweltthemen (vgl. Tabelle 27). Im Gegensatz dazu belegt der qualitative Teil der Untersuchung eine hohe Bedeutung der Gewinnung neuer bzw. Vertiefung bestehender Kontakte, die auch im Rahmen der branchenübergreifenden Kooperation einen relativ wichtigen Grund für die Kooperationsteilnahme darstellen. Bei der Unterscheidung der aus der branchenübergreifenden Kooperation beteiligten Akteure wird die Zusammenarbeit mit anderen Unternehmen hoch eingeschätzt (18 %), gefolgt von politischen Akteuren (12 %) und wissenschaftlichen Akteuren (10 %). Andere, von den Akteuren selbst genannten Gründe bezogen sich auf Netzwerkbeziehungen sowie Imageverbesserung.

Tab. 27: Relevanz der Gründe für die Teilnahmen an der branchenübergreifenden Kooperation (prozentual und absolut)

Mögliche Gründe	*Prozentangaben*
Erfahrungs-/Informationsaustausch	49 % (24)
Interesse an Umweltthemen	43 % (21)
Gewinnung neuer / Vertiefung bestehender Kontakte	31 % (15)
Teilnahme von anderen Unternehmen	18 % (9)
Teilnahme von politischen Vertretern	12 % (6)
Teilnahme von wissenschaftlichen Vertretern	10 % (5)
Mitwirken an einer gemeinsamen Branchenlösung	4 % (2)
Umweltprobleme im eigenen Unternehmen	4 % (2)
Verbesserung der Branchenkenntnis	4 % (2)
andere	4 % (2)

Quelle: Eigene Darstellung. *Anmerkung:* Die Zahlen in Klammern geben die absolute Anzahl der Befragten an.

Die meisten der befragten Akteure sind mit 31 % über fünf Jahre an der branchenübergreifenden Kooperation beteiligt. Dies ist positiv zu beurteilen, weil dadurch größere Innovationspotenziale als bei neu eingegangenen Kooperationen zu erwarten sind. Dabei ist jedoch auch anzumerken, dass ca. 45 % der Befragten die Frage nicht beantwortet

[40] Gemeint ist hier das abfallwirtschaftliche Branchenkonzept.

haben. Der mögliche Grund dafür kann darin liegen, dass die Befragten die Frage aus Unkenntnis nicht beantwortet haben, was sich wiederum darin widerspiegelt, dass ca. 31 % Kooperationspartner an der Kooperation nicht persönlich teilnehmen.

Zusammenfassend lässt sich konstatieren, dass der Branchenbezug der Kooperation durchaus als wichtig für die Kooperationsteilnahme gilt. Einerseits ist dies auf die hohe Relevanz der jeweiligen Kooperationsakteure (trotz ihrer Heterogenität), und andererseits auf die Verbesserung der Branchenkenntnis zurückzuführen. Die Akteure haben die Erwartung, durch den Austausch mit heterogenen branchenbezogenen Kooperationsakteuren praktische Impulse und Lösungsansätze für ihren Tätigkeitsbereich zu erhalten, um das eigene Handeln reflektieren und verbessern zu können. Daraus wird deutlich, dass der *branchenbezogene breite Austausch* nicht nur von Unternehmen, sondern auch von Experten als ein relevantes Kooperationsmotiv angesehen wird. Durch den Austausch mit heterogenen Akteuren werden v.a. individuelle Lernprozesse gefördert, weil die Problembereiche einzelner Wirtschaftszweige im Arbeitskreis wesentlich umfassender behandelt werden. Dies wirkt sich schließlich auch positiv auf die *Kooperationsentwicklung* aus. Diese Motive unterstützen auch zum Teil die häufig in der Literatur postulierte Annahme, dass Kooperationen durch verschiedene Akteure eingegangen werden, um Unsicherheiten über die Markt- und die Umweltentwicklung zu reduzieren.[41] Die Akteure wählen solche Kooperationsformen nicht zur Gewinnung einer spezifischen Problemlösung, sondern als Mittel zur besseren Erreichung ihrer eigenen Ziele.[42] Obwohl sie bereits alle einen relativ hohen Umweltschutzstand vorweisen können, wird ihr erhöhtes Interesse an dem Know-how-Austausch mit heterogenen Akteuren aus dem Branchenkontext deutlich.

6.1.2.2 Wesentliche Kooperationsaktivitäten

Nachdem die verschiedenen Kooperationsakteure mit ihren Besonderheiten und Motiven dargestellt wurden, sind für die Erforschung der Funktionsweise der Kooperation weitere Aspekte zu untersuchen. Dabei tritt der prozessuale Charakter der Kooperation in den Vordergrund. Von Bedeutung sind dabei die Kooperationsaktivitäten, die teils aus der Zielsetzung der Kooperation, teils aus den aktuellen Interessen der Kooperationsteilnehmer resultieren. Die wesentlichen Kooperationsaktivitäten beziehen sich auf den breit verstandenen Know-how-Transfer und Informationsaustausch im Umweltbereich. Sie machen nicht nur ein breites Spektrum an marktrelevanten Informationen verfügbar, die durch die formale Zusammenarbeit mit Lieferanten und Herstellern bzw. Kunden gewonnen werden können. Vielmehr wird angestrebt, Informationen über Verbesserungen im gesamten Tätigkeitsbereich – ausgehend von der Abfallwirtschaft bis hin zum allgemeinen

[41] Vgl. Kapitel 4.
[42] Zu einem ähnlichen Ergebnis für gesellschaftsorientierte Kooperationen vgl. BROCKHAUS (1996, S. 208).

Umweltmanagement – zu gewinnen. Die Teilnahme an der Kooperation ermöglicht es, Wissen über Entwicklungen und Trends der regionalen Märkte, neue Materialien und Technologien, Know-how und Erfindungen aus Forschungseinrichtungen auszutauschen und zu diskutieren.

Während zu Beginn der Kooperation der Fokus auf dem Bereich der Abfallwirtschaft und der Druckindustrie lag, wurden mit der Zeit die Kooperationsinhalte um Aspekte aus den Bereichen Abwasser, Abluft und Umweltmanagement sowie auch der Teilnehmerkreis um die Akteure aus der Papierindustrie und Entsorgungswirtschaft erweitert.[43] Die inhaltliche Erweiterung der Kooperation mit zunehmender Kooperationsdauer entspricht auch dem Muster der F&E-Kooperationen nach HÅKANSSON (1989), der festgestellt hat, dass je langfristiger die Kooperation angelegt ist, desto vielfältiger die Bereiche sind, auf welche sie sich erstreckt.[44] Die inhaltlichen Schwerpunkte der Branchenarbeit stellt die nachfolgende Abbildung dar, in der die kursiv gekennzeichneten Aspekte zum Hauptgegenstand der Kooperation gehören.

Abb. 10: Schwerpunkte der umweltorientierten Kooperation (Problembereiche und Lösungskonzepte)

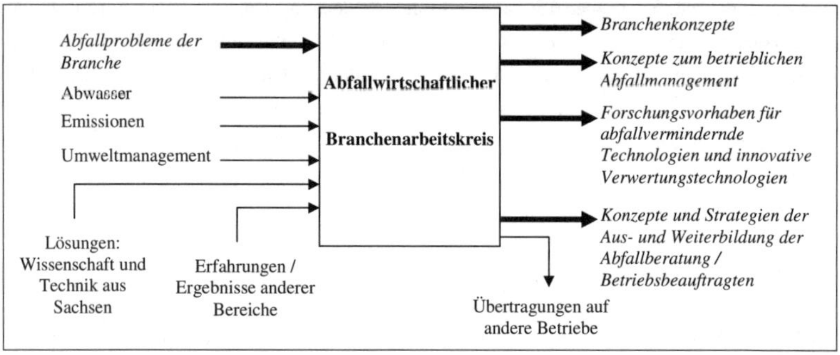

Quelle: Vgl. KIETZ/WILLE (1999, S. 61).

Dabei ist hervorzuheben, dass sich neben den Kooperationsinhalten auch die inhaltliche Schwerpunktsetzung im Laufe der Kooperation verändert hat. Die o.g. Kooperationsaktivitäten werden durch Fachvorträge, Betriebsbesichtigungen, Projektaktivitäten, Beratungen, Konferenzen/Workshops, Vergabe von Diplomarbeiten etc. realisiert.

43 Vgl. KIETZ/WILLE (1999, S. 62).

44 Zu dieser Studie vgl. SYDOW (1992, S. 17). BROCKHAUS stellt bei gesellschaftsorientierten Kooperationen sogar fest, dass mit zunehmender Dauer der Interaktionsbeziehungen die gemeinsamen Aktivitäten für den einzelnen Akteur an Bedeutung gewinnen. Vgl. BROCKHAUS (1996, S. 195).

Dabei sind besonders drei wesentliche Kooperationsaktivitäten näher zu erörtern, die durch die befragten Akteure hervorgehoben wurden und die Funktionsweise der Kooperation ganzheitlich widerspiegeln:

- Workshops,
- Betriebsbesichtigungen und
- Projektaktivitäten.

Workshops
Die wesentlichste Kooperationsaktivität, die alle Kooperationsakteure betrifft, ist die Veranstaltung von Workshops. Diese finden drei- bis viermal im Jahr statt. Inhaltlich betreffen sie umweltrelevante Aspekte, die für alle drei Wirtschaftszweige: Papier-, Druckindustrie und Entsorgungswirtschaft relevant sind. Dabei können die verschiedenen Kooperationsakteure auch Themenvorschläge unterbreiten, was eine aktive und offene Kooperationsteilnahme ermöglicht.

> *„Und das ist eigentlich auch eine sehr wichtige Existenzbegründung, die Diskussion auf dem hohen Niveau, wo man wirklich dann auch fachliche Sachen mitnehmen und erörtern kann“* (Unternehmen B).

Im Rahmen der Workshops findet nicht nur der Informations- und Erfahrungsaustausch zwischen den Kooperationsteilnehmern statt, sondern es werden zu jedem Treffen externe Gastreferenten bzw. Fachleute (z.B. von Behörden wie vom staatlichen Umweltfachamt bzw. vom Rechtsanwaltbüro) eingeladen, die spezielle Themen fachspezifisch vorstellen. Es werden Themen behandelt, die nicht nur sächsische Betriebe betreffen. Insgesamt wird dabei ein breites Themenspektrum behandelt. Besonders deutlich zeigt dies die Aussage des Vertreters des Unternehmens B:

> *„Wir haben immer Gastleser. Da waren schon Anwälte, die rechtliche Sachen vorgestellt haben, oder die Vertreter der IHK, die speziell über die Fördermöglichkeiten oder neue Technologien informiert haben. (...) Das ist schon ein ganz starkes Niveau, weil da eine Diskussion auf sehr hohem Niveau stattfindet“* (Unternehmen B).

Auch andere Akteure sehen in der Teilnahme externer Gäste bzw. Fachleute eine Stärke der Kooperation. Beispielsweise weist Unternehmen C darauf hin, dass aufgrund der Teilnahme der verschiedenen Fachleute, insbesondere der Behörden, nicht eine grobe Diskussion über Probleme stattfindet, sondern vielmehr eine starke Orientierung an der Suche nach Lösungen. Dabei kommt aus Sicht der Unternehmen (z.B. Unternehmen A, B, D) auch der Teilnahme der politischen Akteure besondere Relevanz zu.

Betriebsbesichtigung
Eine andere wichtige Kooperationsaktivität, ist die *Unternehmensbesichtigung* bei jedem Kooperationstreffen. Neben den bereits vorgestellten Möglichkeiten des Informations- und Erfahrungsaustausches durch Workshops gehört die Betriebsbesichtigung[45] zum festen Bestandteil der Kooperation, was aus Unternehmenssicht eine besondere Möglichkeit für die

[45] Vgl. Kapitel 6.4.2.2.

Gewinnung impliziten Wissens bietet.[46] Dies stößt bei Untenehmen auf großes Interesse, weil sie sich einerseits mit anderen vergleichen können und andererseits die vermittelten Informationen einen hohen Praxisbezug haben. Diese Kooperationsaktivität wird nicht nur vom Koordinator, sondern auch von allen anderen Kooperationsakteuren hoch geschätzt. Während der Besichtigung besteht die Möglichkeit, genauer zu beobachten und nachzufragen, wie z.B. die Abfalllagerung organisiert ist, welche Technologieausstattung andere Unternehmen haben, mit welchem Entsorger sie zusammenarbeiten, um so das eigene Know-how sowie die Handlungsfähigkeit zu erhöhen.

Projektaktivitäten

Im Gegensatz zu den bisher dargestellten Kooperationsaktivitäten, an denen alle Akteure teilnehmen, werden im Rahmen der Kooperation auch zusätzliche Aktivitäten in Form von Projekten durchgeführt, die – je nach Problemstellung – aus kleineren projektspezifischen Gruppen bestehen.[47] Auch diese werden durch den Koordinator initiiert und umgesetzt.

Die wichtigste Projektaktivität war die *Erstellung eines abfallwirtschaftlichen Branchenkonzeptes der Druckindustrie des Freistaates Sachsen.* Dieses bildete ursprünglich das Gründungsziel der Kooperation und war grundlegend für deren Weiterentwicklung und Fortsetzung auf der Grundlage der Kooperationsvereinbarung. In dem (unter fachlicher Mitwirkung zahlreicher sächsischer Druckereien) entwickelten Branchenkonzept wurden ökologische, ökonomische und soziale Ziele für einen Zeitraum von 10 Jahren festgelegt. Die Anforderungen an die Gestaltung des Branchenkonzeptes orientierten sich an der Entwicklung von integrierten Umwelt-, Qualitäts- und Sicherheits-Managementsystemen. Auf dieser Basis konnten nicht nur Vermeidungs- und Verwertungspotenziale von Abfällen ermittelt, sondern auch eine Prognose der Entwicklung des Abfallaufkommens bis zum Jahre 2010 abgegeben sowie auch Informationen zur Entwicklung von effizienten und praxisgerechten Methoden des Abfallmanagements in den Branchen zusammengefasst werden.[48] Dabei handelte es sich in erster Linie um die Ermittlung und Erfassung von Abfallmengen und -arten sowie um die Zuordnung der Verantwortlichkeiten für die Abfallentstehung (Abteilungen, Personen). Zielstellung war in diesem Zusammenhang, die Abfallsituation in den Unternehmen der Branche zu beeinflussen. Solche betriebsinternen Entwicklungen sowie auch Einflüsse von außen (z. B. die rechtliche Entwicklung wie etwa das Auslaufen der Ausnahmeregelungen zur TASi[49]) bildeten die Grundlage zur prognostischen Abschätzung der Abfallwirtschaft in Unternehmen.[50]

---

46 Dieses Konzept der Kooperationsumsetzung ist jedoch nicht nachahmbar. (vgl. Experte G)

47 Die Projektaktivitäten werden durch den Koordinator eher mit finanziellen Interessen begründet, weil der Branchenarbeitskreis mit dem Ziel gegründet wurde, die Kooperation unabhängig von der finanziellen Unterstützung seitens der sächsischen Regierung fortzusetzen (vgl. Experte G).

48 Vgl. IKS (Hrsg.) (2000, S. 11). Bis 2010 soll die Abfallmenge in der Branche um 22 % reduziert werden. Vgl. WILLE; BISCHOFBERGER/JUNGE (1999, S. 735).

49 Technische Anleitung Siedlungsabfall.

50 Vgl. IKS (Hrsg.) (2000, S. 13f.).

Ein Schwerpunkt hierbei bezog sich auf die Reduzierung der Abfallmengen und Entsorgungskosten, die in Druckereien sowohl organisatorische als auch technologische Veränderungen erfordern.[51] Bei technologischen Maßnahmen sind meist hohe Investitionen notwendig, deren Planbarkeit jedoch stark von der F&E in der Branche und in den Zulieferindustrien abhängig ist und die nur langfristig planbar sind. Der Aufbau eines mengen-, schadstoff- und kostenorientierten Abfallmanagements in Unternehmen anhand dieses abfallwirtschaftlichen Branchenkonzeptes ist mit einem (finanziellen, organisatorischen) Aufwand verbunden, der beispielsweise durch einen fachlichen und kompetenten Informations- und Erfahrungsaustausch mit gleich gelagerten Unternehmen und Behörden sowie Einrichtungen aus Wissenschaft und Technik verringert werden sollte.[52] Das Abfallmanagement trägt nicht nur zu umweltentlastenden Effekten bei, sondern kann auch als Planungs-, Kontroll- und Rationalisierungsinstrumentarium Anwendung finden und so zu betriebswirtschaftlichen Effekten führen. Die aus den betrieblichen Initiativen resultierenden abfallwirtschaftlichen *Lösungsansätze bzw.* Erfolge stehen auch anderen, abfallwirtschaftlich weniger entwickelten Unternehmen aus der Branche zur Verfügung, die nicht an der Kooperation teilnehmen, d.h. die Ergebnisse sind branchenweit anwendbar. Die Analyse der betrieblichen Situation muss jedoch durch die Unternehmen selbst durchgeführt werden, da der Branchenarbeitskreis nur als Multiplikator beim Aufzeigen von Kostenoptimierungspotenzialen und Wegen zur praktischen Umsetzung der Abfallvermeidung sowie der Abfallverwertung agieren kann. Damit wird das Ziel verfolgt, v.a. die kleineren Unternehmen bei der Erarbeitung von praktikablen Lösungen zu unterstützen, in denen der Einsatz eines Mitarbeiters als Betriebsbeauftragter für Abfallwirtschaft[53] aus finanziellen Gründen nicht immer möglich ist.[54] Bei der Projektaktivität ging es insgesamt nicht um die Umsetzung umweltpolitischer Ansprüche durch Unternehmen, sondern um die Entwicklung innovativer Branchenlösungen durch erfolgreiche und aktive Akteure in Sachsen. Dieses abfallwirtschaftliche Konzept wird auch von einigen der befragten Unternehmen (z. B. Unternehmen B) genutzt.

---

[51] In der sächsischen Druckindustrie besteht hauptsächlich der Handlungsbedarf in der *Analyse der Stoffströme* und der zielgerichteten *Beeinflussung der Abfallströme* (z.B. durch innerbetriebliche Kreisläufe, Abfalltrennung, Einschränkung der Vielfalt an Einsatzstoffen). Die Abfallstromanalyse dokumentiert, dass die Druckereiabfälle nach ihrer Mengen- und Kostenrelevanz differieren. So verursachen 8 % der Abfallmenge, die sich z.B. aus Entwickler- und Fixierbädern, Druckfarbenresten und Einwegputztüchern zusammensetzt, ca. 70 % der Entsorgungskosten. Mit diesen mengenmäßig zwar geringen Anteilen des Gesamtabfallaufkommens sind die höchsten spezifischen Entsorgungskosten verbunden, die über ein gezieltes Abfallmanagement reduziert werden können. Vgl. WILLE/BISCHOFBERGER/JUNGE (1999, S. 734); WILLE/HEINIG/MÜLLER (2000, S. 586). Mengenmäßig dominieren Papier, Pappe und Kartonagen mit rund 80 % der Gesamtmenge aller Abfälle; deren Entsorgungskosten betragen jedoch nur 15 %. Vgl. IKS (Hrsg.) (2000, S. 26).

[52] Vgl. IKS (Hrsg.) (2000, S. 15).

[53] Die Ernennung eines Betriebsbeauftragten für Abfall entsprechend KrW-/AbfG ist erforderlich z.B. für Betreiber ortfester Abfallentsorgungsanlagen mit einem bestimmten Durchsatz (z.B. Deponien, Verbrennungs- oder Kompostierungsanlagen). Vgl. BRAUWEILER/SOMMER (2003, S. 48).

[54] Vgl. WILLE/BISCHOFBERGER/JUNGE (1999, S. 734).

Ein weiteres beispielhaftes Projekt bezog sich auf die *„Vergleichende Energie- und Stoffstromanalyse sächsischer Druckereien“*, welche im Rahmen der Förderrichtlinie Klimaschutzprogramm im Freistaat Sachsen realisiert wurde. Dieses Projekt wurde in enger Zusammenarbeit mit interessierten Druckereien durchgeführt. Weiterhin weist der Vertreter des Unternehmens A darauf hin, dass ein Verbundprojekt *„Umweltkosten in der Papierkette“* initiiert wurde, an welchem auch Druckereien und die Technische Universität Dresden mitarbeiten sollten, welches jedoch wegen der Nichtbewilligung der beantragten Fördermittel nicht realisiert werden konnte.

Weitere Projektvorhaben bezogen sich auf die Entsorgung, auf Energie- und Stoffströme in der Druckindustrie sowie auf Lärmschutz. Insgesamt weisen die Projektaktivitäten eine fachspezifische umweltrelevante Problemorientierung auf. Sie konzentrieren sich hauptsächlich auf die Druckindustrie. Die Projektergebnisse stehen aber nicht nur den Projektunternehmen zur Verfügung, sondern sie werden auch im Rahmen des Branchenarbeitskreises auf den gemeinsamen Workshops thematisiert, wodurch eine branchenübergreifende Diskussion auch mit den anderen, nicht in die jeweiligen Projekte involvierten Akteuren erfolgt.

Zusammenfassend lässt sich konstatieren, dass die Kooperationsaktivitäten einerseits einen unternehmensspezifischen (z.B. Projektaktivitäten) als auch einen unternehmensübergreifenden (Workshops, Betriebsbesichtigungen) Charakter haben. Welche Kooperationsaktivitäten genutzt bzw. umgesetzt werden, hängt – z.B. nach den Äußerungen eines Vertreters des Unternehmens D – überwiegend von den Kooperationsteilnehmern selbst ab. Vor allem bei den Workshops ist die Bereitschaft und Fähigkeit der Akteure gefragt, die Kooperationsgestaltung so zu beeinflussen, dass die Synergieeffekte aus der Zusammenarbeit zwischen den heterogenen Akteuren ausgenutzt werden. Darüber hinaus ermöglichen einerseits die Workshops einen breiten Zugriff auf Informationen, die z.T. den Akteuren zwar bekannt, jedoch aufgrund der branchenspezifischen Aufbereitung durchaus von Interesse sind. Andererseits tragen die Betriebsbesichtigungen und Projekte eher zum unternehmensrelevanten und eher neuen Know-how-Erwerb bei. Der branchenbezogene Kooperationsfall bietet zahlreiche Umweltinnovationspotenziale. Insbesondere durch die Einbeziehung der externen Fachleute, die schwerpunktmäßig auf die für Unternehmen umweltrelevanten Probleme eingehen, erhalten die Unternehmen Anregungen zu umweltinnovativen Maßnahmen. Auch Betriebsbesichtigungen stoßen auf großes Interesse der Unternehmen, um v.a. das implizite Wissen durch Erfahrungsaustausch zu gewinnen. Die Projektaktivitäten sind demgegenüber nur für die Druckindustrie direkt von Nutzen wie z.B. das abfallwirtschaftliche Branchenkonzept, das u.a. anhand des in den befragten Unternehmen der Druckindustrie verfügbaren Know-hows auf diesem Gebiet erstellt wurde und auch durch diese Unternehmen in unterschiedlichem Ausmaß genutzt wird. Das gemeinsame Erreichen konkreter Ziele – wie die Erarbeitung des abfallwirtschaftlichen Branchenkonzeptes – fördert die Weiterentwicklung der Kooperation.

Im Rahmen der ***branchenübergreifenden Kooperation*** gewinnen neben dem Umweltmanagement auch das nachhaltige Wirtschaften sowie die Nachhaltigkeitskommunikation überdurchschnittliche Bedeutung (vgl. Tabelle 28). Diese Themen unterscheiden sich von der im Rahmen der branchenorientierten mittelständisch geprägten Kooperation, weil sie v.a. in Großunternehmen behandelt werden, die im untersuchten branchenübergreifenden Kooperationsfall dominieren.

Tab. 28: Inhalte branchenübergreifender Kooperation (prozentual und absolut)

Mögliche Inhalte	***Prozentangaben***
Umweltmanagement	45 % (22)
Konzepte zum nachhaltigen Wirtschaften	35 % (17)
Nachhaltigkeitskommunikation	29 % (14)
Förderprogramme	14 % (7)
Umwelttechnik	12 % (6)
Umweltrecht	12 % (6)
Forschungsvorhaben/Projekte	10 % (5)
Branchenkonzepte bzw. -ansätze	10 % (5)
Wettbewerbsstrategische Themen (z.B. Preise, Kunden)	8 % (4)
andere	4 % (2)

Quelle: Eigene Darstellung. *Anmerkung:* Die Zahlen in Klammern geben die absolute Anzahl der Befragten an.

Vor diesem Hintergrund ist davon auszugehen, dass alle vorgestellten Kooperationsaktivitäten der Realisierung von Umweltinnovationen in Unternehmen vielseitiges Potenzial bieten. Bevor dies untersucht wird, sind auch die dazu genutzten internen und externen Ressourcen zu erklären.

6.1.2.3 Beziehungsstruktur und Kooperationsressourcen

Im Rahmen der umweltorientierten ***branchenbezogenen Kooperation*** spielen nicht nur die unterschiedlichen Akteure eine wichtige Rolle. Entscheidenden Einfluss auf die Kooperationsaktivitäten nehmen auch die mit der Kooperation verbundenen Beziehungsstrukturen und Ressourcen, die u.a. solche Merkmale der Kooperation wie Offenheit oder formale und informelle Strukturen bezeichnen.

Offenheit

Die Kooperation ist durch zwei Grundprinzipien gekennzeichnet:[55]

- Gleichberechtigung der beteiligten Akteure (Unabhängigkeit von den staatlichen Vollzugsbehörden) und
- Freiwilligkeit der Mitwirkung bei Aktivitäten des Branchenarbeitskreises.

[55] Vgl. IKS (o.J., S. 2).

Untersucht man die Gleichberechtigung der Akteure anhand des Interviewmaterials, machte z.B. Experte F deutlich, dass *„es keine Hierarchie gibt"*, auch *„wenn jemand vom Ministerium dabei ist."* Von allen Akteuren wird hervorgehoben, dass es sich hier um eine vertrauensvolle Kooperation[56] mit einem offenen Zugang für andere Interessenten handelt. Im Vergleich zu anderen Kooperationen ist jedoch herauszustellen, dass insbesondere in Projektnetzwerken (z.B. Ökoprofit) die Offenheit gegenüber weiteren Teilnehmern eingeschränkt werden kann, z.B. während der Laufzeit eines Projektes oder wenn im Netzwerk schon alle potenziell relevanten Akteure integriert wurden.[57] Dabei ist anzumerken, dass während der Kooperationsdauer nur wenige Akteure in die Kooperation aufgenommen wurden (z.B. der Entsorgungsfachbetrieb und die Papierfabrik). Die branchenbezogene Konstellation und Größe der Kooperationsteilnehmer fördert den Aufbau von Vertrauen sowie eine offene Kommunikation und damit die Weiterentwicklung der Kooperation. Diese Kooperationseigenschaften ermöglichen einen offenen Austausch, wodurch nicht nur umweltbezogene Potenziale erschlossen werden können, sondern auch z.B. technische oder marktbezogene. Die offene Kommunikation unter den Kooperationsteilnehmern kann sich auch förderlich auf die Erschließung der Umweltinnovationspotenziale auswirken, weil sie als Entscheidungsträger eine wichtige Rolle v.a. in Bezug auf die Durchsetzung bzw. Weiterentwicklung bestimmter innovativer Maßnahmen und Ideen in ihren Unternehmen spielen.[58]

Formelle und informelle Beziehungen zwischen Akteuren

Entsprechend dem interaktionsorientierten Netwerkansatz[59] werden die Kooperationsressourcen u.a. als Beziehungen zwischen den Kooperationsakteuren betrachtet. Bezogen auf den Formalisierungsgrad können *formelle und informelle Beziehungen* unterschieden werden. Im Rahmen der Kooperation sind formelle Beziehungen z.B. im Rahmen von Projektaktivitäten und Workshops beobachtbar, die informellen Kooperationsbeziehungen zeigen sich hingegen z.B. bei Betriebsbesichtigungen und außerhalb der Kooperation. Der Vorteil der *formellen Kooperationsbeziehungen* ist, dass sie auf bestimmte Problemlösungen abzielen. Dies gilt mit Blick auf die ganze Wertschöpfungskette innerhalb der Kooperation. Hier werden auch die nicht erfolgreichen Erfahrungen präsentiert, welche wiederum anderen teilnehmenden Akteuren zu einer weiteren Problemerkennung und -lösung bzw. bei der Vermeidung von Fehlentscheidungen helfen. Formelle Kooperationsbeziehungen sind mit einem bestimmten Aufwand verbunden und werden durch den Koordinator organisiert und protokolliert, sodass die Kooperationsaktivitäten auch nach außen für andere Akteure sichtbar sind.

---

56 Eine offene Kommunikation und das Vertrauen unter den Akteuren verbessern die Kooperationsbeziehungen unter den heterogenen Akteuren und machen die Kooperation erfolgreicher (vgl. Experte G).

57 Vgl. z.B. STÖRMER (2001, S. 294).

58 Die Praxis macht deutlich, dass die Umsetzung der durch die Kooperation gewonnen Informationen v. a. dann nützlich ist, wenn sie branchenspezifisch aufgearbeitet werden, was auch z.T. die Aufgabe des Koordinators ist (vgl. Experte E).

59 Vgl. dazu Kapitel 4.3.

Umweltengagierte Unternehmen messen auch den *informellen Kooperationsbeziehungen* für die Informationsgewinnung eine hohe Bedeutung bei, sogar dann, wenn die Informationen bereits anderweitig bekannt sind. Diese werden hauptsächlich dazu genutzt, um eigene Unsicherheiten zu reduzieren. Beispielsweise bestätigt der Vertreter des Unternehmens B, dass er – obgleich unregelmäßig – auch informelle Kontakte zu anderen Kooperationsakteuren hat. Solche Beziehungen werden je nach Bedarf geknüpft. So wird häufig z.B. der Koordinator wegen der Förderung von Umweltmaßnahmen telefonisch kontaktiert. Es werden durch dieses Unternehmen auch informelle Kontakte zu den Partnern aus der Papierindustrie sporadisch genutzt, um eher strategische Sachen zu erfahren, *„wie der Stand ist, wie sind momentan die Altpapierpreise, welche neuen Entwicklungen gibt es bei Papier, was macht eine bestimmte Papierfabrik in Sachsen"* (Unternehmen B). Nicht nur mit dem Koordinator und den Vertretern der Papierindustrie praktiziert das Unternehmen B informelle Beziehungen, sondern auch mit anderen Druckereien, wie z.B. mit dem Unternehmen D, dessen Manager er als einen *„Druckerfreund"* bezeichnet. Solche quasi freundschaftlichen Beziehungen unter Wettbewerbern werden zur Kontaktpflege genutzt. Sie zielen nicht nur auf die Informationsgewinnung, sondern auch auf die Informationsweitergabe. Ein anderes Beispiel für informelle Kooperationsbeziehungen unter Wettbewerbern bringt das Unternehmen D, das mit einer anderen Druckerei z.B. den Umweltbericht austauscht.

Insgesamt basieren die informellen Kooperationsbeziehungen v.a. auf dem infolge der Kooperation geschaffenen Vertrauen zwischen den Akteuren. Sie werden einerseits zur Unsicherheitsreduzierung genutzt,[60] andererseits zur Förderung der Weiterentwicklung der Kooperation eingesetzt. Eine Voraussetzung besteht dabei in dem bewussten gegenseitigen Interesse zu kooperieren, was bei den teilnehmenden Akteuren der untersuchten umweltorientierten Kooperation deutlich ausgeprägt ist. Die meisten der betrieblichen Akteure (Druckereien) der umweltorientierten Kooperation stehen in einem potenziellen bzw. direkten Kundenverhältnis zueinander, wobei sie aufgrund diverser Produktpaletten in unterschiedlichen Marktsegmenten tätig sind. Nur in einem Fall bestand eine direkte (formale) Geschäftsbeziehung zwischen den Akteuren, d.h. zwischen einer Druckerei und einem Entsorger. Dies trägt dazu bei, dass die ganzheitliche horizontale Branchenzusammenarbeit über die Wertschöpfungskette hinaus für alle Akteure relevant ist.

Eine gemeinsame Problemsicht oder Zielsetzung der Akteure wirkt sich dabei positiv auf die Entwicklung der Kooperation und des Informationsaustausches aus, der sich nicht nur auf die umweltrelevanten Aspekte beschränkt. Darüber hinaus werden die Akteure aus anderen Wirtschaftszweigen nicht als kooperationshemmend angesehen. Da sie in einer Wertschöpfungskette tätig sind, können sie viele umweltrelevante sowie auch technische, organisatorische und ökonomische Fragestellungen besser im Rahmen einer Kooperation lösen. Der

[60] Vgl. Kapitel 4.2 und 4.3.

breite Informationsaustausch im Rahmen der Kooperation ist der Preis für einen tief gehenden Austausch, welchen manche Akteure bemängelten. Diese haben dann Vorschläge unterbreitet, um im Rahmen des Branchenarbeitskreises noch kleinere problemspezifische Gruppen zu bilden, was aber aufgrund begrenzter Möglichkeiten und Kapazitäten des Koordinators nicht umsetzbar war.

Zeit- und Finanzressourceneinsatz

Der mit der Kooperationsteilnahme verbundene Ressourceneinsatz wird von allen Befragten als gering eingeschätzt. Dies ist jedoch von der Art den Kooperationsaktivitäten abhängig. Während für Projektaktivitäten i.d.R. ein intensiver Ressourceneinsatz in Form von sowohl Arbeitszeit als auch vom Einsatz anderer Unternehmensmitarbeiter erfolgt (z.B. Unternehmen D), wird für die Teilnahme an Workshops und für die Betriebsbesichtigungen ein relativ geringer Aufwand – in Form eines Arbeitstags, incl. der entstandenen Fahrtkosten veranschlagt. Die Teilnahme an der Kooperation ist hingegen gebührenfrei. Der Finanzaufwand wird durch alle Akteure als gering gesehen, da sie alle aus dem Freistaat Sachsen kommen. Neben den Fahrtkosten wurden durch einige Unternehmen auch Bewirtungskosten erwähnt, die bei den Kooperationstreffen vor Ort entstehen. Dies resultiert aus dem festgelegten Kooperationsablauf, wonach die Workshops jeweils in unterschiedlichen Unternehmen stattfinden, und mit einer Betriebsbesichtigung verbunden sind. Der Zeitaufwand für die Vor- bzw. Nachbereitung ist insgesamt „überschaubar" (z.B. Unternehmen B) und variiert je nach Kooperationsaktivität. Die Aufbereitung erfolgt meistens durch die Kooperationsteilnehmer selbst und erfordert durchschnittlich einen Tag pro Treffen. Einige Akteure geben als Zeitaufwand nur die tatsächliche Zeit für die Teilnahme an Kooperationstreffen an (wie z.B. Unternehmen C und Experte F), was folgern lässt, dass nur wenige Impulse aus dem Branchenarbeitskreis umgesetzt werden oder sich die Akteure für die Mitarbeit in den Workshops wenig engagieren.

Die Abfrage der hier herausgestellten ressourcenbezogenen Aspekte einer branchenbezogenen Kooperation wurde im Rahmen des ***branchenübergreifenden Kooperationsfalls*** nicht vorgenommen, weil solche Informationen eine sekundäre Bedeutung im Rahmen der die qualitative Analyse ergänzenden Umfrage haben.

6.1.3 Fazit: Potenziale umweltorientierter Kooperation

Analysiert man die Genese und Funktionsweise der hier untersuchten ***branchenbezogenen Kooperation***, so können verschiedene Besonderheiten festgestellt werden, die auf eine besonders dynamische Entwicklung der umweltorientierten Kooperation hinweisen. Dies erweist sich besonders unter Umweltinnovationsgesichtspunkten als relevant.

Dabei können folgende Eigenschaften der Kooperation verdeutlicht werden:

- *Von der staatlichen Startförderung zur eigenständigen Weiterentwicklung der Kooperation (Kontext)*: Während zu Beginn der Kooperation eine finanzielle Unterstützung durch das sächsische Umweltministerium bereitgestellt wurde, ist die Fortsetzung der Kooperation im Laufe der Zeit auch ohne den finanziellen Zuschuss vom Staat erfolgt. Verglichen mit anderen Studien kann festgestellt werden, dass insbesondere bei Projektnetzwerken bzw. -kooperationen – wie in dem gegebenen Fall – die staatlichen oder gesellschaftlichen Akteure als Initiatoren einer umweltorientierten Kooperation fungieren und damit auch zumindest in der Anfangsphase eine Förderung gewährleisten.[61] Nach STRAßBERGER und WESSELS gewinnen solche durch die Politik initiierten bzw. geförderten Netzwerke im Hinblick auf das Umweltengagement bzw. die Nachhaltigkeitsorientierung der Unternehmen eine besondere Bedeutung.[62]
- *Vom engen Akteurskreis zur Kooperationserweiterung (Akteure)*: Während die Kooperation zu Anfang auf die Druckindustrie zielte, wurde sie im Zuge ihrer Fortentwicklung um zusätzliche Akteure (insbesondere Unternehmen aus der Papierindustrie und Entsorgungswirtschaft) erweitert. Dies erwies sich als besonders vorteilhaft, weil die betrieblichen Akteure aufgrund ihres Tätigkeitsbereichs mit verschiedenen Umweltproblemen[63] konfrontiert werden, welche besser durch einen Bezug zur Branchen- und zur Wertschöpfungskette gelöst werden können. Die Heterogenität der Akteure wirkt sich positiv auf die Kooperationsaktivitäten aus.
- *Vom konkreten Kooperationsziel zum breiten Kooperationsspektrum (Aktivitäten)*: Während am Anfang der Kooperation gemeinsame Projektaktivitäten v.a. im Abfallbereich im Vordergrund standen, wurde im Laufe der Zeit die Kooperation um andere Umweltmanagementaspekte erweitert, woraus sich dann ein breiterer Informations- und Erfahrungsaustausch entwickelte. Dieser korrespondiert mit den neu auftretenden betrieblichen Problemen und einem damit verbundenen Lösungsbedarf bei den Kooperationsunternehmen. Insgesamt ermöglicht die projektorientierte Zielsetzung, die Kooperation im Hinblick auf die sich wandelnden Rahmenbedingungen flexibel weiterzuentwickeln.

Bemerkenswert ist, dass die Akteure unabhängig vom Wirtschaftszweig neben Umweltthemen auch die hohe Bedeutung der Gewinnung bzw. Vertiefung der Beziehungen zu anderen Unternehmen hervorheben. Dabei ist zwischen den umweltbezogenen und sonstigen Motiven zu unterscheiden. So deuten die umweltbezogenen Motive eher darauf hin, dass betriebliche Umweltinnovationspotenziale erschlossen werden können.[64]

---

61 Vgl. z.B. STÖRMER (2001, S. 293).

62 Vgl. STRAßBERGER/WESSELS (1999, S. 135). KARL et al. weisen auf die Bedeutung sog. dritter Akteure (wie z.B. staatliche Institutionen, Technologietransferstellen, Unternehmensverbände, Kammern usw.) hin, die verschiedene Funktionen im Rahmen der umweltorientierten Kooperation erfüllen können. Vgl. KARL et al. (2004, S. 14).

63 Vgl. Kapitel 6.2.1.

64 Vgl. hierzu die Ausführungen in Kapitel 6.3.

- *Von den formalen Vertragsbeziehungen zu informellen Kooperationen (Struktur)*: Während in der Anfangphase der Kooperation aufgrund konkreter Projektaktivitäten wegen Erarbeitung eines abfallwirtschaftlichen Branchenkonzeptes eher formale Beziehungen zwischen den Akteuren bestanden, haben sich im Laufe der Zeit informelle Beziehungen herausgebildet, die auch über die Kooperation hinaus und auch zwischen den Wettbewerbern genutzt werden. Diese basieren nicht nur auf Vertrauen, sondern auch auf der Kompetenz der Akteure. Insbesondere wird in diesem Zusammenhang die Fachkompetenz des Koordinators hoch geschätzt.

Diese verschiedenen Veränderungsperspektiven zeigen auf, dass die umweltorientierte Kooperation als zwischenbetriebliche Organisationsform v.a. auf die aktive Zusammenarbeit verschiedener Akteure sowie auch auf externe Impulse wie die Förderung, z.B. durch den Staat, angewiesen ist. Sie trägt dazu bei, neue Win-win-Situationen im Umweltbereich zu entdecken und die Unternehmen dabei zu unterstützen, besser auf gesetzliche, marktliche sowie technologische Änderungen bzw. Herausforderungen zu reagieren. Dabei kommt einerseits den heterogenen Akteuren sowie auch dem Koordinator eine ausschlaggebende Rolle zu. Vertrauen und Offenheit sind weitere Merkmale dieser Kooperation, die wichtige Voraussetzungen zur Erforschung des Innovationsbeitrags durch umweltorientierte Kooperation bilden. Aus der vorgestellten Analyse der branchenbezogenen Kooperation ergeben sich für den Einfluss von umweltorientierten Kooperationen auf die Umweltinnovationen folgende Annahmen:

- Die Heterogenität der Akteure beeinflusst positiv die Kooperationsentwicklung.
- Umweltorientierte Kooperation mit heterogenen Akteuren dient den Unternehmen nicht zwangsläufig zur Verbesserung ihrer Umweltsituation.
- Umweltorientierte Kooperationen mit heterogenen Akteuren erfordern eine fachliche Koordination, die zur besseren Erschließung notwendig ist.
- Die finanzielle Förderung der umweltorientierten Kooperation wirkt sich positiv auf die innovative Kooperationsaktivitäten aus.
- Innovative Unternehmen messen informellen Beziehungen eine hohe Bedeutung bei.

Während die drei letzten Annahmen hauptsächlich die Spezifik der *branchenbezogenen* Kooperation aufzeigen, haben die ersten beiden auch für den *branchenübergreifenden Kooperationsfall* eine Bedeutung.

6.2 Betriebliche Umweltinnovationen und deren Spezifika

Um die tatsächliche Wirkung der Kooperation auf Umweltinnovationen einschätzen zu können, sind zunächst wirtschaftliche und ökologische Spezifika der Wirtschaftszweige und die durch die befragten Unternehmen umgesetzten Umweltinnovationen sowie auch die Gründe für deren Realisierung zu untersuchen. Als besondere Stärke der *qualitativ untersuchten Kooperation* wird hier der Branchenbezug mit einer Wertschöpfungsketten-Spezifik gesehen, was auf den *branchenübergreifenden Kooperationsfall* nicht zutrifft.

6.2.1 Wirtschaftliche, technologische und ökologische Besonderheiten der in der Kooperation vertretenen Wirtschaftszweige

Im Folgenden sollen die wirtschaftlichen und ökologischen Kennzeichen der Branche, differenziert nach einzelnen Wirtschaftszweigen, die durch die einzelnen Kooperationsakteure vertreten sind, dargestellt werden. Ausgehend von der Fragestellung, welchen Beitrag umweltorientierte Kooperationen für betriebliche Umweltinnovationen leisten, ist die Darstellung der an der Kooperation vertretenen Wirtschaftszweige unter Berücksichtigung ihrer Spezifik besonders verständnis- und erkenntnisfördernd. Sie wird durch unterschiedliche wirtschaftliche, technologische und ökologische Anforderungen gegenzeichnet. Neben technologieintensiven Wirtschafszweigen wie der Papier- und der Druckindustrie, die dem Verarbeitenden Gewerbe angehört, wird die Entsorgungswirtschaft – nach der NACE-Klassifikation – den Dienstleistungen zugeordnet. Dabei ist zu erwähnen, dass die in der Kooperation vertretenen Wirtschaftszweige – von der Papierherstellung über den Druck bis hin zur Abfallentsorgung – als Wertschöpfungskette im engeren Sinne zu verstehen sind, zu der im weiteren Sinne noch Forstwirtschaft, Zellstoffproduktion, Hilfsstoffherstellung für die verschiedenen Produktionsstufen (Füllstoffe, Pigmente, Chemikalien, Druckfarben) und Vertrieb mitgezählt werden könnte.[1] Betrachtet man die einzelnen Wirtschaftszweige separat, so sind große Unterschiede hinsichtlich der wirtschaftlichen Situation, der Technologieentwicklung und -relevanz sowie der Umweltprobleme etc. zu beobachten. Einen Überblick über die befragten Akteure, die die Kooperationslinie: *Papiererzeugung, -veredlung und -verarbeitung repräsentieren,* zeigt Abbildung 11 auf.

[1] Vgl. KLEMENT/DYLLICK (1999, S. 10f.).

Abb. 11: Kooperationsakteure entlang der Wertschöpfungsstufen im Branchenarbeitskreis „Druck und Papierverarbeitung“

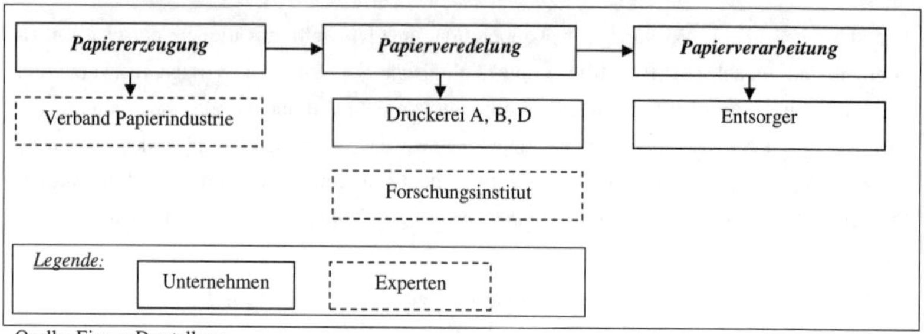

Quelle: Eigene Darstellung.

6.2.1.1 Wesentliche Charakteristika der Papierindustrie

Die Papierindustrie ist durch den *Verband für Ostdeutsche Papierfabriken* (Experte E) vertreten, unter dessen Dach sich Unternehmen und Forschungseinrichtungen aus dem Bereich der Papierherstellung vereinen. Nach Einschätzung dieses Verbandes ist die Entwicklung in der Papierindustrie durch einen positiven Fortschritt gekennzeichnet.[2] Die Papierindustrie gilt als wachstums- und zukunftsorientierte Industrie. Dies spiegelt sich nicht nur in einer wachsenden Produktion und im wachsenden Umsatz der letzten Jahre wider, sondern es werden auch Investitionen für Neubauten und Modernisierungsmaßnahmen getätigt. Beispielsweise belaufen sich die Investitionen für fünf neue Unternehmen in der ostdeutschen Papierindustrie im Zeitraum von 2003 bis 2005 auf 1,85 Mrd. €.[3] Hinsichtlich der Beschäftigung wird in der Papierindustrie ein Rückgang deutlich. So ist in der Papier- und Kunststoffverarbeitung die Beschäftigtenzahl von 105.000 in 1996 auf 92.500 in 2005 zurückgefallen,[4] woraus ein Produktivitätszuwachs resultiert.

Großen Wert legt die Branche auf die Umweltfreundlichkeit, indem nachwachsende Rohstoffe in großem Umfang eingesetzt und das Altpapier verwertet werden. Aufgrund der gesetzlichen Anforderungen und Aktivitäten von Umweltschutzorganisationen wurde in der Vergangenheit eine umweltfreundliche Produktionstechnik in der Papierbranche durchgesetzt, die mit wechselnden ökologischen Herausforderungen verbunden war und auch zu erheblichen ökologischen Verbesserungen geführt hat.[5] Weiterhin typische Problembereiche für die Papierindustrie stellt Tabelle 29 dar:

---

2 Alleine in Ostdeutschland produzierten 2001 38 Unternehmen mit 5.000 Beschäftigten 1.475 Mio. t Papier, Karton und Pappe und erzielten einen Umsatz von 1.189 Mrd. €. Vgl. KLEMM (2002, S. 1381).

3 Vgl. VOP (2003, o.S.). Mit einem Umsatz von rund 13 Mrd. € und einer Jahresproduktion von 21,6 Mio. t werden insgesamt rund 3.000 verschiedene Papiersorten hergestellt. Vgl. http://www.vdp-online.de/papier industrie.html (Stand: 21.11.06).

4 Vgl. ver.di (2006b, S. 12).

5 Vgl. KLEMENT/DYLLICK (1999, S. 87).

Tab. 29: Ökologische Kernprobleme der Zellstoff- und Papierherstellung

Abfallarten	Kernprobleme
Wasser	AOx, CSB[6], BSB[7], TSS, giftige Stoffe
Luft	SO_2, CO_2, TSP, TRS, NOx
Energie	SO_2, NOx, CO_2, Landschaftsverbrauch, radioaktive Strahlung und Abfälle

Quelle: KLEMENT/DYLLICK (1999, S. 20).

In der Vergangenheit ist auch das Abwasser von Zellstoff- und Papierfabriken vermehrt auf das Interesse seitens der Öffentlichkeit und des Gesetzgebers gestoßen und wurde ebenfalls zum Gegenstand industrieller Innovationen.[8]

Für die sächsische Papierindustrie besteht laut dem Vertreter des Verbandes (Experte E) ein großes Handlungspotenzial, weil von 37 Unternehmen in Ostdeutschland, die Mitglieder des Verbandes der Ostdeutschen Papierfabriken sind, 24 alleine in Sachsen ansässig sind. Die ostdeutsche Papierindustrie ist mittelständisch geprägt und wird als umweltinnovativ angesehen. Dies zeigt sich z.B. am Altpapiereinsatz, worauf die Aussage eines Vertreters des Verbandes der ostdeutschen Papierfabriken hindeutet:

> *„Wir sind der größte Standort nicht nur in Deutschland, sondern jetzt im Prinzip in der ganzen Welt, der am meisten Altpapier einsetzt (...). Wir haben Spitzenleistung, absolute Spitzenleistung (...) mit 1.681.000 Tonnen Papier produziert, auf der Basis von 1.900.000 Tonnen Altpapier (...). Also, der Hauptrohstoff der ostdeutschen Papierindustrie ist das Altpapier. Das ist absolut zurzeit in der ganzen Welt Spitze“* (Experte E).

Die „Spitzenleistung“ der deutschen Papierindustrie bezieht sich u.a. auf den Einsatz des Hauptrohstoffs „Altpapier“, der bei der Papierherstellung v.a. zur Verringerung der Umweltbelastungen durch weniger Holzverbrauch (Ressourcenschonung), Reduzierung von Stoffströmen sowie durch Einsatz von Recyclingfasern (Energieeinsparung) führt.[9]

Generell führt der zunehmende Einsatz von Altpapier in Deutschland und Europa zur Optimierung des Rohstoffeinsatzes sowie zur Reduzierung von Deponieflächen.[10] Dass die deutsche Papierindustrie die „Nummer eins“ in Europa ist und im weltweiten Vergleich an vierter Stelle hinter den USA, China und Japan liegt, geht aus den aktuellen Statistiken des

6 Der CSB gibt an, wie viel Sauerstoff nötig wäre, um alle im Abwasser vorhandenen Stoffe zu verbrennen (mg/l).

7 Der BSB misst den Sauerstoffbedarf, der für den Abbau der organischen Abwasserinhaltsstoffe innerhalb von 5 Tagen durch Kleinlebewesen benötigt wird.

8 Vgl. KLEMENT/DYLLICK (1999, S. 19).

9 Dies ist jedoch keineswegs unumstritten, da mit der Altpapieraufbereitung ebenfalls Umweltbelastungen verbunden sind, z.B. Bedenken hinsichtlich der Sammlungs- und Sortierungskosten, der Auswirkungen auf die Papierqualität und der ökologischen Auswirkungen des Deinking-Verfahrens (d.h. Chemikalieneinsatzes). Vgl. KLEMENT/DYLLICK (1999, S. 22). Zusätzlich wird vom Experten E erwähnt, dass das Altpapier wegen Schwankungen in Angebot und Nachfrage nicht immer als Rohstoff bereitsteht, was sich auch in Preisunterschieden widerspiegelt. Diese und ähnliche Probleme sind Gegenstand des Altpapierausschusses innerhalb der Verbandsstruktur, der die Aufgabe hat, Informationen über Preise (aus kartellrechtlichen Gründen darf der Verband keinen Einfluss auf die Preisbildung nehmen), Angebot und Nachfrage auszutauschen und die Problematik auf dem Altpapiermarkt sowie die dazu erforderlichen Lösungsalternativen zu diskutieren. Dabei wird auch das Thema der Verbesserung der Altpapierqualität, des Altpapiereinsatzes und der Zusammenarbeit mit Entsorgern behandelt.

10 Vgl. KLEMENT/DYLLICK (1999, S. 21).

Verbandes Deutscher Papierfabriken e.V. hervor.[11] Der hohe Anteil an Altpapier in der ostdeutschen Papierindustrie nimmt weltweit einen Spitzenplatz im Altpapiereinsatz ein. Dies hängt laut dem Experten E v.a. mit der Umstrukturierung und Neuentwicklung des Wirtschaftszweigs im Zuge der politischen Wende zu Beginn 1990er Jahre zusammen, wobei der Altpapiereinsatz traditionsbedingt bereits in der DDR hohe Bedeutung hatte. Sachsen (insbesondere Leipzig)[12] hat eine Tradition als Druck- und Verlagsstandort.[13] Betrachtet man die Wertschöpfungskette, so gilt die Papierindustrie als Lieferant der Druckindustrie, die im Folgenden näher dargestellt.

6.2.1.2 Wesentliche Charakteristika der Druckindustrie

Neben der Papierindustrie ist auch die Druckindustrie[14] in dem untersuchten Kooperationsfall vertreten. Dieser Wirtschaftszweig wird im Rahmen der hier untersuchten Kooperation nicht nur durch *Unternehmen* (Unternehmen A, B, D), sondern auch durch einen *wissenschaftlichen Akteur* (Experte F) vertreten. Im Vergleich zu anderen Branchen innerhalb des ganzen IKS-Netzwerks ist die Druckindustrie durch einen hohen Stand der Technik und eine fortgeschrittene Know-how-Entwicklung gekennzeichnet. Trotz einer schwankenden wirtschaftlichen Situation in der Branche (allgemeine Konjunkturflaute, strukturelle Probleme der Druckindustrie und rückläufige Werbeausgaben der Wirtschaft) wird die Druckindustrie weltweit bis 2015 als eine Wachstumsbranche (erwartete Zunahme der industriellen Druckproduktion um ca. 60 %) prognostiziert.[15] Der Grund hierfür ist, dass die Zeitungen und Zeitschriften für die Wirtschaft nach wie vor wichtige Werbemedien sein werden. Nach dem Produktionsrückgang von 2001 bis 2003 sind die deutsche Druckindustrie seit 2004 und die Papierindustrie erst seit 2005 durch eine deutlich positive Produktions- und Umsatzentwicklung sowie eine erhöhte Kapazitätsauslastung gekennzeichnet.[16] Die Druckindustrie ist sowohl in Deutschland insgesamt als auch in Sachsen ein Wirtschaftszweig, der überwiegend durch Klein- und Mittelbetriebe geprägt ist, und Verlage, Druckereien sowie Vervielfältigungsbetriebe umfasst.[17] Die deutsche Druckindustrie beschäftigt 2,8 % der Er-

---

11 Vgl. http://www.vdp-online.de/papierindustrie.html (Stand: 10.01.07).

12 Vgl. SÄCHSISCHES STAATSMINISTERIUM FÜR WIRTSCHAFT UND ARBEIT (Hrsg.) (2003, S. 72). Leipzig wird auch als Stadt des Buches bezeichnet. Von Ende des 18. bis Mitte des 20. Jahrhunderts war Leipzig die deutsche Buchhauptstadt. Vgl. http://www.leipzig-online.de/index.php3/159_1_1.html?g=3, http://www.clelgr.tmfweb.nl/studiereizen/sachsenreise2001/cynthiavanderbrugge.html.

13 Sachsen gilt als eine Region mit anerkannten Leistungsträgern der Papierindustrie, was auf die sächsische Erfindung der industriellen Herstellung von Papier aus Holzschliff zurückzuführen ist. Vgl. KAßMANN/ SCHÖPS (2003, S. 6).

14 Die Druckindustrie umfasst Druckereien aller Fachrichtungen (z.B. Offset-, Tief-, Zeitungs-, Endlos- und Siebdruckereien), Betriebe der Druckvorstufe sowie Betriebe der Flexografie einschließlich Buchbindereien.

15 Vgl. TODT (2003, S. 6).

16 Vgl. ver.di (2006a, S. 6); ver.di (2006b, S. 6), http://druck.verdi.de/industriepolitik (Stand: 20.11.06).

17 Vgl. ANDERSEN et al. (2003, S. 13); BUNDESVERBAND DRUCK (Hrsg.) (2001, A1, S. 1). Die Anzahl der Unternehmen der Druckindustrie in Sachsen beträgt rund 560, wovon 80 % weniger als 20 Beschäftigte haben.

werbstätigen des Verarbeitenden Gewerbes.[18] Nach den Angaben des Bundesverbandes Druck und Medien e.V. hatten 2002 70 % der 13.110 Betriebe weniger als 10 Beschäftigte.[19]

Insgesamt befindet sich die Druckindustrie in einem dynamischen Anpassungsprozess, der mit dem sich vollziehenden Strukturwandel in der Branche und der Technologieentwicklung (v.a. aufgrund der Entwicklung der Informations- und Kommunikationstechnologien) verbunden ist.[20] Die technische Entwicklung (z.B. neue Druckmethoden oder Digitalisierung) führt zu einem starken Investitionszwang in allen Segmenten, wobei die Digitalisierung der Wertschöpfungskette sowie technische Innovationen den Druckereien mehr Chancen als Risiken bieten.[21] Die gesteigerte Leistungsfähigkeit der Druckmaschinen führte z.B. im Verlagsbereich zum Beschäftigungsrückgang.[22] Insbesondere in der Druckindustrie lässt sich ein Strukturwandel sowohl branchenintern als auch -übergreifend beobachten.[23]

Zwar wird die Druckindustrie dem Bundesverband Druck zufolge insgesamt als Teil der kommunikations- und informationstechnischen Industrie angesehen, der „gleichermaßen traditionell und innovativ"[24] ist. Gleichwohl hat sie unter wirtschaftlichen und strukturellen Gesichtspunkten in Deutschland nach Einschätzung eines befragten Unternehmens *„einen schweren Stand"* (Unternehmen B). Dies wird v.a. damit begründet, dass es mehr Druckereien gibt, als der Markt bedarf. Unternehmen D betont, dass es notwendig sei, hier zu differenzieren, weil die Branche einerseits weitgehend handwerkliche Züge hat, andererseits aber auch technische Innovationen (z.B. kabellose Datenübertragung) umgesetzt werden.

---

18 Vgl. ANDERSEN et al. (2003, S. 14).

19 Vgl. BUNDESVERBAND DRUCK UND MEDIEN (Hrsg.) (2003, S. 4). In der amtlichen Statistik werden nur Betriebe mit mindestens 20 Beschäftigten erfasst. Diese Gruppe umfasst aber lediglich rund ein Achtel aller Betriebe. Berücksichtigt man alle Kleinbetriebe, so wird die Gesamtzahl der Beschäftigten in der deutschen Druckindustrie auf ca. 200.000 geschätzt. Vgl. ver.di (2006a, S. 12).

20 Insbesondere war die Druckindustrie in den letzten Jahrzehnten einem schnellen Struktur- und Technologiewandel ausgesetzt. Nachdem in den 1970er Jahren der Fotosatz den Bleisatz verdrängte, setzten sich in den 1980er Jahren das Desktop-Publishing als Druckvorstufe und in den 1990er Jahren die digitalen Verfahren und „computer-to-Technologien" durch. Im Zuge der Veränderungen der Produktionsprozesse sind mit der elektronischen Datenverarbeitung neue Geschäftsfelder und innovative Produkte für die Kunden entstanden. Zwar verringern die Electronic Media und E-Publishing langfristig das Druckvolumen insgesamt, jedoch wird der industrielle Digitaldruck das Spektrum realisierbarer Produkte erweitern, Druckverfahren ergänzen und so Wachstumseffekte (wenn auch auf einem niedrigem Niveau) erzielen. Vgl. TODT (2003, S. 6).

21 Dies führt zur Veränderung der klassischen Struktur der Branche, z.B. durch Verdrängung von Printprodukten (v.a. Formulare, Enzyklopädien). Viele Verfahren arbeiten heute wesentlich umweltfreundlicher als noch vor 30 Jahren, für die Herstellung des gleichen Druckproduktes werden heute weniger Chemikalien benötigt, und es gibt umwelt- und gesundheitsfreundliche Farben, Zusatzstoffe sowie Reinigungsmittel. Vgl. http://www.umweltschutz-bw.de/?lvl=403 (Stand: 03.07.06).

22 Vgl. ANDERSEN et al. (2003, S. 17).

23 Während brancheninterne Veränderungen durch die erforderliche Optimierung bestehender Leistungsangebote und die damit verbundene Neustrukturierung der innerbetrieblichen bzw. der branchenintemen Zusammenarbeit erfolgen, sind die branchenübergreifenden Veränderungen mit der Neuformierung von Organisationen und einer multimedialen Wertschöpfungskette sowie mit der Ausdehnung des bisherigen Leistungsspektrums auf branchenfremde Felder mit Wettbewerbern aus anderen Wirtschaftszweigen verbunden. Vgl. STAUDT/KRIEGESMANN/THIELEMANN (1998, S. 805).

24 BUNDESVERBAND DRUCK (Hrsg.) (2001, A1, S. 1).

Die Druckindustrie ist nicht nur durch tief greifende technologische und ökonomische Veränderungen in der traditionellen Funktionsaufteilung zwischen Unternehmen betroffen, sondern gilt auch als eine umweltrelevante Branche, weil sie im Vergleich zur Papierindustrie mit größeren Umweltproblemen konfrontiert ist. Typische Umweltprobleme zeigt Tabelle 30.

Tab. 30: Ökologische Kernprobleme der Herstellung von Druckerzeugnissen

Abfallarten	**Hauptsächliche Problembestandteile**
Druckfarben	VOCs, Toluol, Chlor, Schwermetalle
Reinigungsmittel	Lösungsmittel und Isopropanol
Abfälle	Filme, Fixier- und Entwicklerbäder, Druckplatten, Farbreste, Galvanikschlamm, verunreinigte Zellstofftücher und Abwässer

Quelle: KLEMENT/DYLLICK (1999, S. 28).

Die Druckindustrie hat in erster Linie Pflichtanforderungen zu erfüllen, z.B. im Bereich der Emissionen bei der Verarbeitung oder im Bereich der Lösungsmittel bei der Veredelung (Druck).[25] Beispielsweise werden bei der Weiterverarbeitung des Papiers (Streichen, Bedrucken, Beschichtung und Bearbeitung des Papiers mit Klebstoffen) verschiedene Chemikalien eingesetzt, wodurch bedeutende Emissionen und Abfälle erzeugt werden, die gesundheits- und umweltschädigend sind.[26] Der Umweltgedanke ist von zentraler Bedeutung im Zusammenhang mit den technologischen Prozessen, die in der Druckindustrie mit unterschiedlichen Druckverfahren verbunden sind. Diese sind wiederum auf verschiedene umweltbezogene Anforderungen angewiesen (z.B. Genehmigungen) und führen schließlich auch zu verschiedenen Umweltauswirkungen. In der Druckindustrie werden vier technologische Druckverfahren unterschieden (vgl. Tabelle 31).

Tab. 31: Wesentliche Druckverfahren und deren Anwendungsgebiete

Druckverfahren	***Beispielhafte Anwendungsgebiete***
Flachdruck (Offsetdruck[27])	Buch-, Zeitungs-, Akzidenz- und Verpackungsdruck
Tiefdruck	Massendrucksachen, Illustrierte und andere Zeitschriften, Versandhaus- und Reisekataloge, Prospekte und Beilagen, Dekorfolien und Tapeten
Hochdruck[28]	handwerklich anspruchsvolle Druckgrafiken, künstlerisch gestaltete Bücher
Durchdruck (Siebdruck)	Bedruckstoffe (Papiere, Kunststoffe, Textilien etc.)

Quelle: Eigene Zusammenstellung in Anlehnung an http://www.wikipedia.de (21.11.06) und BUNDESVERBAND DRUCK (Hrsg.) (1996, A3, S. 1ff.).

---

25 Die Branche strebt nach Umweltverträglichkeit bzw. -freundlichkeit beispielsweise durch Reduzierung der Lösungsmittelemissionen bis zum Jahre 2010 um 70 % (z.B. durch Substitution emissionsrelevanter Stoffe, neue Maschinengenerationen und Produktionstechniken, Umstellung von Verfahrensweisen, Verringerung der Einsatzmengen usw.). Vgl. O.V. (2004, S. 43).

26 Vgl. KLEMENT/DYLLICK (1999, S. 26). Der hohe Stellenwert der Ressourcenschonung in der deutschen Druckindustrie resultiert daraus, dass neben Folien, Weißblech und Aluminium jährlich weit mehr als 10 Mio. t grafische Papiere und ein Teil der knapp 7 Mio. t Verpackungspapiere, -kartons und -pappen bedruckt werden. Dazu werden mehr als 200.000 t Druckfarbe pro Jahr verwendet. Vgl. http://www.umweltschutz-bw.de/?lvl=403 (Stand: 15.03.07).

27 Nach der Art des zugeführten Papiers werden Bogenoffset und Rollenoffset unterschieden. Bogenoffset eignet sich für kleine und mittlere Auflagen und kommt daher vorwiegend im Akzidenz-, Buchdruck sowie für Verpackungen und Kartonagen zum Einsatz. Beim Rollenoffset kommt das Papier direkt von einer großen Rolle. Das Verfahren wird v. a. bei großen Auflagen eingesetzt, z.B. beim Zeitungs-, Katalog- und Telefonbuchdruck oder bei Werbebeilagen sowie bei der Produktion von Taschenbüchern.

28 Weitere Hochdruckverfahren sind der indirekte Buchdruck (Letterset), der z. B. in der Verpackungsindustrie Anwendung findet, sowie Flexodruck, dessen Anwendungsgebiete v.a. Verpackungsfolien sind.

Im Gegensatz zu Tiefdruckfarben enthalten die Offsetdruckfarben keine flüchtigen Lösungsmittel. Als ökologisch problematisch werden hier dagegen die Pigmente der Offsetdruckfarben angesehen, weil sie Chlor, Schwefel und Metalle enthalten, die mit einem Anteil bis zu 20% in den Farben vorhanden sind. Insgesamt kommt es im Tiefdruck jedoch zu stärkeren Umweltbelastungen als im Offset, was mit höherem Druckfarbeneinsatz und dem höheren Energieeinsatz zusammenhängt.[29] Neben Papier- und Druckindustrie ist auch die Entsorgung an der Kooperation beteiligt, die für beide Wirtschaftszweige von Bedeutung ist.

6.2.1.3 Wesentliche Charakteristika der Entsorgungswirtschaft

Der dritte Wirtschaftszweig, der an der Kooperation vertreten ist, betrifft die Entsorgung.[30] Sie hat zum Ziel, Rückstände und Abfälle ordnungsgemäß zu behandeln, die auf verschiedenen Wertschöpfungsstufen anfallen. Dieser Wirtschaftszweig wird in der Kooperation durch einen *Entsorgungsfachbetrieb* repräsentiert, der sich europaweit mit Handel, Sortierung und Transport von Altpapier beschäftigt.[31] Gemäß der NACE-Klassifikation gehört die Entsorgung zum Dienstleistungssektor und ist stärker vom Markt (Kunden, Qualität, Preis etc.) abhängig als das produzierende Gewerbe, dem die Papier- und die Druckindustrie zugeordnet werden. In Deutschland ist die Entsorgung durch das Kreislaufwirtschafts- und Abfallgesetz[32] von 1996 sowie durch die Verpackungsverordnung von 1991 und weitere Rücknahmeverordnungen für verschiedene Problemstoffe geregelt, wobei die Einzelheiten durch regionale Ausführungsverordnungen spezifiziert werden.

Im Zuge der Entwicklung der Abfallpolitik ist nach dem neuesten Umweltbericht der Bundesregierung eine Entkopplung des Abfallaufkommens vom Wirtschaftswachstum beobachtbar, d.h. in den Jahren von 1992 bis 2001 wuchs die Wirtschaft um 15 %, während die Abfallmenge konstant blieb. Eine hohe Verwertungsquote ist bei einzelnen Abfallarten festzustellen, z.B. beträgt die jährliche Recyclingquote bei grafischen Papierprodukten (Druckerzeugnissen, Büro- und Administrationspapieren) 82 %.[33] Seit 1993 wurden in der Abfallwirtschaft 20 Mrd. Euro für moderne Anlagen zur Abfallbehandlung und -verwertung investiert. Zudem

---

29 Vgl. KLEMENT/DYLLICK (1999, S. 27).

30 Entsorgung ist der Oberbegriff zu den beiden Begriffen Beseitigung und Verwertung von Abfällen. Vgl. STREBEL (2002, S. 116). Unter *Beseitigung* versteht man dabei die Abgabe an die Umwelt unter Einhaltung vorgeschriebener Grenzwerte (meist bei flüssigen und gasförmigen Abfällen, gegebenenfalls nach vorheriger chemischer Umwandlung oder Verdünnung) oder die Überführung in ein Endlager (meist bei festen Abfällen, gegebenenfalls nach vorheriger Konditionierung und Verpackung). Unter *Verwertung* versteht man die Wiederverwendung oder thermische Nutzung der Abfälle bzw. eines Teils davon (Recycling). http://de.wikipedia.org/wiki/Entsorgung (Stand: 10.01.07).

31 In der Literatur werden generell folgende Entsorgungsprozesse unterschieden: Sammlung, Sortierung, Transportvorgänge, Umschlag, Lagerung und Behandlungsvorgänge (mechanisch, chemisch, biologisch oder thermisch). Vgl. dazu z.B. STEVEN/LAARMANN (2005, S. 98f.).

32 Diese Aspekte wurden zunächst 1994 in einer Novelle des Abfallgesetztes von 1986 berücksichtigt. Das Kreislaufwirtschafts- und Abfallgesetz von 1996 schreibt in § 4 den Vorrang der Rückstandsvermeidung vor der Rückstandsverwertung und der Rückstandsbeseitigung als Ultima Ratio fest.

33 Vgl. BUNDESREGIERUNG (2006).

entstanden bis zu 15.000 feste Arbeitsplätze.[34] Die Anzahl der Beschäftigten in der Abfallwirtschaft in Deutschland beläuft sich derzeit auf ca. 250.000 Personen und die Branche erreicht einen Umsatz von über 50 Mrd. Euro pro Jahr.[35] Die Entsorgungswirtschaft hat sich in den letzten Jahren im Hinblick auf die Leistungsfähigkeit dynamisch entwickelt, wie die Einschätzung eines Unternehmens der Druckindustrie zeigt:

„Also, wir haben da auch Unterstützung vom Entsorger. Dort ist ein großes Potenzial in der gemeinsamen Arbeit. Die sind bemüht, weiter bei uns zu entsorgen. Dadurch helfen sie uns mit Informationen und mit Know-how. Das Niveau der Entsorger hat sich in den letzten Jahren deutlich erhöht. Früher waren es mehr unqualifizierte Firmen, heute sind das professionelle." (Unternehmen B).

Unter Umweltgesichtspunkten trägt die Entsorgung im Vergleich zu den zwei anderen Wirtschaftszweigen am wenigsten zur Umweltverschmutzung bei. Sie hat zur Aufgabe, Stoffe durch eine Stofftransformation zu verwerten, mit dem Ziel der Emissionsminderung und einer umweltfreundlichen Gütererstellung. Da die Kreislaufwirtschaft immer mehr zu „Produkten" und weniger zu „Recycling-Erzeugnissen" beitragen soll, stellt dies auch eine besondere Herausforderung für die Entsorgungswirtschaft dar.[36] Das hier befragte Entsorgungsunternehmen ist im Bereich der Altpapierentsorgung (Papierrecycling) spezialisiert, wo nur geringe Umweltbelastungen auftreten. Während das Altpapier z.B. in der Druckindustrie als Abfall eingestuft wird, gilt es für das Entsorgungsunternehmen als Rohstoff (Produkt).[37] Tabelle 32 stellt beispielhafte ökologische Probleme bei der Entsorgung des Altpapiers dar.

Tab. 32: Ökologische Kernprobleme des Altpapiereinsatzes

Umweltaspekte nach Art der Altpapiernutzung	Energie	Emissionen
Papierrecycling	Sekundärfasergewinnung verlangt Energieeinsatz, der jedoch unter dem der Primärfasergewinnung liegt	Hoher Chemikalieneinsatz beim Deinking, CO_2, SO_2, NOx, BSB, CSB, Schwermetalle, organische Verbindungen (PCB, Dioxin), Deinkingschlämme
Verbrennung	Energierückgewinnung	Methan, CO_2, SO_2, NOx, Schwermetalle
Deponierung		Methanemissionen

Quelle: KLEMENT/DYLLICK (1999, S. 24).

Ähnlich wie bei den Druckereien, wo unterschiedliche Druckverfahren zum Einsatz kommen, stellt auch die Entsorgungswirtschaft, bezogen auf das Tätigkeitsspektrum, ein vielfältiges Gebiet dar, worauf folgende Aussage hindeutet:

„Wir haben uns auf dem Markt gut behauptet, weil wir in einer Nische tätig sind, in dem Druckereialtpapier. Die meisten Altpapierentsorgungsfirmen sind im Kartonagebereich oder im kommunalen Bereich tätig." (Unternehmen C).

Die Tätigkeit des Unternehmens in einer Nische, die als eine Wettbewerbsstrategie angesehen wird, bietet dem Unternehmen viele Möglichkeiten, dem ökologischen Wandel gerecht zu wer-

34 http://www.umweltbundesamt.de/uba-info-presse/2005/pd05-036.htm (Stand: 15.03.07).

35 Vgl. BMU (2006a, S. 6).

36 Vgl. WILLE/BISCHOFBERGER/JUNGE (2001, S. 8); WIRTZ (2007, S. 57ff.).

37 Neben der Wirtschaftlichkeit gelten für den heutigen Einsatz von Sekundärrohstoffen auch regionale Verfügbarkeiten, ökologische Randbedingungen und das Öko-Marketing als Motive.

den[38] und eine hohe Marktposition zu behalten. Zu anderen Branchen, in welchen auch Marktnischen in der Entsorgung bearbeitet werden, sind z.B. Biomasse, Alttextilien und Altöl.[39] Insgesamt stellt die Vielfältigkeit des Wirtschaftszweigs für das Unternehmen C ein wesentliches Motiv für die Teilnahme an einer umweltorientierten Kooperation dar. Die Entsorgung bildet einen wichtigen Bereich in einer branchenbezogenen Wertschöpfungskette und ist – in diesem Fall – auf die Zusammenarbeit mit der Papier- und Druckindustrie angewiesen. Laut dem Bundesverband Sekundärrohstoffe und Entsorgung gewinnen in der Abfallwirtschaft Kooperationen von mittelständischen Entsorgern mit ihren Partnern immer mehr an Bedeutung. Aufgrund der gesetzlichen, strukturellen und wirtschaftlichen Veränderungen bestehen in der Entsorgungswirtschaft ein hoher Zwang und auch die Notwendigkeit zu Kooperationen des Mittelstandes mit Partnern auf gleicher oder unterschiedlicher Ebene.[40]

6.2.1.4 Zusammenfassung

Ausgehend von der These, dass die Branchenzugehörigkeit für Umweltinnovationen als signifikanter Einflussfaktor gilt,[41] wurde für die Zwecke der vorliegenden Untersuchung eine Branchenkooperation ausgewählt, die aus drei Wirtschaftszweigen entlang einer Wertschöpfungskette besteht. In jedem Wirtschaftszweig entstehen spezielle ökologische Probleme, die zum einen durch die jeweiligen Unternehmen selbst, zum anderen nur oder besser in Kooperation mit den vor- und nachgelagerten Stufen gelöst werden können. Nicht nur in ökologischer Hinsicht, sondern auch bezüglich der wirtschaftlichen Situation und Bedeutung der Technologie gibt es Unterschiede zwischen den einzelnen Wirtschaftszweigen. Während bei der *Papierherstellung* langlebige Technologien Gang und Gäbe sind,[42] sind die *Druckereien* aufgrund der Entwicklung in der Informations- und Kommunikationstechnologie mit größeren technologischen Anpassungen und Strukturwandel konfrontiert. Der *Entsorgungsbereich* ist demgegenüber dienstleistungsorientiert. In Folge des internationalen Wettbewerbs in der Papierindustrie, des technologischen Strukturwandels in der Druckindustrie und der (kundenorientierten) Entsorgung besteht darüber hinaus ein zunehmendes Interesse an neuen Lösungen und Konzepten, die bereichsübergreifend, d.h. innerhalb einer Wertschöpfungskette – Papiererzeugung, -veredlung, -entsorgung – zu realisieren sind. Die zunehmende Bedeutung der Kooperation für Unternehmen der Papier- und Druckindustrie ist seit den 1990er Jahren v.a. auf den sich vollziehenden Technologie- und Strukturwandel zurückzuführen, wodurch sich auch die Kooperationsbeziehungen und -formen verändern, die eher einen

38 Vgl. PORTER (1999, S. 70ff.). Dieser Auffassung ist auch MACHARZINA, der bezogen auf Marktchancen durch den Umweltschutz unter verschiedenen Normstrategien auch eine qualitätsorientierte Nischenstrategie unterscheidet. Vgl. MACHARZINA (1999, S. 811ff.).

39 Vgl. PROBST (2007, S. 54).

40 Vgl. PROBST (2007, S. 54ff.).

41 Vgl. dazu Kapitel 2.2.2.3.

42 Vgl. BLAZEJCZAK/EDLER (1999, S. 3).

interdisziplinären und bereichsübergreifenden Charakter aufweisen. Die in der Kooperation vertretenen Wirtschaftszweige stellen einen kontextrelevanten Rahmen dar, der für ein besseres Verständnis des zu analysierenden Kooperationsfalles erforderlich ist. So resultieren aus dem breiten Spektrum an (vertikalen) Wertschöpfungsstufen innerhalb einer Branche (Papiererzeugung, -veredlung, -entsorgung) unterschiedliche Umweltinnovationen. Diese werden in Kapitel 6.2.2 ausführlicher thematisiert.

6.2.2 Umweltinnovationen und Gründe für deren Realisierung

Es werden hier die durch die Unternehmen in den letzten zwei bis drei Jahren umgesetzten Umweltinnovationen vorgestellt.[43] Hervorzuheben ist, dass es sich dabei nicht um eine Bestandsaufnahme aller in Unternehmen umgesetzten Innovationen handelt. Vielmehr soll gezeigt werden, welche Innovationen (technische bzw. prozessbezogene, produktbezogene und organisatorische) durch Unternehmen realisiert und wodurch diese beeinflusst werden. Da die verschiedenen hier untersuchten Wirtschaftszweige eine unterschiedliche Umweltrelevanz und Produktionsstruktur aufweisen und daher auf unterschiedliche Umweltinnovationen zielen, wird im Folgenden die Analyse je nach Wirtschaftszweig vorgenommen. Eine Übersicht über die Umweltinnovationen in den einzelnen Wirtschaftszweigen zeigt Tabelle 33. Dabei ist zu erwähnen, dass es auch Unterschiede in der Darstellung der Umweltinnovationen gibt, was damit zusammenhängt, dass aus der Papierindustrie und der Entsorgungswirtschaft jeweils nur ein Vertreter befragt wurde und die Druckindustrie durch mehrere Unternehmen vertreten ist.

---

[43] Die umweltrelevanten Innovationen werden nicht nur aus Sicht der Unternehmen dargestellt, sondern auch unter Berücksichtigung des Entwicklungsstandes in der Branche anhand der Aussagen der politischen und wissenschaftlichen Experten bekräftigt bzw. verglichen. Im Gegensatz zu Unternehmen berichteten die Experten nicht über eigene Innovationsaktivitäten, sondern über die branchenrelevanten Innovationen, wobei im Falle der Papierindustrie keine Unternehmen, sondern nur ein Experte befragt werden konnte.

Tab. 33: Umweltinnovationen und Gründe für deren Realisierung

Wirtschaftszweig	*Umweltinnovationen bzw. innovative Maßnahmen*	*Genannte Gründe für deren Realisierung*	*Innovationsart*
Papierindustrie	Technologische Optimierung (Umweltfreundliche Prozessumstellung)	Umweltbezogene Verbesserungen, bessere Produktqualität, Imageverbesserung, gesetzliche Anforderungen, Gesundheitsschutz und Arbeitssicherheit	Prozessinnovation
	Ökologische Produktpolitik	Kundenanforderungen	Produktinnovation
	Getrennthaltung von Papier	Kostensenkung	organisatorische Innovation
Druckindustrie	Technologische Innovation (z.B. CtP)	Kosten- und Rohstoffeinsparung, Prozessoptimierung, Verbesserung der Produktqualität, Umweltbezogene Verbesserungen, Verbesserung der Wettbewerbsfähigkeit	Prozessinnovation
	Technische Modernisierung bzw. Optimierung:	Marktbezogene Gründe (Image, Kosten), Unternehmenskultur/-struktur,	
	• Abwärme-Rückgewinnungsanlage	Eigenverantwortung/-wille, bessere Produktqualität, Prozessumstellung, Rohstoffeinsparung	
	• Technik im Bereich des Lärmschutzes	Gesetzliche Anforderungen (Auflagen)	
	• Umstellung auf FCKW-freie Kältemittel	Gesetzliche Anforderungen	
	• Messtechnik	Kostensenkung, technische Gründe, Gesundheit und Arbeitssicherheit, Eigenverantwortung	
	Abfalltrennung/-entsorgung, Optimierung der Entsorgungswege	Kostensenkung, gesetzliche Auflagen, Image	organisatorische Innovation
	Einsatz von Recyclingpapier oder von Öko-Farben	Kundenpräferenzen	Produktinnovation
	• Lösungsmittelreduzierung	Kostenreduzierung Gesetzliche Anforderungen	
Entsorgung	Technische Optimierung der Entsorgung	Marktanforderungen, Kundenbindung (Druckereien), Wettbewerbsvorteil	prozess-organisatorische Innovation

Quelle: Eigene Darstellung.

6.2.2.1 Umweltinnovationen und deren Auslöser in der Papierindustrie

Nach Aussagen des befragten Experten E gewinnen in der Papierindustrie in erster Linie Formen der Prozessoptimierung (***Prozessinnovationen***) sowie auch verschiedene organisatorische Lösungen betrieblicher Umweltprobleme an Bedeutung. *Technologische Optimierungen* bzw. Optimierungen technischer Prozesse werden v.a. durch umweltbezogene Verbesserungsmaßnahmen angestoßen, welche in der Papierindustrie eine große Rolle spielen und auf das Endprodukt „Papier" Einfluss haben, d.h. der umweltfreundliche Technologiestand wirkt sich auf die Papierqualität positiv aus. Weiterhin lässt sich beobachten, dass der Einsatz umweltfreundlicher Technologien sowohl durch ökonomischen Druck (Kostendruck) als auch durch hohe rechtliche Anforderungen an den Umgang mit Vorprodukten und Tätigkeiten ausgelöst wird. Generell ist die Papierproduktion ein sehr energieintensiver Prozess, obwohl in den letzten Jahren der spezifische Energieeinsatz (kWh/t) stetig gesunken ist.[44] Kennzeichnend für die Papierindustrie ist auch ein großer Frischwasserverbrauch für den Produktionsprozess, wodurch auch hohe Umweltkosten entstehen. Aus diesem Grund hat insbesondere das Abwasser von Zellstoff- und Papierfabriken in der Vergangenheit vermehrt die Aufmerksamkeit der Öffentlichkeit und des Gesetzgebers auf sich gezogen.

Der Energie- und Frischwasserverbrauch beeinflusst umweltinnovative Maßnahmen in der Papierindustrie v.a. im Bereich der umweltfreundlichen *Umstellung der Produktionsprozesse*, die das Ziel verfolgen, die hohen Anforderungen an Produktionsprozesse einzuhalten. Beispielsweise erfordert die Verdampfung der Lösungsmittel oder der Papierstaub bei Schneideprozessen spezielle Absaugsysteme, die v.a. aus Gründen des Gesundheitsschutzes und der Betriebssicherheit (aufgrund der Explosionsgefahr) als relevant angesehen werden.

In der Papierindustrie sind mit der technischen Prozessoptimierung auch ökologische ***Produktveränderungen*** eng verbunden. Die ökologischen Produkte werden durch Kundenforderungen beeinflusst, die in der Papierindustrie überwiegend eine internationale Reichweite haben:

> *„Die deutsche Papierindustrie besteht zu 60 Prozent aus ausländischen Unternehmen, die ostdeutschen sowieso. 60 Prozent der deutschen Unternehmen von 200 sind in ausländischer Hand, vorwiegend Schweden, Finnland, Norwegen"* (Experte E).

Dies zeigen auch andere empirische Untersuchungen. Positive Impulse für Umweltinnovationen in der Papierindustrie werden u.a. auf der Nachfrageseite gesehen. Beispielsweise wird die Anwendung neuer Papierherstellungsverfahren (TCF-Zellstoff) in Schweden durch die starke Nachfrage aus dem Ausland (Deutschland) beeinflusst.[45] Auf der anderen Seite stellt auch die *Getrennthaltung von Papieren* einen relevanten Bereich für Papierindustrie dar, der als ***organisatorische Umweltinnovationsmaßnahme*** betrachtet werden kann. Die Getrennthaltung von Papieren kann sich laut dem Koordinator (Experte G) in einer Kostensenkung widerspiegeln, was aber den Unternehmen aufgrund der Unkenntnis bzw. fehlenden Wissens nicht immer bewusst ist.

Zusammenfassend lässt sich konstatieren, dass in der Papierindustrie verschiedene umweltrelevante Neuerungen realisiert werden, die sich zwar v.a. auf den Technologiebereich der Papierherstellung beziehen, aber auch eng mit Produktinnovationen und organisatorischen Umweltinnovationen zusammenhängen. So ist die Papierqualität auch von der Technologie in der Herstellung abhängig. Die wichtigsten Innovationsfelder im Bereich der Papierherstellung liegen in den technischen Innovationen, die durch einen hohen Wasser- und Energieverbrauch gekennzeichnet und entscheidend für die Produktqualität sind. Daher besteht durchaus ein Potenzial, diesen Umstand durch die umweltorientierte Kooperation, insbsondere durch den

---

[44] Die Papierindustrie ist an vierter Stelle der energieintensiven Branchen im verarbeitenden Gewerbe. Vgl. KLEMENT/DYLLICK (1999, S. 19). Zu Umweltbelastungen in der Papierindustrie bezogen auf Energieverbrauch, Altpapiereinsatz und Emissionen vgl. BLAZEJCZAK/EDLER (1999, S. 37f.).

[45] Vgl. KLEMMER/LEHR/LÖBBE (1999, S. 86).

fachlichen Know-how-Austausch, zu beeinflussen. Die Innovationsgründe sind v.a. in der Kostenreduzierung zu sehen.

6.2.2.2 Umweltinnovationen und deren Auslöser in der Druckindustrie

In der Druckindustrie, die den Hauptbereich der Branchenkooperation bildet, überwiegen ebenfalls ***Prozessinnovationen***. Als Beispiel für die bedeutendste Prozessinnovation wurde das Verfahren *Computer-to-Plate*[46] (CtP) genannt. Dieses Verfahren erspart – im Gegensatz zur indirekten Bebilderung über das konventionelle Filmbelichtungsverfahren – Montage- und Filmkosten. Gleichzeitig können damit höherwertige Druckergebnisse erzeugt werden und diverse mechanische Einflüsse auf die Druckplatte, z.B. Fehlbelichtungen, Staub und Kratzer, reduziert werden. Die Technologieumstellung auf CtP wird sowohl von den Experten F und G als auch von den befragten Unternehmen der Druckindustrie als die größte Neuerung der letzten Jahre angesehen:

> *„Also, von der Herstellung ist das eine der größten Entwicklungen in den letzten 6 bis 8 Jahren"* (Unternehmen B).

Experte G und Unternehmen B betonen die Vorteilhaftigkeit dieser Technologie auch unter Umweltgesichtspunkten. Sie gilt als die modernste in der Branche, weil durch das Überspringen einiger Stufen des Produktionsprozesses weniger Abwässer (z.B. durch Reduzierung des Chemikalieneinsatzes für Filmentwicklung), weniger Abfälle (z.B. durch die Platteneinsparung und indirekt auch durch geringeren Papierverbrauch) und Emissionen hervorgerufen werden. Trotz der damit verbundenen hohen Investitionskosten und auch trotz des höheren Wasserverbrauchs gilt diese technologische Lösung als schadstoff- und abfallärmer im Vergleich zu den konventionellen Verfahren. Die CtP-Technologie wurde in vielen Unternehmen der Druckindustrie (hier: z.B. Unternehmen A und B) bereits eingesetzt.[47] Die Umstellung der konventionellen Druckformherstellung auf CtP wird laut den Befragten immer wichtiger, um wettbewerbsfähig zu bleiben.

Ebenfalls bedeutend sind in der Druckindustrie die *technologischen Optimierungen*. Beispielsweise wurde 2003 im Unternehmen D eine *Rückgewinnungsanlage für Abwärme auf Maschinen* installiert, die zur Heizung des Betriebes genutzt wird. In diesem Bereich sind die Potenziale noch nicht ausgeschöpft, weil laut der Prognose die Abwärme der Maschinen für die Heizung des ganzen Betriebes ausreichen sollte. Dann gäbe es auch keinen Bedarf mehr an Heizöl, dessen Verbrauch bislang bereits reduziert werden konnte.

---

46 Der Begriff Digitale Druckplattenbelichtung (DDB) oder englisch *Computer to Plate* (CtP) bezeichnet ein Belichtungsverfahren aus der Druckvorstufe, bei dem die Druckplatten direkt im Plattenbelichter bebildert werden. CtP ist ein übergeordneter Begriff für zahlreiche unterschiedliche Bebilderungsverfahren von Offsetdruck-Platten.

47 Darüber hinaus wurde auch vom Experten F erwähnt, dass aufgrund der hohen Investitionskosten einerseits, der stark durch KMU geprägten Druckindustrie andererseits, auch kombinierte Lösungen angeboten werden, wo in einem Verbund 10 Unternehmen diese Technologie nutzen können.

Weitere technologische Modernisierungen bzw. Verbesserungen wurden im Unternehmen D durch die Einführung einer neuen *Technik im Bereich des Lärmschutzes* vorgenommen. Die Gründe dafür hängen eng mit der Lage des Unternehmens zusammen, das sich in einem Wohngebiet befindet und daher an besonders strenge Lärmschutzvorschriften gebunden ist. Somit war hier v.a. ein gesetzliches Motiv für die Innovationsumsetzung ausschlaggebend.[48] Die gesetzlichen Auflagen beeinflussen aus Sicht des Unternehmens D sowohl technologische Modernisierungen durch Prozessumstellung als auch die Produktoptimierung durch Substitution von Rohstoffen.

Eine Innovationsmaßnahme, die ebenfalls auf gesetzliche Motive zurückzuführen ist, war im Unternehmen A die *Umstellung auf FCKW-freie Kältemittel.* Im Hinblick auf den gesetzlichen Druck als Motiv zur Durchführung von Umweltinnovations- und Umweltmaßnahmen sind dabei jedoch Unterschiede zwischen den Unternehmen festzustellen, die von Produktionsprozessen bzw. eingesetzten Verfahren abhängig sind. Während im Offsetdruck (z.B. Unternehmen A und B) die gesetzlichen Änderungen schneller spürbar werden, ist die Verschärfung der Umweltgesetze speziell für die Bogenoffsetdruckereien[49] (zu diesem Druckereityp gehört das Unternehmen D) in Deutschland noch nicht so stark bemerkbar.

Eine andere in der Druckindustrie durchgeführte Umweltinnovation ist z.B. die Ausstattung der Maschinen mit Sensoren und *Messtechnik*, um den Alkoholverbrauch deutlich zu senken.[50] Die Reduzierung des Alkoholeinsatzes wird im Unternehmen D zu den wichtigsten Umweltschutzmaßnahmen gezählt,[51] die in letzter Zeit realisiert wurden und welche auf mehrere Gründe zurückzuführen sind. Erstens wurden sie aus ökonomischen Gründen durchgeführt, weil dadurch Kosten gespart werden können, und zweitens aus technischen Gründen, weil durch genauere Messungen präzise Daten in Unternehmen zur Verfügung stehen, die regelmäßig intern (im Unternehmen) und extern (durch Behörden) kontrolliert werden können. Für die Umsetzung der Innovationen steht aus Sicht des Unternehmens D generell neben dem Kostenvorteil auch die Frage der Verantwortung gegenüber den Mitarbeitern im Vordergrund. Damit ist schließlich auch der Gesundheitsschutz (Arbeits- und

---

48 Dadurch wurden auch Umweltschutzverbesserungen erreicht, wobei trotz der erreichten Verbesserungen der Lärmschutz nach wie vor ein problematischer Bereich ist, was u.a. mit der Erstellung entsprechender Lärmgutachten verbunden ist (vgl. Unternehmen D).

49 Bogenoffset ist neben Coldset, Rollenoffset und Endlosoffset eine Verfahrensvariante im Offsetdruck. Je nach Verfahren ergibt sich ein unterschiedlicher Einsatz an Druckfarben, Waschmittel und Alkohol (Isopropanol). Vgl. BUNDESVERBAND DRUCK (Hrsg.) (1996, A3, S. 12).

50 Im Offsetdruck kommt ein mit Alkohol speziell aufbereitetes Wasser zum Einsatz.

51 Verbesserungspotenziale im Bereich Umweltschutz im Unternehmen D bestehen in der Verringerung des Alkoholeinsatzes, weil noch relativ große Mengen pro Jahr verbraucht werden. Der Alkoholzusatz gibt dem Drucker größere Sicherheit (Stabilität) während des Druckprozesses. Die hohen Alkoholkonzentrationen haben auch schädliche Gesundheitsauswirkungen. Heutzutage werden dazu spezielle Zwischenregelsysteme, d.h. Messsysteme entwickelt, die zuverlässig den genauen Alkoholgehalt messen können, der dann jeweils intern gesteuert werden kann. Dies war früher ein problematischer Bereich, wobei nach wie vor Handlungsbedarf (bis zu 4 %) gesehen wird und entsprechende Maßnahmen ergriffen werden (vgl. Unternehmen D).

Sicherheitsschutz) gemeint, weil z.B. der Alkoholdampf gesundheitsschädlich ist. Die hier angedeutete Eigenmotivation bzw. -verantwortung des Unternehmens zielt darauf ab, die umweltrelevanten Probleme selber zu lösen, ohne dass dahinter gesetzlicher Druck steht. Diese Eigenmotivation resultiert aus der umweltfreundlichen[52] Unternehmenskultur des Unternehmens, die die Realisierung innovativer Umweltschutzmaßnahmen begünstigt. Während in den Unternehmen A und D viele Umweltinnovationen umgesetzt wurden, sind bei dem Unternehmen B diese technologischen Innovationen erst in Planung. Für 2004 und 2005 wurden einige technische Änderungen geplant, die den Kauf von neuen Druckmaschinen sowie von Messtechnik beinhalten. Der technologische Stand im Unternehmen wird z.B. in Unternehmen B von Anfang an so konzipiert, dass auch in Zukunft weitere Modernisierungen bzw. Optimierungen vorgenommen werden können.

Insgesamt unterliegen die Unternehmen unterschiedlichen Dynamiken der Technologieentwicklung. So weist Unternehmen B darauf hin, dass der Markt bezüglich der Technologieentwicklung (auch innerhalb eines Wirtschaftszweigs) – gemessen an den Anforderungen des Unternehmens – noch nicht weit genug entwickelt ist (d.h. das Angebot ist noch nicht vorhanden, obwohl die Nachfrage besteht). Dabei wird betont, dass heutzutage die Entwicklungen des Standes der Technik mit den Umweltschutzanforderungen konform gehen.

Neben den technologischen Umweltinnovationsmaßnahmen werden in der Druckindustrie auch ***organisatorische Umweltinnovationen*** realisiert, die hauptsächlich den Abfallbereich betreffen und oft durch technologische Innovationen ausgelöst bzw. beeinflusst werden. Der Hintergrund dessen ist, dass die Einführung einer technologischen Lösung gleichzeitig zur Optimierung von organisatorischen Maßnahmen bzw. Konzepten dienen kann, d.h. die organisatorischen Innovationen begleiten die technischen. Beispielsweise wird die *Abfallbehandlung (Getrennthaltung)* als weiterer Innovationsaspekt genannt, weil aufgrund der Vielzahl unterschiedlicher Papierabfälle diverse *Verwertungs- bzw. Optimierungsmöglichkeiten* genutzt werden können. Mengenmäßig gehört zwar das Altpapier zu den größten Abfällen, wobei die besonders überwachungsbedürftigen Abfälle (wie Chemikalien, Altfarben usw.) zu den problematischsten Bereichen gezählt werden.[53]

Die Abfallproblematik variiert in den Unternehmen von Fall zu Fall. Beispielsweise bestehen in Unternehmen D aufgrund des hohen Technologiestandes nur begrenzte Verbesserungsmöglichkeiten. Die durchgeführten Maßnahmen beziehen sich auf die Reduzierung der Maku-

---

[52] Die Bezeichnung „umweltfreundlich" beinhaltet dabei auch ein sicherheitsbewusstes Handeln (vgl. Unternehmen D) sowie auch die über die Pflicht hinausgehenden Aktivitäten im Sinne des kontinuierlichen Verbesserungsproezesses (KVP).

[53] Zu den in der Druckindustrie anfallenden problematischen Abfällen zählen u.a.: Filme, Fixier- und Entwicklerbäder, Verpackungen und Behältnisse, Aluminiumdruckplatten, Galvanikschlamm, Druckfarbenreste, Lösungsmittelgemische, verunreinigte Zellstofftücher und Abwässer. Vgl. KLEMENT/DYLLICK (1999, S. 28). Dabei werden bei Druckfarben von Unternehmen verschiedene Methoden eingesetzt; z.B. wird in einer Druckerei aus dem Druckfarbenabfall eine neue Farbe erzeugt, die dann wieder eingesetzt werden kann.

latur (des Altpapiers), was einen hohen Kostenfaktor darstellt. Unter Umweltgesichtspunkten ist dies die freundlichste Abfallart,[54] weil sie fast zu 100 Prozent recycelt werden kann. Auch in den Unternehmen A und B bestehen nur geringe Verbesserungspotenziale im Abfallbereich. Es besteht vornehmlich Bedarf in der *Organisation aller Materialflüsse*, weil versucht wird, kontinuierlich (permanent) den vorhandenen „hohen Stand" zu halten. Mögliche Verbesserungspotenziale werden darüber hinaus im Bereich der besonders überwachungsbedürftigen Abfälle gesehen, weil deren Verarbeitung bzw. Entsorgung teuer ist.[55] Ein Verbesserungsbedarf besteht z.B. im Unternehmen B im Bereich der Altfarben, die zu den besonders überwachungsbedürftigen Abfällen gehören und nachweispflichtig sind. Die Lösung dieser Probleme wird in der Anwendung neuer Technologien gesehen, deren Anschaffung in den nächsten Jahren geplant war. Weitere Innovationsmaßnahmen, die in Druckereien realisiert wurden, betrafen nach Angaben des Koordinators (Experte G) auch *Rücknahmemöglichkeiten für kontaminierte Behälter* (d.h. Fässer, Blechbehälter usw.), die früher auf den Deponien gelagert wurden und dementsprechend mit Entsorgungskosten verbunden waren. Aktuell werden solche Behälter von den Lieferanten freiwillig abgeholt und entsorgt.

Im Gegensatz zu den technologischen und organisatorischen umweltinnovativen Maßnahmen und Lösungen messen die befragten Unternehmen der Druckindustrie den ***Öko-Produkten*** nur indirekt Bedeutung bei. So weist das Unternehmen D darauf hin, dass, ob es ein Buch auf umweltfreundlichem Papier gedruckt wird oder nicht, im großen Ausmaß von den Verlagen und von den Kundenwünschen abhänge. So verlangen beispielsweise Kunden wie Behörden der Einsatz von Recyclingpapier[56] oder von Öko-Farben in ihren Aufträgen. Entsprechende Kundenwünsche werden zwar seitens der Druckereien immer berücksichtigt, jedoch seitens Kunden selten gestellt. Nach dem Experten G bevorzugt nicht jeder Kunde umweltfreundliches, d.h. zu 100 % recyceltes Papier. Von der Unternehmensseite muss stets beachtet werden, dass keine Substanzen verwendet werden, die nicht zugelassen sind, wobei aufgrund der strengen Sicherheitsmaßnahmen z.B. in Unternehmen D kein Material und keine Chemikalie ohne betriebsinterne Prüfung der Sicherheitsblätter eingesetzt werden darf. Dies ist darauf zurückzuführen, dass das Unternehmen v.a. Kinderbücher druckt und daher an

---

54 Aus Sicht der Druckereien wird das Papier bzw. Altpapier als ein „gesunder Abfall" betrachtet, der noch verkauft werden kann. Dabei ist zu erwähnen, dass aus Sicht des einzelnen Unternehmens Abfall nicht gleich Abfall ist; z.B. für den Entsorgungsbetrieb (Unternehmen C) gilt er als ein Rohstoff.

55 Von insgesamt 37.500 Mg/a Abfällen aus Druckereien werden ca. 97 % verwertet, wobei, wenn man die Papier-Karton-Pappe-Fraktion nicht berücksichtigt, nur noch ca. 50-70 % der restlichen Abfälle einer Verwertung zugeführt werden. Mit diesen mengenmäßig zwar geringen Anteilen des Gesamtabfallaufkommens sind jedoch die höchsten spezifischen Entsorgungskosten verbunden, die über ein gezieltes Abfallmanagement reduziert werden können. Vgl. http://www.ik-sachsen.de/indexhtml.html (Stand: 08.06.04). Die besonders überwachungsbedürftigen Abfälle entstehen bei der Herstellung von Druckerzeugnissen durch die Verwendung einer Vielzahl chemischer Produkte wie z.B. Farben, Reinigungsmitteln und Photochemikalien. Vgl. WILLE/BISCHOFBERGER/JUNGE (1999, S. 733).

56 Recyclingpapier besteht zu 100 % aus Altpapier, im Unterschied zu Umweltschutzpapier, das zusätzlich energie- und wassersparend und ohne Verwendung von chemischen Lösungs- und Bindemitteln hergestellt wird.

besonders strenge Vorschriften gebunden ist. Hinsichtlich umweltfreundlicher Produkte ist somit die Nachfrage und insbesondere der Kundenwunsch das entscheidende Kriterium für die Produktinnovationen. Kundenpräferenzen führen z.T. auch zu Gewichtseinsparungen sowie zu Kostensenkungen.

Weitere umweltrelevante Neuerungen in Unternehmen der Druckindustrie bezogen sich auf die *Reduktion des Einsatzes von Lösungsmitteln*[57] (z.B. in Unternehmen D). Diese erfolgt v.a. aus Kostengründen, wobei die Lösungsmittel für das Unternehmen D keinen problematischen Bereich darstellen. Generell stellt die Druckindustrie in der Europäischen Union den zweitwichtigsten industriellen Einsatzbereich von Lösungsmitteln dar.[58] Eine Alternative sieht der Vertreter des Forschungsinstituts (Experte F) in der Substitution von Reinigungsmitteln z.B. durch Mittel, die auf pflanzlicher Basis hergestellt worden sind (d.h. auf der Grundlage nachwachsender Rohstoffe wie Rapsöl), wobei noch ungeklärt ist, *„inwieweit sich das allgemein durchsetzt"*. Die Substitution wird unterschiedlich gehandhabt, weil die Rohstoffauswahl von der jeweiligen betrieblichen Einkaufspolitik abhängt, die sich meistens nach den Kriterien wie Kosten und Ergiebigkeit richtet.

Zusammenfassend kann festgestellt werden, dass die meisten dargestellten Umweltinnovationen in der Druckindustrie einen technischen und organisatorischen Charakter haben, während die Produktinnovationen nur sporadisch von Bedeutung sind. Dabei wird deutlich, dass die Realisierung von *Prozessinnovationen* v.a. durch umweltrechtliche und marktbezogene Motive (Imagewirkung, Kostenreduzierung) beeinflusst wird und dass bei *organisatorischen Maßnahmen* die Kosteneinsparung sowie die sicherheits- und gesundheitsbedingte Verantwortung der Unternehmen den Hauptgrund darstellen. Organisatorische Innovationen beziehen sich nicht nur auf die Erschließung von Einsparpotenzialen, sondern liefern darüber hinaus viele Impulse für eine kontinuierliche Verbesserung der betrieblichen Umweltsituation v.a. hinsichtlich der Abfallwirtschaft.

6.2.2.3 Umweltinnovationen und deren Auslöser in der Entsorgungswirtschaft

Verglichen mit der Papier- und Druckindustrie hat das Unternehmen C (*Entsorgungsbetrieb*) in den letzten zwei Jahren kaum umweltrelevante Neuerungen umgesetzt. Dies kann einerseits damit zusammenhängen, dass im Entsorgungsbereich die Entwicklung der Technik nicht so radikal und dynamisch erfolgt wie in den beiden anderen Wirtschaftsbereichen. Darüber hinaus wird das Unternehmen gemäß der NACE-Klassifikation der Dienstleistungsbranche

---

57 Lösungsmittel können z.B. aus Wasch- und Reinigungsprodukten, Feuchtmitteln, Farben und Lacken sowie als Druckpuder, Ozon, UV-Strahlung und Lärm emittiert werden.

58 Das Hauptproblem aus ökologischer Sicht stellt im Druckverfahren v.a. die Verwendung von Lösemitteln dar. Zwar sind in Tiefdruckereien alle Abluftreinigungsanlagen (Tiefdruckmaschinen sind nach der 4. BImSchV genehmigungspflichtige Anlagen) zur Rückgewinnung des Lösungsmittels installiert, jedoch werden trotzdem noch 5-10% des Lösungsmittels emittiert. Vgl. KLEMENT/DYLLICK (1999, S. 27).

zugeordnet. Dies bedeutet nicht, dass hier keine Technik eingesetzt wird. Da die *technologischen Modernisierungs- und Optimierungsmaßnahmen* ***(prozess-organisatorische Umweltinnovation)*** in der Branche nicht so häufig und nicht in solchem Umfang wie in der Druck- bzw. Papierindustrie umgesetzt werden, ist vielmehr zu vermuten, dass sie als nicht innovativ *wahrgenommen* werden. Dies zeigt auch eine Aussage des befragten Entsorgers (Unternehmen C), wo interessanterweise eine neuerdings umgesetzte Innovation erst nach mehrmaligem Nachfragen[59] erwähnt wurde: *„Sehr gut, dass Sie mich dazu sensibilisieren. Wir haben z. B. da eine neue Technik“* (Unternehmen C). Auch dieses Unternehmen hat also durchaus eine neue *technische Lösung (den Presscontainer)* implementiert. Diese Lösung dient zur effektiven Entsorgung, indem beispielsweise beim Kunden (im Unternehmen D) vollautomatisch ein Signal in Form einer SMS oder eines Faxes an den Entsorger gesendet wird, sobald die Müllbehälter (die Container) mindestens zu ¾ gefüllt sind. Die Abholung der Abfälle erfolgt einerseits Zeit und Kosten ersparender als im Falle von Abholmaßnahmen, die unabhängig von der Abfallmenge geplant werden.

Des Weiteren ist dies aufgrund der Verringerung der Transporthäufigkeit auch umweltschonender. In der Branche gilt dies als Neuheit, weil über diese Technik bislang nur wenige Entsorger verfügen. Die Einführung dieser Innovation ist in dem Unternehmen auf die Marktanforderungen zurückzuführen. Einerseits kommt eine neue Technik durch verschiedene allgemein zugängliche Marktangebote zum Einsatz, andererseits werden die Entsorger durch die enge Zusammenarbeit mit Druckereien für bestimmte Probleme sensibilisiert und zur Optimierung der Entsorgungswege bzw. -lösungen herausgefordert. Entscheidend für die Wettbewerbsfähigkeit ist die Reduzierung der Entsorgungskosten, die für Druckereien durchaus ein erhebliches Problem darstellen.[60] Die technologischen Veränderungen sind hier auf den hohen Wettbewerb zurückzuführen, wobei der befragte Entsorger (als Dienstleistungsunternehmen) in erster Linie von der Markt- und Preisentwicklung abhängig und daher nicht so stark dem technologischen Druck wie Papier- und Druckindustrie ausgesetzt ist.

6.2.2.4 Zusammenfassung der Zwischenergebnisse

Aus den bisherigen Ausführungen zu den umgesetzten Umweltinnovationen und deren Gründen lassen sich v. a. Ergebnisse hinsichtlich der *Relevanz der Branche für Umweltinnovationen* festhalten.

Betrachtet man die ***Branche*** als Einflussfaktor, konnte gezeigt werden, dass alle Unternehmen, die an der Kooperation teilnehmen, Umweltinnovationen realisieren. Diese sind je nach Wirtschaftszweig (Branche) unterschiedlich. Während die Papier- und Druckindustrie v.a. technische Innovationen und Optimierungsmaßnahmen umsetzt, ist dies in

---

[59] Dies herauszufinden ist ein entscheidender Vorteil der qualitativen Interviewmethode. Vgl. Kapitel 5.2.
[60] Vgl. WILLE/BISCHOFBERGER/JUNGE (1999, S. 733); IKS (Hrsg.) (2000, S. 28).

der Entsorgung seltener der Fall, weil sie zurzeit einer geringeren technisch orientierten Innovationsdynamik unterliegt. Die hier ermittelte hohe Bedeutung der technischen Umweltinnovationen in den beiden ersten Wirtschaftszweigen steht im Einklang mit den empirischen Ergebnissen z.B. von FREEMAN, der bereits Anfang 1980er Jahre den technischen Wandel in ausgewählten Branchen analysiert hat. Er stellte in diesem Zusammenhang fest, dass Holz, Papier, Druck und Verlage v.a. durch Verfahrensinnovationen gekennzeichnet sind, die durch Lieferanten von Kapitalgütern und Zwischenprodukten entwickelt und hergestellt werden.[61] Dies zeigt auch, dass solche Umweltinnovationen durch die umweltorientierten Kooperationen nicht entwickelt, aber durchaus in ihrer Bedeutung forciert werden können. Demgegenüber ist die Entsorgung stärker von den Markt- und Kundenanforderungen abhängig. Dies ist damit zu begründen, dass dieser Bereich infolge der gesetzlichen, strukturellen (Oligopolisierung, neue Technologien, neue Materialien, neue Marktstrukturen wie Duale Systeme) und wirtschaftlichen Änderungen (v.a. Energiepreise) durch tief greifende Umbrüche gekennzeichnet ist.[62]

Insgesamt stellt die Entsorgungsbranche einen wichtigen Wirtschaftszweig dar, der Umweltinnovationen in anderen Bereichen auslöst. Sie beeinflusst maßgeblich z.B. die Intensität der Marktnachfrage nach produktintegrierten Umweltinnovationen, die je nach Branche unterschiedlich ausgeprägt ist.[63] Diese Untersuchungsbefunde stehen im Einklang mit den in Kapitel 2.2.2 dargestellten empirischen Ergebnissen in Anlehnung an andere Studien, die besagen, dass die Realisierung von Umweltinnovationen wesentlich von der Branche abhängig ist.

Die Analyse der Umweltinnovationen zeigt deutlich, dass zwischen den untersuchten Branchen Unterschiede hinsichtlich der ***Art der realisierten Umweltinnovationen*** zu konstatieren sind. In allen an der Kooperation beteiligten Unternehmen spielen *Prozessinnovationen und technologische Modernisierungen* eine dominante Rolle. Dies ist darauf zurückzuführen, dass die aus den betrieblichen Umweltproblemen resultierenden Innovationsanforderungen insbesondere an die Umwelttechnik gestellt werden. Dies ist weitgehend mit der Literatur vergleichbar, die besagt, dass die ökologischen Innovationen durch autonome Verminderung der Umweltbelastung, etwa durch Einsatz neuer Umweltschutztechnologien, erzielt werden können.[64] Bei den durch die befragten Unternehmen umgesetzten Umweltinnovationen wird insgesamt den integrierten Umwelttechnologien, z.B. der CtP-Technologie in der Druckindustrie, der Prozessumstellung in der Papierindustrie und der technisch-organisatorischen Optimierung in der Entsorgung,

---

61 FREEMAN ordnete diesen Sektor dem lieferantenbeherrschten Bereich zu. In diesem werden die technischen Umweltinnovationen nicht von den Unternehmen selbst, sondern von den Lieferanten entwickelt und beschafft. Vgl. FREEMAN (1982, S. 10ff.).

62 Vgl. PROBST (2007, S. 53).

63 Vgl. TÜRPITZ (2004, S. 7); SCHWARZ (2003).

64 Vgl. STREBEL (1992, S. 210); BLÄTTEL-MINK (1998a, S. 278).

große Bedeutung beigemessen. Die modernen Produktionsverfahren ermöglichen nicht nur eine rationellere Gestaltung des Fertigungsablaufs, sondern auch eine stetige Verringerung der Umweltbelastungen und eine Verbesserung der Arbeitsbedingungen. Additive Lösungen, z.B. Filtersysteme und Messtechnik, werden eher in der Druckindustrie eingesetzt. Insgesamt wird von den hier befragten Unternehmen der neueste Stand der Technik als entscheidend für ihre Wettbewerbsfähigkeit betrachtet, weil sie dadurch nicht nur ökologische und ökonomische Effekte, sondern auch eine bessere Produkt- bzw. Dienstleistungsqualität erreichen.

Dabei wird besonders deutlich, dass sich die prozessorientierten Innovationen auf die Produktionsstabilität sowie auf die Produktqualität auswirken. Die technischen Innovationen werden hauptsächlich aus *Kostengründen* und *gesetzlichen Gründen* vorgenommen, um dadurch die eigene Wettbewerbsfähigkeit (z.B. Image, Marktposition, Prozessoptimierung, Produktqualität) zu verbessern. Dies entspricht weitgehend den empirischen Ergebnissen in anderen Studien. Diese zeigen, dass v.a. in der technologieintensiven Papier- und Druckindustrie die Bemühungen der Unternehmen um Kostensenkungen sowie auch diejenigen um Einhaltung der Gesetzgebung[65] als wesentliche Bestimmungsgründe für Umweltinnovationen betrachtet werden.[66] Zu ähnlichen Ergebnissen kommen speziell für die Papierindustrie BLAZEJCZAK und EDLER, die eine internationale Untersuchung der Innovationswirkungen des politischen Regulierungsmusters in Deutschland, Schweden, Japan und den USA durchgeführt haben.[67] Insbesondere in der deutschen Druckindustrie gilt der Umweltschutz als wichtiger Kostenfaktor,[68] der zwar i.d.R. kurzfristig mit einem finanziellen Aufwand verbunden ist, aber auch zu Kostenersparnissen führt. Dies wurde auch durch die hier befragten Unternehmen der Druckindustrie bestätigt und wird auch z.B. bei der Technologiebeschaffung berücksichtigt. Beispielsweise können durch Kreislauf- und Filtersysteme Frischwasser eingespart, Chemikalieneinsatz und Abfallmenge verringert und so auch finanzielle Einsparungen (z.B. in Form geringerer Abgaben und Gebühren) erzielt werden.[69] Das *Kostenmotiv* führt auch dazu, dass die Unternehmen möglichst effizienzorientiert (kostengünstig) auf die ökologischen Marktanforderungen reagieren. Die umweltorientierte branchenbezogene Kooperation kann dazu durchaus einen Beitrag leisten um die kostenbezogenen und gesetzlichen Umweltinnovationspotenziale zu erschliessen.

---

65 Aus der eigenen Befragung war ersichtlich, dass es sich dabei sowohl um Vorgaben z.B. für Lärmschutz und Genehmigungsanlagen als auch ökonomische Instrumente wie z.B. Abfallgebühren handelt.

66 Vgl. CLEFF/RENNINGS (2000); TÜRPITZ (2004, S. 6f.); DIECKHOFF et al. (2000, S. 22) sowie Kapitel 2.2.2.

67 Vgl. BLAZEJCZAK/EDLER (1999, S. 41).

68 Kostenvorteile lassen sich z.B. durch eine frühzeitige Anpassung an sich verschärfende Umweltgesetze erzielen. Dies unterstützt das Umweltmanagement oder andere ökonomisch vorteilhafte Alternativen des produktionsintegrierten Umweltschutzes (auf den vor- und nachgelagerten Stufen), die aus strategischer Sicht eine Möglichkeit zur Differenzierung im Markt bieten. Vgl. DYLLICK/BELZ/SCHNEIDEWIND (1997, S. 77).

69 Vgl. BUNDESVERBAND DRUCK (Hrsg.) (2001, A3, S. 1).

Die Prozess- bzw. die technischen Umweltinnovationen sind jedoch oft zwangsläufig mit umweltrelevanten Maßnahmen im *organisatorischen Bereich* (v.a. im Abfallbereich) verbunden.[70] Die organisatorischen Maßnahmen zielen auch auf die Erreichung von Effizienzeffekten. Durch organisatorische Änderungen in den einzelnen Wirtschaftszweigen können daher sowohl die ökologischen (z.B. weniger Papierverbrauch, Kreislaufgedanke) als auch die ökonomischen (z.B. Kostenreduzierung) Aspekte im Sinne von Win-win-Effekten positiv beeinflusst werden. Die Erzielung von Win-win-Effekten ist für alle befragten Unternehmen ein selbstverständliches Ziel und wird je nach finanziellen und organisatorischen Möglichkeiten angestrebt. Dabei ist auch zu konstatieren, dass die Umsetzung konkreter Umweltinnovationen speziell im Hinblick auf den Abfallbereich für die untersuchten Unternehmen der Druckindustrie keine große Herausforderung mehr darstellt.[71] Sie wurden bereits bei der Etablierung dieser Kooperation als umweltaktive und „pionierhafte" Akteure der Branche in Sachsen ausgewählt, um an einer gemeinsamen Branchenlösung (dem abfallwirtschaftlichen Branchenkonzept)[72] für die sächsische Druckindustrie mitzuarbeiten. Generell ist für die deutsche *Druckindustrie* die effiziente Abfallwirtschaft nicht nur eine wirtschaftliche Notwendigkeit, sondern auch eine Voraussetzung für die zeitgemäße Industrieproduktion.[73] Nichtsdestotrotz besteht auch in diesem Bereich aufgrund der Technologieoptimierung oder anderer Anforderungen, z.B. der sich ändernden Gesetzgebung, ein ständiger Verbesserungsbedarf bezüglich der Verwendung von Druckfarben bzw. Chemikalien. Demgegenüber stellt die Abfallwirtschaft in der *Papierindustrie* und der *Entsorgungswirtschaft* keinen problematischen Bereich dar, weil die Abfälle insbesondere in der Entsorgungswirtschaft als Rohstoff betrachtet werden.

Bei der Realisierung der *Produktinnovationen* ist festzustellen, dass diese sowohl in der Papier- als auch in der Druckindustrie umgesetzt werden. Während die Papierindustrie auf die Papierqualität zielt, gewinnt in der Druckindustrie der Einsatz von Öko-Farben oder die Verwendung umweltfreundlichen Druckpapiers an Bedeutung. Dabei wird jedoch deutlich, dass es sich in beiden Wirtschaftzweigen um Verbesserungen der Produktqualität handelt, die maßgeblich auf die Kundenpräferenzen zurückzuführen sind. In der Entsorgungswirtschaft sind weniger die Produktinnovationen als vielmehr organisatorische Dienstleistungsinnovationen anzutreffen, die auf die Verbesserung der Qualität der Entsorgung zielen.

---

[70] Vgl. Kapitel 2.2.

[71] Generell wird eine sinkende Tendenz des Abfallaufkommens beobachtet, was auf die weitere Erschließung von Abfallvermeidungspotenzialen und das Wirksamwerden entsprechender Vermeidungslösungen und -maßnahmen beispielsweise infolge der rechtlichen Bestimmungen, politischen Entscheidungen und betriebswirtschaftlichen Zwänge sowie der gezielten Wahrnehmung der freiwilligen Umweltverantwortung von Unternehmen und Branchen zurückzuführen ist. Vgl. WILLE/HEINIG/MÜLLER (2000, S. 585).

[72] Ein konkretes Beispiel für eine organisatorische Innovation war die Erarbeitung des *abfallwirtschaftlichen Branchenkonzeptes* in Anlehnung an die Erfahrungen v.a. der an der Kooperation beteiligten Druckereien, d.h. *„der besten der Branche"* (Experte F).

[73] Vgl. O.V. (2004, S. 44).

Die dargestellten Innovationen und Gründe für deren Realisierung decken insgesamt ein breites Spektrum ab.[74] Entsprechend der in der Literatur postulierten These, dass Umweltinnovationen von einer *Vielzahl von Einflussfaktoren* abhängig sind,[75] wurde auch in der vorliegenden Untersuchung deutlich, dass die hier identifizierten Umweltinnovationsimpulse den Umweltinnovationsdeterminanten anderer empirischer Studien entsprechen.[76] Neben den gesetzlichen, technologischen und kostenbezogenen Motiven werden aus Sicht der befragten Unternehmen die Umweltinnovationen auch aus der Verantwortung für die Arbeitssicherheit heraus realisiert.

Bei der Auswertung der Frage nach den in letzten Jahren umgesetzten Umweltinnovationen zeigen die quantitativen Ergebnisse zur ***branchenübergreifenden Kooperation***, dass zwar die Prozessinnovationen mit 37 % am stärksten vertreten sind, jedoch die organisatorischen Innovationen (35 %) und die Produktinnovationen (33 %) nur unerheblich unter diesem Wert liegen. Von 8 % der Befragten wurden keine umgesetzten Umweltinnovationen genannt (vgl. Tabelle 34). Die fast gleichmäßige Verteilung der realisierten Umweltinnovationen bei der branchenübergreifenden Kooperation ist mit der qualitativ untersuchten branchenorientierten Kooperation somit nicht vergleichbar, weil im letzten Fall den Produktinnovationen geringe Bedeutung beigemessen wurde. Dies hängt jedoch eng mit der Branchenspezifik zusammen.

Tab. 34: Umweltrelevante Neuerungen im Rahmen der branchenübergreifenden Kooperation (prozentual und absolut)

Innovationsart	***Prozentangaben***
Prozessinnovation	37 % (18)
organisatorische Innovation *(z.B. Managementsysteme, Optimierung der Ablauf- und Aufbauorganisation eines Unternehmens)*	35 % (17)
Produktinnovation	33 % (16)
keine	8 % (4)

Quelle: Eigene Darstellung. *Anmerkung:* Die Zahlen in Klammern geben die absolute Anzahl der Befragten an.

Die Auswertung der Gründe für die Realisierung der Umweltinnovationen (Tabelle 35) zeigt, dass die Verbesserung der Wettbewerbsfähigkeit mit 45 % am häufigsten genannt wurde. Etwas weniger wichtig sind die Kostensenkung (37 %), umweltbezogene Einsparungen (31 %) und Verbesserung der Produktqualität (31 %). Dies zeigt durchaus Unterschiede gegenüber der qualitativen Auswertung, wo unter den Gründen die Kostensenkung und die Einhaltung der Gesetzgebung an erster Stelle genannt wurden. Diese Unterschiede können damit erklärt werden, dass in beiden Untersuchungen unterschiedliche Unternehmensgrößen

[74] Dabei stand nicht die vollständige Erfassung aller Motive für Umweltinnovationen im Vordergrund, sondern eine tendenzielle Darstellung der typischen Motive, die aus der Spezifik der jeweiligen Wirtschaftszweige resultieren.

[75] Vgl. dazu Kapitel 2.2.

[76] Vgl. CLEFF/RENNINGS (1999b, S. 47ff.); DIECKHOFF et al. (2000, S. 22). Bezogen auf die Unterscheidung verschiedener *Umweltinnovationsarten* konnten CLEFF und RENNINGS nachweisen, dass die Innovationen im produktintegrierten Umweltschutz signifikant durch marktstrategische Ziele, z.B. Erhaltung bzw. Steigerung der Markanteile (*market pull effect*), dagegen umweltrelevante Prozessinnovationen stärker durch Umweltregulierungen, z.B. Einhaltung bestehender sowie Antizipation künftiger Gesetze (*regulatory push/pull effect*) beeinflusst werden. Vgl. CLEFF/RENNINGS (1999b, S. 92ff.).

dominant vertreten waren. Dies spielt eine wesentliche Rolle, weil die großen Unternehmen, die eben in der quantitativen Analyse überwiegend vertreten waren, eher der Verbesserung der Wettbewerbsfähigkeit Bedeutung beimessen. Weitere von den befragten Akteuren selbst angegebene Gründe (4 %) waren persönliche Überzeugungen oder Standortverlagerungen.

Tab. 35: Gründe für Umsetzung der Umweltinnovationen (prozentual und absolut)

Innovationsgründe	***Prozentangaben***
Verbesserung der Wettbewerbsfähigkeit	45 % (22)
Kostensenkung	37 % (18)
umweltbezogene Verbesserungen (z.B. Rohstoffeinsparung)	31 % (15)
Verbesserung der Produktqualität	31 % (15)
Imageverbesserung	27 % (13)
technische Gründe (Prozessumstellung, -optimierung)	27 % (13)
Kundenanforderungen, Kundenpräferenzen	25 % (12)
Unternehmensstruktur (z.B. Konzernvorgabe)	18 % (9)
Arbeitssicherheit	12 % (6)
Gesundheitsschutz	10 % (5)
gesetzliche Anforderungen	8 % (4)
andere	4 % (2)

Quelle: Eigene Darstellung. *Anmerkung:* Die Zahlen in Klammern geben die absolute Anzahl der Befragten an.

Vor dem Hintergrund der dargestellten Umweltinnovationen wird deutlich, dass die Unternehmen je nach Branche auf vielfältige Umweltinnovationsimpulse angewiesen sind, um den technischen, ökologischen, ökonomischen und gesetzlichen Anforderungen solcher Innovationen gerecht werden zu können. Bezug nehmend auf das Forschungsziel stellt sich die Frage, welchen Beitrag eine umweltorientierte branchenbezogene Kooperation zur Realisierung der betrieblichen Umweltinnovationen bzw. der innovativen Maßnahmen leisten kann oder wie deren Umsetzung durch solche Kooperationen beeinflusst wird. Dazu wird im Folgenden zunächst das Spektrum an innovationsrelevanten Informationsquellen aus Sicht der Akteure dargestellt und dann die Bedeutung des Branchenarbeitskreises für die subjektiv wahrgenommene Kooperationswirkung auf betriebliche Umweltinnovationenanalysiert.

6.3 Innovationsbeitrag umweltorientierter Kooperationen: Einschätzung der Akteure

Im Rahmen der empirischen Analyse sind Bezug nehmend auf die Forschungsfrage, welchen Beitrag umweltorientierte Kooperation für Umweltinnovationen leistet, unterschiedliche Wirkungen durch die einzelnen Akteure wahrnehmbar.[1] Im Anschluss werden die hier identifizierten Wirkungen quantitativ anhand einer Fragebogenuntersuchung am Beispiel einer branchenübergreifenden Kooperation überprüft.

6.3.1 Einschätzung der Innovationswirkung durch die umweltorientierte Kooperation

Die Innovationswirkung durch eine umweltorientierte Kooperation wird im Folgenden sowohl aus Sicht der Unternehmen als auch aus Sicht der Experten dargestellt. Während die Unternehmen dabei primär über die selbst wahrgenommene Innovationswirkung durch Kooperation sprechen, wird aus Sicht der Experten eine branchenweite Einschätzung vermittelt. Die Expertenmeinung erlaubt in diesem Zusammenhang, die Aussagen der Unternehmen zu bekräftigen oder aus einer anderen Perspektive in Frage zu stellen. Abbildung 12 stellt eine relative Wirkungseinschätzung aller im Rahmen der Fallstudie befragten Akteure dar, die aus der Frage nach der Relevanz der branchenbezogenen Kooperation für Umweltinnovationen resultiert.

Abb. 12: Relative Zuordnung der eingeschätzten Innovationswirkung durch Kooperationsakteure

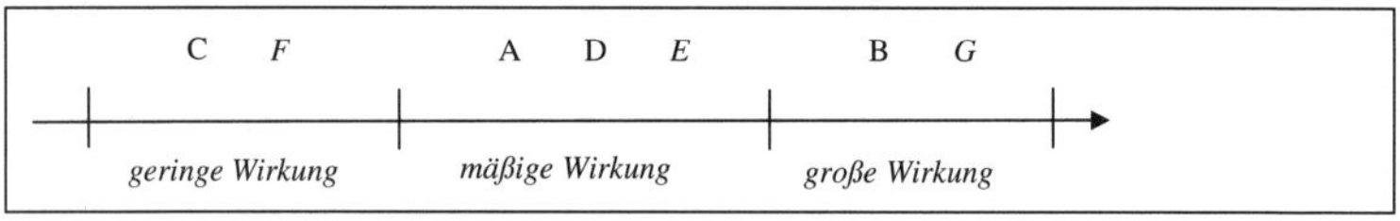

Quelle: Eigene Darstellung. Die Experten sind kursiv gesetzt.

Ausgehend von der unterschiedlichen Einschätzung der Innovationswirkung durch die umweltorientierte Kooperation wird im Folgenden die Rekonstruktion zunächst aus Sicht der befragten Unternehmen und dann aus Sicht der Experten vorgenommen.

6.3.1.1 Einschätzung durch Unternehmensvertreter

Die Innovationswirkung durch eine umweltorientierte branchenbezogene Kooperation wird aus Sicht der Unternehmen unterschiedlich beurteilt. Unternehmensvertreter nehmen einzelne Verbesserungen bzw. Potenziale wahr, sprechen in diesem Zusammenhang jedoch i. d. R. nicht von konkreten Umwelt*innovationen*, weil sie hierunter in erster Linie den Prozessinnovationen bzw. den technischen Innovationen Bedeutung beimessen. Während die meisten befragten Druckereien (A, D) nur eine geringe Innovationswirkung durch die

[1] In der empirischen Innovationsforschung wird auf die subjektive Wahrnehmung z.B. bei der Bestimmung eines Innovationsgrads (Neuartigkeit) zurückgegriffen. Vgl. HAUSCHILDT/SALOMO (2005, S. 13).

umweltorientierte Kooperation wahrnehmen, sind für das Unternehmen B (auch aus der Druckindustrie) durchaus direkte Umweltinnovationspotenziale spürbar. Eine Übersicht über die durch Unternehmen erkannten Wirkungen stellt Tabelle 36 dar.

Tab. 36: Innovationsrelevante Kooperationseffekte aus Sicht der Unternehmen

Unternehmen	*Wirkungsgrad*	*Wirkungspotenziale / Effekte*
A	mäßig	- Gewinnung neuer bzw. bekannter Informationen - Vertiefung, Unterstützung, Begleitung der betrieblichen Prozesse
B	groß	- Kooperation als innovationsrelevante Informationsquelle (gesetzliche, technische und ökonomische Impulse) - Kooperation als Ort des Lernens - umweltschutzrelevante Sensibilisierung
C	gering	- Verbesserung der Problemlösung / Gewinnung eines „Vorsprungs" gegenüber der Konkurrenz - Kundenbindung (Vertiefung der Beziehungen zu Druckereien) - Kooperation als Ort des Lernens
D	mäßig	- Gewinnung neuer bzw. bekannter Informationen - fachlicher Know-how-Austausch

Quelle: Eigene Darstellung.

Um dies nachvollziehbar zu machen, werden die in der Tabelle dargestellten Effekte aus Sicht der einzelnen Unternehmen nun rekonstruiert.

Auf die Frage nach der Relevanz der Kooperation für die Umweltinnovationen sind die Antworten der einzelnen Akteure zum Teil widersprüchlich, was z.B. die Äußerungen des ***Unternehmens C*** (ein Entsorgungsfachbetrieb) andeuten. Einerseits konnte dieser Akteur keinen Einfluss der Kooperation auf Umweltinnovationen feststellen, weil für ihn andere Innovationsquellen wie Verbände (z.B. BVSR) wichtiger sind.

„Das muss ich jetzt aus den Fingern saugen. Also, für uns gibt es die größten Potenziale nicht im Branchenarbeitskreis, sondern in unserem Kreis BVSR" (Unternehmen C).

Andererseits wird der Einfluss der Kooperation auf die Umweltinnovationen „nur indirekt" eingeschätzt. Der wichtigste Kooperationseffekt aus Sicht des Unternehmens C ist die *„enge Kundenbindung"*.

„Stellen Sie sich vor, ich hätte den Kunden nie bekommen. Das muss man sich vorstellen, wir sind 150 Km von [X] entfernt. Wir hätten den Kunden in [Y] nie bekommen, wenn wir uns nicht Gedanken gemacht hätten, denn sie hatten einen Entsorger, der vor Ort saß. Also, wir haben ihn nur bekommen, weil wir ihm geholfen haben, Geld zu sparen und die Umwelt zu schonen. Herr [Z] ist sehr zufrieden damit, weil er ja auch zertifiziert nach Umweltmanagement ist" (Unternehmen C).

Für diesen Entsorgungsbetrieb besteht somit die Kooperationswirkung darin, zum einen die *Zusammenarbeit mit seinem Kunden* zu stärken, der auch an der Kooperation beteiligt ist. Zum anderen sieht dieser Betrieb die Möglichkeiten, mit dem durch die Kooperation erworbenen Wissen gezielt *auf die Entsorgungsprobleme bzw. -wünsche auch anderer Kunden einzugehen*:

„Er dient für uns vor allem zur Kontaktpflege, zu engeren Kooperationen mit unseren Partnern. Aber, es ist natürlich interessant, was Druckereien für Probleme im Druckfarbenbereich haben (...), was da in den Druckereien entsorgt werden muss. Ich sag' noch mal, die Vertiefung der Beziehungen zu den Druckereien, das ist der Grund, an dem Branchenarbeitskreis teilzunehmen" (Unternehmen C).

So wurde beispielsweise eine Lösung für das beschichtete Papier für das Unternehmen D (Druckerei) entwickelt. Aus Sicht des Unternehmens C eignet sich diese Kooperation eher zur Problemsensibilisierung als zur Problemlösung.

„Es ist natürlich von Vorteil, wenn ich weiß, was für Probleme Druckereien haben. Aber die Lösung der Probleme bekomme ich vor allen Dingen vom BVSR“ (Unternehmen C) .

Die umweltorientierte Kooperation wird durch den Vertreter des Entsorgungsbetriebes in ihrer Bedeutsamkeit als *„eher zweitrangig“* angesehen, *„was aber nicht negativ zu verstehen ist, weil die größten Potenziale für Innovationen eben aus dem BVSR kommen“* (Unternehmen C). Dies lässt sich damit begründen, dass dieser Akteur aufgrund des hohen Wettbewerbs auf die marktbezogene Effekte wie Kundenbindung bzw. Verbesserung der Beziehungen zu Kunden abzielt. Die Problemkenntnis der direkten bzw. potenziellen Kunden deutet dabei auf einen Such- und Lernprozess zur Lösungsgenerierung (als Wirkungsmechanismus) hin, weil die Kunden (in dem gegebenen Fall die Druckereien) an einer ökologisch und ökonomisch effizienten Problemlösung interessiert sind.
Dieses Unternehmen zielt mit seiner Kooperationsteilnahme nicht nur auf eine Verbesserung der bestehenden Kundenbeziehungen, sondern auch auf einen „Vorsprung“ gegenüber der Konkurrenz ab, um noch wettbewerbsfähiger zu sein. Vor diesem Hintergrund kann eine geringe Innovationswirkung abgeleitet werden, die sich in der verbesserten Problemlösungsfähigkeit widerspiegelt. Die Aussagen machten deutlich, dass dieser Akteur Problemlösungen für seine Kunden anstrebt, die im Sinne der Innovationsforschung als *Teil des Innovationsprozesses* verstanden werden. Die besonders große Rolle der Kunden für den Innovationsprozess zeigt folgendes Zitat aus dem Konzernprospekt einer Druckerei: „Kundenorientierung erfordert mehr als Maschinen und Rohstoffe. Auf modernen Märkten geht es um Know-how, Flexibilität – und vor allem darum, Innovationen nicht als Verdienst zu sehen, sondern als Teil eines laufenden Prozesses.“[2]

Die hier identifizierte Innovationswirkung durch umweltorientierte Kooperationen ist hauptsächlich auf wettbewerbsstrategische bzw. marktbezogene Ursachen zurückzuführen. Dies sind z.B. die Verbesserung sowohl *formaler Geschäftsbeziehungen* als auch bestehender *informeller Beziehungen* zu Kunden bzw. zu potenziellen Kunden (d.h. den Druckereien). Daraus lässt sich schlussfolgern, dass die umweltorientierte Kooperation zwar zur besseren Erschließung der Innovationspotenziale beiträgt, jedoch in ihrer Innovationswirkung allgemein durch diese Unternehmen als gering bewertet wird.

Gegenüber der geringen Innovationswirkung durch umweltorientierte Kooperation bei dem Entsorger sind in der Druckindustrie andere Wahrnehmungen festzustellen. So wird vom ***Unternehmen D*** durchaus eine mäßige Wirkung der umweltorientierten Kooperation auf die realisierten Umweltinnovationen wahrgenommen. In diesem Fall wird die innovationsrelevante Kooperationswirkung auf die *Gewinnung von neuen Informationen* und *den Erfah-*

---

2 LEIPA GEORG LEINFELDER GmbH (Hrsg.) (o.J., S. 1).

rungsaustausch zurückgeführt. Für die betrieblichen Innovationsanstöße werden im Allgemeinen interne und externe Auslöser genannt. Die externen Auslöser resultieren aus den durch das Unternehmen genutzten verschiedenen Beziehungen z.B. zu Herstellern, Verbänden etc. Die internen Auslöser hängen hingegen mit der Konzernstruktur und der daraus resultierenden *„Synergien im Konzern"* (Unternehmen D) zusammen. Beide sind für die stabile wirtschaftliche Lage und die wettbewerbsstrategische Entwicklung des Unternehmens von Bedeutung.

> *„Wir sind schon ein über den Konzern organisiertes Unternehmen gewesen (...). Und sofern war nicht zu erwarten, dass der Arbeitskreis uns signifikant beeinflusst"* (Unternehmen D).

So wurde beispielsweise die Erstellung des Umweltberichtes konzernweit anregt. Die innovative Position des Unternehmens bezieht sich nicht nur auf die aktuelle Situation. Vielmehr war das Unternehmen D bereits zu Beginn der Kooperation im Branchenarbeitskreis im Vergleich zu anderen durch ein hohes Innovationsniveau gekennzeichnet. Die umweltorientierte Kooperation ermöglicht dem Unternehmen D die Gewinnung von Informationen durch einen gezielten Know-how-Austausch. Sie wird dabei als eine von mehreren innovationsrelevanten Informationsquellen angesehen, die den Teilnehmern verschiedene Verbesserungspotenziale erschließt und so die Innovationsfähigkeit fördern lässt.

Ähnlich wie bei dem Unternehmen D zeigt sich auch im Falle des ***Unternehmens A***, dass die Innovationswirkung durch den Branchenarbeitskreis zwar wahrgenommen wird, jedoch hierfür kein konkretes Beispiel genannt werden konnte, wie die Aussage zeigt:

> *„Also, ich persönlich habe kein Beispiel, wo ich sagen könnte ‚dort haben wir Impulse gekriegt und das haben wir dann umgesetzt'"* (Unternehmen A).

Worauf ist es zurückzuführen, dass dieser Vertreter des Unternehmens keine Umweltinnovationspotenziale durch die umweltorientierte Kooperation sieht? Ein Grund könnte sein, dass der befragte Vertreter des Unternehmens A nur ausnahmsweise – in Vertretung für den Geschäftsführer – an der Kooperation teilgenommen hat und nicht dieselben Erfahrungen hat wie die anderen Befragten. Der Interviewpartner begründet seine Aussage damit, dass die Förderung der Umweltinnovationen nicht die Aufgabe der Kooperation sei.

> *„Der Branchenarbeitskreis (...) soll mehr oder weniger eine Hilfe, Unterstützung bieten, also die Prozesse begleiten. Ich sehe den Branchenarbeitskreis nicht so als Vorreiter"* (Unternehmen A).

Aus der Einschätzung dieses Akteurs wird deutlich, dass diese Kooperation etwas vollkommen Neues *„eigentlich nicht bringen"* kann, weil sie *„nur die Informationsquellen im weitestgehenden Sinne hat, die uns ja auch zur Verfügung stehen"*. Der wesentliche Vorteil der im Rahmen der Kooperation vermittelten Informationen ist jedoch, dass sie branchenbezogen und thematisch aufgearbeitet sind. Die innovationsrelevante Kooperationswirkung wird lediglich in der Vertiefung sowie der Unterstützung und Begleitung betrieblicher Prozesse gesehen. Dieser Kooperation wird durch den Akteur A – ähnlich wie durch das Unternehmen D – zwar grundsätzlich eine gute Informations- bzw. Erklärungsfunktion (z.B. im Sinne der Auslegung der gesetzlichen Vorschriften) beigemessen, jedoch nicht als *„Top-Informationsmittel"* (Unternehmen A). Eine wichtigere Rolle spielen z.B. die

Umweltinformationsdienste sowie der Bundesverband Druck und Medien (BVDM), der als ein kompetenter Partner bezüglich der aktuellen und künftigen Umweltschutzregelungen gilt:

„*Es gibt natürlich auch Betriebe, die nicht Mitglied im Bundesverband Druck und Medien sind; (...) denen ist diese Informationsquelle schon abgeschnitten und die sind natürlich in dem Branchenarbeitskreis dann besser aufgehoben*" (Unternehmen A).

Betrachtet man aber die Hintergründe für den Beitrag der Kooperation zur Innovationswirkung, so werden Umweltinnovationspotenziale u.a. dadurch ausgelöst, dass bestimmte, branchenbezogen aufbereitete Informationen gezielt im Unternehmen umgesetzt werden. Damit kann einerseits die Problemlösungsfähigkeit und Lernfähigkeit des betrieblichen Akteurs, und andererseits die betriebliche Prozessoptimierung gefördert werden.

Verglichen mit den Unternehmen A, C und D, die konzerngebunden und demzufolge auch durch eine stabilere wirtschaftliche Lage gekennzeichnet sind, scheinen die nicht konzerngebundenen Unternehmen innovations- und lernfähiger zu sein.[3] So setzte sich das Unternehmen B zum Ziel, ständig auf dem neuesten Stand zu sein.

„*Da haben wir natürlich ständig das Ziel, das auf höchstem Niveau durchzuziehen, damit dieser technologische Abschnitt auf höchstem Niveau ist und man sich dann praktisch der nächsten Stufe widmen kann. Und dazu versuchen wir, jede Information abzuheben; sei es der Wettbewerber, der Anbieter. Das ist ein sehr wichtiger Fakt, aber auch von außen. Also es ist für uns auch ganz wichtig, dass wir eben doch immer (...) zu Druckereien, die ähnliche Produkte herstellen, (...) gute Verbindungen haben*" (Unternehmen B).

Diese Beziehungen werden auch genutzt, um „*ein ständiges Vergleichsgespräch und einen Abgleich*" durchführen zu können. „*Das ist für uns ein ganz wichtiges Mittel. Und genauso sind eben auch die Arbeitskreise*" (Unternehmen B). Daher wird bei ***Unternehmen B*** eine relativ hohe Innovationswirkung durch die umweltorientierte Kooperation festgestellt. Die Gründe hierfür sind vielfältig, wie die folgende ausführliche Aussage über Potenziale und Grenzen einer Kooperation verdeutlicht.

„*Man muss hier auch entscheiden, im Kleinen und im Großen (...). Für mich persönlich war es innovativ, wobei ich sagen muss, es hat alles seine Grenzen. Aber es hat für jeden Teilnehmer seine Grenzen. Und das ist genau die Frage, die Sie gestellt haben. Wenn ich in meine Firma komme, welche Möglichkeiten habe ich? Es gibt Situationen, da ist die wirtschaftliche Lage so angespannt, da gibt es andere Probleme. Da muss man solche Aufgaben wissen und bereithalten. Dann gibt es Situationen, wo man sagen kann, ‚jetzt ist gerade die Situation, jetzt mache ich einen technologischen Schritt, jetzt gibt es auch bei uns das Eigeninteresse'. Wenn das Eigeninteresse sich dazu formuliert und potenziert, dann ist das natürlich eine tolle Sache. Aber man muss auch davon ausgehen, dass man gerade eine Information gewonnen hat, die niemand im Moment hören will, weil gerade eine andere Situation im Betrieb ist; die Tagessituation, die monatliche Situation in der Firma. Es bedarf manchmal anderer Schritte, aber deswegen muss man das halt steuern. Und ich denke, es war dadurch gut angelegt. Wir waren meistens Leute, die von der Position her Eingriffsmöglichkeiten hatten, also du kannst erst einmal von allein etwas tun. Und für große Sachen musst du den Moment abwarten, wo es hingehört, und ordentlich aufbereiten. Ich denke, mir persönlich hat es schon viel gegeben, weil es auch wichtig ist, wie man sich gerade bei dem Thema Umwelt sagt, ‚ich war mal vor 10 Jahren sensibilisiert und jetzt ist es vorbei'. Man wird nämlich immer wieder unsensibel. Man muss sich immer wieder anstoßen (...)*" (Unternehmen B).

---

[3] Unternehmen B betont z.B. den besonderen Nutzen durch den informellen Austausch mit anderen Kooperationsakteuren.

Diese Aussage zeigt relativ deutlich, wie vielfältig die Wahrnehmung der Kooperationswirkung auf Umweltinnovationen sein kann. Die Kooperation wird durch den Akteur als innovationsrelevante Informationsquelle sowie auch als ein Ort des Lernens verstanden. So wird aufgrund der hohen Bedeutung der Umweltaspekte für das Unternehmen eine kontinuierliche Verbesserung der Lernfähigkeit angestrebt. Ursache für dieses Bestreben ist die Einsicht, dass die Umweltmaßnahmen einer ständigen Sensibilisierung bedürfen, die durch langfristige umweltorientierte Kooperationen ermöglicht wird. Insbesondere unter Umweltinnovationsgesichtspunkten ist eine ständige Verbesserung der wirtschaftlichen Unternehmenstätigkeit durch Umweltengagement notwendig, weil dadurch weitere Potenziale entstehen können, die nicht nur zur Kostenreduzierung oder Rohstoffeinsparung beitragen, sondern auch die Implementierung weiterer technologischer Innovationen (z.B. umweltfreundlicher Technologien) beeinflussen können. Dass solche Prozesse z.B. wegen Technologiebeschaffung langfristig geplant werden, setzt die Lern- und Innovationsfähigkeit der Akteure in besonderer Weise voraus, wie das im Unternehmen B der Fall ist. Die Kooperation trägt aus Sicht des Unternehmens B zu einem vielfältigen Innovationspotenzial bei, weil sie über Neuheiten im Umweltschutz informiert sowie auch ein breites Spektrum an Informationen vermittelt. Dadurch kommt es zur Unsicherheitsreduzierung, die ökonomische, technologische und ökologische Fragen beeinflussen kann. Dass Umweltinnovationen durch die Kooperation möglich sind, wird durch den Vertreter des Unternehmens B am deutlichsten festgestellt. Obwohl aus seiner Sicht die „Innovationen zu selten“ waren, ist seine Aussage ein deutlicher Hinweis darauf, dass sie direkt wahrgenommen wurden.

Da die Realisierung von Umweltinnovationen sowohl unter ökologischen als auch unter ökonomischen Gesichtspunkten abgewogen wird, muss je nach Problemlage oder je nach Situation und Möglichkeit eines Unternehmens entschieden werden, inwieweit eine umweltbezogene Verbesserungsmaßnahme in einer jeweiligen Situation Priorität haben soll. Dies stellt besondere Anforderungen an die Entscheidungsträger, die auch als Kooperationsteilnehmer fungieren und darüber entscheiden können, welche der durch die Kooperation gewonnenen Impulse gerade relevant sind und im Unternehmen umgesetzt werden sollten. Der Vertreter des Unternehmens B gilt als ein Entscheidungsträger, der unabhängig von der wirtschaftlichen Situation seines Unternehmens durch eine ausgeprägt hohe Offenheit für neue Informationen gekennzeichnet ist. Die empirischen Belege deuten darauf hin, dass der wahrgenommene Innovationsbeitrag durch die jeweiligen Akteure determiniert wird, weil sie grundsätzlich Interesse an unterschiedlichen innovationsrelevanten Impulsen haben.

> *„Da muss man immer wieder dran bleiben. Damit kann man dann selbst die Innovation von außen mit rein bekommen. Ich denke, das ist schon wichtig. Das Gute war eben, da wir hier eben sehr große und wichtige Partner hatten, die auch alle ein sehr hohes Niveau haben. Da kann man nämlich auch etwas abheben und auch was sehen, bei den anderen hören und vor allen Dingen auch gesetzliche Sachen, die du gar nicht begreifen kannst. Wenn ich so ein Gesetz lese, habe ich keine Chance“* (Unternehmen B).

Diese Einschätzung macht deutlich, dass die Effekte der Kooperation eng mit anderen Faktoren wie z.B. mit Entscheidungsbefugnissen und -möglichkeiten der an der Kooperation beteiligten Akteure und mit ihrer Funktion in Unternehmen (Promotorenrolle) zusammenhängen. Hier kommt nicht nur der durch die Kooperationsteilnehmer ausgeübten Funktion (Macht- bzw. Fachpromotor) eine besondere Rolle zu. Vielmehr sind für die innovationsfördernde Wirkung einer umweltorientierten Kooperation auch die persönlichen Fähigkeiten der Promotoren relevant, die sich in einer strategischen Ausrichtung (Zukunftsorientierung), Offenheit für neue Impulse und Informationen sowie in einer kontinuierlichen Lern- und Verbesserungsfähigkeit widerspiegeln, die auch für ihre Kompetenzerhöhung ausschlaggebend sind.[4]

Zusammenfassend lassen die empirischen Befunde auf eine über alle Unternehmen der Kooperation hinweg differente *Innovationswirkung der Kooperation* schließen und bieten dabei verschiedene Ansatzpunkte (z.B. in Form der Gewinnung neuer Informationen, der Sensibilisierung oder Problemlösung) für deren Erklärung. Vorläufig lässt sich feststellen, dass Unternehmen B als einziges Unternehmen eine direkte Innovationswirkung der Kooperation wahrgenommen hat. Dieses Unternehmen hat nicht nur auf die Verbesserung der Lern- und Problemlösungsfähigkeit durch die Kooperation hingewiesen, sondern die Kooperation auch zur Reduzierung der Markt-, Technologie- und Umweltunsicherheit genutzt, der eher die nicht konzerngebundenen Unternehmen ausgesetzt sind. Wie sieht die Einschätzung anderer Akteure aus, die an der Kooperation teilnehmen und keine Unternehmen sind? Dies wird im nachfolgenden Kapitel näher untersucht.

6.3.1.2 Einschätzung der Experten

In der Einschätzung nicht betrieblicher Akteure wird die Kooperation allgemeiner wahrgenommen, d.h., sie wird auf die gesamte Branche bezogen und dadurch auch auf andere Unternehmen über diese Kooperation hinaus. Vergleicht man die Einschätzung der kooperationsbedingten Innovationswirkung durch die Unternehmen mit derjenigen durch die Experten, wird auch eine differenzierte Beurteilung deutlich (vgl. Tabelle 36 und Tabelle 37). Bei den Experten handelt es sich um Vertreter jeweils eines Forschungsinstituts (Druckindustrie), eines Verbandes (Papierindustrie) sowie um einen umweltpolitischen Vertreter, der auch als Koordinator der Kooperation fungiert.

---

4 Vgl. dazu weiterführend Kapitel 6.4.2.2.

Tab. 37: Innovationsrelevante Kooperationseffekte aus Expertensicht

Akteure	*Wirkungsart*	*Wirkungspotenziale / -effekte*
Forschungsinstitut	geringe	- Verbesserung/Gewinnung neuer Geschäftsbeziehungen - Gewinnung neuer bzw. bekannter Informationen (von Erfahrungswissen)
Verband	mäßige	- fachlicher Know-how-Austausch - Innovationsrelevante Informationsquelle (gesetzliche, technische, ökonomische Informationen) - Heranziehung von Fachleuten aus dem Branchenarbeitskreis zwecks Konkretisierung bzw. Vertiefung umweltrechtlicher Informationen - branchenübergreifende Problemlösung
Koordinator (auch umweltpolitischer Vertreter)	große	- Kooperation als Impulsgeber - innovationsrelevante Informationsquelle (gesetzliche, technische und ökonomische Impulse) - fachlicher Know-how-Austausch - Kosteneinsparung

Quelle: Eigene Darstellung.

Aus Sicht des ***Forschungsinstituts*** wird grundsätzlich den unternehmensübergreifenden Kooperationen für betriebliche Innovationen eine Bedeutung zugeschrieben:

> *„Von der Theorie her schon, aber es ist jetzt schwierig, da konkrete Beispiele zu finden, die auch richtig Gehalt herüberbringen."* (Experte F).

Ein Beitrag der Kooperation wird in erster Linie in der Verbesserung bestehender bzw. in der Gewinnung neuer Geschäftsbeziehungen gesehen. Zudem hob der Befragte hervor, dass für die Druckbetriebe keine spezielle Motivation besteht, aus Umweltschutzgründen zu kooperieren. Da dies nicht weiter expliziert wurde, kann hier vermutet werden, dass dabei v.a. die kleinen Betriebe gemeint waren, die in der Branche überwiegen und die dafür keine Kapazitäten haben, während die mittelständischen Unternehmen durchaus Interesse an einer umweltorientierten Kooperation zeigen. Dabei ist jedoch zu erwähnen, dass die Akteure weniger an Umweltaspekten und vielmehr an den informellen Beziehungen interessiert sind.

Im Hinblick auf die Bedeutung der umweltorientierten Kooperation für Innovationspotenziale wurde zwar von dem Akteur die Relevanz der Kooperation bekräftigt, jedoch unter der Voraussetzung, dass sich die Unternehmen „tatsächlich mit den Angeboten" aus der Kooperation befassen.[5] Dabei ist anzumerken, dass obwohl die meisten Kooperationsakteure die Druckindustrie vertreten und auch das Forschungsinstitut auf diese Branche spezialisiert ist, bestehen deutliche Schwierigkeiten seitens dieses Akteurs, die betriebliche Innovationswirkung durch die umweltorientierte Kooperation adäquat einzuschätzen. Dies spiegelt sich auch in dem angenommenen relativ geringen Nutzen der Information durch die Kooperation wider. Da die Umsetzung konkreter, insbesondere technologischer Maßnahmen in der

[5] Als mögliches Beispiel für solche Aktivitäten wurde die gemeinsame Nutzung eines Entsorgers genannt, der für die ganze Lieferkette zuständig wäre. Da alle Kooperationsunternehmen der Druckindustrie bereits mit verschiedenen Entsorgungsbetrieben zusammenarbeiten und manche Unternehmen auch vom Konzern aus einen Entsorger nutzen, ist zu konstatieren, dass dieser Vorschlag für diese Kooperationsunternehmen nicht umsetzbar wäre.

Branche oft langfristig geplant wird, werden diese durch viele Informationen abgesichert, um z.B. die Investitionen in eine Technologie unter der Berücksichtigung des Kosten-Nutzen-Verhältnisses zu gestalten.[6]

Insgesamt bezieht sich die hier wahrgenommene Wirkung – ähnlich wie beim Entsorgungsunternehmen C – hauptsächlich auf die marktbezogenen bzw. wettbewerbsstrategischen Effekte (Verbesserung bzw. Gewinnung von Geschäftsbeziehungen). Die Kooperation wird insofern als eine innovationsrelevante Informationsquelle angesehen, da der Vertreter des Forschungsinstituts die Informationen für die eigene Beratungstätigkeit in Druckereien nutzt und daher – durch Verbreitung der gewonnenen Erkenntnisse – zur besseren Erschließung der Innovationspotenziale in anderen Betrieben der Druckindustrie beiträgt. Potenzial für die Förderung umweltorientierter Innovationen durch die Kooperation ist aus Sicht des Forschungsinstituts v.a. in der Papierindustrie zu vermuten; das Forschungsinstitut ist dagegen hauptsächlich auf die Druckindustrie spezialisiert.

Die Vermutung des Forschungsinstituts, dass die umweltorientierte Kooperation eher in der Papierindustrie zu einer Innovationswirkung führt, wird durch den Experten E (***Verband***) unterstützt, der als Vertreter der Papierindustrie fungiert. Der Verband stellt eine breite kooperationsbedingte Innovationswirkung im gesetzlichen, technischen und ökonomischen Kontext fest, die auf den Austausch fachlichen Know-hows im Rahmen der Kooperation zurückgeführt wird. Trotz bestimmter Unterschiede zwischen den einzelnen Wirtschaftszweigen werden vom Experten E gewisse Problembereiche gesehen, die gemeinsam gelöst werden können. Neben branchenspezifischen Themen gibt es auch Fragen, die eine branchenübergreifende Herangehensweise erfordern, z.B. bezüglich der Entsorgung der Abfälle. Besonders innovationsrelevante Bedeutung misst der Akteur den an der Kooperation beteiligten Fachleuten aus Wirtschaft, Wissenschaft und Politik bei, die auch die sächsische Spezifik kennen (z.B. welche Entsorgungswege es gibt). Zentrales Kooperationsmotiv für den Verband ist zu erfahren, welche Entsorgungswege es gibt, weil seine 24 Mitgliedsunternehmen der Papierindustrie in Sachsen Interesse daran haben. Dieses Thema gewinnt an Relevanz, weil seit 2005 die Abfallvorbehandlung gesetzlich vorgeschrieben wird[7] und infolge dessen Unternehmen vor neue Herausforderungen gestellt werden. Der Branchenarbeitskreis als Beispiel einer umweltorientierten Kooperation trägt zu einer Innovationswirkung nicht nur durch Vermittlung branchenbezogen aufbereiteter gesetzlicher Informationen bei, die z.B. neue Entsorgungsmöglichkeiten betreffen. Die Erschließung von

6 Eine solche Situation wird am Beispiel des Unternehmens B deutlich.

7 Seit dem 01.07.2005 müssen Abfallerzeuger keine betrieblichen Abfallwirtschaftskonzepte und Abfallbilanzen mehr erstellen. Die bisher in § 19 und § 20 KrW-/AbfG geregelte Konzept- und Bilanzpflicht wurde durch das „Gesetz zur Umsetzung von Vorschlägen zu Bürokratieabbau und Deregulierung aus den Regionen“ vom 21.06.2005 aufgehoben. Die Erzeuger von überwachungsbedürftigen und besonders überwachungsbedürftigen Abfällen sind danach künftig nicht mehr – wie in der Vergangenheit – verpflichtet, ab einer bestimmten jährlichen Abfallmenge Abfallwirtschaftskonzepte und Abfallbilanzen über Vermeidung, Verwertung und Beseitigung der Abfälle zu erstellen und abgabebereit zu halten.

Innovationspotenzialen erfolgt hier auch durch einen Informations- und Erfahrungsaustausch über technische Aspekte, weil z.B. mit den Entsorgungsproblemen unmittelbar auch Fragen bezüglich der Verbrennungsanlagen zusammenhängen, die gemeinsam unter Berücksichtigung der lokalen bzw. regionalen Spezifik diskutiert werden.

> *„Im Branchenarbeitskreis wird ausgetauscht, was notwendig ist, wenn ich als Unternehmen (...) nicht weiß, wohin mit dem Abfall, welche ich Genehmigungen brauche und wie geht es technisch. Immer beides wird behandelt, weil da Spezialisten sind, die sagen, wie es geht. Also das ist eine gute Sache"* (Experte E).

Die Relevanz von technischen und gesetzlichen Informationen wird in einem engen Zusammenhang mit dem ökonomischen Aspekt wie Preis bzw. Kosten gesehen. Innovationswirkung durch Kooperation erfolgt dabei in zweifacher Hinsicht. *Einerseits* werden durch diesen Experten im Rahmen der *Verbandsstruktur* potenziell innovationsrelevante Informationen an seine Mitgliedsunternehmen weitergeleitet. *Andererseits* wird je nach Bedarf eine weitere Konkretisierung bzw. Vertiefung u.a. umweltrechtlicher Informationen durch die Heranziehung von Fachleuten aus dem Branchenarbeitskreis angestrebt, um bestimmte Problembereiche spezifisch für die Papierindustrie ausführlicher zu klären. Dies kann nicht nur zur Verbesserung der Handlungsfähigkeit der Unternehmen der Papierindustrie beitragen, sondern auch zur Reduzierung der Unsicherheit über die umweltrechtlichen Anforderungen und über technologische Möglichkeiten wie z.B. Errichtung einer Verbrennungsanlage. Die Rolle der umweltorientierten Kooperation wird durch den Experten zwar hoch eingeschätzt, jedoch sieht er neben den Innovationspotenzialen auch Grenzen der Wirkungsmöglichkeit der Kooperation, weil die Kooperation nur bestimmte Aspekte behandeln kann. Trotzdem ist hier eine als direkt wahrgenommene Wirkung festzustellen. Ähnlich wie beim Unternehmen B spielt auch im Falle dieses Experten die hohe Lernfähigkeit und Eigeninitiative eine wichtige Rolle.

Insgesamt ist hervorzuheben, dass laut dem Experten E durch eine umweltorientierte Kooperation durchaus innovationsrelevante Potenziale für die Papierindustrie entstehen, weil der fachliche Informations- und Erfahrungsaustausch entlang der Wertschöpfungskette, z.B. wegen technischer oder ökologischer Probleme, eine wichtige Rolle spielt.

Im Vergleich zu den zwei bereits dargestellten Experten nimmt Experte G wahr, der als ***Koordinator*** der Kooperation fungiert, noch deutlichere Innovationswirkungen fest. Er misst den Branchenkooperationen generell eine hohe Beutung bei, weil z.B. die Produktion in der Druckindustrie von anderen Akteuren wie Papierherstellern abhängig ist. Dabei gewinnt der Informations- und Erfahrungsaustausch eine besondere Relevanz, wodurch z.B. einige F&E-Aktivitäten bezüglich neuer Materialien oder Stoffe zielgerichtet für eine konkrete Problemlösung angestoßen werden können.

> *„Das ist hier ganz besonders stark der Fall. Aus den Problemen heraus, die einer hat, ergeben sich Forderungen nach Innovationen für den anderen. Aus dieser Problemlage, werden die Forderungen nach Innovationen für den anderen. So, hängt das zusammen"* (Experte G).

Die Innovationen werden somit durch den Know-how-Austausch ausgelöst. So können konkrete umweltbezogene Probleme in einem Unternehmen für die anderen Akteure (v.a. Unternehmen) zu weiteren Anregungen für Innovationen werden. Die Umweltinnovationen werden somit durch den Experten G – ähnlich wie durch Experten E und Vertreter des Unternehmens B – als Prozesse verstanden, deren Gestaltung vom Unternehmen selbst, aber auch vom Engagement bzw. der Unterstützung durch Führungskräfte abhängt und auf vielfältige Informationen angewiesen ist.

Experte G sieht sich darüber hinaus selbst als *„Impulsgeber"*, der nicht zum Ziel hat, fertige Lösungen zu präsentieren, sondern branchenspezifische und -übergreifende Anstöße zu geben. Der breite *„Know-how-Transfer"* erfolgt nicht nur durch Diskussionen über betriebliche Problembereiche oder über Informationen zu neuen Gesetzen bzw. Gesetzeskommentaren,[8] sondern auch durch Projektentwicklung oder -realisierung. Dies kann sich wiederum positiv auf betriebliche Umweltinnovationen auswirken. Als prägnantes Beispiel lässt sich dabei ein Ratschlag bezüglich der Entsorgungsoptimierung anführen, der im Rahmen der Kooperation dem Unternehmen D erteilt wurde. Dadurch konnte das Unternehmen ca. 10.000 Euro einsparen.

> *„Wir haben einen Betrieb, dem durch ein Gespräch von drei Minuten über den Tisch dazu verholfen wurde, damals 20.000 DM einzusparen (...). Na gut, das sind die Highlights, weil wir ihm eben nur gesagt haben, wie er anders entsorgen soll. Das passiert natürlich auch*" (Experte G).

Dies zeigt, dass trotz des hohen Technologiestandes und der Marktposition bei dem konzerngebundenen Unternehmen D ein Mangel an Wissen im Bereich der Entsorgungsmöglichkeiten festzustellen war. Interessant ist dabei, dass dies auch von Unternehmen D bestätigt, jedoch nicht als ein Innovationseffekt herausgestellt wurde. Experte G verweist darauf, dass die Kooperation – ausgehend von konkreten Unternehmensproblemen – zur Behebung der Wissenslücken und zur gezielten Problemdiskussion beiträgt. Als Voraussetzung gelten dabei die kompetenten Kooperationsteilnehmer aus verschiedenen Wirtschaftszweigen, was auch einen wesentlichen Motivationsanreiz für die Kooperationsteilnahme darstellt.

Durch den Experten G ist somit eine direkte Wahrnehmung der kooperationsbedingten Innovationswirkung festzustellen. Dies kann einerseits damit zusammenhängen, dass dieser Experte die Relevanz der eigenen Position als Koordinator verteidigen will; andererseits kann davon ausgegangen werden, dass er – aufgrund seiner Funktion als Koordinator – die Wirkung der Kooperation im Allgemeinen am besten einschätzen kann. Darüber hinaus hängt die Wahrnehmung betrieblicher Innovationswirkung durch die hier untersuchte Kooperation von den jeweiligen Unternehmen selbst ab, insbesondere von ihrem Bedarf und ihrem Interesse an Problemlösungen bzw. Umweltinnovationsmaßnahmen.

---

[8] Z.B. wurde das Kreislaufwirtschaftgesetz mit seinem untergesetzlichen Regelwerk kommentiert und es wurden dazu kurze, praxisorientierte Leitfäden erarbeitet.

Zusammenfassend zeigt die Experteneinschätzung deutlich, dass die Perspektiven einzelner Akteure und demzufolge ihre Bewertungen bezüglich der Innovationswirkung unabhängig vom Wirtschaftszweig variieren, welche sie repräsentieren. Das bedeutet auch, dass innerhalb eines Wirtschaftszweigs – wie z.B. der Druckindustrie – die Innovationswirkung unterschiedlich wahrgenommen wurde. Interessant ist jedoch, dass die betrieblichen Innovationsaktivitäten durch den wissenschaftlichen Experten F kaum präzise einschätzbar sind, obwohl er selber als Innovator fungiert. Aus Sicht des Forschungsinstitutes leistet die Kooperation nur indirekt einen Innovationsbeitrag. Dies kann u.a. mit seinem stark technologischen Forschungsprofil und mit seiner geringeren Umweltbetroffenheit erklärt werden. Als wertvolle Impulsgeber für betriebliche Umweltinnovationen lassen sich demgegenüber die politischen Vertreter (Experten E und G) ansehen. Experte G fungiert als umweltpolitischer Vertreter, der nicht nur auf die Druckindustrie spezialisiert ist, während Experte E (ein wirtschaftspolitischer Vertreter) für eine Branche – die Papierindustrie – zuständig ist. Dies führt schließlich dazu, dass die kooperationsbedingte Innovationswirkung durch den letzten Experten nicht ganzheitlich, sondern nur einseitig – bezogen auf einen Wirtschaftszweig – beurteilt wird. Die wahrgenommene Wirkung wird daher als mäßig (A, D) interpretiert, während die vom Experten E (ähnlich wie das Unternehmen B) als groß eingeschätzt werden kann.

Diese Analyse zeigte auch, dass die Frage, ob die Innovationswirkung wahrgenommen wird, mit dem Engagement der Akteure zusammenhängt, weil sie unterschiedlichen Bedarf, Fähigkeiten und Möglichkeiten haben. Die Akteure, die eine große Innovationswirkung wahrnehmen, beeinflussen aktiv die Kooperationsgestaltung. Daher sind im Weiteren die innovationsrelevanten Bedingungen der Kooperation näher zu untersuchen, um die Umweltinnovationen zu fördern. Bevor darauf ausführlicher eingegangen wird, sind zunächst die aus der qualitativen Analyse des branchenbezogenen Kooperationsfalls gewonnenen Ergebnisse zusammenzufassen und dann am Beispiel einer branchenübergreifenden Kooperation zu überprüfen.

6.3.2 Zusammenfassung der Ergebnisse: Innovationswirkungsgrad einer umweltorientierten Kooperation

Die empirische Analyse der Akteurswahrnehmungen ermöglicht eine differenzierte Beurteilung der Bedeutung der branchenbezogenen Kooperation für Umweltinnovationen. Mithilfe des qualitativen Vorgehens konnte ermittelt werden, dass bei einigen Akteuren (B, E, G) durchaus die Wahrnehmung einer direkten Innovationswirkung vorliegt. Interessant ist dabei jedoch, dass zwischen Unternehmen der Druckindustrie (A, B, D) deutliche Unterschiede bezüglich der Einschätzung der Innovationswirkung festzustellen waren.

Darüber hinaus wurde deutlich, dass die Akteure weniger einen ökologischen Nutzen, sondern vielmehr auch wettbewerbsstrategische Kooperationseffekte (Kostensenkung, Kundenbindung) wahrnehmen. Konkrete Umweltinnovationen konnten nur vereinzelt genannt werden. Dabei ist jedoch davon auszugehen, dass die durch umweltorientierte Kooperation ausgelösten Verbesserungen zu prozess- und produktbezogenen sowie organisatorischen Umweltinnovationen beitragen, z.B. durch eine umweltbezogene Sensibilisierung der Akteure und durch die Bereitstellung umfassenderer Informationen. Obwohl die Einschätzungen der Innovationswirkung durch umweltorientierte Kooperation im Detail divergieren, lässt sich bei allen befragten Akteuren konstatieren, dass die umweltorientierte Kooperation einen prozessualen Einfluss auf die betrieblichen Umweltinnovationen, z.B. durch eine *Verbesserung der Problemlösungsfähigkeit* oder durch die Gewinnung von Informationen zur *Erschließung von Win-win-Potenzialen* ausübt. Es lässt sich hier resümieren, dass der prozessuale Charakter der Innovationswirkung auf drei Ebenen zu sehen ist:

- erstens – *Informationsgewinnung und -umsetzung*: Durch umweltorientierte Kooperationen werden die gesetzlichen, technischen und kostenbezogenen Informationen gewonnen;
- zweitens – *Problemidentifizierung und -lösung:*[9] Durch diese Informationen wird die Problemlösungsfähigkeit betrieblicher Umweltprobleme und damit die Lern- und Innovationsfähigkeit der Akteure verbessert;
- drittens – *Wissensgenerierung und -verwendung:* Die Nutzung der Kooperationseffekte bzw. Wahrnehmung der Innovationswirkung ist auf die Innovationsbereitschaft und -fähigkeit[10] der Unternehmen angewiesen, um z.B. gemeinsame Projektaktivitäten realisieren zu können.

Betrachtet man das Ausmaß bzw. den Grad der Innovationswirkung[11] genauer, wird deutlich, dass dabei eine geringe, mäßige oder große Innovationswirkung wahrgenommen wurde. Im Allgemeinen ist nur eine selektive Wahrnehmung der Innovationswirkung zu konstatieren. Bei den Akteuren B und E kam es zur systematischen Informationsnutzung und zu Verhaltensänderungen, während die Akteure, die geringe bis mäßige Wirkung wahrgenommen haben, nur auf unternehmensspezifische Signale (d.h. aus konkreten betrieblichen Problemen heraus) abzielten.

Diese Ergebnisse scheinen in zweifacher Hinsicht interessant zu sein: *Erstens* wird im Vergleich zu anderen empirischen Studien nicht ausschließlich eine schwache bzw. indirekte Innovationswirkung durch umweltorientierte Kooperation festgestellt und *zweitens* bezieht sich die Kooperationswirkung nicht auf konkrete Unweltinnovationen, sondern auf die innovationsrelevanten Veränderungen durch Kooperationen.

---

[9] Die Kooperationen werden nicht unbedingt wegen Innovationsstreben eingegangen. Meistens handelt es sich um wirtschaftliche Ziele. „Innovationen im wirtschaftlichen Bereich sind Problemlösungen unter Rückgriff auf neues Wissen“ (WITT 2005, S. 89).

[10] Weiterführend vgl. Kapitel 2.1.

[11] Dies ist auch in der Innovationsforschung zu sehen, wo zwar die technologischen Effekte objektiv bestimmt werden können, aber der Innovationsgrad (Neuartigkeit) subjektgebunden ist und je nach Perspektive der Befragten unterschiedlich bewertet wird. Vgl. HAUSCHILDT/SALOMO (2005, S. 13).

Die subjektiv wahrgenommene Innovationswirkung der Kooperation ermöglicht zunächst zu identifizieren, dass die Kooperation nicht unbedingt direkt konkrete Umweltinnovationen auslösen, aber durchaus den Innovationsprozess (Generierung und Umsetzung) und die Innovationsfähigkeit von Unternehmen beeinflussen kann, was in der Literatur nur rudimentär betrachtet wird.[12] Die unterschiedliche Wirkung der umweltorientierten Kooperation lässt sich daher weniger durch gegenstandsspezifische Innovationen als vielmehr durch prozessuale (Generierung und Umsetzung bzw. Identifizierung und Lösung) sowie akteursbezogene (Innovationsbereitschaft und -fähigkeit) Elemente erklären (vgl. Tabelle 38).

Tab. 38: Ausmaß der Innovationswirkung durch umweltorientierte Kooperation

Wirkungsgrad	*Prozessrelevanz*	*Anforderungen/ Konsequenz*	*Akteure*
groß *z.B. Neuerungen im Unternehmen, Veränderungen in der Unternehmenskultur*	• Informationsgewinnung und -umsetzung • Problemidentifizierung und -lösung • Wissensgenerierung und -verwendung	Innovationsbereitschaft und -fähigkeit	Unternehmen B Koordinator
mäßig *z.B. einzelne noch isolierte oder einmalige Aktivitäten zwecks Unsicherheitsreduzierung*	• Informationsumsetzung • Problemlösung • Wissensverwendung	Innovationsfähigkeit	Unternehmen A Unternehmen D Verband
gering *z.B. Verbesserung der Lernfähigkeit durch Sensibilisierung*	• Informationsgewinnung • Problemidentifizierung • Wissensgenerierung	Innovationsbereitschaft	Unternehmen C Forschungsinstitut

Quelle: Eigene Darstellung.

Die Spezifizierung der empirisch ermittelten Wirkungsgrade erfolgt im Folgenden:

Große Wirkung

Die relativ große Innovationswirkung einer umweltorientierten Kooperation zeigt sich darin, dass die Unternehmen ein hohes Interesse an dem Know-how-Austausch mit anderen Kooperationsakteuren sowie auch an verschiedenen (rechtlichen, marktlichen, unternehmensspezifischen) Informationen haben. Die realisierten Verbesserungen werden nicht nur als Prozessoptimierungen (Neuerungen im Unternehmen), sondern auch als ökonomische und ökologische Einsparpotenziale betrachtet. Die Erschließung umweltrelevanter Einsparpotenziale wird hier nicht als einmaliger Effekt, sondern als kontinuierlicher Prozess realisiert, wodurch wiederum neue Innovationspotenziale erschlossen werden können.

[12] Vgl. Kapitel 1.1.

Die besondere Offenheit solcher Unternehmen zielt auch auf die *umweltbezogene Sensibilisierung*[13] (Veränderungen in der Unternehmenskultur) und Erweiterung des eigenen Know-hows über die Branche sowie über die aktuellen und künftigen Anforderungen, die z.B. bei *langfristigen* Investitionsentscheidungen wegen Beschaffung einer Technologie berücksichtigt werden können. Insbesondere wird dabei deutlich, dass die Generierung und Umsetzung neuer Potenziale auf der Problemidentifizierung und -lösung basiert und auf die Innovationsbereitschaft und -fähigkeit der Akteure (z.B. Unternehmen B) angewiesen ist.

Mäßige Wirkung

Eine andere Möglichkeit zur besseren Erschließung Umweltinnovationspotenziale besteht in der *Vertiefung bzw. Konkretisierung bereits bekannter Informationen* (z.B. Unternehmen A und D). Da die meisten Informationen den Unternehmen bereits aus anderen Zusammenhängen bekannt sind, wird in diesem Fall durch die Kooperation die Innovationsfähigkeit gefördert. Dies zeigt sich insbesondere darin, dass Informationen und Know-how, die durch die Kooperation gewonnen wurden, in Unternehmen vermittelt werden, indem über die Kooperation hinaus die *Vertiefung z.B. gesetzlicher oder technischer Anforderungen* speziell für die Papierindustrie durch zusätzliche Workshops mit Fachleuten aus dem Branchenarbeitskreis ermöglicht wird. Dadurch wird nicht nur die Unsicherheit über rechtliche, technische oder marktliche Aspekte reduziert, sondern auch die Fähigkeit verbessert, die damit verbundenen Probleme zu lösen. Dabei werden eher einzelne, isolierte oder einmalige Aktivitäten durchgeführt.

Geringe Wirkung

Die relativ geringe Innovationswirkung einer umweltorientierten Kooperation spiegelt sich v.a. in der Verbesserung der Lernfähigkeit wider. Der *Lernprozess* kann aus eigenem Antrieb des Unternehmens bzw. eines Akteurs erfolgen. So werden hier das eigene Handeln hinterfragt, Schwachstellen aufgedeckt und die Verbesserungs- und Weiterentwicklungspotenziale hergeleitet.[14] Die innovationsrelevante Wirkung spiegelt sich in *wettbewerbstrategischen Kooperationsvorteilen* wider, die sich auf Gewinnung neuer Kunden bzw. Verbesserung der bestehenden Kundenbeziehungen (z.B. durch das Unternehmen C und Experte F) beziehen. Besonders relevant ist dabei, dass die Unternehmen auch an Problemen anderer Unternehmen (d.h. seiner Kunden) interessiert sind, was zur Problemidentifizierung bei eigenen Kunden führte. So strebte Unternehmen C an, einen Vorsprung gegenüber der Konkurrenz zu gewin-

---

13 Ist ein Unternehmen für Umweltaspekte sensibilisiert, kann es leichter einem Innovationsdruck entgegenwirken, indem es eine frühzeitige Durchführung von Innovationen anstrebt. STÖRMER weist auch darauf hin, dass die durch hohen Druck verursachten kurzfristigen Umsteuerungen oft teuer und ineffizient für Unternehmen sein können, weil es aus Zeitgründen nicht möglich ist, einen mit Innovationen einhergehenden Problemsuch- und Gestaltungsprozess durchzuführen. Vgl. STRÖMER (2001, S. 193).

14 Vgl. STÖRMER (2001, S. 323), BRAUN (2001, S. 316). „Ein Unternehmen kann seine vielfältigen Aufgaben nur wahrnehmen, wenn es sie in Einklang bringt und ihre Komplexität bewältigt. Um dies zu erreichen, muß es lernen, muß es andre Sichtweisen akzeptieren und sich innerhalb seines Bezugsrahmens evolutiv verändern, um die Ziele und die unterschiedlichen Bedingungen, mit denen es konfrontiert wird, einordnen zu können, d.h. es muß sich entwickeln" (HOPFENBECK 2002, S. 37).

nen, was auf eine Innovationsbereitschaft hindeutet. Inwieweit die Verbesserungspotenziale durch die Kooperation erschlossen werden, hängt somit individuell von jedem Akteur und dessen Fähigkeit ab, diese Potenziale zu erkennen und dann entsprechend umzusetzen.

Die umweltorientierte Kooperation dient somit als Instrument, das u.a. auf eine Veränderung der *Unternehmenskultur* (z.B. Sensibilisierung, Erhöhung des Umweltbewusstseins der Fachleute und Entscheidungsträger), die Verbesserung der Problemlösungsfähigkeit der Akteure, die Erschließung ökologischer und wettbewerbsstrategischer Ziele oder auch auf die Optimierung betrieblicher Abläufe (z.B. Entsorgungswege) abzielt. Die monetären Effekte der Kooperation werden nur vereinzelt erwähnt.

Die detaillierte Rekonstruktion der subjektiven Einschätzung durch die jeweiligen Akteure kann zur Erklärung der häufig sowohl in qualitativen als auch in quantitativen Studien festgestellten schwachen Innovationswirkung von umweltorientierten Kooperationen – wie z.B. bei freiwilligen Vereinbarungen oder umweltinformationsorientierten Unternehmensnetzwerken – beitragen.[15] Die Unterscheidung der Innovationswirkung ist besonders als Orientierung für andere Unternehmen wichtig, die aus Unkenntnis oder anderen Gründen (Unfähigkeit, fehlende Kapazitäten) einen geringen Nutzen in umweltorientierten Kooperationen sehen.

Um feststellen zu können, inwieweit die bereits am Beispiel der branchenbezogenen Kooperation identifizierte Innovationswirkung auf andere Kooperationen zutrifft, wird diese nun anhand einer ***branchenübergreifenden Kooperation*** überprüft. Die befragten Akteure haben im Großteil (20 %) durchaus eine mäßige Innovationswirkung durch die umweltorientierte Kooperation festgestellt. Diese zeichnet sich in der Umsetzung der einzelnen Aktivitäten bzw. Durchführung von einmaligen Umweltmaßnahmen zwecks der Problemlösung und Verbesserung eigener Innovationsfähigkeit ab. Eine große Wirkung wurde nur durch 10 % der Befragten erkannt, während etwas mehr (12 %) die Wirkung als „gering" bzw. „keine" eingeschätzt hat (vgl. Tabelle 39).

Tab. 39: Innovationsrelevante Auswirkungen einer branchenübergreifenden Kooperation (prozentual und absolut)

Auswirkungsgrad	***Prozentangaben***
große Auswirkungen (z.B. durch Neuerungen im Unternehmen, Veränderungen in der Unternehmenskultur)	10 % (5)
mäßige Auswirkungen (z.B. durch einzelne noch isolierte oder einmalige Aktivitäten zwecks Unsicherheitsreduzierung)	20 % (10)
geringe Auswirkungen (z.B. durch Verbesserung der Lernfähigkeit)	12 % (6)
keine erkennbaren Auswirkungen	12 % (6)

Quelle: Eigene Darstellung. *Anmerkung:* Die Zahlen in Klammern geben die absolute Anzahl der Befragten an.

Diese Ergebnisse zeigen jedoch ein verzerrtes Bild, weil die absolute Anzahl der hier abgegebenen Antworten nicht vergleichbar mit der Anzahl der Antworten bei anderen Fragen ist.

15 Vgl. dazu die Ausführungen in Kapitel 1.1 und Kapitel 3.3.1.1.

Nichtsdestotrotz sind daraus gewisse Tendenzen ersichtlich, die deutlich zeigen, dass auch eine branchenübergreifende Kooperation innovationsförderlich ist. Diese Erkenntnis unterstützt das anhand der qualitativen Analyse ermittelte Ergebnis, dass die kooperationsbedingte Innovationswirkung im Umweltkontext differenziert zu betrachten ist und nicht vereinfacht als nur „gering" oder „indirekt" beurteilt werden sollte, weil Kooperationen eine umfassende Relevanz zur Innovationsförderung abbilden können.

Bei der Frage nach beispielhaften innovationsrelevanten Veränderungen, die aus der branchenbezogenen Kooperation hergeleitet wurden, ist die von den meisten Befragten genannte mäßige Innovationswirkung durch den fachlichen Know-how-Austausch (vgl. Tabelle 40), die Gewinnung neuer bzw. bekannter Informationen sowie die Umweltsensibilisierung anzuführen. Im Gegensatz zu der branchenbezogenen Kooperation wird im branchenübergreifenden Kooperationsfall z.B. der Verbesserung der Rechtssicherheit und der Lernfähigkeit eine geringe Bedeutung beigemessen. Dies kann damit erklärt werden, dass die branchenübergreifende Kooperation einer größeren Heterogenität hinsichtlich der Branchen, Unternehmensgröße, Akteure usw. gerecht werden muss, während bei einer branchenbezogenen Kooperation die Erwartungen der Kooperationsakteure eher auf gemeinsame Interessen abgestimmt werden können.

Tab. 40: Innovationsrelevante Veränderungen durch die Kooperation (prozentual und absolut)

Mögliche Veränderungen	*Prozentangaben*
fachlicher Know-how-Austausch	29 % (14)
Gewinnung neuer bzw. bekannter Informationen	26 % (13)
Umweltsensibilisierung	20 % (10)
Erhöhung der Vermarktungschancen	14 % (7)
Verbesserung von Geschäftsbeziehungen	14 % (7)
Optimierung betrieblicher Prozesse	10 % (5)
Kosteneinsparung	10 % (5)
Verbesserung eigener Problemlösungsfähigkeit	8 % (4)
Gewinnung eines „Vorsprungs" gegenüber der Konkurrenz	8 % (4)
Verbesserung der Rechtssicherheit	4 % (2)
Verbesserung der Lernfähigkeit	2 % (1)
Verbesserte Organisation und Dokumentation	2 % (1)
andere	0

Quelle: Eigene Darstellung. *Anmerkung:* Die Zahlen in Klammern geben die absolute Anzahl der Befragten an.

In diesem Zusammenhang stellt sich die Frage, wodurch die innovative Wirkung einer umweltorientierten Kooperation bestimmt wird. Welche Kooperationsmerkmale wirken sich positiv auf die Generierung und Umsetzung der betrieblichen Umweltinnovationen aus? Insgesamt lassen sich hierzu anhand der analysierten branchenbezogenen Kooperation verschiedene Merkmale identifizieren. Im nächsten Schritt ist zu ermitteln, welche Kooperationsbedingungen bzw. Merkmale für die Innovationsförderung aus Sicht der Kooperationsakteure relevant sind.

6.4 Ermittlung innovationsrelevanter Einflussfaktoren umweltorientierter Kooperation

Für den Einfluss der Kooperation auf Umweltinnovationen können prinzipiell viele Faktoren bzw. Bedingungen relevant sein. Aufgrund des explorativen Vorgehens dieser Arbeit wurden die innovationsrelevanten Einflussfaktoren anhand einer umweltorientierten branchenbezogenen Kooperation aus den empirischen Daten erforscht. Dies gestattet, unternehmens- und umfeldspezifische Merkmale bzw. Bedingungen zu ermitteln, welche einerseits durch die weiterführende Literatur abgesichert bzw. reflektiert, andererseits durch eine quantitative Analyse validiert werden. Damit können konzeptionell wichtige verallgemeinerbare Ansatzpunkte für die Erklärung des Innovationsbeitrags durch umweltorientierte Kooperationen dargestellt werden.

6.4.1 Innovationsrelevante unternehmensspezifische Merkmale

Als innovationsrelevante Kooperationsbedingungen werden hier zunächst die unternehmensspezifischen Faktoren wie die Bedeutung der Machtstrukturen sowie die Unternehmensgröße und -kultur erörtert.

6.4.1.1 Hierarchisch ähnliche Machtstruktur der Kooperationsteilnehmer

Ein innovationsrelevantes Kooperationsmerkmal betrifft die Funktion der Kooperationsteilnehmer in ihrem jeweiligen Unternehmen bzw. ihrer Institution. Im Sinne der Innovationsforschung sind diese Kooperationsteilnehmer in ihren Unternehmen als Promotoren[1] anzusehen. Da alle befragten Akteure als Führungskräfte, Entscheidungsträger und Fachleute in ihren Unternehmen bzw. Institutionen fungieren,[2] kann im Untersuchungszusammenhang allgemein zwischen Macht- und Fachpromotoren unterschieden werden. Unter Umweltinnovationsgesichtpunkten kommt ihnen eine besonders große Bedeutung zu, weil die Machtpromotoren i.d.R. darüber entscheiden, „ob" und „welche" Innovationen realisiert werden sollen. Die Fachpromotoren sind demgegenüber eher für die konkrete Umsetzung (also das „Wie") relevant, da sie Träger des objektspezifischen technischen Fachwissens[3] sind. Die persönliche Teilnahme von Macht- und Fachpromotoren an der umweltorientierten Kooperation deutet auch darauf hin, dass sie gleichzeitig als Beziehungspromotoren fungieren, die für externe Interaktions- sowie Geschäftsbeziehungen und damit auch für die umweltorientierte Kooperation verantwortlich sind. Als Machtpromotoren fungieren in dem

[1] Zu Definitionen und Arten von Promotoren vgl. Kapitel 2.1.5.

[2] Zwar bezieht sich das Promotorenkonzept im Rahmen der Innovationsforschung auf einen Innovationsprozess, an dem v.a. Unternehmen teilnehmen. Aufgrund des Umstands, dass neben den Unternehmen immer häufiger auch andere Akteure beteiligt sind, kann das Promotorenkonzept allerdings (wenngleich mit Einschränkungen) auch auf andere Akteure übertragen werden. Vgl. Kapitel 2.1.5.

[3] Vgl. WITTE (1999, S. 17f.).

vorliegenden Kooperationsfall die Geschäftsführer (in den Unternehmen D und B und bei den Experten E und G). Die Fachpromotoren sind demgegenüber durch den Qualitätsmanagementbeauftragten in Unternehmen C, durch den Umweltschutzbeauftragten in Unternehmen A[4] und durch den Einkaufsleiter in Unternehmen B vertreten. Der Vertreter des Unternehmens B übernimmt hier eine Doppelrolle[5] als Fach- und Machtpromotor.

Vor diesem Hintergrund liefern die empirischen Daten, die auf einer ***branchenbezogenen Kooperation*** basieren, Hinweise auf die innovationsrelevante Bedeutung der Kooperationsteilnehmer. Im Folgenden soll dabei zunächst separat die Rolle der Macht- und Fachpromotoren unter Umweltinnovationsgesichtspunkten analysiert werden, und anschließend soll untersucht werden, inwieweit diese Funktionen der Kooperationsteilnehmer innovationsförderlich sind.

Auf die Bedeutung der Machtpromotoren (d.h. der Geschäftsleitung) weist beispielsweise Experte G hin. Sie spielen seiner Ansicht nach besonders bei der Identifizierung und Förderung von Umweltschutzmaßnahmen eine wichtige Rolle. Durch Umweltschutzmaßnahmen werden häufig auch Umweltinnovationen ausgelöst.[6] Als besonders relevant wird in diesem Zusammenhang vom Experten G das Umweltbewusstsein der Geschäftsleitung hervorgehoben, wodurch die Integration ökologischer Aspekte in die Unternehmensorganisation maßgeblich beeinflusst wird.

> *„Förderlich ist natürlich, wenn die Geschäftsleitung des Betriebes ähnliche Gedanken hat und erkennt, dass der Umweltschutz eine Sache ist, die gut für das Unternehmen ist. Schon das Bewusstsein in der Geschäftsleitung ist ganz wichtig. Das ist eigentlich die Voraussetzung dafür. Dabei muss der Geschäftsführer gar nicht viel verstehen, aber dieses Bewusstsein ...“* (Experte G).

Machtpromotoren können darüber hinaus:

- die nötige Mitarbeiterakzeptanz und -unterstützung für die Umsetzung umweltbezogener Maßnahmen innerhalb des Unternehmens sicherstellen;
- innerhalb des Unternehmens die strategische Orientierung maßgeblich vorgeben;
- die strategische umweltorientierte Unternehmensentwicklung beeinflussen und
- über eine entsprechende Entscheidungsmacht verfügen, um z.B. Informationen über künftige umweltrelevante Trends weiter zu verfolgen bzw. zu nutzen, die im Rahmen der umweltorientierten Kooperation gewonnen wurden.

Die Teilnahme der Machtpromotoren an der umweltorientierten Kooperation ist aus verschiedenen Gründen von Vorteil, dabei aber nur zum Teil innovationsrelevant. So verweist das Unternehmen B zwar auf die Wichtigkeit des Austausches auf der Ebene der Geschäftsführung, jedoch wird dabei auch erwähnt, dass durch Gespräche mit solchen

---

4 Dabei ist zu erwähnen, dass auch im Falle des Unternehmens A der Geschäftsführer normalerweise an der Kooperation teilnimmt. Allerdings konnte hier nur sein Vertreter befragt werden.

5 D.h. dieser Kooperationsteilnehmer agiert gleichzeitig als Prokurist und Einkaufsleiter.

6 Vgl. BLÄTTEL-MINK (1998a, S. 278).

Führungskräften (Machtpromotoren) meistens *„nicht so konkrete Projekte"* (Unternehmen B) zustande kommen. Dieser Befund wird auch durch andere empirische Studien belegt.

In Innovationsprozessen kommt den heterogenen Führungsrollen[7] grundsätzlich eine wichtige Bedeutung zu, weil sie die Erfolgschancen von Innovationen beeinflussen und günstige Rahmenbedingungen schaffen. Allerdings können sie als Top-Management und Führungskräfte den Erfolg von Innovationen nicht garantieren.[8] Einer anderen Studie zufolge kann zwar durch die Kooperationsteilnahme der Machtpromotoren die Aufgabenrealisierung im Rahmen eines Projektes unterstützt werden,[9] jedoch nur in begrenztem Maße, weil sie in erster Linie für die strategischen und nicht für die operativen Aktivitäten zuständig sind, die mit der Umsetzung von Umweltinnovationen verbunden sind. So weist STÖRMER darauf hin, dass mit der Unterstützung einer Kooperation (eines Projektes) durch die Geschäftsführung die Möglichkeit steigt, innerbetrieblich Verbesserungen bzw. Innovationen einzuführen.[10] Insgesamt bestätigt dies auch den hier dokumentierten Befund, dass die Teilnahme der Machtpromotoren an der umweltorientierten Kooperation zwar wichtig, jedoch nur begrenzt innovationsförderlich ist.

Neben den Machtpromotoren nehmen an der Kooperation auch *Fachpromotoren* teil. Im Rahmen der Untersuchung waren keine expliziten empirischen Hinweise vorzufinden, dass diese als besonders innovationsrelevant anzusehen sind. Den Fachpromotoren wie Umwelt- bzw. Qualitätsbeauftragten kommen generell unterschiedliche Entscheidungsbefugnisse zu, die v.a. mit unternehmensinternen Abläufen verbunden sind. Es ist auch möglich, dass ein Machtpromotor gleichzeitig die Rolle des Fachpromotors (oder umgekehrt) übernimmt, und dadurch die Relevanz sowie auch die Umsetzbarkeit bestimmter umweltinnovationsrelevanter Maßnahmen operativ begleitet. Diese Situation wird beim Vertreter des Unternehmens Bdeutlich, der sich durch die Kooperationsteilnahme darin bestärkt fühlt, Probleme zu identifizieren, Problemlösungen zu generieren sowie deren Umsetzung im eigenen Unternehmen durchzusetzen.[11]

---

7 Vgl. VAN DE VEN et al. (1999, S. 99f.); FICHTER (2005, S. 365). Wie die Promotorenforschung zeigt, nimmt mit steigender Komplexität von Innovationsvorhaben und Unternehmen die Notwendigkeit einer Arbeitsteilung zwischen verschiedenen Führungs- und Promotorenrollen zu. Vgl. HAUSCHILDT/CHAKRABARTI (1999, S. 82ff.).

8 Vgl. FICHTER (2005, S. 173).

9 Vgl. KURZ/SPILLER (1995, S. 29).

10 Vgl. STÖRMER (2001, S. 298). Beispielsweise wurde empirisch ermittelt, dass Verantwortung und Autorität der Akteure im Innovationsprozess als wesentlicher Einflussfaktor auf die Innovationsdurchsetzung in einer Organisation gelten kann. Vgl. KASPER (1982, S. 576).

11 Als Einkaufsleiter und Prokurist besitzt er sowohl die Entscheidungsmacht als auch die Fachkompetenz, um neue Maßnahmen innerhalb des Unternehmens anzustoßen.

Im vorliegenden Kooperationsfall lässt sich nicht eindeutig abschätzen, ob eher die Machtpromotoren oder die Fachpromotoren innovationsförderlich sind. Vielmehr weisen die bisherigen Ausführungen sowie auch die weiteren empirischen Hinweise auf die grundsätzliche Bedeutung beider Promotorentypen als innovationsrelevante Kooperationsbedingung hin, weil sie ein ähnliches hierarchisches Niveau repräsentieren, wodurch die Lern- und Problemlösungsfähigkeit der Akteure gefördert wird. Daher ist anzunehmen, dass sich das *ähnliche hierarchische Niveau* bzw. die ähnliche Machtstruktur[12] der Akteure innovationsförderlich auswirkt.

Die gleichzeitige Teilnahme von Macht- und Fachpromotoren – wie bereits geschildert – erhöht die Relevanz der umweltorientierten Kooperation zur Innovationsförderung, wodurch wiederum die Attraktivität der Kooperation[13] für die teilnehmenden Akteure gesteigert wird. Weiterhin wird dadurch die Motivation zum aktiven Engagement sowohl innerhalb als auch außerhalb der Kooperation beeinflusst, v.a. die Wahrnehmung und Nutzung der direkten und indirekten Kooperationseffekte. Grundlegend mag dabei das Motiv sein, das Wissen um die technischen und nicht-technischen Neuerungen abzusichern und zu vertiefen.

> *„Aus unseren Gesprächen kommen schon die neuesten Informationen, die neuesten Trends. Aber erst einmal oberflächlich, als Trends. Es gibt ja nichts, was wir dort besprechen, was nicht mit dem Markt zu tun hat"* (Experte E).

Der Hinweis auf die Oberflächlichkeit von Informationen kann damit begründet werden, dass an der Kooperation Macht- und Fachpromotoren teilnehmen. Beide sind eher an strategischen Informationen und weniger an prozessspezifischen Details, z.B. bezüglich der Funktionsfähigkeit einer Druckmaschine, interessiert. Dies zeigt insgesamt die Wichtigkeit des Umstandes, dass an der umweltorientierten Kooperation nicht nur Machtpromotoren, sondern auch Fachpromotoren vertreten sind. Durch die Kombination verschiedener Kompetenzen können z.B. Fehlentscheidungen bzw. -investitionen vermieden[14] oder neue Problemlösungen gefördert werden. Dies erfordert von den Kooperationsakteuren eine kontinuierliche Lernfähigkeit, die sie im vorliegenden Kooperationsfall auch vorweisen können.

Zusammenfassend lässt sich konstatieren, dass die genauere Unterscheidung zwischen Macht- und Fachpromotoren im Rahmen einer umweltorientierten Kooperation nur wenige Hinweise darauf zulässt, welcher Promotorentyp als der innovationsförderlichere anzusehen ist. Vielmehr wird anhand der empirischen Befunde die Wichtigkeit des Umstands deutlicher, dass die gleichzeitige Teilnahme beider Promotoren positiv beurteilt wird. Sie übernehmen zwar unterschiedliche Führungsrollen in den Unternehmen, jedoch bewegen sich beide dabei auf

---

12 Dieser Begriff wird im interaktionsorientierten Netzwerkansatz herausgestellt und umfasst die Kontrolle, die Akteure über Kooperationsaktivitäten und -ressourcen haben. Vgl. Kapitel 4.3.2.

13 Dieses Merkmal gilt als Einflussfaktor der Innovationskooperationen, der allerdings in der Literatur unterschiedlich operationalisiert wird. Vgl. FICHTER/ANTES (2006, S. 18).

14 Diese Kooperation bietet somit aufgrund der Position der Kooperationsteilnehmer eine offene und fachliche Plattform, um z.B. Vorteile/Nachteile und Chancen/Risiken von bestimmten Investitionsmaßnahmen unter technischen, umweltrechtlichen und finanziellen Gesichtspunkten auszuloten.

einer Ebene mit hoher Machtausstattung. Diese wirkt sich nicht nur kooperationsförderlich aus, sondern ist als innovationsrelevante Kooperationsbedingung zu betrachten. Dies gilt bei umweltorientierten Kooperationen als relevant sowie auch bei Innovationskooperationen, die auf F&E-Prozesse ausgerichtet sind. Schließlich ist dies auch damit zu begründen, dass generell aufgrund der Komplexität der Umweltaspekte[15] die Akteure – und dabei speziell die Unternehmen – auf einen möglichst interdisziplinären Austausch angewiesen sind, der im Rahmen der umweltorientierten Kooperation durch die Fach- und Machtpromotoren bestimmt wird. Daraus kann der Schluss gezogen werden, dass bei umweltorientierten Kooperationen eine ähnliche Machtstruktur der Akteure als innovationsrelevant angesehen wird. Dies schließt Führungskräfte im breiten Sinne mit ein, die die Erreichung der operativen und strategischen Kooperationsziele gewährleisten und betriebliche Innovationsprozesse beeinflussen.

Demgegenüber wird anhand der ***branchenübergreifenden Kooperation*** ersichtlich, dass der Teilnahme von Fachpromotoren eine hohe Relevanz (39 %) beigemessen wird (vgl. Tab. 41).

Tab. 41: Relevanz der Kooperationsteilnehmer im Rahmen einer branchenübergreifenden Kooperation (prozentual und absolut)

Voraussetzungen (Wichtigkeit)	*sehr wichtig*	*eher wichtig*	*eher nicht wichtig*	*gar nicht wichtig*
Teilnahme von Führungskräften	27 % (13)	24 % (12)	6 % (3)	0
Teilnahme von Fachleuten	39 % (19)	14 % (7)	4 % (2)	0
Gleichzeitige Beteiligung von Führungskräften und Fachleuten	20 % (10)	27 % (13)	4 % (2)	2 % (1)

Quelle: Eigene Darstellung; Bemerkung: fehlende Prozent an 100 - *keine Antwort.*

Die gleichzeitige Beteiligung von Führungskräften und Fachleuten wird von 47 % als sehr wichtig oder eher wichtig angesehen. Dies zeigt insgesamt, dass trotz der prozentualen Unterschiede sowohl den Macht- als auch Fachpromotoren eine hohe Bedeutung zukommt. Dementsprechend kann die ähnliche Machtstruktur der Kooperationsteilnehmer durchaus auch bei einer branchenübergreifenden Kooperation als innovationsrelevantes Kooperationsmerkmal betrachtet werden.

6.4.1.2 Mittelständische Unternehmensgröße

Eine weitere empirisch ermittelte innovationsrelevante Kooperationsbedingung ist die Unternehmensgröße. In der bisherigen Umweltinnovationsforschung kommt diesem Einflussfaktor eine wichtige Bedeutung zu.[16] Betrachtet man die Unternehmen in dem

---

[15] Aufgrund der schärfer werdenden Umweltpolitik werden hohe Anforderungen an Unternehmen gestellt, die Vielzahl und Komplexität der umweltrechtlichen und -politischen Informationen zu beachten und umzusetzen. Nach STREBEL resultieren aus der öffentlichen Umweltpolitik verschiedene Konsequenzen, die „(...) als Nutzen- und Kostenbestandteile in einzelwirtschaftliche Kalküle einfließen, und diese wiederum sind – zumindest aus normativer Sicht – Grundlage der wirtschaftlichen Entscheidung über das Eingehen von Verwertungskooperationen" (STREBEL 1987, S. 111).

[16] Vgl. dazu Kapitel 2.2.2.3.

branchenbezogenen Kooperationsfall nach der Beschäftigtenanzahl,[17] so werden sie laut der amtlichen Statistik als KMU verstanden. Dies bildet einen zusätzlichen Innovationsvorteil,[18] weil die KMU über eine größere Flexibilität bei der Implementierung von Veränderungen und Innovationen verfügen.[19] Inwieweit diese Kooperationsbedingung von den befragten Akteuren als innovationsrelevant erkannt wurde, wird anhand der empirischen Hinweise erörtert und beurteilt. Betrachtet man das Merkmal der Unternehmensgröße genauer, so wird anhand der hier vorliegenden empirischen Daten ersichtlich, dass aus Sicht der befragten Akteure generell branchenbezogene Unterschiede hinsichtlich der Relevanz der KMUs festzustellen sind. Unter Bezugnahme auf die offizielle Definition von KMU stellen die befragten Unternehmen der *Druckindustrie* mittelständische Unternehmen dar, wobei laut dem Experten G die an der Kooperation beteiligten Druckereien aber als groß bezeichnet werden.[20] Dies hängt mit der stark durch kleine Betriebe geprägten Branchenstruktur zusammen.[21]

Exkurs

Werden die Unternehmen der Druckindustrie nach ihrer Größe betrachtet, so wird deutlich, dass z.B. die großen Druckereien hauptsächlich Probleme mit überdurchschnittlich hohen Entsorgungskosten[22] pro Mengeneinheit und überdurchschnittlich hohen Abfallmengen haben, während kleine und mittelgroße Betriebe zusätzlich noch Probleme bezogen auf den niedrigeren Verwertungsanteil aufweisen. Dies hat verschiedene Gründe. Die Probleme der großen Druckereien sind v.a. auf mangelhafte logistische Lösungen (z.B. Leerungsrhythmus, Behälteranzahl und -größe) sowie ungenutzte Potenziale im Umgang mit den Einsatzstoffen zurückzuführen. Für kleine und mittelgroße Betriebe in Sachsen wurden zusätzlich noch folgende Probleme ermittelt: fehlendes Wissen über den Entsorgungsmarkt, fehlende Zuständigkeiten, fehlende Datenerfassung sowie fehlende Technik und Investitionen.[23]

Auf die Relevanz der Unternehmensgröße verweist z.B. der Vertreter des Unternehmens B, der eine relativ große Innovationswirkung durch die Kooperation wahrgenommen hat.[24] Da in der Kooperation auch *„ganz wichtige Druckereien vertreten"* sind, hat er ein besonderes Interesse an dem Erfahrungsaustausch *„mit Betrieben ähnlicher Größenordnung"*.

> *„Die Geschäftsführung kennt sich untereinander. Da wird mal telefoniert, da redet man über Technik, da redet man über was weiß ich, und dann kommt es natürlich auch zu konkreten Sachen. Vom Einzelnen zum Besonderen. Das ist dann wichtig, dass man dort diese Vergleiche schon hat …"* (Unternehmen B).

Dies unterstreicht die Besonderheit, dass die umweltorientierte Kooperation mit Unternehmen *gleicher bzw. ähnlicher Größe* für die teilnehmenden Akteure einen besonderen Anreiz auf-

17 Vgl. Kapitel 6.1.2.1.

18 Kleine und mittlere Unternehmen sind nicht nur die wichtigsten Leistungsträger der Druckindustrie, sondern auch der deutschen Wirtschaft. Sie sind durch die Risiko-, Investitions- und Innovationsbereitschaft und schnelle Anpassungsfähigkeit gekennzeichnet. Vgl. WILLE/BISCHOFBERGER/JUNGE (1999, S. 733); IKS (Hrsg.) (2000, S. 28).

19 Zu Relevanz der KMU für die Innovationsforschung vgl. auch KOWOL (1998, S. 101-104).

20 Im Rahmen der Branchenkooperation können zwei Gruppen der Druckereinen je nach Unternehmensgröße identifiziert werden: große Druckereien mit über 80 Mitarbeiter sowie kleine und mittelgroße Druckereien bis ca. 80 Mitarbeiter. Vgl. IKS (Hrsg.) (2000, S. 28).

21 Vgl. Kapitel 6.2.1.

22 HÜBNER weist auch auf die Machtposition von DSD/Grüner Punkt hin, was zu hohen Entsorgungskosten insbesondere zu Ungunsten von KMU geführt hat. Vgl. HÜBNER (2002, S. 202).

23 Vgl. WILLE/BISCHOFBERGER/JUNGE (1999, S. 733); IKS (Hrsg.) (2000, S. 28).

24 Vgl. Kapitel 6.3.2.1.

weist, weil KMUs vor anderen technischen, organisatorischen, ökologischen oder finanziellen Herausforderungen stehen als Großunternehmen. Die empirischen Untersuchungen in der Literatur zeigen auch, dass je nach Unternehmensgröße unterschiedliche Ziele angestrebt werden. Während große Unternehmen mit Umweltinnovationen v.a. Imageverbesserung und Einhaltung der Gesetze anstreben, verfolgen mittelständische Unternehmen v.a. die Ziele der Kostensenkung und Erhöhung der Marktanteile.[25]

Die Kooperation mit Unternehmen *ähnlicher Größe* ist z.B. für die verschiedenen Optimierungsmaßnahmen bzw. für die bessere Erschließung von Innovationspotenzialen relevant. Die hier befragten mittelständischen Druckereien verfügen über einen hohen technologischen Entwicklungsstand, welcher in kleinen Betrieben wegen der relativ hohen Investitionskosten selten vorhanden ist. Die Diskrepanzen z.B. zwischen dem technologischen Niveau der KMU und der Großunternehmen könnten sich negativ auf die Kooperation auswirken.

Der hier einbezogene Entsorgungsfachbetrieb gehört auch zu den KMU. Die KMU-Größe ermöglicht es auch diesem Unternehmen, in der Marktnische (d.h. Altpapierentsorgung) tätig zu sein und sich demzufolge auch auf dem Umweltmarkt zu etablieren.[26] Zu einem ähnlichen Befund kommt TÜRPITZ, die bezüglich der Durchführung produktintegrierter Umweltinnovationen feststellte, dass kleine Unternehmen eher dazu tendieren, umweltfreundliche Spezialprodukte in Marktnischen zu realisieren, während große Unternehmen eher auf umweltfreundliche Massenprodukte fokussieren.[27]

Auch in der *Papierindustrie* wird der Unterschied zwischen kleinen und großen Betrieben deutlich. Empirische Hinweise darauf liefert Experte E. Dabei wird – ähnlich wie in der Druckindustrie – deutlich, dass für kleine Papierbetriebe begrenzte Möglichkeiten bestehen, Innovationen zu realisieren bzw. an der Kooperation teilzunehmen. Aufgrund der Unterschiede zwischen KMU und Großunternehmen ist es auch bei einer Kooperation durchaus sinnvoll, die Unternehmensgröße als innovationsrelevante Kooperationsbedingung in Betracht zu ziehen.

Zusammenfassend kann anhand der empirischen Befunde die Vermutung gestützt werden, dass insbesondere eine umweltorientierte Kooperation mit Unternehmen ähnlicher Größe zu umweltbezogenen Innovationen beitragen kann.[28] Es wird jedoch deutlich, dass die Unternehmensgröße in den jeweiligen Wirtschaftszweigen unterschiedlich ausgeprägt ist und

---

[25] Vgl. die empirische Studie von CLEFF/RENNINGS (1999, S. 81).

[26] Die KMU sind durch kürzere Entscheidungswege, geringere Kontrolle und Fähigkeit zur Verfolgung der Nischenstrategie gekennzeichnet. In der Literatur sind auch Philosophien wie „small is better" und „small is efficient" zu finden. Vgl. SYDOW (1992, S. 112).

[27] Vgl. TÜRPITZ (2004, S. 7).

[28] Als Einschränkung ist dabei jedoch zu vermerken, dass – betrachtet nach der Beschäftigtenzahl – zwischen dem Unternehmen C (ein kleines Unternehmen) und den befragten Druckereien (mittelständische Unternehmensgröße) nicht exakt von einer ähnlichen Unternehmensgröße gesprochen werden kann.

daher nicht von einer einheitlichen Relevanz der Unternehmensgröße über alle Wirtschaftszweige ausgegangen werden kann. Die unterschiedliche Relevanz der Unternehmensgröße in verschieden Branchen kann eine Erklärung dafür sein, dass den Umweltinnovationen in Groß- oder Kleinbetrieben verschiedene Bedeutung beigemessen wird.

So zeigt eine empirische Analyse in der Ernährungsindustrie, die auch stark durch KMU geprägt ist, dass mit zunehmender Unternehmensgröße mehr Innovationen zu erwarten sind,[29] weil die großen Unternehmen eher diese Chancen zu nutzen wissen als die kleinen Betriebe. Nichtsdestotrotz bleibt festzuhalten, dass nicht nur eine *ähnliche*, sondern vielmehr eine *mittelständische Unternehmensgröße*[30] der betrieblichen Kooperationsakteure als innovationsrelevant anzusehen ist. Solche Unternehmen haben meistens höhere wirtschaftliche und finanzielle Stabilität als dies bei kleinen Betrieben der Fall ist. Die hier befragten Unternehmen verfügen im Vergleich zu Kleinbetrieben über eine stärkere Finanzkraft und auf der Ebene der Prozess- bzw. Technologieumstellungen – über mehr Eingriffsmöglichkeiten für Einsparpotenziale.[31]

Die Betrachtung dieses hier ermittelten innovationsrelevanten Kooperationsmerkmals deutet auch bei einer ***branchenübergreifenden Kooperation*** auf eine hohe Relevanz hin. Während die Kooperation mit Großunternehmen als eher nicht wichtig zur Förderung der Umweltinnovationen gehalten wird, ist aus Tabelle 42 ersichtlich, dass als „sehr wichtig" die meisten Befragten (10 %) die ähnliche Größe der kooperierenden Unternehmen beurteilen. Als eher wichtig wird die Kooperation mit kleinen und mittelständischen Unternehmen (29 %) angesehen (vgl. Tabelle 42).

Tab. 42: Relevanz der Unternehmensgröße in einer branchenübergreifenden Kooperation (prozentual und absolut)

Voraussetzungen (Wichtigkeit)	***sehr wichtig***	***eher wichtig***	***eher nicht wichtig***	***gar nicht wichtig***
Kooperation mit Großunternehmen	6 % (3)	18 % (9)	27 % (13)	2 % (1)
Kooperation mit kleinen und mittelständischen Unternehmen	8 % (4)	29 % (14)	14 % (7)	4 % (2)
Ähnliche Größe der kooperierenden Unternehmen	10 % (5)	18 % (9)	22 % (11)	2 % (1)
Unterschiedliche Größe der kooperierenden Unternehmen	4 % (2)	12 % (6)	24 % (12)	10 % (5)

Quelle: Eigene Darstellung; Bemerkung: fehlende Prozent an 100 - *keine Antwort.*

29 Dabei wurde die These, dass Netzwerke für KMU eine Plattform für den Anstoß und die Umsetzung von Innovationen fungieren, nicht bestätigt. Vgl. KRAMER (2006, S. 230).

30 Zu Abgrenzung zwischen Mittelstand und Großunternehmen unter innovationsrelevanten Gesichtspunkten vgl. WALTHER (2004, S. 36f.). Zur Relevanz der KMU im Umweltkontext vgl. MÜLLER (2004, S: 10).

31 Vgl. IKS (Hrsg.) (2000, S. 22). Basierend auf den Erfahrungen der abfallwirtschaftlichen Branchenarbeit, z.B. im Altpapierbereich lässt sich schlussfolgern, dass die Eigenschaften der kleinen und mittelständischen Betriebe wie Flexibilität, hohe Qualität und die Fähigkeit, unerwartete Situationen operativ umzusetzen, zur Erfüllung der abfallwirtschaftlichen Gesamtziele erforderlich sind. Vgl. WILLE (2002, S. 577).

Da die meisten befragten Akteure in der Kooperation mit kleinen und mittelständischen Unternehmen sowie auch mit Unternehmen ähnlicher Größe einen innovationsrelevanten Beitrag sehen, kann damit die Relevanz des hier qualitativ identifizierten Kooperationsmerkmals „Größe" untermauert werden. Dementsprechend ist die mittelständische Unternehmensgröße durchaus auch im Rahmen einer branchenübergreifenden Kooperation als innovationsrelevantes Kooperationsmerkmal zu betrachten.

6.4.1.3 Umweltorientierte Unternehmenskultur

Neben den bereits dargestellten innovationsrelevanten Merkmalen war in dem ***branchenbezogenen Kooperationsfall*** auch die Unternehmenskultur als relevantes Merkmal für die Generierung und Umsetzung der Umweltinnovationen besonders deutlich. In der Innovationsforschung ist bereits bekannt, dass die Unternehmenskultur einen bedeutenden Einfluss auf den Ablauf von Innovationsprozessen hat.[32] Zwischen der Unternehmenskultur und den Umweltinnovationen besteht ein enger Zusammenhang.[33] Unter Unternehmenskultur werden z.B. umweltorientierte Werte, Normen eines Unternehmens verstanden, die sich in der Haltung gegenüber Umwelt, in der Verantwortung der Betriebsführung, interner Kommunikationsstruktur etc. widerspiegeln.

In dem untersuchten Kooperationsfall wird die Unternehmenskultur insbesondere im Engagement der Akteure im Umweltschutzbereich sowie in der Stellung des betrieblichen Umweltschutzes in den befragten Unternehmen deutlich, weil zwischen einem aktiven Umweltengagement und der Entstehung von Umweltinnovationen eine positive Korrelation besteht.[34] Beim Umweltengagement der befragten Akteure wurde besonders deutlich, dass die Unternehmen eine kontinuierliche Verbesserung der betrieblichen Umweltsituation bzw. ihres Umweltmanagements anstreben. Die damit verbundene Fähigkeit zum „dynamischen Wissen" trägt nicht nur zu einer neuen Unternehmenskultur bei, sondern auch zur Entwicklung einer ökologischen Kompetenz hinsichtlich der ganzheitlichen Betrachtung der technischen und ökonomischen Umweltinanspruchnahme.[35] Das Umweltengagement der hier befragten Unternehmen ist weniger auf betriebliche Umweltprobleme zurückzuführen, sondern vielmehr auf ihre Eigenschaft als Umweltpioniere.[36] Als Umweltpioniere werden

---

[32] Vgl. HAUSCHILDT (1997); STEINMANN/SCHREYÖGG (1997, S. 623); ERNST (2003, S. 23-44). ERNST hat anhand von vier Typen von Unternehmenskultur deren Einfluss auf den Innovationserfolg untersucht. Daraus wurde deutlich, dass eine durch Hierarchie geprägte Unternehmenskultur signifikant den Innovationserfolg reduziert, wogegen sich eine allgemein innovationsfreundliche Unternehmenskultur positiv auf Umweltinnovationen auswirkt. Vgl. ERNST (2003, S. 39f.). Es besteht ein enger Zusammenhang zwischen der Unternehmenskultur und dem Innovationserfolg, der unabhängig ist von den Umfeldbedingungen.

[33] Zum Zusammenhang zwischen Unternehmenskultur und ökologischen Produktinnovationen vgl. beispielsweise SEIDL (1993). Weiterführend vgl. Kapitel 2.2.2.3.

[34] Vgl. BLÄTTEL-MINK (1998b, S. 54); KRAMER (2006, S. 229).

[35] Vgl. ROTH (1991, S. 188).

[36] Für ökologische Pionierunternehmen ist ein strategisches Unternehmenshandeln kennzeichnend. Vgl. BROCKHAUS (1996, S. 27).

nach BLÄTTEL-MINK Unternehmen bezeichnet, die den Umweltschutzgedanken in die Unternehmensphilosophie und -politik integriert haben und ständig bestrebt sind, die Qualität der Produkte und der Produktion zu verbessern.[37]

Insgesamt messen alle befragten Unternehmen den Umweltaspekten hohe Bedeutung bei. Um umweltrelevante Verbesserungen ständig realisieren zu können, müssen die Unternehmen über ein hohes Maß an Lernfähigkeit verfügen. Die Unternehmen beziehen das Umweltengagement auf unterschiedliche Bereiche (sowohl auf den operativen und normativen als auch auf den strategischen Bereich). Die auf der *normativen Ebene* in die Unternehmensphilosophie verankerten Umweltaspekte (z.B. im Unternehmen D) deuten auf die *umweltfreundliche Unternehmenskultur* hin:

> *„Das ist also unsere Philosophie. Es kann sich kein Betrieb auf dem Markt behaupten, dauerhaft, wenn er weder Brandschutz noch die Arbeitssicherheit und noch den Umweltschutz beachtet. Das geht nicht. Es gehört schon alles zusammen. Alles im bezahlbaren Rahmen"* (Unternehmen D).

Die normative Verankerung des Umweltschutzes wird zu einem notwendigen Argument, um auf dem Markt als wettbewerbsfähig bestehen zu können.

Als allgemein relevantes Beurteilungskriterium für das Umweltengagement der Unternehmen gilt die Anwendung der *Umweltmanagementsysteme* (UMS) und -instrumente. Insbesondere aufgrund dessen, dass die UMS *(strategische Ebene)* am kontinuierlichen Verbesserungsprozess ansetzen, wird ihnen in der betrieblichen Praxis eine innovationsfördernde Wirkung zugesprochen.[38] In dem vorliegenden Kooperationsfall war ersichtlich, dass, obwohl nicht alle Unternehmen ein UMS bzw. QMS hatten, auch Unternehmen ohne UMS bestrebt waren, kontinuierliche Verbesserungen im Umweltbereich zu erreichen. Die an der Kooperation teilnehmenden Unternehmen stellen insgesamt ein heterogenes Bild bezüglich der Anwendung der UMS (vgl. Tabelle 43).

Tab. 43: Managementsysteme in den befragten Unternehmen der branchenbezogenen Kooperation

Unternehmen	Sortiment/Rechtsform/Gründungsjahr	Zertifizierung		
		ISO 9001	ISO 14001	EMAS
A	Zeitungsdruck, Druckerei (GmbH & Co. KG)	-	-	o
B	Buch- und Broschürendruck (GmbH)	-	o*	o
C	Altpapierrecycler/Entsorgungsbetrieb (GmbH)	x	-	-
D	Akzidenzdruckerei (GmbH)	x	-	x

Legende: x: vorhanden, o: geplant, -: nicht geplant bzw. k.A., o:* aus Kostengründen abgebrochen
Quelle: Eigene Darstellung (Stand: 2004).

37 Vgl. BLÄTTEL-MINK (1998a, S. 285).

38 Vgl. PÖLZL (2002, S. 29f.); BROCKHAUS (1996, S. 31). Zu möglichen Auswirkungen der UMS auf ökologische Verbesserungen (Innovationen) vgl. FUSSLER (1999, S. 131ff.), BRAUWEILER/HELLING/KRAMER (2003a, S. 117ff.). In einer vom ZEW durchgeführten empirischen Analyse der *„Innovationswirkungen von Umweltmanagementsystemen"* (2000-2002) wurde u.a. bestätigt, dass die UMS (als „weiches" Instrument) Innovationen auslösen können. Vgl. ANKELE/HOFFMANN/NILL et al. (2002). In Bezug auf den Zusammenhang zwischen UMS und Innovationsaktivitäten lässt sich v.a. eine Steigerungswirkung auf Prozessinnovationen und weniger auf Produktinnovationen feststellen. Vgl. HOFFMANN/ANKELE/NILL (2003).

Die geringe Relevanz von UMS in der Branche wird sowohl von den Unternehmen als auch von den Experten festgestellt. Laut dem Experten G haben die UMS (z.B. EMAS) in der Branche insgesamt eine geringe Bedeutung im Vergleich zu anderen Branchen. Dies begründet er damit, das z.B. bei den Druckereien der Kunde nicht unbedingt in erster Linie am UMS interessiert sei. Experte F weist darauf hin, dass es auch Fälle gebe, in denen aus finanziellen Gründen keine Maßnahmen durchgeführt werden, wobei eine Bereitschaft zur Realisierung der Umweltschutzmaßnahmen besteht. Darüber hinaus begründen die Vertreter der Unternehmen A und B (ohne UMS) die geringe Bedeutung der UMS in der Branche mit dem fehlenden direkten Nutzen. Unabhängig von UMS werden die Umweltaspekte sowohl in technischer als auch organisatorischer Hinsicht z.B. im Unternehmen A oder B permanent einbezogen. Ein weiterer Grund wurde durch das Unternehmen B auch in fehlenden personellen Kapazitäten gesehen, wobei die Weiterentwicklung der vorhandenen Umweltmanagementunterlagen geplant war. Es wird deutlich, dass die Realisierung dieser Maßnahmen sowohl ökonomisch als auch ökologisch vertretbar sein muss, was aber nicht bedeutet, dass die Unternehmen nur das Minimum realisieren. Im Gegensatz zu Unternehmen A und B wurde im Unternehmen D bereits ein UMS nach EMAS II eingeführt. Der Grund hierfür war sowohl unternehmensintern (Konzernvorgabe) als auch unternehmensextern (Lieferantenanforderungen) bestimmt. Das Unternehmen ist auch nach dem QMS gemäß ISO 9001 zertifiziert.

Insgesamt zeigen die Ergebnisse, dass ein aktives Umweltengagement unabhängig von einem UMS erfolgt. Außerdem zeigt TÜRPITZ auf, dass es für die Umweltinnovationsaktivitäten eines Unternehmens wichtiger ist, wann ein Unternehmen begonnen hat, sich mit umweltbezogenen Aktivitäten zu beschäftigen, als der Zeitpunkt der Einführung eines UMS.[39] Auch die hier vorgefundenen empirischen Befunde bestätigen, dass unabhängig von einem UMS die Unternehmen durchaus verschiedene Umweltinnovationsaktivitäten realisieren.[40]

Betrachtet man z.B. die gesamte Branche, sind die befragten Unternehmen als Umweltpioniere zu betrachten. Die Unternehmen sehen den Umweltschutz als aktive Gestaltungsaufgabe, weil mit präventivem Umweltschutz auch betriebswirtschaftliche Effekte erzielbar sind. Als *umweltaktive und innovative Unternehmen* zeichnen sie sich auch durch eine Zukunftsorientierung und die Realisierung strategischer Maßnahmen aus, was mit dem hohen Technologiestand und dem branchenweiten Wettbewerbsdruck zu begründen ist. Darüber hinaus sind diese Unternehmen als „rationale“ Innovatoren anzusehen, die bestimmte Umweltmaßnahmen durchführen, um einerseits dem Marktdruck entgegenzuwirken, andererseits die eigenen betrieblichen Umweltprobleme zu lösen, soweit dies technisch und ökonomisch machbar ist. Das betriebliche Umweltengagement wird von den Unternehmen mit direkten wirtschaftlichen Aspekten wie der Kosteneinsparung bei Energie, Abfall und

[39] Vgl. TÜRPITZ (2004, S. 8).
[40] Zu den von Unternehmen umgesetzten Umweltinnovationen vgl. Kapitel 6.2.2.

Wasser bzw. Abwasser begründet.[41] Experte F weist in diesem Zusammenhang darauf hin, dass die Durchführung nicht nur von den finanziellen Möglichkeiten eines Unternehmens abhängt, sondern auch von der Bereitschaft, sich im Umweltschutzbereich zu engagieren. Dazu tragen auch Experten bei, die durch Beratung, Projekte usw. den Unternehmen Unterstützung bezüglich umweltrelevanter Aspekte wie UMS bieten.

Weiterhin kann die umweltinnovative Unternehmenskultur durch verschiedene *Umweltmanagementinstrumente* (z.B. Öko-Bilanz, Vorschlagswesen) beeinflusst werden. Die in Unternehmen eingesetzten UMI wurden v.a. zur Aufdeckung von Optimierungspotenzialen (wie Prozessoptimierung, Einsparpotenziale) verwendet. Sie dienen als operatives Mittel zur Verbesserung der betrieblichen Umweltsituation. Hierbei zeigte die qualitativ durchgeführte Umfrage jedoch, dass die Anwendung der UMI auf wenige Unternehmen beschränkt ist, weil ihre Bekanntheit allgemein als gering eingestuft werden kann (z.B. sind ABC-Analyse oder Produktbilanz nicht allen bekannt). Am häufigsten wird die Input-Output-Analyse (z.B. in Unternehmen D, A und B) durchgeführt. Die geringe Bedeutung der UMI wird mit dem hohen Zeit- und Personalaufwand begründet.

Ein anderes innovationsrelevantes Instrument ist das *Vorschlagswesen*, das darin besteht, dass von Mitarbeitern Verbesserungsvorschläge für die betriebliche Umweltsituation unterbreitet werden (z.B. im Unternehmen A). Nach Einschätzung des wissenschaftlichen Experten (F) gibt es branchenweit nur wenige Betriebe, die das Vorschlagswesen im Sinne eines kontinuierlichen Verbesserungsprozesses organisiert haben. Das betriebliche Vorschlagswesen wird entweder durch die Vorgaben vom Konzern (z.B. im Unternehmen D) oder sporadisch durch die Qualitätsmanagement-Beauftragen in Form von Mitarbeiterbefragungen (z.B. im Unternehmen C) organisiert. Diesbezüglich besteht nach dem Experten F ein großer Verbesserungsbedarf, um Innovationen in der Branche voranzutreiben und weitere Optimierungsmöglichkeiten zu erschließen.

Zusammenfassend sind Unternehmen durch ein verantwortliches Umweltengagement gekennzeichnet, das unabhängig von UMS oder UMI erfolgt. Als Kennzeichen für den hohen Stellenwert des Umweltschutzes in den Unternehmen gelten u.a. hohe Produktions- und Technologiestandards sowie auch das Engagement z.B. im Bereich des Arbeitschutzes und des Qualitätsmanagements. Während Unternehmen B (ohne UMS) die Umweltmaßnahmen eher zum Zweck der Prozessoptimierung und Kosteneinsparung durchführt, ist das nach UMS zertifizierte Unternehmen D eher an Qualitätsaspekten und der Umweltfreundlichkeit des Produktionsprozesses interessiert. In beiden Fällen wird eine kontinuierliche Verbesserung realisiert, und zwar trotz der unterschiedlichen Motive, die auch mit Umweltinnovationsgründen[42] vergleichbar sind. Die kontinuierliche Verbesserung fördert unternehmerische

[41] Der Kostenaspekt gilt als ein dominanter Grund für die Realisierung der Umweltinnovationen. Vgl. Kapitel 6.2.2.4.

[42] Vgl. dazu Kapitel 6.2.2.

Lernprozesse, die zu Umweltinnovationen führen können.[43] Eine Voraussetzung dabei ist nach BLÄTTEL-MINK das Interesse an einem wirtschaftlichen Vorteil, z.B. der Erhöhung der Handlungsrationalität und strategischer Handlungsfähigkeit,[44] was auch in den befragten Unternehmen deutlich war.

Insgesamt zeigt sich, dass dem Umweltengagement als Eigenschaft der betrieblichen Unternehmenskultur eine hohe innovationsrelevante Bedeutung zukommt. Es spielt dabei keine Rolle, ob ein Unternehmen ein UMS hat oder nicht. Wichtig ist vielmehr die Bereitschaft und Fähigkeit, ständig zu lernen und nach umweltrelevanten Verbesserungen zu suchen.

Die Betrachtung dieses innovationsrelevanten Kooperationsmerkmals deutet auch bei einer ***branchenübergreifenden Kooperation*** auf dessen hohe Relevanz hin. Während bei der branchenbezogenen Kooperation die umweltorientierte Unternehmenskultur als innovationsrelvantes Kooperationsmerkmal ermittelt wurde, gewinnt im Falle der branchenübergreifenden Kooperation eine nachhaltigkeitsorientierte Unternehmenskultur zentrale Bedeutung. Dies hängt damit zusammen, dass die hier untersuchte branchenübergreifende Kooperation seit Jahren an der Förderung der Nachhaltigkeit aktiv ist, indem verschiedene Projekte, Kampagnen und andere Aktivitäten auf diesem Gebiet durchgeführt werden. Die nachhaltigkeitsorientierte Unternehmenskultur weist hier einen sehr positiven Einfluss auf die Förderung der Umweltinnovationen auf (vgl. Tabelle 44).

Tab. 44: Unternehmenskultur als umweltinnovationsrelevantes Kooperationsmerkmal (prozentual und absolut)

Voraussetzungen (Wichtigkeit)	*sehr positiver Einfluss*	*überwiegend positiver Einfluss*	*geringer positiver Einfluss*	*kein positiver Einfluss*
Nachhaltigkeitsorientierte Unternehmenskultur (z.B. Strategien, Normen eines Unternehmens, die sich in der Haltung gegenüber Umwelt, in der Verantwortung der Betriebsführung, interner Kommunikation etc. widerspiegeln)	39 % (19)	14 % (7)	4 % (2)	0
Kooperation mit Unternehmen, die ein Umweltmanagementsystem (UMS) haben	14 % (7)	18 % (9)	20 % (10)	2 % (1)
Kooperation mit Unternehmen ohne UMS	0	4 % (2)	31 % (15)	16 % (8)

Quelle: Eigene Darstellung; Bemerkung: fehlende Prozent an 100 - *keine Antwort.*

Dabei wird auch ersichtlich, dass den Kooperationen mit Unternehmen, die ein UMS haben, oder den Kooperationen mit Unternehmen ohne UMS lediglich ein geringer positiver Einfluss auf die Förderung der Umweltinnovationen zugeschrieben wird. Dabei ist jedoch zu erwähnen, dass eine umweltorientierte Unternehmenskultur zwar erheblich durch die Einführung eines UMS beeinflusst werden kann, ob jedoch ein UMS positiv die Unternehmenskultur beeinflusst, hängt auch von vielen weiteren Einflussfaktoren ab.

[43] KOWOL argumentiert auch, dass eine lernoffene Unternehmenskultur nicht nur die Bedingungen für den Aufbau von Innovationsnetzwerken, sondern auch für die Umsetzung ihrer Innovationsarbeit verbessern kann. Vgl. KOWOL (1998, S. 334).

[44] Vgl. DRESEL (1997); BLÄTTEL-MINK (1997); STÖRMER (2001, S. 89).

Insgesamtgilt die umwelt- bzw. nachhaltigkeitsorientierte Unternehmenskultur auch bei einer branchenübergreifenden Kooperation als innovationsrelevantes Kooperationsmerkmal.

6.4.2 Innovationsrelevante umweltspezifische Kooperationsmerkmale

Im Hinblick auf die innovationsrelevanten Kooperationsmerkmale sind neben den unternehmensspezifischen Kooperationsmerkmalen auch die strukturellen und kontextbezogenen Merkmale einzubeziehen, die einen umfeldspezifischen (unternehmensexternen) Charakter haben.

6.4.2.1 Heterogene Akteurskonstellation

In der Innovationsforschung kommt der Akteurskonstellation eine wichtige Bedeutung zu. Ihre Relevanz resultiert v.a. daraus, dass sie den Austausch und die organisationsübergreifende Kombination nicht-technisch ausgerichteter Ressourcen ermöglicht.[45] Während in der klassischen Innovationsforschung die Innovationsprozesse überwiegend zwischen den Marktpartnern stattfinden,[46] ist eine solche Akteurskonstellation für die Umweltinnovationen nicht ausreichend.

Im Rahmen der bisherigen Ausführungen am Beispiel der ***branchenbezogenen Kooperation*** wurde darauf hingewiesen, dass die heterogenen Akteure ein wichtiges Kooperationsmotiv für die Teilnehmer darstellen. Die Heterogenität der Akteure ist im vorliegenden Fall in verschiedener Hinsicht zu betrachten. *Zum einen* waren an der Kooperation nicht nur *Unternehmen*, sondern auch *Experten*[47] aus drei Wirtschafszweigen entlang der Wertschöpfungskette: Papier-, Druckindustrie und Entsorgungswirtschaft vertreten. *Zum anderen* sind im vorliegenden Kooperationsfall alle unter Umweltinnovationsgesichtspunkten relevanten Akteure vertreten, die bereits anhand der zugrunde liegenden Literatur im Kapitel 3.3.1.2 herausgestellt wurden. Diese Akteure repräsentieren den *Wirtschaftssektor* (Unternehmen),

---

45 Vgl. DUSCHEK (2002, S. 43). Ressourcen wie Wissen, Informationen, materielle Artefakte usw. werden als konstitutiv für die Entstehung und Aufrechterhaltung von Innovationsnetzwerken angesehen. Insbesondere die materiellen und immateriellen Ressourcen sind oft auf technische Konstellationen und Zusammenhänge ausgerichtet, was sich in (rekursiven) Beziehungen zwischen technischen Bereichen und Abteilungen der beteiligten Hersteller und Anwender (wie z.B. F&E- oder Produktionsabteilungen) widerspiegelt und den Fokus der Analyse auf relevante Strukturen des Transfers technischer Ressourcen und Artefakte einengt. Vgl. KOWOL (1998, S. 335ff.); DUSCHEK (2002, S. 43). Zu der Heterogenität der Akteure in der Innovationsforschung vgl. DEBRESSON/AMESSE (1991).

46 Zu verschiedenen Modellen der Akteursinteraktion in der Innovationsforschung vgl. FICHTER (2005, S. 183ff.). Beispielhaft handelt es sich v.a. um Kooperationen zwischen Herstellern und Kunden. Vgl. dazu weiterführend das Manufacturer-Active-Paradigma – Costumer-Active-Paradigma-Modell von HIPPEL (1978). Andere Beispiele sind: das Zusammenarbeitsmodell von GEMÜNDEN (1981) und das Modell der Hersteller-Kunden-Interaktionen für den Konsumbereich von LÜTHJE (2000).

47 Dabei kommt den Experten und Unternehmen eine unterschiedliche Rolle zu. Während *Unternehmen* als Träger der Innovationen bzw. als Innovatoren fungieren, sind die *Experten* eher als Multiplikatoren tätig, die aber auch eine innovationsrelevante Rolle spielen können und umweltinnovative Lösungen z.B. durch ihre Beratungstätigkeit anstoßen.

den *Politikbereich* und den *wissenschaftlichen Bereich*. Dass eine solche Akteurskonstellation innovationsfördernd sein kann, wird nicht nur in der Literatur thematisiert. Vielmehr wurde dies auch im vorliegenden Kooperationsfall v.a. durch den Koordinator (Experte G) erkannt.

Die Differenzen innerhalb der Akteurskonstellation und speziell unter den Unternehmen wurden beispielsweise durch Unternehmen A als vorteilhaft betrachtet, weil dadurch in Erfahrung gebracht werden kann, wie andere Unternehmen derselben Branche, jedoch mit unterschiedlichem Tätigkeitsspektrum den technologischen, wirtschaftlichen und ökologischen Anforderungen gerecht werden. Durch den branchenbezogenen Austausch mit heterogenen Akteuren wird v.a. die Lernfähigkeit der Unternehmen gefördert, worauf die Vertreter der Unternehmen A, B und C hinweisen. Trotz der technologischen Differenzen und teilweise auch der Produktunterschiede zwischen den Unternehmen wird die Kooperation mit heterogenen Akteuren vom Vertreter des Unternehmens B insofern als innovationsfördernd angesehen, dass dadurch ein Zugriff auf verschiedene Informationen und Erfahrungswerte ermöglicht wird, die nicht ohne weiteres über den Markt (d.h. Zeitschriften bzw. Hersteller) zugänglich sind. Dabei wird v.a. das implizite Wissen angestrebt, das durch die Lernprozesse im Zuge der Kooperationen erreicht wird.[48] Während die meisten Unternehmen – unabhängig vom Wirtschaftszweig – auf Lerneffekte setzen, sieht sich demgegenüber das Unternehmen D aufgrund seines hohen Standards als Impulsgeber und als ein „Erfolgsbeispiel“ bezüglich der Umsetzung ökologischer Aspekte für die gesamte Branche.[49] Nichtsdestotrotz wurde auch von diesen Unternehmen die heterogene Akteurskonstellation positiv angesehen.

Eine besonders hohe Bedeutung misst der Vertreter des Unternehmens D den Umweltbehörden (incl. Umweltministerium) bei. Ursächlich hierfür ist nicht zuletzt der Umstand, dass sich die Unternehmen durch eine Kooperation mit umweltpolitischen Organen eine positive Imagewirkung gegenüber den Umweltbehörden (als umweltpolitischen Entscheidungsträgern bzw. Vollzugsorganen) erhoffen, weil sie schließlich durch diese kontrolliert werden.

Darüber hinaus zeigt dies auch, dass die Unternehmen bereits erkannt haben, dass eine Kooperation insbesondere mit politischen Akteuren mehr Chancen als Gefahren bringt. Die Teilnahme der *umweltpolitischen Akteure* an einer Kooperation spielt generell unter Umweltinnovationsgesichtspunkten eine wichtige Rolle, weil diese Akteure nicht nur über umweltpolitische Durchsetzungs- und Kontrollmechanismen verfügen, sondern auch an den umweltpolitischen Vorgaben für die betriebliche Tätigkeit maßgeblich mitwirken und die staatliche Förder- und Forschungspolitik im Umweltbereich beeinflussen. Im vorliegenden Kooperationsfall wird der umweltpolitische Bereich durch den Koordinator[50] vertreten. Neben

---

48 Vgl. von der OELSNITZ (2003b, S. 518). Zum impliziten Wissen vgl. BRAUWEILER (2002b, S. 50).
49 Vgl. dazu Kooperationsmotive im Kapitel 6.1.2.1.
50 Zur innovationsrelevanten Rolle des Koordinators bzw. der Koordination vgl. Kapitel 6.4.2.3.

dem Koordinator nehmen an der Kooperation auch die Vertreter des Ministeriums und der Umweltbehörden[51] teil. Sie sind aus Sicht des Vertreters des Unternehmens C insbesondere für die Suche nach branchenübergreifenden Problemlösungen relevant:

> *„Es werden regelmäßig Behörden, Regierungspräsidium, Umweltfachamt usw. dazu eingeladen, um dort direkt mal die Probleme anzusprechen und nicht nur grob Probleme anzuschneiden, sondern gleich eine Lösung zu suchen"* (Unternehmen C).

In der Literatur wird darüber hinaus den *Verbänden und wissenschaftlichen Einrichtungen* eine hohe Innovationsrelevanz beigemessen.[52] Diese werden auch im hier untersuchten Kooperationsfall als innovativ wahrgenommen. Dem *Verband* kommt im Rahmen der Kooperation eine besondere Rolle zu, weil er zum einen als einziger Akteur die Papierindustrie vertritt und zum anderen durch eine innovative Organisationsstruktur[53] sowie seinen Standortvorteil (durch die Nähe zur Papiertechnischen Stiftung) gekennzeichnet ist. Hierdurch kommt es kontinuierlich zur Verbesserung seines Know-hows, welches er auch in andere Gremien und Kooperationen transferieren kann. Als wissenschaftliche Einrichtung gilt hier im Weiteren das *Forschungsinstitut*, das in mehrerlei Hinsicht innovativ ist: Einerseits gilt es als ein Innovator, weil es selbst auf die technologischen Trends Einfluss nimmt, andererseits fungiert es als Vermittler, der innovative technologische Lösungen anbietet, und je nach Bedarf auch an Akteure aus dem Kontext der umweltorientierten Kooperation transferieren kann. Allerdings gehören die Kooperationsakteure nicht zu seinen wichtigsten Kunden. Insgesamt lässt das Profil der Experten darauf schließen, dass diese über unterschiedliche Möglichkeiten verfügen, zu betrieblichen Umweltinnovationen beizutragen.[54] Aufgrund der unterschiedlichen Aufgaben und Kompetenzen können dadurch verschiedene Impulse für die Generierung von Problemlösungen sowie auch von Umweltinnovationsmaßnahmen geliefert werden. Wie die empirischen Ergebnisse zeigen, gilt dies insbesondere für die umweltorientierte Kooperation, weil Umweltaspekte einen interdisziplinären Charakter aufweisen und unterschiedliche Perspektiven dabei von Vorteil sind.

Insgesamt zeigen die empirischen Befunde, dass die heterogene Akteurskonstellation aus Sicht der Unternehmen, sowohl bezogen auf die unterschiedlichen Unternehmen als auch bezogen auf die unterschiedlichen Kooperationsakteure aus Wirtschaft, Politik und Wissenschaft, eine innovationsrelevante Rolle spielen. Sie fördern zwar in erster Linie gemeinsame Lernprozesse (Unternehmen A, B, C) oder den Erwerb impliziten Wissens (Unternehmen A und B) und tragen damit zur Verbesserung des Unternehmensimages

---

51 Z.B. aus Leipzig, nehmen allerdings nicht regelmäßig an der Kooperation teil.

52 Vgl. FICHTER (2005, S. 173); PETERS/BECKER (1998).

53 Innerhalb des Verbandes gibt es drei Ausschüsse, wobei laut dem Experte E insbesondere im Umweltausschuss und dem technischen Ausschuss Innovationen zustande kommen.

54 Im Unterschied zum Verband und zum Koordinator (Akteur E und G), die aufgrund ihres Profils (Tätigkeitsspektrum) nur organisatorische Innovationen (Beratung bezogen auf technische und umweltrelevante Aspekte, Informationsvermittlung) realisieren können, werden durch das Forschungsinstitut (Akteur F) darüber hinaus auch technische Innovationen (Entwicklung und Verbreitung neuer Technik) und Produktinnovationen (Optimierung der Papierprodukte, Produktveränderungen) hervorgebracht.

(Unternehmen D) bei. Allerdings sind die Lerneffekte oder das implizite Wissen zwar eine wichtige, aber keine hinreichende Voraussetzung, um Umweltinnovationen zu generieren und umzusetzen. Erst im Zusammenspiel mit anderen unternehmensspezifischen Kooperationsmerkmalen wie z.B. der Unternehmenskultur kann die Heterogenität der Akteure eine innovative Wirkung entfalten. Die positive Einschätzung dieser Heterogenität der Akteure lässt sich auf deren gegenseitige Orientierung im Sinne des interaktionsorientierten Netzwerkansatzes zurückführen. Sie spiegelt sich in der Bereitschaft der Akteure wider, miteinander zu kooperieren, und knüpft dabei an eine branchenähnliche Wissensbasis an. Dies reduziert die Opportunitätskosten im Sinne des Transaktionskostenansatzes und wirkt sich damit fördernd auf den Informations- und Erfahrungsaustausch aus. Nach WIESENTHAL haben nicht nur kleine, sondern auch heterogene („privilegierte") Gruppen günstigere Kooperationschancen,[55] was auch dem untersuchten Kooperationsfall entspricht.

Bei der Betrachtung der Heterogenität der Akteure als innovationsrelevantes Kooperationsmerkmal im Rahmen der ***branchenübergreifenden Kooperation*** wird deutlich, dass die an der online-basierten Fragebogenaktion teilnehmenden Akteure der Kooperation mit politischen Partnern sowie mit anderen Unternehmen (nicht Wettbewerber) mit jeweils 18 % eine sehr hohe Relevanz beimessen. Des Weiteren ist auch positiv zu sehen, dass die meisten befragten Akteure die Kooperation mit anderen Unternehmen, mit wissenschaftlichen Einrichtungen und mit Wettbewerbern mit durchschnittlich 34 % für eher innovationsrelevant halten. Dies bestätigt auch die Frage nach der Bedeutung der Kooperation, die mit allen oben genannten Akteuren erfolgen soll, wo 29 % dies für eher wichtig einschätzt (vgl. Tabelle 45).

Tab. 45: Heterogenität der Akteure als umweltinnovationsrelevantes Kooperationsmerkmal (prozentual und absolut)

Voraussetzungen (Wichtigkeit)	*sehr wichtig*	*eher wichtig*	*eher nicht wichtig*	*gar nicht wichtig*
Kooperation mit politischen Partnern (z B. Behörden)	18 % (9)	22 % (11)	10 % (5)	6 % (3)
Kooperation mit Universitäten/Forschungsinstituten	16 % (8)	33 % (16)	8 % (4)	0
Kooperation mit anderen Unternehmen (z.B. Lieferanten)	18 % (9)	35 % (17)	4 % (2)	0
Kooperation mit Wettbewerbern	2 % (1)	33 % (16)	18 % (9)	2 (1)
Kooperation <u>nur</u> mit allen oben genannten Partnern	0	29 % (14)	16 % (8)	6 % (3)

Quelle: Eigene Darstellung; Bemerkung: fehlende Prozent an 100 - *keine Antwort.*

Die hier auftretenden Unterschiede zwischen den Einschätzungen „sehr wichtig" und „eher wichtig" – v.a. bei der Kooperation nur mit allen oben genanten Partnern – können zum Teil darauf zurückgeführt werden, dass an der branchenübergreifenden Kooperation ein breites Spektrum an Branchen vertreten ist, und dadurch die Relevanz dieses Kooperationsmerkmals zur Förderung von Umweltinnovationen unterschiedlich beeinflusst. Insgesamt unterstützen

[55] Vgl. WIESENTHAL (2001, S. 180).

diese Ergebnisse vorläufig die Relevanz des qualitativ ermittelten innovationsrelevanten Kooperationsmerkmals, das eine heterogene Akteurskonstellation umfasst.

6.4.2.2 Fachlicher Know-how-Austausch

Ein weiteres empirisch innovationsrelevantes Kooperationsmerkmal stellt die Möglichkeit des fachlichen Know-how-Austauschs dar. Der fachliche Know-how-Austausch wird im Rahmen einer ***branchenbezogenen Kooperation*** im Sinne des Informations- und Erfahrungsaustausches verstanden, der stark auf die Interessen der Kooperationsunternehmen ausgerichtet ist. Das breite Themenspektrum umfasst neben sehr speziellen Themen der heterogenen Akteure auch gemeinsame Themen wie z.B. die Liberalisierung der Energiemärkte. Andere gemeinsame Themen sind z.B. Abfallwirtschaft, Umweltkosten oder auch marktrelevante Informationen.

Eine wesentliche Eigenschaft des Know-how-Austauschs ist, dass er durch einen *hohen Praxisbezug bzw. eine hohe Praxisrelevanz* gekennzeichnet ist. Der Praxisbezug wird in verschiedenen Kooperationsaktivitäten deutlich, z.B. in den koordinierten Arbeitstreffen mit eingeladenen Fachleuten (a) oder auch in den Betriebsbesichtigungen (b), die wechselweise vor Ort beim jeweils gastgebenden Unternehmen stattgefunden haben. Auf die hohe Relevanz des Praxisbezugs im Rahmen der Kooperation weisen sowohl die Unternehmen als auch die Experten hin.

zu a)

So wurden vom Koordinator (Experte G) als innovatives Kennzeichen der Kooperation u.a. der *praxisbezogene Austausch* und die themenspezifischen Diskussionen zwischen verschiedenen Akteuren hervorgehoben. Durch unterschiedliche Stellungnahmen und Erfahrungen verschiedener Akteure werden gemeinsame Lösungen, z.B. das abfallwirtschaftliche Branchenkonzept[56] erarbeitet, das nicht nur für einige Kooperationsakteure relevant war, sondern für die ganze Branche, d.h. auch für andere Unternehmen, die nicht an der Kooperation beteiligt sind.

> *„Das ist das Eigentliche, der innovative Gedanke, diese ganze Struktur (...), das ist eine Seite. Das zweite Innovative ist eigentlich, dass die Branchen selbst, die Praxispartner die Probleme diskutieren. Wir bereiten sie nur auf, bringen sie in die Branchenarbeitskreise ein und dort werden sie von der Praxis her beleuchtet (...), aus unterschiedlichen Stellungen, unterschiedlichen Sichten. Und daraus wird ein kollektives Ergebnis herausgeholt, also der Branchenansatz“* (Experte G).

Darüber hinaus kommt den Experten für den fachlichen Know-how-Austausch eine besondere Rolle zu, weil sie das innovationsrelevante Wissen und Know-how aus den jeweiligen Wirtschaftszweigen in die Kooperation transferieren.

---

[56] Weiterführend vgl. Kapitel 6.1.2.2.

Der fachliche Know-how-Transfer im Rahmen der Kooperation erfolgt v.a. durch Gastvorträge und Referate über: wissenschaftlich-technische Neuerungen, branchenspezifische gesetzliche Regelungen und deren Anwendung, Vorhaben abfallwirtschaftlicher Art im Freistaat Sachsen, Erfahrungen vergleichbarer Einrichtungen in anderen Bundesländern und über Wissenstransfer hinsichtlich innovativer Umweltschutztechnologien.[57] Das fachliche Know-how wurde von Unternehmen B als ein Grund *„für das hohe Niveau“* (Unternehmen B) der Kooperationsakteure genannt, was sich auf die Kooperation positiv auswirkt.

Neben dem Unternehmen B messen auch andere Unternehmen dem Know-how-Austausch große Bedeutung bei. Beispielsweise ist für das Unternehmen A der fachliche Wissens- und Erfahrungsaustausch eine wichtige Voraussetzung für die bessere Erschließung der Umweltinnovationspotenziale, da hierdurch sog. „Aha-Effekte“ hervorgerufen werden. Von Vorteil ist besonders, dass die Informationen aktuell sind bzw. dass man *„auch auf bestimmte innovative Sachen hingewiesen wird“* (Unternehmen A, vgl. auch Unternehmen B). Der fachliche Informations- und Erfahrungsaustausch kann daher als wichtige Voraussetzung für die Generierung bzw. bessere Erschließung der Umweltinnovationspotenziale angesehen werden. Dadurch können Einsparungen bei Umweltschutzmaßnahmen erzielt und technische Änderungen vorgenommen werden.

Im Rahmen der Kooperation werden auch offiziell zugängliche Informationen (z.B. über Umweltrecht oder Technologien) thematisiert, weil sie nicht immer direkt in der Praxis anwendbar sind. Insbesondere die technologischen oder rechtlichen Aspekte sind mit Unsicherheiten bezüglich möglicher ökologischer Auswirkungen von Produktionsverfahren, Abfallentsorgungsstrategien etc. verbunden. Auf die besondere Relevanz des Erfahrungsaustauschs bezüglich technologischer Lösungen im Abfalltransport und im Bereich der Abfalllagerung weist auch der Koordinator (G) hin.

zu b)

Die Praxisrelevanz des Know-how-Austauschs wird darüber hinaus durch die *Betriebsbesichtigung* gesichert, die für die Unternehmen im Rahmen der umweltorientierten Kooperation eine besondere Rolle spielt. Hierdurch besteht insbesondere für die teilnehmenden Unternehmen die Möglichkeit, sich mit anderen Unternehmen zu vergleichen und so die eigene Betriebsblindheit zu reduzieren. Relativ umfassend weist auf die innovationsrelevante Rolle der Betriebsbesichtigung das Unternehmen B hin:

> *„Ja, man nimmt Ideen mit (…). Es kommt auch darauf an, was jeder sieht. Wenn ich aus einer Druckerei komme, da schaue ich natürlich auch einmal auf ein Etikett, (…), wer ist denn sein Farbhersteller. Da merke ich mir die Etiketten (…). Einmal waren wir zum Beispiel bei einem Entsorger, wo man sieht, was für ihn günstig ist bis hin (…) wie organisiert man Abläufe. Der Händler hat dort auch erzählt, wie er es*

[57] Vgl. KIETZ/WILLE (1999, S. 62). Um die abfallwirtschaftlichen Innovationen zu fördern, wurden Forschungsvorhaben zur Abfallvermeidung und -verwertung initiiert, koordiniert und vermittelt. Die Unterstützung der Branchenarbeit erfolgte durch Konzeptentwicklungen zum betrieblichen Abfallmanagement. Vgl. KIETZ/WILLE (1999, S. 61).

mit anderen Partnern macht. Es gilt dabei immer wieder den modernsten Stand abzufragen: wie wird zum Beispiel heute modern entsorgt, wie wird heute modern zwischengelagert, was kann man zwischenlagern, in welchen Schritten laufen Prozesse ab. (...) Aber es sind auch bestimmte Erfahrungen, welcher Entsorger wird genommen, welche Verfahren, wie läuft das in anderen Betrieben ab, dass man überall versucht abzuheben und mal schaut, wie machen das andere, um zu vergleichen, um das zu bestätigen, was man hat.“ (Unternehmen B).

Die hohe Relevanz der Betriebsbesichtigung wird auch durch die Unternehmen hervorgehoben:

„Das ist sehr gut. Das ist interessant und auch wichtig, weil wenn man fremde Betriebe sieht, das ist grundsätzlich interessant, und wenn das mit der Branche was zu tun hat, lernen wir immer auch ein bisschen (...).“ (Unternehmen D).

Beide verweisen darauf, dass durch die Betriebsbesichtigung Lernprozesse angestoßen werden. Dies zeigt, dass der Erfahrungsaustausch einerseits neue Impulse freisetzen kann. Andererseits trägt er zum gegenseitigen Vergleich bei, um weitere Verbesserungen bzw. Vorteile zu erzielen. Dies unterstreicht die Bedeutung der informellen Beziehungen im Vergleich zu Kooperationsaktivitäten wie z.B. Workshops, die einen formalen Charakter haben und koordiniert werden. Weiterhin ist ein informeller Charakter des Know-how-Austauschs innovationsförderlich, weil er eine problemorientierte Kommunikation fördert, vorausgesetzt, dass unter den Kooperationspartnern Vertrauen besteht. Dies deckt sich mit dem Transaktionskostenansatz, der den informellen Beziehungen eine Bedeutung zur Gewinnung innovationsrelevanter Ressourcen in Form von Informationen, Kompetenzen und Wissen sowie zur Reduzierung der Umweltunsicherheit als einer externen Rahmenbedingung der Umweltinnovationen beimisst. Insgesamt ermöglicht es das dadurch gewonnene Know-how, sowohl diverse organisatorische Optimierungspotenziale als auch prozessbezogene Verbesserungen zu realisieren. Diese Effekte stoßen nicht nur auf das Interesse der Unternehmen, sondern sie werden auch von den Experten zur Kenntnis genommen und für die eigene Tätigkeit genutzt (z.B. für die Beratungstätigkeit durch das Forschungsinstitut oder den Verband).

Zusammenfassend lässt sich konstatieren, dass der fachliche Know-how-Austausch mit unterschiedlichen Akteuren (bezüglich der z.T. durch die Partner bereits bekannten Entwicklungen und Trends) als ein empirisch ermitteltes innovationsförderliches Kooperationsmerkmal gilt.[58] Ursächlich hierfür mag sein, dass der fachliche Know-how-Austausch ein breites Spektrum an Wissen („Querschnitt“) umfasst, das Berührungspunkte mit allen Wirtschaftszweigen aufweist. Die umweltorientierten Kooperationsaktivitäten können sich innovationsfördernd auswirken, weil die Teilnahme an der Kooperation, nicht nur den Zugang zu umweltrechtlichen Informationen, sondern auch zu Informationen über Entwicklungen und Trends auf regionalen und internationalen Märkten sowie über neue Stoffe und Technologien, Know-how und Erfindungen aus Forschungseinrichtungen ermöglicht. Der *fachliche,* aber

[58] Zur Relevanz von verschiedenen Akteuren für den Informationsaustausch, auch in anderen branchenbezogenen Netzwerken wie z.B. der Biotechnologie vgl. RANK et al. (2005).

nicht zu eng gefasste *Austausch* erweist sich insbesondere für die Suche nach neuen Lösungen und damit für die Generierung der Umweltinnovationen als notwendig. Ein fachlicher Bezug der Kooperationsaktivitäten wird maßgeblich durch die Kooperationsakteure als Macht- und Fachpromotoren mitgeprägt und insbesondere durch den Koordinator der Kooperation mitgestaltet. Für die Generierung bzw. Umsetzung der Innovationspotenziale ist es eben wichtig, nicht nur Zugang zu vielfältigen Informationen zu gewährleisten, sondern diese dann auch branchenspezifisch und praxisnah zu konkretisieren, damit sie in Unternehmen in Form neuer Lösungen bzw. Konzepte schneller umgesetzt werden können. Dabei kommt dem Experten G (Koordinator) als Multiplikator für die Branche eine besonders wichtige Rolle zu.

Vor diesem Hintergrund kann resümiert werden, dass verschiedene Kooperationsaktivitäten wie die Betriebsbesichtigungen sowie der Informations- und Erfahrungsaustausch durchaus Innovationspotenziale in Kooperationsunternehmen auslösen. Der inhaltliche Facettenreichtum der umweltorientierten Kooperation ist insbesondere für die Generierung von Ideen sowie Problemlösungen und demzufolge für die Generierung von Innovationspotenzialen vorteilhaft. Auf die Bedeutung der Betriebsbesichtigungen im Rahmen einer Kooperation wurde bereits auch in anderen empirischen Studien zu Kooperationen bzw. Innovationsnetzwerken hingewiesen.[59]

Bei der Betrachtung der Bedeutung des fachlichen Know-how-Austauschs als innovationsrelevantes Merkmal der ***branchenübergreifenden Kooperation*** wird deutlich, dass die qualitativ herausgestellten Ausprägungen dieses Kooperationsmerkmals eine wichtige Rolle spielen. Hauptsächlich wird hier der Praxisbezug der Kooperationsinhalte (45 %) sowie fachlicher Informations- und Erfahrungsaustausch als sehr wichtig für die Förderung der Umweltinnovationen gesehen, während die Betriebsbesichtigung bei Kooperationstreffen von 37 % für eher wichtig gehalten wird (vgl. Tabelle 46).

Tab. 46: Fachlicher Know-how-Austausch als umweltinnovationsrelevantes Kooperationsmerkmal (prozentual und absolut)

Voraussetzungen (Wichtigkeit)	*sehr wichtig*	*eher wichtig*	*eher nicht wichtig*	*gar nicht wichtig*
Fachlicher Informations- und Erfahrungsaustausch	37 % (18)	20 % (10)	0	0
Praxisbezug der Kooperationsinhalte	45 % (22)	10 % (5)	0	0
Betriebsbesichtigung bei Kooperationstreffen	4 % (2)	37 % (18)	6 % (3)	4 % (2)
Zugang zu vielfältigen Informationen	18 % (9)	29 % (14)	8 % (4)	0
Informelle Beziehungen zwischen den Kooperationspartnern	27 % (13)	27 (13)	2 % (1)	0

Quelle: Eigene Darstellung; Bemerkung: fehlende Prozent an 100 - *keine Antwort*.

[59] Vgl. BORCHERT/GOOS/HAGENHOFF (2005, S. 11).

Die relativ abgestufte Bedeutung der Betriebsbesichtigungen hängt hier damit zusammen, dass bei einer branchenübergreifenden Kooperation weniger Interesse besteht, sich die unterschiedlichen Betriebe anzuschauen, weil das innerhalb der branchenübergreifenden Kooperation vertretene fachliche Spektrum zu heterogen ist. Genauso kann dies auf die Unternehmensgröße zurückgeführt werden: Die Großunternehmen haben auch kein Interesse an der Besichtigung von KMU, weil sie sich nur schwer mit solchen Unternehmen vergleichen können, es sei denn, die Unternehmen vertreten dieselbe Branche. Daher kann hier festgestellt werden, dass die Betriebsbesichtigung als Ausprägung der umweltorientierten Kooperation eher für branchenbebezogene Kooperationen innovationsrelevant ist, wobei auch innerhalb von branchenübergreifenden Kooperationen für „eher wichtig" gehalten wird. Interessant ist, dass beim fachlichen Know-how-Austausch ebenso den informellen Beziehungen eine hohe Bedeutung beigemessen wird. Insgesamt unterstützen diese Ergebnisse vorläufig die Relevanz des qualitativ ermittelten innovationsrelevanten Kooperationsmerkmals, das einen fachlichen Know-how-Austausch umfasst.

6.4.2.3 Koordination

Kooperationen sind auf Koordination angewiesen, weil sie einer Abstimmung der Aktivitäten aller Kooperationsakteure bedürfen. Nach WIESENTHAL gelten für politische Verhandlungen sowohl das Vorhandensein als auch die Kompetenzen von Vermittlern bzw. Mediatoren „unbestritten als gleichermaßen kooperations- wie innovationsförderlich."[60] Der hier untersuchte ***branchenbezogene Kooperationsfall*** unterstützt den häufig anzutreffenden Befund, dass der Staat im Umgang mit der Wirtschaft zunehmend weniger Regulator ist und zunehmend stärker zum Moderator wird.[61] In der Literatur wird auch darauf hingewiesen, dass die Bedeutung des externen Koordinators v. a. für gesellschaftsorientierte Kooperationen im Sinne einer Drittpartei relevant ist.[62] Der Koordinator fungiert als Wegbereiter eines neuen Angebots von der Initiierungs- bis zur Implementierungsphase und legitimiert dieses Angebot durch Seriosität der Organisation (z.B. Verwaltungsbehörde, Kammer), die er vertritt. Die Rolle des Koordinators ist insbesondere für Kooperationen mit heterogener Akteurskonstellation bedeutend, da hier die unterschiedlichen Institutionen und fachlichen Hintergründe der Akteure mit Blick auf das gemeinsame umweltorientierte Kooperationsziel aufeinander abgestimmt werden müssen.

Im Rahmen der hier untersuchten umweltorientierten Kooperation kommt dem *Koordinator* auch eine innovationsrelevante Rolle zu, da er aufgrund seiner Kompetenz und Reputation (als umweltpolitischer Vertreter) in der Lage ist, die inhaltliche und organisatorische Gestaltung und Umsetzung der Kooperation fachlich zu begleiten. Ihm obliegt die Initiierung

---

60 WIESENTHAL (2001, S. 182).
61 Vgl. von GLEICH (1997, S. 24).
62 Vgl. BROCKHAUS (1996, S. 204ff.).

und Federführung (die Gesamtkoordination und -steuerung) der Kooperation, einschließlich der Geschäftsführung der Arbeitsberatungen. Dadurch wird eine höhere Qualität der Kooperationsaktivitäten und des Know-how-Austausches gewährleistet. Durch interne Dokumentation und fachliche Begleitung sorgt er für die transparente Kooperationsabwicklung. Der Koordinator übernimmt eine leitende Funktion innerhalb der Kooperation. Er vertritt die Interessen des sächsischen Umweltministeriums, welches als Moderator[63] fungiert.

> *„Das Ministerium hat insofern Einfluss, weil der Beauftragte für Industrieabfallwirtschaft im Ministerium auch ein Mitglied in dem Branchenarbeitskreis ist. So wird fachlich und inhaltlich Einfluss genommen, auf der einen Seite durch diese zwanghafte Mitgliedschaft, auf der anderen Seite gibt es eine ständige bilaterale Abstimmung zwischen den beiden Personen: dem Leiter der IKS und dem Beauftragten des Umweltministeriums"* (Experte G).

Die Wirksamkeit eines Koordinators und auch die Intensität der Betreuung der Kooperationsteilnehmer können in hohem Maße auch von den zur Kooperationskoordination verfügbaren Ressourcen abhängen. Im untersuchten Kooperationsfall war die finanzielle Unterstützung z.T. durch das sächsische Umweltministerium (zumindest in der Anfangsphase) und z.T. durch die Projekt- und Beratungstätigkeit des Koordinators abgesichert. Als zentraler Impulsgeber beeinflusst er maßgeblich die inhaltliche und fachliche Weiterentwicklung der Kooperation. Dies wirkt sich innovationsförderlich auf die Kooperation aus, worauf z.B. von Unternehmen B hingewiesen wurde. Der innovationsfördernde Beitrag des Koordinators bezieht sich einerseits auf die *Vermittlung bzw. den Transfer neuerer Lösungskonzepte* (z.B. durch Beratungstätigkeit oder Projekte) und auf die *branchenspezifische Aufbereitung* allgemein zugänglicher Informationen (wie z.B. der umweltrechtlichen Informationen). Andererseits obliegt ihm auch sicherzustellen, dass die diversen Kooperationsaktivitäten zwischen heterogenen Akteuren auf ein *möglichst hohes Maß an Verständnis* und damit auf hohe Akzeptanz stoßen, um deren Umsetzbarkeit bzw. Nutzen zu gewährleisten.

Insgesamt kommt dem Koordinator aufgrund seiner Kompetenz und Fähigkeit zu fachlicher und organisatorischer Gestaltung der Kooperation eine wichtige Rolle zu, weil er in der Lage ist, die Attraktivität der Kooperation durch Zielerreichung zu erhöhen und bei den Teilnehmern Lernprozesse anzuregen. Laut dem Experten E ist es für eine umweltorientierte Kooperation besonders wichtig, dass sie durch Fachleute koordiniert wird. Im Rahmen der untersuchten Kooperation gilt der Koordinator als kooperationsübergreifender Multiplikator von umweltinnovativen Branchenlösungen für sächsische Unternehmen und erfüllt eine Mittlerfunktion v.a. zwischen Wirtschaft (Unternehmen, Verband), Wissenschaft (Forschungsinstitut) und Politik (Umweltministerium, Verband). Hierin zeigt sich eine besondere Kompetenz und Reputation dieses Akteurs, der im Allgemeinen die ökologischen,

[63] Die Rolle des Staates ist die eines Moderators und weniger die eines Finanziers. Vgl. STRAßBERGER/ WESSELS (1999, S. 135). Generell unterscheidet man zwei Teilbereiche der Politik: Politikfindung und -vollzug. Während die Politikfindung durch Parlamente, Ministerien, Verbände und Parteien bestimmt wird, dominieren beim Politikvollzug Fach- und Aufsichtsbehörden, staatlich finanzierte Fachagenturen, öffentlich beliehene Einrichtungen (Patentämter) und Verbände. Vgl. FICHTER (2005, S. 282).

wirtschaftlichen und politischen Interessen verschiedener Akteure steuert, um einen bestimmten „Fortschritt“ in verschiedenen Branchen[64] sowohl innerhalb einer Branchenkooperation (wie in dem vorliegenden Kooperationsfall) als auch in anderen Branchenarbeitskreisen zu vermitteln und so zur Verbreitung der Umweltinnovationen beizutragen.

Bei der Betrachtung der Bedeutung der Koordination als innovationsrelevantes Kooperationsmerkmal im Rahmen der ***branchenübergreifenden Kooperation*** wird deutlich, dass der Koordination durch Unternehmen mit 16 % relativ hohe Bedeutung beigemessen wird, wobei die meisten befragten Akteure die Koordination durch die wissenschaftlichen Partner (29 %) als „eher wichtig“ einschätzen (vgl. Tabelle 47).

Tab. 47: Koordination als umweltinnovationsrelevantes Merkmal (prozentual und absolut)

Voraussetzungen (Wichtigkeit)	*sehr wichtig*	*eher wichtig*	*eher nicht wichtig*	*gar nicht wichtig*
Koordination durch neutrale Dritte (z.B. Verbände, IHK)	8 % (4)	18 % (9)	27 % (13)	4 % (2)
Koordination durch politische Vertreter	4 % (2)	10 % (5)	29 % (14)	12 % (6)
Koordination durch Universität/Forschungsinstitut	6 % (3)	29 % (14)	16 % (8)	4 % (2)
Koordination durch Unternehmen	16 % (8)	22 % (11)	14 % (7)	2 % (1)

Quelle: Eigene Darstellung; Bemerkung: fehlende Prozent an 100 - *keine Antwort.*

Interessant ist dabei, dass die Koordination durch politische Vertreter und durch neutrale Dritte (z.B. Verbände) als „eher nicht wichtig“ gehalten wird. Diese Ergebnisse zeigen etwa ein anderes Bild als das, welches bereits bei einer branchenbezogenen Kooperation qualitativ herausgestellt wurde. Dies kann u.a. damit erklärt werden, dass die meisten Befragten der branchenübergreifenden Kooperation große Unternehmen repräsentieren, denen die Zusammenarbeit mit umwelt- bzw. wirtschaftspolitischen Partnern „eher nicht wichtig“ (29 %) ist – verglichen mit den Vertretern der KMU. Generell kann dies auch mit den unterschiedlichen Problemlagen und Kapazitäten zwischen Großunternehmen und den KMU zusammenhängen. Daher kann hier festgestellt werden, dass die Koordination mit politischen Partnern als Ausprägung der umweltorientierten Kooperation eher für branchenbebezogene Kooperationen innovationsrelevant ist. Deutlich wird aber dabei, dass die Koordination durch externe kompetente Partner hohe Relevanz hat. Hierzu können durchaus die wissenschaftlichen Partner gezählt werden, denen die meisten Befragten eine eher wichtige Bedeutung beimessen. Dies unterstützt vorläufig die qualitativ ermittelten Ergebnisse, wonach die Relevanz der Fachkompetenz des Koordinators als innovationsrelevante Kooperationsbedingung ermittelt wurde.

---

[64] Vgl. Kapitel 5.2.2.1.

6.4.2.4 Bezug zum Wertschöpfungsprozess

Als weiteres empirisch relevantes Kooperationsmerkmal wurde der Branchenbezug, insbesondere der Bezug zur Wertschöpfungskette, identifiziert. Bezogen auf die Position der Kooperationspartner im Wertschöpfungsprozess weist der vorliegende Kooperationsfall gleichzeitig sowohl *vertikale* (zwischen vor- und nachgelagerte Wertschöpfungsstufen, d.h. von der Papierherstellung über Druck bis zur Entsorgung) als auch *horizontale* (zwischen Branchenwettbewerbern auf gleicher Wertschöpfungsstufe, d.h. zwischen den untersuchten Druckereien) Austauschbeziehungen vor. Die Relevanz einer solchen Kooperation resultiert aus der zunehmenden gesellschaftlichen Bedeutung der Umweltschutzproblematik, der immer dichteren und strengeren Rechtsnormen im Bereich der Abfallwirtschaft, des immer knapper werdenden Deponieraums und der steigenden Entsorgungskosten. Vor diesem Hintergrund gewinnt die umweltverträgliche und wirtschaftliche Entsorgung von Abfällen aus Sicht der produzierenden Unternehmen immer größere Bedeutung.[65] Der hier untersuchte Fall der Branchenkooperation wird von einigen Akteuren aufgrund seiner Verortung in der Wertschöpfungskette als innovativ angesehen. Insbesondere aus Sicht des Koordinators (Experten G) wird dies evident.

> *„Wir haben diesen Branchenarbeitskreis so aufgebaut, dass wir diese gesamte Kooperationskette von der Papiererzeugung über die Papierverarbeitung, die Papierveredlung bis zum Papierrecycling eingebunden haben. Also, in anderen Branchen ist es eigentlich nur die Fertigung. Hier ist es auch vom Beginn Herstellung des Werkstoffes Papier bis zum Recycling (...) Das ist ein Sonderfall in dieser Branche. Das hat sich eigentlich als positiv erwiesen. Es zeigt sich aber, dass es in anderen Branchen schwer zu machen ist. (...) Das ist das Eigentliche, der innovative Gedanke, diese ganze Struktur"* (Experte G).

Auf eine allgemeine Innovationsrelevanz der Kooperation zwischen den drei Wirtschaftszweigen weist auch das Unternehmen B hin. In diesem Zusammenhang stellt sich die Frage, wodurch konkret die Innovationsrelevanz des Bezugs zur Branche oder zur Wertschöpfungskette entsteht. Durch Einbeziehung vor- und nachgelagerter Wertschöpfungsstufen können betriebliche und überbetriebliche Verbesserungen oder organisatorische Lösungen erschlossen werden. Eine überbetriebliche Betrachtung erweitert das Spektrum branchenrelevanter Abläufe und Abhängigkeiten. Dieser breite Fokus ermöglicht – auch aufgrund umfassender Problem- und Lösungsdiskussionen – die Identifizierung von Maßnahmen für integrierte Lösungen. Eine solche Branchenkooperation kann einen wesentlichen Innovationsbeitrag leisten, wenn z.B. technologische Entwicklungen in der Papierindustrie und die damit verbundenen Umweltprobleme branchenübergreifend auch unter Einbeziehung nachgelagerter Wertschöpfungsstufen diskutiert werden. Dem Experten E zufolge erschließen sich auch Lösungsansätze für die Umweltprobleme einzelner Wertschöpfungsstufen oft nur aus branchenübergreifender Betrachtung. Diese Verortung unterschiedlicher Akteure in unterschiedlichen Branchen trägt des Weiteren dazu bei, solche Koopera-

[65] Vgl. STEVEN/LAARMANN (2005, S. 97).

tionsziele zu formulieren, die für andere Akteure von Interesse sein können. Gemeinsame Berührungspunkte zwischen Papier- und Druckindustrie beziehen sich z.B. auf die Qualität des verarbeiteten und zu verarbeitenden Papiers oder auf Neuentwicklungen bei bestimmten Papiersorten. Auch die Druckereien sind an der Optimierung der technischen Parameter des Druckpapiers (z.B. wegen Gewichts- und Kosteneinsparungen) und demzufolge an einem Austausch mit der Papierindustrie sehr interessiert.

Die Bedeutung der Wirtschaftszweige entlang einer Wertschöpfungskette erweist sich besonders bei umweltorientierten Kooperationen als innovationsfördernd, weil dabei die Betrachtung von Technologien, Produkten oder Dienstleistungen mit Blick auf ihren stofflichen oder energetischen Lebenszyklus als notwendig erscheint. Die im Rahmen des Informations- und Erfahrungsaustausches behandelte Kreislaufwirtschaft, von der Rohstoffgewinnung (Papierherstellung) über die Produktion (Druck) und Nutzung bis hin zum Recycling oder zur Entsorgung von Abfällen, eröffnet viele Chancen für Umweltinnovationspotenziale. Die Einbeziehung des Branchenumfeldes in die Gestaltung des betrieblichen Abfallmanagements kann für Druckereien Anreize in Gestalt möglicher Optimierungen (v.a. für Kleinbetriebe) sichtbar werden lassen, die sich z.B. auf schadstoff-, verbrauchs- und abfallärmere Einsatzstoffe, auf ein verstärktes Anbieten von Systemdienstleistungen durch die Zulieferindustrie (wie der Rücknahme, Aufarbeitung und Verwertung geeigneter Alteinsatzstoffe) oder auf das Anbieten von Mehrwegverpackungen beziehen.[66] Das Branchenumfeld – Zulieferindustrie, Entsorger, Verbände und IKS – spielt insbesondere für Lösungen in der Druckindustrie eine ausschlaggebende Rolle.

Demgegenüber ist jedoch auch zu erwähnen, dass der branchenweite Charakter der Kooperation einen nur begrenzten Informations- und Erfahrungsaustausch ermöglicht, weil an der Kooperation – hinsichtlich ihrer Ziele und Aufgaben – zu unterschiedliche Akteure beteiligt sind. Anzumerken ist jedoch, dass die Akteure aus anderen Bereichen als der Druckindustrie kritischer gegenüber dem Branchenbezug der Kooperation eingestellt sind. Für den Experten E (aus der Papierindustrie) war die Zusammenarbeit mit den drei Wirtschaftszweigen zwar vorteilhaft, jedoch wurde von ihm auch kritisch angemerkt – ähnlich wie von Unternehmen C (Entsorger) –, dass diese Kooperation zu stark durch Druckereien dominiert war. Dass die Wirtschaftszweige unterschiedliche Umweltprobleme haben, wirkt sich schließlich auch auf die Kooperationsgestaltung aus.

[66] Vgl. IKS (Hrsg.) (2000, S. 33).

Zusammenfassend erleichtert der *Branchen- und Wertschöpfungscharakter* einer umweltorientierten Kooperation u. a.:

- die Diskussion über die ökologischen, gesellschaftlichen, umweltpolitischen, technologischen und marktlichen Umfeldbedingungen;
- eine gezielte Ideen- und Lösungssuche bezüglich der umweltrelevanten Aspekte, die zwangsläufig mit den verschiedenen o.g. Umfeldbedingungen in Zusammenhang stehen und zu neuen technologischen und/oder organisatorischen Lösungspotenzialen führen;
- viele *Synergiemöglichkeiten durch einen branchenbezogenen Informationsaustausch* zwischen den einzelnen Akteuren;
- die Problemlösungsfähigkeit der Akteure und damit die Erschließung der Umweltinnovationspotenziale.

STRAßBERGER und WESSELS weisen auch darauf hin, dass für Umweltinnovationen insgesamt – und insbesondere bei Innovationen zur Verbesserung der Kreislaufführung von Altteilen – eine branchenübergreifende Sichtsweise anzustreben ist.[67] Kooperationen, in welchen auf der Ebene der Teilnehmer möglichst alle Stufen der Wertschöpfungskette mit einbezogen wurden, haben sich auch für andere Branchen wie die Automobilindustrie (ARGE Altauto) oder die Hersteller von IT-Geräten (CYCLE AG) bewährt. KIRSCHTEN identifizierte für nachhaltige Innovationsnetzwerke die Integration von Akteuren aus allen für die Innovationszusammenarbeit relevanten Stufen der Wertschöpfungskette als einen wesentlichen Erfolgsfaktor der Kooperation. Eine solche Kooperation ermöglicht die Generierung einer integrierten Problemlösung, die auch marktrelevant sein kann. Das Fehlen von Akteuren aus einer oder mehreren Stufen der Wertschöpfungskette kann dagegen den gesamten Innovationsprozess und auch das Innovationsnetzwerk beeinträchtigen.[68]

Bei der Betrachtung der Bedeutung der Branchenorientierung als innovationsrelevantes Kooperationsmerkmal im Rahmen der ***branchenübergreifenden Kooperation*** wird deutlich, dass die meisten Befragten sowohl der branchenbezogenen Kooperation als auch der Kooperation mit Partnern entlang der Wertschöpfungskette eine hohe Relevanz zur Förderung der Umweltinnovationen beimessen (vgl. Tabelle 48).

Tab. 48: Bedeutung der Branchenorientierung im Rahmen branchenübergreifender Kooperation zur Förderung von Umweltinnovationen (prozentual und absolut)

Voraussetzungen (Wichtigkeit)	***sehr wichtig***	***eher wichtig***	***eher nicht wichtig***	***gar nicht wichtig***
Branchenbezogene Kooperation	14 % (7)	31 % (15)	10 % (5)	0 % (0)
Branchenübergreifende Kooperation	12 % (6)	22 % (11)	22 % (11)	0 % (0)
Kooperation mit Partnern entlang der Wertschöpfungskette	16 % (8)	31 % (15)	6 % (3)	2 % (1)

Quelle: Eigene Darstellung; Bemerkung: fehlende Prozent an 100 - *keine Antwort.*

[67] Vgl. STRAßBERGER/WESSELS (1999, S. 132).
[68] Vgl. KIRSCHTEN (2005, S. 35).

Interessant ist dabei, dass die branchenübergreifende Kooperation von gleich vielen Befragten als „eher wichtig“ und „eher nicht wichtig“ (jeweils 22 %) eingeschätzt wird. Dieses Ergebnis kann u.a. damit erklärt werden, dass dies von der Branche abhängig ist, was bereits die meisten Befragten bestätigten, indem sie eher in branchenbezogenen Kooperationen (31 %) und Kooperationen mit Partnern entlang der Wertschöpfungskette (31 %) ein höheres Einflusspotenzial zur Förderung der Umweltinnovationen sehen. Insgesamt unterstützen diese Ergebnisse die qualitativ ermittelte Relevanz der Branchenorientierung mit Partnern entlang der Wertschöpfungskette als innovationsrelevante Kooperationsbedingung.

6.4.3 Zusammenfassung

Die empirische Analyse macht deutlich, dass umweltorientierte Kooperationen eine Vielfalt von innovativen Wirkungsmöglichkeiten entfalten können. Dieser Befund erweist sich unter Umweltinnovationsgesichtspunkten durchaus als wertvoll, weil er erlaubt, Konstellationen von begünstigenden Einflussfaktoren besser vorherzusagen. Dies gilt insbesondere deswegen als schwierig, weil die bekannten Einflussfaktoren auf Umweltinnovationen in multikausaler Weise wirken. Einige der hier identifizierten Einflussfaktoren sind bereits aus der bisherigen Umweltinnovationsforschung bekannt, jedoch noch nicht im Kooperationskontext untersucht. Die hier ermittelten Kooperationsmerkmale wie Akteurskonstellation, Unternehmenskultur etc. können zwar zur Generierung und Umsetzung betrieblicher Umweltinnovationen beitragen, jedoch können die einzelnen Kooperationsmerkmale alleine keine hinreichende Innovationswirkung entfalten. Sie müssen immer im Zusammenspiel mit anderen Faktoren betrachtet werden, die auch außerhalb des Einflussbereichs einer umweltorientierten Kooperation liegen, weil die Umweltinnovationen nicht alleine durch eine Kooperation ausgelöst werden. Da nicht jede Kooperation erfolgreich und innovationsförderlich ist, wurden hier die Bedingungen untersucht, unter welchen eine umweltorientierte Kooperation innovationsförderlich sein kann. Betrachtet man die Kooperation in ganzheitlicher Perspektive, ist anzumerken, dass sie ihre Wirkung erst durch eine Kombination von mehreren Akteurs- und Kooperationsmerkmalen entfalten kann. Damit umweltfreundliche Kooperationen innovationsförderlich sind, müssen sie Bedingungen erfüllen, die einen unternehmens- und umfeldspezifischen Bezug aufweisen. Unter Umweltinnovationsgesichtspunkten ist beispielsweise nicht nur die heterogene Akteurskonstellation, sondern auch eine möglichst hohe Hierarchieposition der Kooperationsteilnehmer relevant.

Die anhand der qualitativen Forschung ermittelten Einflussfaktoren setzen an unterschiedlichen Ebenen an: Es handelt sich um personenbezogene (Machtstruktur), unternehmensbezogene (Unternehmensgröße, Unternehmenskultur) sowie kooperationsbezogene (Akteurskonstellation, fachlicher Know-how-Austausch, Koordination, Branchenfokus) Faktoren. Insgesamt lässt sich schlussfolgern, dass eine umweltorientierte Kooperation dann innovationsfördernd ist, wenn ein Mix zwischen *(heterogenen) umfeldspezifischen* (Akteurskonstellation, Know-how, Branchenfokus) und *(homogenen) unternehmensspezifischen* Eigenschaften (Machtstruktur, Unternehmensgröße und Unternehmenskultur) gewährleistet ist. Zu beachten ist, dass die verwendeten Begriffe (Einflussfaktoren) nicht normativ zu verstehen sind, sondern heuristisch-explorativen und explikativen Charakter haben. Um sie operationalisierbar zu machen, werden in Tabelle 49 auch ihre Eigenschaften herausgestellt, die konkret anhand eines branchenbezogenen Kooperationsfalls ermittelt wurden.

Tab. 49: Zusammenstellung innovationsrelevanter Kooperationsmerkmale und deren Eigenschaften

Einflussfaktoren	*Kooperationsmerkmale*	*Eigenschaften*
unternehmens-spezifische	(1) Hierarchisch ähnliche Machtstruktur	Macht- und Fachpromotoren
	(2) Mittelständische Unternehmensgröße	Großunternehmen und KMU
	(3) Umweltinnovative Unternehmenskultur	Umweltengagement (mit UMS, ohne UMS)
umfeld-spezifische	(4) Heterogene Akteurskonstellation	Wirtschaft, Politik, Wissenschaft
	(5) Fachlicher Know-how-Austausch	Praxisbezug (Betriebsbesichtigung, breites Know-how, informelle Beziehungen)
	(6) fachliche Koordination	Multiplikator, Moderator
	(7) Branchenbezug/Wertschöpfungskette	Druck, Papierindustrie, Entsorgung

Quelle: Eigene Darstellung.

Insgesamt kommt der umweltorientierten Kooperation v.a. aufgrund der Vielfalt der entsprechenden Kooperationsaktivitäten und demzufolge auch aufgrund des breiten Spektrums an Problemlösungsmöglichkeiten eine innovationsfördernde Bedeutung zu. Eine wesentliche Voraussetzung dafür bildet die *fachliche Koordination* (6) der Kooperation. Im Rahmen der branchenbezogenen Kooperation wird dem umweltpolitischen Koordinator eine wichtige Bedeutung beigemessen, der aufgrund seiner Kompetenz und Reputation in der Lage ist, gemeinsame Aktivitäten mit heterogenen Akteuren zu initiieren und deren Umsetzung fachlich in den jeweiligen Unternehmen zu begleiten sowie auch einen breiten *fachlichen Austausch* (5) an den Interessen der Kooperationsakteure auszurichten. Ein gemeinsamer Orientierungsrahmen, der vom Koordinator vorgegeben oder gesteuert wird, ist für eine erfolgreiche Kooperation zwischen innovativen *Unternehmen, politischen Vertretern sowie auch wissenschaftlichen Einrichtungen* (4) notwendig, weil sie zwar unterschiedliche Ziele verfolgen, jedoch aufgrund des *Bezugs zu Wertschöpfungskette* (7) viele Synergien möglich sind. Neben diesen umfeldspezifischen innovationsrelevanten Kooperationsbedingungen sind auch unternehmensspezifische Anforderungen wie *ähnliche Machtstruktur* (1), *mittelständische Unternehmensgröße* (2) und *umweltorientierte Unternehmenskultur* (3) innovationsrelevant. Diese empirisch ermittelten Merkmale lassen sich auf folgende Weise in einem heuristischen Modell[69] verdichten (vgl. Abbildung 13).

[69] Vgl. dazu Kapitel 5.1.

Abb. 13: Innovationsrelevante Kooperationsmerkmale

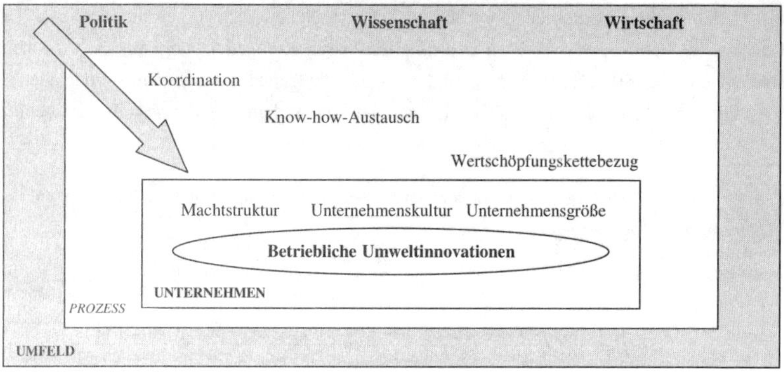

Quelle: Eigene Darstellung.

Werden diese innovationsrelevanten Merkmale anhand einer ***branchenübergreifenden Kooperation*** mittels eines Online-Fragebogens untersucht, so ist festzustellen, dass die für den branchenbezogenen Kooperationsfall identifizierten Ausprägungen bezüglich ihrer Relevanz zur Innovationsförderung durchaus bestätigt werden können. Sie sind im Rahmen der branchenübergreifenden Kooperation entweder sehr stark oder zumindest tendenziell ausgeprägt. Eine besonders starke Ausprägung bezieht sich auf ein hohes Umweltengagement (31 %), was aufgrund des einzigartigen Charakters der untersuchten Kooperation nicht verwunderlich ist. Als „wenig ausgeprägt" wurde v.a. der Branchenbezug genannt, was bei dem branchenübergreifenden Kooperationsfall durchaus plausibel erscheint (vgl. Tabelle 50).

Tab. 50: Ausprägungsstärke der qualitativ ermittelten innovationsrelevanten Kooperationsmerkmale im Rahmen branchenübergreifender Kooperation (prozentual und absolut)

Voraussetzungen	*sehr stark ausgeprägt*	*tendenziell ausgeprägt*	*wenig ausgeprägt*	*gar nicht ausgeprägt*
Gleichzeitige Teilnahme von Führungskräften und Fachleuten	8 % (4)	29 % (14)	16 % (8)	2 % (1)
Mittelständische Unternehmensgröße	8 % (4)	33 % (16)	10 % (5)	2 % (1)
Hohes Umweltengagement	31 % (15)	16 % (8)	4 % (2)	2 % (1)
Kooperation mit politischen Partnern (z B. Behörden)	12 % (6)	27 % (13)	12 % (6)	2 % (1)
Kooperation mit Universitäten/Forschungsinstituten	12 % (6)	31 % (15)	8 % (4)	2 % (1)
Kooperation mit anderen Unternehmen	14 % (7)	29 % (14)	8 % (4)	2 % (1)
fachlicher Know-how-Austausch	14 % (7)	29 % (14)	8 % (4)	2 % (1)
Branchenbezug	2 % (1)	20 % (10)	29 % (14)	2 % (1)
Kooperation mit Partnern entlang der Wertschöpfungskette	2 % (1)	27 % (13)	22 % (11)	2 % (1)

Quelle: Eigene Darstellung; Bemerkung: fehlende Prozent an 100 - *keine Antwort.*

Zur Untersuchung der Akteurskonstellation wurden die verschiedenen Akteure einzeln abgefragt. Dabei wird deutlich, dass die in Kapitel 6.4.2.1 dargestellte Relevanz dieser Akteure auch an der hier untersuchten branchenübergreifenden Kooperation mit durchschnittlich 29 % ausgeprägt sind. Daraus kann hergeleitet werden, dass trotz der allgemeinen Unterschiede zwischen branchenbezogenen und branchenübergreifenden Kooperationen die Ausprägung der qualitativ ermittelten innovationsrelevanten Kooperationsmerkmale auch für die branchenübergreifende Kooperation charakteristisch ist.

Zusammenfassend lässt sich festhalten, dass eine umweltorientierte Kooperation, die durch Fachleute koordiniert wird, branchenspezifisch ausgerichtet und an den Interessen aller Akteure orientiert ist, durchaus Innovationspotenziale freisetzen kann. Dies muss jedoch durch die umweltinnovativen Unternehmen selbst erkannt und erschlossen werden. Darüber hinaus ist zu erwähnen, dass unter weiteren innovationsförderlichen Kooperationsbedingungen auch das Vertrauen zu Kooperationsteilnehmern mit 39 % als „sehr wichtig" identifiziert wurde (vgl. Tabelle 51). Andere Faktoren wie Orientierung an den Interessen aller Kooperationsakteure, Imageverbesserung sowie die räumliche Nähe zu den anderen Partnern sind auch von Bedeutung.

Tab. 51: Bedeutung der ausgewählten kooperationsrelevanten Aspekte zur Förderung der Umweltinnovationen (prozentual und absolut)

Voraussetzungen (Wichtigkeit)	*sehr wichtig*	*eher wichtig*	*eher nicht wichtig*	*gar nicht wichtig*
Vertrauen zu Kooperationsteilnehmern	39 % (19)	16 % (8)	2 % (1)	0 % (0)
Räumliche Nähe zu den anderen Partnern	2 % (1)	20 % (10)	29 % (14)	6 % (3)
Imageverbesserung	12 % (6)	22 % (11)	22 % (11)	0 % (0)
Orientierung an den Interessen aller Kooperationspartner	12 % (6)	27 % (13)	14 % (7)	4 % (2)

Quelle: Eigene Darstellung; Bemerkung: fehlende Prozent an 100 - *keine Antwort*.

Insgesamt zeigt die quantitative Analyse auch deutlich, dass der branchenübergreifenden Kooperation eine hohe Bedeutung für die Wettbewerbsfähigkeit zukommt. Dies halten ca. 22 % (11) für „sehr wichtig", 18 % (9) für „eher wichtig" und nur 13 % (8) sehen es als „eher nicht wichtig" an. Durch eine hohe Sensibilität für Umweltprobleme können Unternehmen einem Innovationsdruck entgegenwirken, indem sie frühzeitig in relativ großer Handlungsfreiheit die Durchführung von Innovationen anstreben. Hierbei wird deutlich, dass Unternehmen herausgefordert sind, nicht nur zu kooperieren,[70] sondern auch Chancen für Innovationen oder neue Märkte zu erkennen.

Vor diesem Hintergrund kann konstatiert werden, dass die Innovations- und Wettbewerbsfähigkeit der Unternehmen auch von ihren Beziehungen zum technologischen und wirtschaftlichen Umfeld abhängig ist.[71]

[70] Vgl. BARTELMUS/ALBERT/TSCHOCHOHEI (2003, S. 333).
[71] Vgl. RITTER (1998); RITTER/GEMÜNDEN (1999).

Von Bedeutung sind hier die externen Beziehungen der Unternehmen sowie die Art und Weise der Integration des externen Know-hows in ihre Innovationsvorhaben, weil die Innovationsaktivitäten in Unternehmen oft mit großem Aufwand und zahlreichen Anforderungen verbunden sind und daher nicht alle Innovationen im Alleingang umsetzbar sind.

6.5 Kritische Würdigung des empirischen Erkenntnisgewinns

Die empirische Untersuchung richtet sich auf die Beantwortung von Forschungsfragen, die entsprechend dem Analyserahmen in Kapitel 5.1 auf den Kooperations*kontext*, auf umweltinnovative Kooperations*wirkung* sowie innovationsrelevante Kooperations*bedingungen* abzielen:

a) Welche Rolle spielen die Kontextfaktoren der Kooperation für betriebliche Umweltinnovationen? Insbesondere ist bei der Kooperationsanalyse zu berücksichtigen, welche Akteure teilnehmen und welche Motive sie haben, welche Ziele und Aktivitäten realisiert und welche Ressourcen und Beziehungen dazu als Mittel eingesetzt werden.
b) Welche Umweltinnovationen werden durch Unternehmen realisiert und welche Gründe gibt es für deren Realisierung? Welchen Beitrag leistet eine umweltorientierte Kooperation zur Realisierung der betrieblichen Umweltinnovationen aus Sicht der Akteure? Wie ist die Innovationswirkung der Kooperation zu erklären?
c) Welche Kooperationsmerkmale sind innovationsrelevant? Unter welchen Kooperationsbedingungen kann es zur Innovationsförderung kommen?

Mithilfe der Untersuchungsebenen – Kontext, Wirkung und Bedingungen – wurde daher der Beitrag einer umweltorientierten Kooperation zur Innovationsförderung empirisch erforscht. Das hier gewählte explorative Vorgehen ermöglichte zum einen eine vertiefte Untersuchung der Bedeutung der Umweltinnovationen im Rahmen einer branchenbezogenen Kooperation aus Sicht verschiedener Kooperationsakteure, die die betrieblichen Umweltinnovationen direkt (Unternehmen) und indirekt (Experten) beeinflussen. Zum anderen verhalf es zur Gewinnung *branchenspezifischer* und *branchenübergreifender* Informationen über die Wirkung und Bedingungen für die Realisierung der Umweltinnovationen durch Kooperation. Die wesentlichen Ergebnisse des empirischen Teils werden im Folgenden bezugnehmend auf die Forschungsfragen und den Analyserahmen dargestellt.

zu a)

Die Analysen zur Beantwortung der Forschungsfragen zum *innovationsrelevanten Kontext* ergaben, dass die hier gewählten Kooperationsfälle die Erforschung des Untersuchungsgegenstands aus verschiedenen Perspektiven ermöglichen. Sowohl die *qualitativ* dargestellte Funktionsweise einer branchenorientierten Kooperation als auch die *quantitative* Überprüfung anhand einer branchenübergreifenden Kooperation zeigen ein differenziertes Bild der Kooperationsakteure sowie der Kooperationsaktivitäten, die ein vielfältiges Innovationspotenzial bieten.

Darauf verweisen einige wesentliche Besonderheiten der branchenbezogenen Kooperationen wie beispielsweise die Weiterentwicklung der Kooperation unabhängig von ihrer staatlichen Startförderung sowie - dies gilt sowohl für branchenbezogene als auch für branchenübergreifende Kooperationen - die Erweiterung des Akteurskreises, die Ergänzung der formellen Kooperationsbeziehungen um informelle Aspekte sowie die Erweiterung der Kooperationsaktivitäten im Laufe der Zeit. Ein wesentlicher Vorteil der branchenbezogenen Kooperation ist, dass hier Vertreter der gesamten Wertschöpfungskette aus den Unternehmen und/oder aus dem Kreis der Experten vertreten sind. Dies ist eine für Umweltinnovationen förderliche Akteurskonstellation. Der Branchenbezug der Kooperation wird auch von den Teilnehmern ausdrücklich als ein Grund für ihre Kooperationsteilnahme genannt. Die meisten Akteure haben die Erwartung, durch den Austausch mit heterogenen branchenbezogenen Kooperationsakteuren praktische Impulse und Lösungsansätze für ihren Tätigkeitsbereich zu erhalten, um das eigene Handeln zu reflektieren und zu verbessern.

Durch den Austausch mit heterogenen Akteuren werden v.a. individuelle Lernprozesse gefördert, weil im individuellen Austausch komplexe Problembereiche des Wirtschaftszweigs praxisnah erfasst und relevante Informationen direkt ausgetauscht werden. Dies wirkt sich schließlich auch positiv auf die Kooperationsentwicklung aus. Die Akteure wählen diese Kooperationsform nicht wegen der Gewinnung einer spezifischen Problemlösung, sondern als Mittel zur besseren Erreichung ihrer eigenen Ziele.[1] Obwohl sie bereits alle einen relativ hohen Umweltschutzstand vorweisen können, ist ihr erhöhtes Interesse am Know-how-Austausch mit heterogenen Akteuren aus dem Branchenkontext deutlich. Eine wichtige Rolle spielen dabei auch die informellen Beziehungen zwischen den Akteuren, die auf hoher Kompetenz und auch hohem Vertrauen basieren. Anders als in der branchenbezogenen Kooperation werden im Rahmen der *branchenübergreifenden Kooperation* nicht nur der Erfahrungs- und Informationsaustausch, sondern auch das Interesse an Umweltthemen als relevante Motive identifiziert.

Am Beispiel der untersuchten Kooperationsfälle wurde ebenfalls deutlich, dass die umweltinnovativen Unternehmen bestrebt sind, gleichzeitig ökologische und ökonomische Ziele zu verfolgen. Die unternehmerischen Ziele von Umweltpionieren resultieren nicht aus ethisch bedingter gesellschaftlicher Verantwortung, sondern aus der Absicht zur Sicherung der eigenen strategischen Wettbewerbsfähigkeit und damit – längerfristig – der eigenen Handlungsspielräume.[2]

zu b)

Um die tatsächliche Wirkung der Kooperation auf Umweltinnovationen einschätzen zu können, wurden zunächst die durch die befragten Unternehmen umgesetzten Umweltinnovationen sowie auch die Motive für deren Realisierung untersucht. Bezug nehmend auf die branchenbezogene Kooperation lässt sich feststellen, dass die Unternehmen überwiegend die technischen Umweltinnovationen realisieren, wobei die Umweltinnovationen je nach

1 Zu einem ähnlichen Ergebnis für gesellschaftsorientierte Kooperationen vgl. BROCKHAUS (1996, S. 208).
2 Vgl. STÖRMER (2001, S. 324).

Wirtschaftszweig (Branche) unterschiedliche Relevanz gewinnen. Während die Papier- und Druckindustrie v.a. technische Innovationen und technologiebasierte Optimierungen umsetzt, ist dies in der Entsorgung seltener der Fall, weil sie als eine Dienstleistungsbranche einer geringeren technisch orientierten Innovationsdynamik unterliegt. Das *Technologieniveau* gilt in der Branche als ein „Existenzfaktor", weil sich die befragten Unternehmen der Papier- und Druckindustrie heutzutage über den Stand der Technik auf dem Markt definieren.[3]

Betrachtet man die Gründe für die Umsetzung von Umweltinnovationen in den befragten Unternehmen so wird deutlich, dass *Kostensenkung* als Hauptmotiv gilt, wenngleich es Unterschiede zwischen den Unternehmen gibt. Hauptsächlich werden technische Innovationen aus *Kostengründen* sowie auch *gesetzlichen Gründen* vorgenommen, um die eigene Wettbewerbsfähigkeit (z.B. Image, Marktposition, Prozessoptimierung, Produktqualität) zu verbessern.

Darüber hinaus sind die technischen Umweltinnovationen auch oft zwangsläufig mit umweltrelevanten Maßnahmen im *organisatorischen Bereich* (v.a. im Abfallbereich) verbunden, die durch die Kooperation beeinflusst werden können. Inwieweit dies der Fall ist, zeigt die wahrgenommene Innovationswirkung durch die einzelnen Akteure auf. Angesichts der großen Differenziertheit der Wirtschaftsbereiche und der Akteure stellt der branchenbezogene Kooperationsfall eine gute Grundlage für die Rekonstruktion der Innovationswirkung durch umweltorientierte Kooperation dar. Demgegenüber zeigen die quantitativen Ergebnisse bei *branchenübergreifenden Kooperationen*, dass den Prozessinnovationen, organisatorischen Innovationen sowie den Produktinnovationen eine etwa gleich hohe Bedeutung zukommt.

Die empirische Analyse zeigte hier auch, dass der Einfluss umweltorientierter Kooperationen auf die betrieblichen Umweltinnovationen von den verschiedenen Akteuren sehr unterschiedlich beurteilt wird. Insbesondere die Wahrnehmung der Unternehmensvertreter und Experten in der branchenbezogenen Kooperation geht auseinander, wenn sie beurteilen sollten, warum Umweltinnovationen eingeführt werden. Diese Analyse verdeutlicht, dass nicht alle Unternehmen eine Verbesserung der Umwelt oder die Lösung eigener Umweltprobleme zum Ziel haben, was man aber aufgrund der Kooperationszielstellung und des -gegenstandes vermuten könnte. Tatsächlich streben sie wettbewerbsstrategische Vorteile an. Trotzdem stellt Umweltorientierung der Kooperation aus Sicht der Unternehmen im Rahmen der branchenübergreifenden Kooperation einen wichtigen Aspekt dar. Da der Umweltbereich nicht isoliert betrachtet werden kann, werden im Rahmen der umweltorientierten Kooperation zwangsläufig auch gesetzliche, technologische, organisatorische und finanzielle Informationen usw. mitbetrachtet. Hierdurch entwickeln umweltorientierte Kooperationen eine breite Wirkung. Im Unterschied zu den bisherigen Untersuchungen konnte anhand des untersuchten Kooperationsfalls insgesamt der Innovationsgrad – von gering bis groß –

[3] Vgl. Kapitel 6.2.1.

differenziert untersucht werden. Es wurde gezeigt, dass die kooperationsbedingten Innovationswirkungen im Umweltkontext differenziert betracht werden müssen, und nicht vereinfacht als nur „gering“ oder „indirekt“ beurteilt werden sollten, weil eine solche Betrachtung nur eine eingeschränkte Relevanz der Kooperation zur Innovationsförderung abbildet. Eine differenzierte Evaluirung in dieser Form wird in der umweltorientierten Betriebswirtschaftslehre (und speziell der Innovationsforschung) bis dato kaum vorgenommen. Die Differenzierung des Innovationsgrades ermöglicht anderen Unternehmen, die Bedeutung der Kooperation zur Innovationsförderung besser wahrzunehmen, die aus Unkenntnis oder anderen Gründen (Unfähigkeit, fehlender Kapazitäten) einen geringen Innovationsnutzen in umweltorientierten Kooperationen sehen.

Insgesamt zeigt die empirische Untersuchung, dass umweltorientierte Kooperationen zu Umweltinnovationen beitragen. Im Wesentlichen beeinflussen sie die Lern- und Problemlösungsfähigkeit sowie schließlich die Innovationsfähigkeit der Akteure. Wesentliche Kooperationseffekte beziehen sich auf inkrementelle Verbesserungen wie z.B. die Optimierung der Abläufe (z.B. der Entsorgungswege), den Zugriff auf neue Lösungsansätze (z.B. das abfallwirtschaftliche Branchenkonzept), den Zugang zu aktuellen umweltrechtlichen Vorgaben, die Reflexion des eigenen Handelns bzw. der eigenen Situation (z.B. durch Besichtigung fremder Unternehmen), die Förderung einer umweltfreundlichen Unternehmenskultur. Damit der Innovationsprozess für das Unternehmen erfolgreich abläuft, ist eine betriebliche Innovationskultur erforderlich, die u.a. durch solche Komponenten wie Sensibilität gegenüber „schwachen“ Signalen, Bereitschaft „Bewährtes“ in Frage zu stellen bzw. Offenheit gegenüber Anstößen von Außenseitern gekennzeichnet ist.[4] Zusammenfassend ist festzustellen, das obwohl Kooperationen nicht immer Umweltinnovationen direkt auslösen, sie die Innovationsfähigkeit von Unternehmen indirekt beeinflussen können, indem sie dem Innovationsprozess (Generierung und Umsetzung) Impulse geben.

zu c)

Im Mittelpunkt der Untersuchung hinsichtlich des Beitrags der umweltorientierten Kooperation zu betrieblichen Innovationen stand auch die Frage, welche Einflussfaktoren eine wesentliche Rolle spielen. Dabei sind die komplexen Wechselwirkungen zwischen den Kooperationsmerkmalen und anderen Einflussfaktoren, die auf der Personen- (Machtstruktur), Organisations- (Akteurskonstellation, Unternehmensgröße und -kultur) und Kooperationsebene (Koordination, fachlicher Know-how-Austausch, Bezug zur Wertschöpfungskette) zu beachten. Einerseits handelt es sich dabei um unternehmensspezifische, andererseits um umfeldspezifische Einflussfaktoren.

---

4 Vgl. dazu BIERTER/BINDER (1993, S. 53).

Die Bedeutung der unterschiedlichen *Akteure* erweist sich sowohl bei der branchenbezogenen als auch branchenübergreifenden Kooperation als innovationsfördernd. Die hier qualitativ analysierte umweltorientierte Kooperation ist im Vergleich zu anderen Kooperationen mit Umweltbezug in der Praxis noch nicht verbreitet, weil – wie bereits im Kapitel 3.2.2 erörtert wurde – umweltorientierte Kooperationen häufig entweder zwischen Unternehmen oder zwischen Unternehmen und gesellschaftlichen Gruppen (wie NGOs) oder zwischen Unternehmen und politischen Gremien bilateral eingegangen werden. Eine multilaterale Akteurskonstellation - wie die hier untersuchte - ist aber im Zuge der nachhaltigen Entwicklung besonders wichtig, weil die betrieblichen Umweltprobleme aus verschiedenen Perspektiven besser gelöst werden können. Dies bezweckt auch der hier untersuchte branchenübergreifende Kooperationsfall. Während Kooperationen zwischen Unternehmen und Wissenschaft auch im Nachhaltigkeitskontext an Bedeutung gewinnen, werden die politischen Akteure nur selten einbezogen. Trotzdem ist v.a. in Bezug auf branchenbezogene Kooperation zu beobachten, dass die deutsche Politik deren Nutzen erkannt hat und daher zunehmend kooperative Umweltpolitik fördert.

Generell kommt der *Koordination* solcher Kooperationen eine besondere Rolle zu, da es gilt, sich ständig verändernde Einflussfaktoren aufeinander abzustimmen, um einen Kooperationserfolg zu ermöglichen. Anhand der empirischen Ergebnisse wurde bisher u.a. hervorgehoben, dass der *Know-how-Austausch* (v.a. Informations- und Erfahrungsaustausch im weiten Sinne) ein wesentlicher Vorteil der Kooperation ist, der durch fachliche Koordination maßgeblich unterstützt wird. Im Rahmen dieses Know-how-Austauschs werden einerseits konkrete (aktuelle) Problemstellungen der einzelnen Akteure behandelt, die nach einer umweltfreundlichen Lösung suchen, andererseits werden Informationen ausgetauscht, die z.T. neu, auf jeden Fall aber zukunftsorientiert sind und zum Zweck haben, die Unternehmen auf neue Herausforderungen vorzubereiten. Dabei gewinnt v.a. die Praxisrelevanz der Informationen an Bedeutung, weil dadurch der Handlungsspielraum der Akteure in späteren Entscheidungssituationen erweitert wird. Demgegenüber zeigen die Forschungsergebnisse, dass in branchenübergreifender Kooperation dem umweltpolitischen Koordinator weniger Bedeutung zukommt. Vielmehr wird hier die Fachkompetenz als relevant angesehen, sodass den wissenschaftlichen Einrichtungen eine hohe innovationsrelevante Bedeutung zukommt.

Eine weitere Besonderheit dieser Kooperation stellte auch die Kombination der einzelnen Wirtschaftszweige entlang einer *Wertschöpfungskette* dar, was nicht in jeder Branche umsetzbar ist. Beispielsweise in der Lebensmittelindustrie oder in der Baubranche wäre eine solche Kooperation nicht zweckmäßig, weil die Unterschiede entlang der Wertschöpfungskette und die damit verbundenen betrieblichen Umweltprobleme wenige Synergien hervorrufen. Neben diesen umfeldspezifischen innovationsrelevanten Kooperationsbedingungen sind auch unternehmensspezifische Anforderungen wie *ähnliche Machtstruktur*, *mittelständi-*

sche Unternehmensgröße und *umweltorientierte Unternehmenskultur* innovationsrelevant. Zu beachten ist, dass die verwendeten Begriffe (Einflussfaktoren) nicht normativ zu verstehen sind, sondern heuristisch-explorativen und explikativen Charakter haben.

Zusammenfassend stellen die hier operationalisierte Innovationswirkung sowie die innovationsrelevanten Kooperationsbedingungen einen ersten Ansatz für die Ermittlung des Einflusses der Kooperation auf Umweltinnovationen dar. Zwar wurden die Kooperationsbedingungen anhand einer branchenbezogenen Kooperation ermittelt, trotzdem ist herauszustellen, dass bestimmte innovationsrelevante Kooperationsmerkmale auch *branchenübergreifend* von Bedeutung sind. Diese Einflussfaktoren können daher mit gewissen Einschränkungen auch auf andere Kooperationen übertragen werden.

Der hier zugrunde liegende Analyserahmen stellt insgesamt eine umfassende Basis für die empirische Analyse kooperationsrelevanter Implikationen für Umweltinnovationen dar. Dabei wird deutlich, dass die umweltorientierte Kooperation eine geeignete Form ist, betriebliche Veränderungsprozesse im Umweltschutz anzuregen und zu unterstützen und auf diesem Wege die Innovations- und Wettbewerbsfähigkeit zu verbessern. Betrachtet man den Beitrag der Kooperation für die Wettbewerbsfähigkeit genauer, kann dies

- einerseits mit der umweltorientierten Zielstellung der Kooperation begründet werden und
- andererseits durch die Bedeutung der umweltorientierten Kooperation für Innovationsförderung expliziert werden.

Insgesamt zwingt der Wettbewerb die Unternehmen zur Suche nach Innovationen durch eine Verbesserung ihrer Problemlösungs- und Lernfähigkeit. Um die Informationskosten und das Risiko durch Fehlentscheidungen zu reduzieren, können dazu umweltorientierte Kooperationen genutzt werden. Die frühzeitige Erkundung relevanter umweltinnovativer Lösungen, die Wahrnehmung zukünftiger Herausforderungen und demnach anstehender Veränderungen bestehender Wirtschaftsweisen ist ebenso durch umweltorientierte Kooperationen möglich.

Trotz der vielen interessanten Erkenntnisse sind im empirischen Teil einige methodische Schwächen anzumerken, die verhindert haben, signifikante Zusammenhänge zu ermitteln. Dies ist auf die geringe Rücklaufquote der online durchgeführten Umfrage zurückzuführen und zeigt sich in jeweils unterschiedlich beantworteten Fragen. Insbesondere das Auftreten von fehlenden Antworten auf die Fragen können zu Verzerrungen geführt haben und sind deshalb mit Vorsicht zu interpretieren. Nichtsdestotrotz konnten aber deutliche Tendenzen nachgewiesen werden, die die Schlüsse aus der qualitativen Studie bestätigen.

7. Implikationen für umweltorientierte Brancheninnovationssysteme und Zusammenfassung

Bezug nehmend auf die bisherigen Ausführungen, die zeigen, dass die hier dargelegte branchenbezogene Kooperation sowie die zu einer Überprüfung herangezogene branchenübergreifende Kooperation zur Förderung von Umweltinnovationen beitragen, wird im Folgenden ein umweltorientiertes Innovationssystem[1] entwickelt. Ein zentrales Element von Innovationssystemen sind verschiedene Akteursnetzwerke bzw. Kooperationen, die je nach Systemgrenzen meistens entweder regional oder national betrachtet werden. Da die Definition von Systemgrenzen in Systemwissenschaften eine Frage der Zweckmäßigkeit bezogen auf die konkrete Problemstellung ist, wurde im Rahmen der vorliegenden Arbeit der Schwerpunkt auf die Branche gelegt, woraus sog. umweltorientierte Brancheninnovationssysteme abgeleitet werden können.

7.1 Integration umweltorientierter Kooperation zu einem Brancheninnovationssystem

7.1.1 Grundzüge eines umweltorientierten Brancheninnovationssystems

Zur Generierung und Umsetzung betrieblicher Umweltinnovationen sind Unternehmen immer mehr herausgefordert, mit verschiedenen Akteuren zu kooperieren. Das Zusammenspiel heterogener Akteure bietet dafür durchaus wichtige Impulse. Vor diesem Hintergrund gewinnen nicht nur die unternehmensinternen Interaktionsbeziehungen, sondern auch Kooperationen von Unternehmen mit ihrem Umfeld an Bedeutung. Es ist davon auszugehen, dass die Interaktionen bzw. Kooperationen dann innovationsförderlich sind, wenn sie in einem räumlich, zeitlich, gegenstandsbezogen etc. abgegrenzten System stattfinden. Ein Systemobjekt wie z.B. die Branche ist zwar nach den bisherigen empirischen Erkenntnissen ein wichtiger kontextrelevanter Einflussfaktor auf Umweltinnovationen, jedoch kein hinreichender. Die Integration einer umweltorientierten branchenbezogenen Kooperation entlang der Wertschöpfungskette zu einem Innovationssystem muss gewissen Anforderungen gerecht werden, die als grundlegende Komponenten eines nationalen oder regionalen Innovationssystems gelten. Gemeinsam ist disen Innovationssystemen, dass sie zum einen aus typischen Komponenten bestehen, die das öffentliche Innovationsklima wie Wissenschaft-, Technologie-, Bildungs-, Steuerpolitik usw. (sog. abstrakte Komponenten) fördern. Zum anderen bestehen sie aus innovationsrelevanten Akteuren wie öffentlich-politischen und privatwirtschaftlichen Institutionen (sog. konkrete Komponenten).[2]

Im Gegensatz zu nationalen oder regionalen Innovationssystemen stellen die Brancheninnovationssysteme (BIS) ein neues Phänomen dar. Die Notwendigkeit der

---

[1] Zur Definition eines Innovationssystems vgl. Kapitel 3.3.1.2.

[2] Vgl. HÜBNER (2002, S. 95); GERSTLBERGER (2004, S. 20).

Erforschung eines BIS resultiert v.a. aus drei Gründen. *Erstens* wurde die betriebswirtschaftliche Perspektive bei der Erforschung der Innovationssysteme bislang nur vereinzelt berücksichtigt; hier besteht nach wie vor ein erheblicher Forschungsbedarf. *Zweitens* werden in der bisherigen Innovationsforschung die BIS noch nicht thematisiert. Stattdessen werden nur branchenbezogene Innovationsnetzwerke betrachtet, die v.a. als F&E-Kooperationen fungieren. *Drittens* sind im Allgemeinen die umweltorientierten Innovationssysteme bislang noch nicht verbreitet. Die Forschung dazu ist erst in Ansätzen vorhanden, sodass deren Entwicklung zur Förderung der nachhaltigkeitsorientierten Netzwerke, des regionalen Innovationssystems (RIS) beiträgt. Unter Bezugnahme auf die RIS, die als gemeinsamer Handlungsrahmen der Unternehmen und der Kooperation angesehen werden können,[3] konstatiert GERSTLBERGER einen theoretischen und empirischen Forschungsbedarf z.B. „hinsichtlich möglicher institutioneller Einflussnahmen auf das Handeln individueller Akteure in Unternehmen und weiteren beteiligten Organisationen im Rahmen der RIS-Gestaltung".[4] Da die wirtschaftlichen Akteure in Funktionsräumen handeln, die nur selten mit Verwaltungsräumen (z.B. Kommune, Bezirk, Bundesland, Nationalstaat) zusammenfallen, ist eine zielgerichtete Überwindung der Rauminkongruenzen durch unternehmensübergreifende Kooperationen anzustreben. Um den Defiziten gerecht zu werden, ist dazu die intensivere Verbindung der betrieblichen und regionalen Ebene erforderlich, die durch Kooperationen in flexiblen Kontexten wie z.B. einer Branche ermöglicht wird. Dadurch können auch die regionalen Innovationssysteme gefördert werden.[5]

Analog zu einem regionalen Innovationssystem nach COOK et al. können unter einem *BIS* Kooperationsbeziehungen zwischen Unternehmen und unterschiedlichen Organisationen zu verstanden werden, die auf die Wissensgeenrierung und -verbreitung innerhalb einer Branche abzielen. Solche Systeme umfassen Subsysteme:[6]

- dem Subsystem der Wissensanwendung und -verwertung, das v.a. aus Unternehmen mit Netzwerken vertikaler Lieferketten besteht,
- dem Subsystem der Wissensschaffung und -diffusion, das hauptsächlich aus öffentlichen Organisationen besteht.

Da in einem Innovationssystem die öffentlichen und privatwirtschaftlichen Akteure eine zentrale Rolle spielen, ist davon auszugehen, dass sie jeweils einen unterschiedlichen Innovationsbeitrag innerhalb dieses Systems leisten. Einerseits können sie als direkte Innovatoren (z.B. Unternehmen, Forschungseinrichtungen), und andererseits als Multiplikatoren von innovationsrelevantem Know-how (z.B. politische Akteure, wissenschaftliche Einrichtungen)

---

3 Nach GERSTLBERGER werden mit regionalen und nationalen Innovationssystemen „bisher überwiegend formale Organisationen und deren ‚offizielle' (Nicht-)Kooperationen assoziiert (GERSTLBERGER 2004, S. 347).

4 GERSTLBERGER (2004, S. 349), auf die Hervorhebung im Original wurde verzichtet.

5 Zum weiteren Forschungsbedarf vgl. GERSTLBERGER (2004, S. 347ff.).

6 Vgl. COOK et al. (2000).

agieren. Zwischen den Akteuren eines umweltorientierten BIS bestehen formelle und informelle Beziehungen (Interaktionen), die ermöglichen, einen Informations- und Erfahrungsaustausch sowie Projektaktivitäten in einer Branche entlang der Wertschöpfungskette zu realisieren. Während die Unternehmen eher die Anwendung des branchenbezogen aufgearbeiteten Wissens anstreben, kommt den wissenschaftlichen und politischen Experten besondere Bedeutung bei der Vermittlung und Verbreitung des Fachwissens z.B. hinsichtlich der umweltrechtlichen Anforderungen oder der neuen wissenschaftlichen Erkenntnisse zu. Grundlegend für die Beziehungen ist das Vertrauen unter den Akteuren, ihre Fachkompetenz und die Akzeptanz bzw. Unterstützung durch die Geschäftsführung aller an einem BIS beteiligten Unternehmen und Institutionen.

Im Folgenden wird daher zunächst konzeptionell ein BIS skizziert (vgl. Abbildung 14), anschließend werden die möglichen Ansatzpunkte zu deren Förderung dargestellt.

Abb. 14: Konzept eines umweltorientierten Brancheninnovationssystems

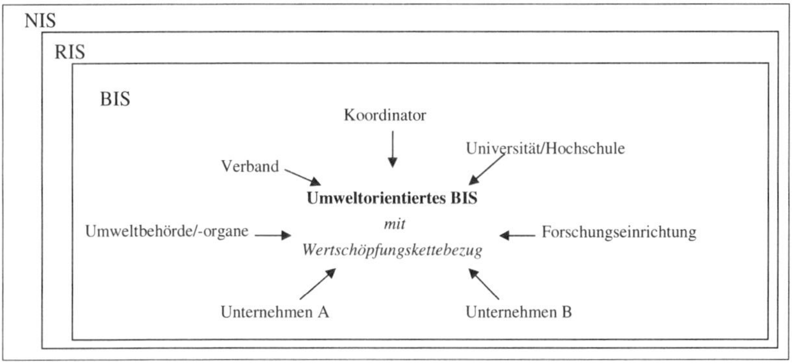

Quelle: Eigene Darstellung.

Die Förderung der umweltorientierten BIS ist besonders für die Diskussion wichtig, wie öffentliche umweltpolitische Maßnahmen die Innovations- und Wettbewerbsfähigkeit von Unternehmen fördern können. Im Gegensatz zu regionalen Innovationssystemen sind umweltorientierte BIS nicht als spontanes, von sich aus entstehendes Phänomen anzusehen, sondern sie sind eng mit der regionalen Umweltpolitik bzw. umweltrelevanten Problemfeldern in einer Region verbunden. Die Bedeutung der umweltorientierten BIS ist mit der regionalen Ebene und den spezifischen regionalen Ressourcen verbunden, die zur Stimulierung der Innovations- und Wettbewerbsfähigkeit von Unternehmen beitragen. Spezifische regionale Ressourcen wie ein Bestand an Fachwissen bezogen auf traditionale Branchen, Lernfähigkeit, unternehmerische Einstellungen etc. werden als äußerst bedeutungsvoll für die betriebliche Anstrengungen angesehen.

Die Entwicklung von umweltorientierten Kooperationen zu einem Innovationssystem kann ein Weg sein, die ökologisch orientierte Wirtschaftsentwicklung zu fördern und damit auch einen Beitrag zu Initiierung bzw. Weiterentwicklung von RIS zu leisten. Dazu muss sich ein umweltorientiertes BIS den hier geschilderten Anforderungen stellen und gleichzeitig Impulse für die ökologische wie auch regionale Neuorientierung bzw. Weiterentwicklung der Unternehmen in einer Branche zu liefern, um die dadurch gewonnenen Ideen zu bündeln und umzusetzen.

7.1.2 Ansatzpunkte für die Förderung umweltorientierter Brancheninnovationssysteme

Um aus den erarbeiteten Forschungsergebnissen Ansatzpunkte zur Förderung der umweltorientierten BIS ableiten zu können, erweist sich die qualitativ-quantitative Analyse besonders für die Generalisierbarkeit von Befunden als relevant. Die Ableitung derartiger Gestaltungshinweise bereitet Schwierigkeiten, weil ihnen konzeptionelle Überlegungen über die umweltorientierte BIS vorausgehen müssten. Da diesbezüglich – nicht nur in der wissenschaftlichen Diskussion – keine hinreichenden Erkenntnisse vorhanden sind, machen die empirischen Befunde der vorliegenden Untersuchung mögliche Ansatzpunkte zur Förderung der umweltorientierten BIS bedingt verfügbar.

Im Weiteren soll diesbezüglich davon ausgegangen werden, dass ein umweltorientiertes BIS normativ legitimiert werden könnte. Allerdings wäre selbst unter der Voraussetzung, dass eine derartige Legitimierung von der Scientific Community akzeptiert würde, die Konstruktion von Ansatzpunkten zur BIS-Förderung schwierig, da umweltorientierte Innovationssysteme je nach Branche unterschiedlich sind und somit situativ variieren können. Zudem ist auch die Annahme, dass die Komponenten bzw. Elemente eines BIS im Rahmen einer umweltorientierten Kooperation adäquat abgebildet werden könnten, nur bedingt wahrscheinlich. Da die Kooperationen als dynamisches Phänomen angesehen werden, ist es unmöglich, für alle umweltorientierten Kooperationen die gleichen innovationsrelevanten Merkmale zu ermitteln. Geht man im Weiteren davon aus, dass als normative Vorgabe für ein BIS die ausschließliche Ausrichtung an den heterogenen Akteuren und den Interaktionen zwischen diesen aufgefasst werden kann, sind im vorliegenden Fall eine Reihe der empirisch herausgestellten Befunde geeignet, Ansatzpunkte zur Förderung eines umweltorientierten BIS festzustellen.

Bei der Gestaltung eines Innovationssystems steht im Mittelpunkt nicht die Differenzierung der Teilfunktionen des Innovationsmanagements, sondern ihre Integration nach einem einheitlichen Konzept. Grundlegend für ein Innovationssystem sind zwei Komponenten:[7] die

[7] GERSTLBERGER betrachtet für die Erforschung der Funktionsfähigkeit eines RIS die Netzwerke von Institutionen, Aktivitäten und Interaktionen als wesentliche Komponenten. Vgl. GERSTLBERGER (2004, S. 19).

Rahmenbedingungen eines Innovationssystems, die das öffentliche Innovationsklima z.B. in einer Branche (Region oder Nation) fördern, sowie die *Akteure*.

Rahmenbedingungen
Ein umweltorientiertes BIS hängt grundsätzlich von der regionalen Wirtschaftpolitik sowie von der Umweltpolitik ab. Zudem können auch andere Problembereiche von Relevanz sein, die aber aus Sicht eines BIS sekundär sind. Die regionale Wirtschaftspolitik zielt u.a. darauf ab, die lokalen Interessen verschiedener Akteure in Einklang zu bringen. Im Zuge der nachhaltigen Entwicklung gestaltet sich die regionale Wirtschaftspolitik als Querschnittsaufgabe, die auch ökologische und soziale Aspekte berücksichtigt. Dadurch kann nicht nur die Umweltsituation in einer Region verbessert, sondern auch die Wettbewerbsfähigkeit langfristig gefördert werden.[8] Eine ökologisch orientierte Wirtschaftspolitik ist für ein umweltorientiertes BIS erforderlich, weil sie einerseits einen entscheidenden Einfluss auf die Branchenstruktur bzw. Branchenentwicklung in einer Region (z.B. traditionale Branche) hat, andererseits die Prioritäten der regionalen umweltpolitischen Akteure (wie Ministerien, Umweltbehörden) beeinflusst, die aus der Dringlichkeit der Umweltprobleme in bestimmten Wirtschaftsbereichen bzw. Branchen resultieren. Da die Umweltpolitik kontinuierlichen Änderungen unterliegt, besteht die Notwendigkeit und auch das Interesse v.a. bei Unternehmen darin, sich mit diesen Aspekten auseinanderzusetzen. Deswegen können die Rahmenbedingungen keinen dauerhaft gültigen Kontextrahmen bzw. Handlungsrahmen darstellen. Sie erfordern vielmehr eine ständige Anpassung auf nationaler, regionaler oder auch Branchenebene, um die Komplexität der wirtschafts- und umweltpolitischen Fragen zu reduzieren und die Unsicherheit der Akteure zu vermindern. Dazu gilt es, bestehende Erfolgspotenziale zu erkennen und zu nutzen sowie neue Möglichkeiten zu schaffen und zu entwickeln.

Beispielhaft können die *Rahmenbedingungen eines umweltorientierten BIS* – unter Berücksichtigung des hier untersuchten branchenbezogenen Kooperationsfalls – erstens aus dem Fokus auf die regional - für Sachsen - bedeutenden Branchen wie Papier- und Druckindustrie resultieren. Zweitens können sie aus den umweltpolitischen Vorgaben entwickelt werden, wie sie z.B. grundlegend für den zur Mitte der 1990er Jahre umweltpolitisch prioritären Problembereich der Abfallwirtschaft zum Ausgangspunkt der Kooperation gemacht wurden. Für ein umweltorientiertes BIS sind nicht unbedingt die umweltpolitischen Prioritäten als Rahmenbedingung von Bedeutung, sondern vielmehr solche ökologischen Handlungsfelder, die an dem Umweltengagement bzw. Umweltproblemen der Unternehmen und anderer BIS-Akteure ansetzen.

Für die Unternehmen hat das *Branchenumfeld* eine besondere Bedeutung, weil solche Informationen direkt ihre wirtschaftliche, technologische und ökologische Situation betreffen

[8] Vgl. HOLLBACH-GRÖMIG (1999).

und auch intensiver aufgenommen werden. Die Auswirkungen der Unternehmenstätigkeit auf die branchenbezogenen Umweltprobleme werden mit höherer Sensibilität wahrgenommen und es wird mit einer höheren Wahrscheinlichkeit eine gemeinsame Problemlösung erarbeitet. Dies wird durch die umweltpolitischen und wissenschaftlichen Akteure unterstützt, die auch über branchenbezogene Erfahrungen verfügen können. Im Rahmen branchenbezogener Umweltmaßnahmen können die regional- und umweltpolitischen Zielsetzungen besser erreicht werden. Damit werden Lernprozesse in den regional relevanten Branchen angestoßen, die einerseits die Innovationsfähigkeit der Akteure, und andererseits die Funktionsweise und Weiterentwicklung eines BIS maßgeblich fördern. Um die Innovationsprozesse in einem umweltorientierten BIS zu fördern, ist neben den Rahmenbedingungen auch die geeignete Akteurskonstellation zu berücksichtigen.

Akteure

Umweltorientierte BIS sind nicht nur von den Rahmenbedingungen abhängig, sondern auch von verschiedenen *Akteursebenen* wie:[9]

- Unternehmen des industriellen und des Dienstleistungssektors der Branche,
- unterstützenden Wissensorganisationen und
- den umweltrelevanten Interaktionen zwischen diesen Akteuren.

Für ein umweltorientiertes BIS sind solche Akteure einzubeziehen, die Umweltinnovationen durchführen (Unternehmen) bzw. fördern (Wissensorganisationen). Die bereits genannten Akteure entsprechen der in Kapitel 3.3.1.2 dargestellten Akteurskonstellation, die für die Innovationsförderung durch eine umweltorientierte Kooperation vorteilhaft ist.

Bei *Unternehmen* handelt es sich um aktive und umweltinnovative Akteure, die danach streben, nicht nur ökologisch und ökonomisch zu handeln. Vielmehr sind dabei auch andere Eigenschaften der betrieblichen Akteure zu berücksichtigen. Die untersuchten Kooperationsfälle zeigen deutlich, dass die Unternehmen v.a. wegen relativ hoher ökologischer Standards der Fachkompetenz der Kooperationsakteure und der betrieblichen Machtposition einen hohen Stellenwert beimessen. Damit wird gewährleistet, dass die durch den fachlichen Koordinator angestrebten Kooperationsaktivitäten einerseits die Generierung der Innovationspotenziale, und andererseits die gezielte Umsetzung der konkreten Problemlösungen unterstützen. Die in einem umweltorientierten BIS kooperierenden Unternehmen können einen Wirtschaftszweig oder mehrere Wirtschaftszweige entlang einer Wertschöpfungskette vertreten. Dabei ist zu beachten, dass die Unternehmen über möglichst unterschiedliche Produktpaletten verfügen, damit es nicht zu Kooperationsnachteilen infolge opportunistischen Verhaltens eines Wettbewerbers kommt, was bei Unternehmen mit den gleichen Produkten eher anzutreffen ist. Insgesamt sollen die Unternehmen eines umweltorientierten BIS durch

[9] Diese Fassung des Begriffs umweltorientierter BIS wurde aus der Definition regionaler Innovationssysteme nach COOK et al. (2000) abgeleitet.

tatsächliche bzw. potenzielle Kundenbeziehungen untereinander gekennzeichnet sein, weil dies auch die Erschließung der Innovationspotenziale fördert. Durch eine hohe Sensibilität für Umweltprobleme können Unternehmen einem Innovationsdruck entgegenwirken, indem sie frühzeitig in relativ großer Handlungsfreiheit die Durchführung von Innovationen anstreben. Hierbei wird deutlich, dass Unternehmen herausgefordert sind, nicht nur zu kooperieren,[10] sondern auch Chancen für Innovationen oder neue Märkte zu erkennen. Innovationen und deren rasche Umsetzung in zukunftsträchtige, marktfähige ökologische Produkte und Dienstleistungen sind in den letzten Jahren immer mehr zu einem entscheidenden Faktor für die Wettbewerbsfähigkeit von Unternehmen, Branchen oder Regionen und für die Sicherung von Arbeitsplätzen geworden. Demzufolge streben die Unternehmen nach Umweltinnovationen im Sinne von neuen Produkten, Verfahren und organisatorischen Maßnahmen, die als notwendig insbesondere für ihre Wettbewerbsfähigkeit angesehen werden.

Als Wissensorganisationen sind im Rahmen eines umweltorientierten BIS sowohl die *umweltpolitischen* als auch die *wissenschaftlichen Akteure* zu berücksichtigen, die einen mittelbaren oder unmittelbaren Bezug zu einer Branche bzw. Wertschöpfungskette aufweisen. Darauf basierend ist davon auszugehen, dass andere öffentliche Akteure wie NGOs oder Bürger aufgrund der fehlenden Branchenorientierung eine sekundäre Rolle für ein BIS spielen.
Den umweltpolitischen Akteuren kommt wegen ihrer strategischen Steuerungskompetenz über Vorgaben und ordnungspolitische Rahmensetzungen eine besondere Bedeutung zu.[11] Die lokalen und regionalen Vollzugsbehörden haben eine Überwachungsfunktion für nationale und Ländergesetze sowie für Verordnungen und Satzungen, die in kommunalen Politikfindungsprozessen aufgestellt werden. Insbesondere die politischen Akteure haben zum einen die Aufgabe, den Handlungsspielraum zu definieren und durchzusetzen, und zum anderen eine Funktion, die Unternehmen in ihrer Entwicklung zu einem wettbewerbsfähigen Wirtschaften zu unterstützen. Die Aufgabe der Politik ist nicht vorrangig, beliebige Kooperationen mit anderen Akteuren einzugehen, sondern die Initiierung solcher Netzwerke, die zielgerichtet helfen, Umweltprobleme zu lösen und auch eine kooperative Umweltpolitik zu fördern. Dazu bedient sich die staatliche Innovationspolitik dreier Instrumentenbündel:[12]

- Unterstützung unternehmerischer Innovationsvorhaben durch Subventionen und nicht finanzielle Instrumente wie Weiterbildung oder Informationsvermittlung, die die Akteure zur Innovationsgenerierung und -umsetzung befähigen;
- Sicherstellung rechtlicher Rahmenbedingungen (z.B. Patente);
- Positive Beeinflussung der Umwelt des Innovationsprozesses.

---

[10] Vgl. BARTELMUS/ALBERT/TSCHOCHOHEI (2003, S. 333).
[11] FÜRST (1996, S. 70).
[12] Vgl. STÖRMER (2001, S. 316f.).

Das umweltorientierte BIS als Plattform zur Generierung und Verbreitung von umweltrelevantem Wissen und Informationen, welche zwischen innovationsrelevanten Akteuren aus einer Branche erfolgt, entspricht dem erstem und letzten Informationsbündel. Um das Funktionieren der umweltorientierten BIS zu sichern, sind die innovationsrelevanten Merkmale im Hinblick auf deren *Akteure* und *Rahmenbedingungen* notwendig. Beispielhafte Merkmale werden im Folgenden dargestellt.

7.1.3 Empfehlungen zur Förderung der umweltorientierten Brancheninnovationssysteme

Die bisherigen Ausführungen haben gezeigt: Damit eine umweltorientierte Kooperation den betrieblichen Innovationsanforderungen gerecht werden kann, muss sie verschiedene Eigenschaften aufweisen, die sowohl die einzelnen Akteure als auch den eigentlichen Prozess der Kooperation betreffen. Diese sind nur im Zusammenspiel zu sehen, weil sie sich wechselseitig beeinflussen. Generell lassen sich die hier identifizierten Kooperationsmerkmale wie folgt operationalisieren:

- Die umweltorientierten BIS sind auf die staatliche *Anschubförderung* angewiesen. Beispielsweise wird durch umweltpolitische Förderung bzw. Anschubfinanzierung eine wichtige Grundlage gebildet, die einen problemlösungsorientierten und einen fachlichen Know-how-Austausch im Rahmen eines BIS fördert.
- Wesentliche Bedeutung kommt dabei dem *Koordinator*, der als Initiator, Koordinator und Ideengeber für Lösungsvorschläge zu umweltrelevanten Aspekten (insbesondere als wirtschaftsförderndes Element) folgende Ziele verfolgt: Führung und Weiterentwicklung der umweltbezogenen Branchenarbeit unter Einbeziehung neuer Partner und Aufgaben); Erarbeitung innovativer Lösungen und Projekte (Problemanalyse und Erarbeitung von Aufgabenstellungen, Projektformulierungen); Transferleistungen an der Schnittstelle zwischen Wissenschaft und Praxis, insbesondere für klein- und mittelständische Unternehmen (Know-how-Transfer zu Vermeidungs- und Verwertungslösungen, Prozess- und produktionsintegriertem Umweltschutz oder gesetzeskonformen Umweltlösungen); Umweltkommunikation zwischen allen Beteiligten und Förderung der Öffentlichkeitsarbeit (Förderung neuer Lösungen, Branchenseminare und Problemdiskussionen, Veröffentlichungen, usw.). Die fachliche Koordination kann daher auch durch einen umweltpolitischen Partner gewährleistet werden. Besondere Bedeutung kommt seiner Kompetenz und Reputation zu, was die Generierung der Umweltinnovationen (z.B. durch gezielte und inhaltlich an den Interessen der Akteure ausgerichtete Kooperationsaktivitäten) sowie deren Umsetzung (z.B. durch die branchenweite Durchsetzung bzw. Vermittlung bestimmter innovativer Lösungen, die im Branchenarbeitskreis erarbeitet wurden) beeinflusst.

- Die *Heterogenität der Kooperationsakteure* fördert die Entwicklung der Kooperation. Die Kooperationen mit den Akteuren aus dem Bereich Wirtschaft, Wissenschaft und Politik ermöglichen einen breiten Zugang zum Fachwissen, und durch unterschiedliche Kompetenzen werden schneller Lernprozesse ausgelöst. Insbesondere den politischen und wissenschaftlichen Akteuren kommt aus Sicht der Unternehmen eine hohe Bedeutung für die Problemlösung zu. Darüber hinaus sind im Fall der Unternehmen solche Akteure auszuwählen, die sich durchaus über bestimmte Eigenschaften wie Produktpalette oder technologischen Stand unterscheiden, um den direkten Wettbewerb innerhalb eines BIS zu vermeiden, einen offenen Austausch zwischen den Akteuren zu ermöglichen und auch das für die Kooperation notwendige Vertrauen zu schaffen.
- Eine umweltorientierte Branchenkooperation in Sinne eines BIS soll ermöglichen, *weitere branchenrelevante Akteure* aufzunehmen sowie die entsprechenden Kooperationsergebnisse anderen Akteuren der Branche zur Verfügung zu stellen. Dadurch können konkrete Problemlösungen, die durch BIS-Akteure (als Umweltpioniere und Innovatoren) erarbeitet werden, branchenweit in einer Region verbreitet werden.
- Neben möglichst großer Heterogenität der branchenrelevanten Akteure soll an einem BIS eine überschaubare *Anzahl von Kooperationsakteuren* teilnehmen, weil kleine bis mittlere Kooperationen durch größere Kooperationschancen und demzufolge -effekte gekennzeichnet sind.
- *Umweltengagierte Unternehmen* sind bestrebt, gleichzeitig ökologische und ökonomische Ziele zu verfolgen. Die unternehmerischen Ziele von Umweltpionieren resultieren nicht aus ethisch bedingter gesellschaftlicher Verantwortung, sondern aus der Sicherung der strategischen Wettbewerbsfähigkeit. Die Teilnahme von Unternehmen mit einem ähnlichen ökologischen und technologischen Niveau fördert die Lernprozesse und die Innovationsfähigkeit der Akteure.
- Darüber hinaus sind die *branchenrelevante Identifikation* von den anderen nicht unternehemrischen Akteuren sowie die *gegenseitige Kompetenzkenntnis* unter den Akteuren für die Generierung und Durchsetzung neuer Problemlösungen notwendig, weil dabei auch problemspezifische Kooperationen entstehen können. Dies fördert darüber hinaus auch die informellen Beziehungen der BIS-Akteure und verbessert damit ihre Innovationsfähigkeit.
- Eine persönliche Teilnahme der *Fachleute und Entscheidungsträger* (Fach- und Machtpromotoren) an einem umweltorientierten BIS erhöht dessen strategische Relevanz und trägt zur Verbesserung der Innovationsfähigkeit der Akteure bei. Dadurch wird ihre branchenrelevante Kompetenz und demzufolge die Fähigkeit gefördert, Probleme zu lösen und die Umweltinnovationen im eigenen Unternehmen anzustoßen bzw. zumindest Umweltinnovationspotenziale zu identifizieren.

- Ein fachlicher Know-how-Austausch ist für umweltinnovative und aktive Unternehmen besonders wichtig, weil sie einen hohen Informationsbedarf haben. Zwar werden die meisten Informationen an sie über andere Quellen (externe Informationsquellen) herangetragen, jedoch besteht aus Sicht der Unternehmen ein gewisses Informationsdefizit bzw. eine gewisse Handlungsunsicherheit. Daher trägt die umweltorientierte Kooperation v.a. dazu bei, neue Informationen zu gewinnen, die unter Umweltgesichtspunkten relevant sind.
- Die Teilnahme an einem umweltorientierten BIS ist für die Unternehmen ein Weg zur *Imageverbesserung* und aufgrund umweltkonformen Handelns auch zur Vertrauensgewinnung gegenüber den umweltpolitischen Akteuren, die als Kontroll- oder Vollzugsorgane mit kooperieren.
- Durch eine umweltorientierte Kooperation wie BIS kann die *Wettbewerbsfähigkeit* der beteiligten Unternehmen (z.B. Kooperationen für ökologische oder soziale Mindeststandards und Branchenselbstverpflichtungen) verbessert werden.

Insgesamt bilden die bereits dargestellten Empfehlungen eine solide Grundlage zur Förderung der umweltorientierten Brancheninnovationssysteme, weil sie ein breites Spektrum an innovationsrelevanten Ansatzpunkten ermöglichen. Diese sind nicht nur für Generierung und Umsetzung der Umweltinnovationen, sondern auch für die Erhöhung der Wettbewerbsfähigkeit und damit auch für die wirksame Förderung der nachhaltigen Entwicklung der an einem BIS beteiligten Unternehmen erforderlich.

7.2 Schlussbetrachtung und Perspektiven

Ziel der vorliegenden Arbeit war es, den Beitrag einer umweltorientierten Kooperation zu Umweltinnovationen zu untersuchen. Die forschungsleitende Frage lautet dementsprechend: Wie und inwieweit leistet eine umweltorientierte Kooperation einen Beitrag zur Förderung der Umweltinnovationen bzw. deren Potenziale?

Zu diesem Zweck wird die Umweltinnovation nicht nur als ein Teil der aktuell geführten Nachhaltigkeitsdiskussion aufgefasst, sondern vielmehr wird sie als betriebswirtschaftlicher Erkenntnisbereich angesehen, in welchem ein kontinuierlicher Bedarf an integrativen Lösungen bzw. Verbesserungskonzepten für Unternehmen, die als Innovationsträger den ökologischen, technologischen und gesellschaftlichen Herausforderungen ausgesetzt sind, besteht. Die betrieblichen Umweltinnovationen können auf verschiedenen Ebenen realisiert werden: auf Produkt-, Prozessebene oder als organisatorische Verbesserungen. Sie entstehen nicht mehr in linearen Innovationsphasen, sondern aufgrund ihrer Komplexität und der damit verbundenen Unsicherheit immer mehr in einem interaktiven Prozess. Der interaktive Innovationsprozess zeichnet sich dadurch aus, dass Umweltinnovationen immer mehr auf Interaktionen zwischen verschiedenen Akteuren angewiesen sind. Darüber hinaus sind Umweltinnovationen von einer Vielzahl Einflussfaktoren in den Bereichen Technologie, Umweltpolitik, Markt sowie auch von Unternehmen selbst abhängig. Da die bisherige Innovationsforschung ihren Fokus auf einen Innovationsgegenstand stellt, ist aufgrund der verschiedenen Einflussfaktoren auch der Innovationskontext, in welchem die Unternehmen agieren, relevant. Das innovationsrelevante Umfeld bilden zum einen politische, öffentliche und wirtschaftliche Rahmenbedingungen der Umweltinnovationen, zum anderen die Branche, die auch als Einflussfaktor im Rahmen der empirischen Umweltinnovationsforschung gilt. Da die Umweltinnovationen nicht alleine durch ein Unternehmen beeinflussbar sind, erweist sich hier eine unternehmensübergreifende branchenbezogene Herangehensweise als notwendig.

Sowohl in der Politik als auch in der Wirtschaft kursieren bereits unternehmensübergreifende Kooperationen mit verschiedenen Akteuren aus der Umweltpolitik, Wirtschaft und der Öffentlichkeit. Allerdings sind solche Kooperationen nicht unbedingt innovationsfördernd bzw. -freundlich, weil sie nicht nach den innovationsrelevanten Bedingungen gestaltet werden. Aufgrund der Komplexität und Unsicherheit der Umweltinnovationen sind die Kooperationen hohen Anforderungen ausgesetzt, sodass dabei in hohem Maße innovationsrelevante Kooperationsbedingungen zu berücksichtigen sind, welche in diesem Kontext noch weitgehend unerforscht sind.

Da die vorliegende Arbeit in ihrer Konzeption an die zunehmende Bedeutung der Kooperationen im Zusammenhang mit Umweltinnovationen anknüpft, ist aufgrund der Vielzahl an Definitionen des Begriffs „Kooperation“ – auch im Umweltkontext – nicht nur eine präzisere und eindeutigere Definition einer umweltorientierten Kooperation notwendig, sondern auch eine klare Abgrenzung ihrer konstitutiven Merkmale. Umweltorientierte Kooperationen sind nicht mit üblichen zwischenbetrieblichen Kooperationen, Allianzen oder F&E-Netzwerken oder anderen Netzwerken mit marktlichen Beziehungen zu vergleichen. Aus der hier entwickelten Definition einer umweltorientierten Kooperation ergeben sich weitere Ansatzpunkte zu Erforschung ihres Beitrags zu Innovationen. Die explizite Relevanz der heterogenen Akteure und einer ökologisch-ökonomischen Zielstellung der Kooperation stellt einen wichtigen Ansatzpunkt zur Innovationsförderung in Unternehmen dar. Dabei gilt die umweltorientierte Kooperation – angesichts der ihr zugrunde liegenden verschiedenen Akteure – als dynamisches Phänomen, das sich in verschiedenen Kooperationsformen widerspiegelt und von dem die Entfaltung eines bedeutenden Wirkungspotenzials zu erwarten ist.

Für die Erforschung des innovationsrelevanten Kooperationsbeitrags ist es zunächst erforderlich, die theoretischen Bezugspunkte aus dem Bereich der Umweltinnovations- und Kooperationsforschung heranzuziehen. Dabei wird jedoch deutlich, dass es bislang nur vereinzelte Theorieansätze zur Förderung der Umweltinnovationen durch Kooperation gibt. Unter Rückgriff auf einige Kooperationsansätze konnte reflektiert werden, dass die bisherige Forschung auf diesem Gebiet hierzu nur einen marginalen Beitrag leistet. Zudem gibt es bislang – speziell für eine umweltorientierte Kooperation – keine theoretischen Ansätze. Ein wesentlicher Vorteil der theoretischen Ausführungen ist jedoch, dass damit einige theorierelevanten Kooperationsdimensionen identifiziert werden, die für die empirisch strukturierte und umfassende Analyse einer umweltorientierten Kooperation dienen können.

Im Zuge der analytisch-konzeptionellen Untersuchung der Umweltinnovationen und der umweltorientierten Kooperation wird für die weitere Erforschung des Innovationsbeitrags durch eine umweltorientierte Kooperation ein Analyserahmen entworfen, der an der bisherigen empirischen und theoretischen Umweltinnovations- und Kooperationsforschung anknüpft, und der einer weiteren empirischen Spezifizierung bzw. Erweiterung unterworfen wird. Der Analyserahmen umfasst drei Kategorien, die sich unter Umweltinnovationsgesichtspunkten auf den Kontext, Wirkung und Bedingungen beziehen und diesbezüglich weitere Forschungsfragen formulieren lassen. Diese Elemente ermöglichen insgesamt eine umfassende Strukturierung des Forschungsgegenstandes, der empirisch am Beispiel einer umweltorientierten Kooperation aus der Branche Papier- und Druckindustrie untersucht und anschließend anhand einer branchenübergreifenden Kooperation überprüft wird. Dadurch können die bisherigen empirischen und theoretischen Defizite bezüglich innovationsrelevanten Kooperationsbeitrags zumindest teilweise behoben werden. Die daraus gewonnen Ergebnisse werden anhand der drei theoretisch relevanten Kategorien zusammengefasst.

Die empirischen Befunde bezüglich des *Kontextes* stellen zunächst die umweltorientierte Kooperation in den Mittelpunkt der Untersuchung. Insgesamt bieten die untersuchten Kooperationsfälle eine umfassende Basis für die Erforschung der Innovationspotenziale. Dies ist u.a. auch dadurch möglich, dass diese Kooperationen als „best practices"-Beispiele angesehen werden können. Umweltorientierte Kooperationen sind nicht nur für die Unternehmen vorteilhaft, sondern auch für die Umweltbehörden. Die staatlichen Stellen verfügen selten über das entsprechende technische Know-how, das für die Abschätzung der technischen und ökonomischen Wirkungen bestimmter Regelungen notwendig ist. Insbesondere in den letzten Jahren ist die verstärkte Zusammenarbeit umweltpolitischer Akteure mit Unternehmen, z.B. in Form verschiedener freiwilliger Vereinbarungen oder umweltorientierter Arbeitskreise festzustellen.[1] Durch die Bildung solcher Kooperation wurde erreicht, dass die Industrie sich frühzeitig mit den Fragen der Kreislaufwirtschaft befasste und entsprechende Lösungsvorschläge erarbeitet hat. Weiterhin bestätigen die bisherigen Erkenntnisse der empirischen Umweltinnovationsforschung, dass die Branche als innovationsrelevanter Einflussfaktor gilt.

Hinsichtlich der *Innovationswirkung* umweltorientierter Kooperation wird deutlich, dass den umweltorientierten Kooperation eine breite Wirkung zukommt, weil der Umweltbereich aus Unternehmenssicht nicht isoliert betrachtet werden kann, und im Rahmen der umweltorientierten Kooperation auch zwangsläufig gesetzliche, technologische, organisatorische und finanziellen Informationen usw. mitbetrachtet werden. Im Wesentlichen wird durch sie die Lern- und Problemlösungsfähigkeit der Akteure beeinflusst. Damit trägt die umweltorientierte Kooperation hauptsächlich zu einzelnen Schritten im Rahmen der betrieblichen Innovationsprozesse, d.h. zu deren Generierung und Umsetzung, bei. Eine ähnliche Bedeutung wird auch den regionalen umweltorientierten Netzwerken beigemessen, deren Schwerpunkt jedoch auf der Bewusstseinsbildung und dem Austausch von zukunftsorientierten weichen Signalen liegt.[2]

Dies lässt sich damit erklären, dass besonders die innovativen und umweltaktiven Unternehmen einerseits einen hohen Informationsbedarf aufweisen, andererseits die Fähigkeit haben, ständig zu lernen, um eigene Probleme zu lösen. Die umweltinnovativen Unternehmen können die Wirkungskette beeinflussen, indem sie neues Wissen über umweltbezogene und technische Zusammenhänge durch die umweltorientierte Kooperation gewinnen und dann sukzessive umsetzen. Dabei kann die umweltorientierte Kooperation als geeignete Form angesehen werden, betriebliche Veränderungsprozesse im Umweltschutz anzuregen und zu unterstützen, um auf diesem Wege die Innovations- und Wettbewerbsfähigkeit zu verbessern.

Eine umweltorientierte Kooperation, die zur Förderung von Umweltinnovationen beitragen soll, muss bestimmten Anforderungen gerecht werden. Die möglichen innovationsrelevanten Anforderungen beziehen sich auf die unternehmens- und umfeldspezifischen Merkmale bzw.

1 Andere Beispiele sind u.a. „runde Tische" für die Vermeidung umweltgefährdender Flammschutzmittel oder die Einbeziehung der Unternehmen in die Ermittlung der Kriterien für das Umweltkennzeichen „Blauer Engel".

2 Vgl. STÖRMER (2001, S. 303).

Bedingungen, die bei der Gestaltung einer Kooperation zu berücksichtigen sind. Die hier identifizierten Einflussfaktoren haben aufgrund des explorativen Vorgehens einen hypothetischen Charakter, was einen Spielraum für deren weitere Überprüfung und Ergänzung durch weitere Forschung eröffnet. Die Identifizierung von Kooperationsmerkmalen erfolgt zunächst durch die Rekonstruktion der Sichtsweisen der an der Kooperation beteiligten Akteure und wird auf Grundlage statistischer Häufigkeitsauszählungen und Signifikanzen überprüft. Aufgrund der geringen Beteiligung an der Online-Umfrage ist es hier nicht möglich, Zusammenhänge zwischen den einzelnen Variablen durch quantifizierende Verfahren festzustellen und abzusichern. Da umweltorientierte Kooperationen in der Praxis immer mehr an Bedeutung gewinnen, empfiehlt es sich, die hier explorativ erschlossenen Befunde zu den innovationsrelevanten Merkmalen im Rahmen weiterer auch quantitativ vorgehender Untersuchungen auf ihre Reliabilität zu prüfen.

Trotz der hohen politischen, ökologischen sowie auch ökonomischen Bedeutung von umweltorientierten Kooperationen sind die Kenntnisse über die innovationsrelevanten Einflussfaktoren bzw. Kooperationsmerkmale noch relativ gering. Vergleicht man diese Ergebnisse mit anderen empirischen Studien, so wird deutlich, dass in der Literatur verschiedenen Kooperationsmerkmalen bzw. Faktoren eine innovationsförderliche Wirkung zugesprochen wird.[3] Dies kann v.a. auf die Vielfalt des Kooperationsphänomens zurückgeführt werden, was dazu führt, dass diesbezüglich noch qualitativ durchgeführte Studien vorherrschen. In letzter Zeit gewinnen v.a. Nachhaltigkeitsnetzwerke[4] bzw. nachhaltige Innovationsnetzwerke an Bedeutung, denen meistens ein Innovationsgegenstand zugrunde liegt und welche oft den Charakter der F&E-Kooperation haben. Viele solche Netzwerke bzw. Kooperationen fokussieren jedoch nach wie vor nur auf ökologische und wirtschaftliche Aspekte analog zu umweltorientierten Kooperation. Die bei einer umweltorientierten Kooperation identifizierten innovationsrelevanten Merkmale sind auch zum Teil für die sog. Nachhaltigkeitsnetzwerke relevant. Daher ist davon auszugehen, dass auf dieser Basis die umweltorientierten Kooperationen in Richtung Nachhaltigkeitsnetzwerke weiterentwickelt werden können. Insbesondere wurde deutlich, dass der *fachliche Know-how-Austausch* (Informations- und Erfahrungsaustausch) unter politischen, wirtschaftlichen und wissenschaftlichen Akteuren die Problemlösungs- und Lernfähigkeit im Sinne eines Innovationsprozesses fördert.

Da bisher in der Literatur die innovationsrelevanten Kooperationsbedingungen noch nicht hinreichend erforscht wurden, stellen die hier identifizierten Kooperationsbedingungen erste Bausteine dar, die einer weiteren Validierung, Prüfung ihrer Reliabilität sowie auch einer

---

3 Vgl. z.B. CZADA (2001); KIRSCHTEN (2005); speziell für regionale Innovationssysteme z.B. GERSTL-BERGER (2004).

4 Es ist zu erwähnen, dass mittlerweile zahlreiche *Nachhaltigkeitsinitiativen der Wirtschaft* vorhanden sind, die durch Erfahrungsaustausch oder Öffentlichkeitsarbeit den Gedanken des nachhaltigen Wirtschaftens fördern, wie z.B. econsence, World Bussiness Council for Sustainable Development (WBCSD) oder The UN Global Compact. Vgl. UBA (2002a, S. 15).

Erweiterung unterzogen werden können. Die ganzheitliche Betrachtung einer branchenbezogenen Kooperation war vor diesem Hintergrund wichtig, weil sich die einzelnen Kooperationskategorien gegenseitig beeinflussen. Eine selektive Betrachtung z.B. der Akteure oder anderer Merkmale ist für die Realisierung der Umweltinnovationen nicht ausreichend, weil diese durch viele Faktoren beeinflusst werden und daher die Kooperation ganzheitlich betrachtet werden muss, um umfeldspezifische und unternehmensspezifische Einflussfaktoren gleichzeitig berücksichtigen zu können. Im Allgemeinen ist zu konstatieren, dass die umweltorientierte Kooperation ein facettenreiches Gebilde darstellt, das durch viele unterschiedliche Merkmale gekennzeichnet ist. Die am Beispiel der Papier- und Druckindustrie sowie Entsorgung identifizierten innovationsrelevanten Kooperationsmerkmale zur Förderung der Umweltinnovationen können auch für andere Branchen zutreffend sein. Dies erfordert jedoch eine weitere explorative Untersuchung.

Im Ergebnis der empirischen Untersuchung kann festgestellt werden, dass eine auf innovationsrelevante Kooperationsbedingungen ausgerichtete Kooperation zu einem Innovationssystem gestaltet und weiterentwickelt werden kann. Die Förderung der Entwicklung solcher umweltorientierter Branchenkooperationen in Richtung eines umweltorientierten Brancheninnovationssystems (BIS) kann sowohl in ein regionales Innovationssystem als auch in die ökologisch orientierte Wirtschaftspolitik in einer Region eingebettet werden. Das umweltorientierte BIS zeichnet sich durch den Vorteil aus, dass daran explizit umweltinnovative Unternehmen und andere Akteure beteiligt sind, die auf die Wissensgenerierung und -verbreitung abzielen. Erfolgreiche umweltorientierte Branchenkooperationen können die Weiterentwicklung von BIS durchaus fördern. Damit kann schließlich die Verbindung der betrieblichen Ebene mit der regionalen unterstützt werden. Dies stellt auch die Aufgabe des integrativen Regionalmanagements von Innovationsprozessen nach GERSTLBERGER dar, das für ein normativ erweitertes betriebswirtschaftliches RIS-Konzept entwickelt wurde und auf die Notwendigkeit der Gestaltung von Unternehmensumfeldern verweist. Insbesondere durch explizite ökologische Orientierung auf normativer (unternehmerische Vision, Unternehmenskultur, Unternehmenspolitik) und strategischer (Strategie, Zielposition) Ebene werden nach HÜBNER Voraussetzungen zugrunde gelegt, die im Innovationssystem eines Unternehmens berücksichtigt werden können.[5] Ausgehend von der hier zugrunde liegenden betriebswirtschaftlichen Perspektive ist festzustellen, dass die Relevanz der umweltorientierten Kooperationen für nachhaltige und regionale Innovationssysteme künftiger Forschung offenbleibt. Die hier skizzierten Grundzüge eines umweltorientierten BIS sind weiteren konzeptionellen Überlegungen zu unterziehen, um dieses Rahmenkonzept eines BIS noch präziser von anderen branchenorientierten Innovationsnetzwerken sowie auch anderen Kooperationen abzugrenzen.

[5] Vgl. HÜBNER (2002, S. 283ff.).

Folglich ergibt sich auch Forschungsbedarf in der Innovationsforschung sowie gegebenenfalls in einschlägigen Nachbardisziplinen, um die normative Basis für BIS zu erarbeiten sowie darauf aufbauend Erkenntnisse bezüglich der Zusammenhänge zwischen den wesentlichen Komponenten eines BIS systematisch zu entwickeln.

Zusammenfassend ist zu konstatieren, dass aufgrund der zunehmenden Bedeutung der Umweltaspekte und ihrer Komplexität Kooperationen mit verschiedenen Akteuren immer mehr an Bedeutung gewinnen werden, um die betriebliche Innovations- und Wettbewerbsfähigkeit verbessern zu können. Die Innovations- und Nachhaltigkeitsforschung spielen hierbei eine wichtige Rolle, weil die Umweltschutzproblematik durch vernetzte, komplexe und nicht-lineare Strukturen gekennzeichnet ist. Dies zeigt sich ganz deutlich nicht nur in der Umwelt-, sondern auch in der Wirtschaftspolitik, die in der Innovationsförderung eine Chance für mehr Umweltschutz und Nachhaltigkeit sieht.

LITERATURVERZEICHNIS

ANDERSEN; BECK, KÖSLLING et al. (2003): Marktsituation ausgewählter kommunaler Dienstleistungen. Strukturen und Tendenzen. Kommunalwissenschaftliches Institut (Hrsg.), KWI-Projektbericht 4

ANKELE, K.; HOFFMANN, E.; NILL, J.; RENNINGS, K.; ZIEGLER, A. (2002): Innovationswirkungen von Umweltmanagementsystemen. Wirkungsmodell und Literaturstudie. Diskussionspapier des IÖW, Nr. 52/02, Berlin

ARNOLD, M.; AULINGER, A. (2003): Von der Routine zum Prozess. Betriebliches Innovationsmanagement für nachhaltige Zukunftsmärkte. In: Ökologisches Wirtschaften, Nr. 6/2003, S. 31-32

AßLÄNDER, M. S. (2006): Corporate Social Responsibility als neue Herausforderung an eine Corporate Identity. In: UWF, 14. Jg., H. 1, S. 16-21

AULINGER, A. (1996): (Ko-)operation Ökologie. Kooperationen im Rahmen ökologischer Unternehmenspolitik. Marburg: Metropolis Verlag

BALLING, R. (1998). Kooperation: Strategische Allianzen, Netzwerke, Joint Ventures und andere Organisationsformen zwischenbetrieblicher Zusammenarbeit. 2., durchgesehne Aufl., Frankfurt a. M. et al.: Peter Lang Verlag

BARTELMUS, P.; ALBERT, J.; TSCHOCHOHEI, H. (2003): Wie teuer ist (uns) die Umwelt? Zur umweltökonomischen Gesamtrechnung in Deutschland. In: ZfU, Nr. 3/2003, S. 333-370

BASS, H. H. (1999): Innovation und schöpferische Zerstörung: der Unternehmer als Motor der Entwicklung. In: E+Z – Entwicklung und Zusammenarbeit, Nr. 7/8, S. 215-218

BAUM (Hrsg.) (2002): B.A.U.M. Jahrbuch 2003. Hamburg

BAUMERT, M. (1997): Innovationen für eine nachhaltig zukunftsverträgliche Entwicklung. In: von GLEICH, A.; LEINKAUF, S.; ZUNDEL, S. (Hrsg.): Surfen auf der Modernisierungswelle? Ziele, Blockaden und Bedingungen ökologischer Innovation. Marburg: Metropolis Verlag, S. 93-119

BDI (Hrsg.) (1999): Freiwillige Vereinbarungen und Selbstverpflichtungen, September 1999, Berlin

BDI (Hrsg.) (2001): BDI-Stellungnahme zur Revision des Gemeinschaftsrahmens für staatliche Forschungs- und Entwicklungsbeihilfen, vom 10.05.2001, Berlin

BECKENBACH, F.; HAMPICKE, U.; LEIPERT, C. u. a. (2005): Innovation und Nachhaltigkeit. Jahrbuch Ökologische Ökonomik 4. Marburg: Metropolis Verlag

BECKER, A. (1998): Rationalität in innovativen Entscheidungsprozessen. In: GERUM, E. (Hrsg.): Innovation in der Betriebswirtschaftslehre. Wiesbaden: Gabler Verlag, S. 155-184

BEISE, M.; GEHRKE, B.; LEGLER, H.; SCHASSE, U. (1997): Zum Verhalten innovierender Unternehmen in Niedersachsen. Wirtschafts- und Forschungsstandort Niedersachsen I. Niedersächsisches Institut für Wirtschaftsforschung e. V. (Hrsg.), Forschungsberichte des NIW, Nr.24, Hannover

BELLMANN, K.; HIPPE, A. (1996): Kernthesen zur Konfiguration von Produktionsnetzwerken. In: BELLMANN, K.; HIPPE, A. (Hrsg.): Management von Unternehmensnetzwerken. Interorganisationale Konzepte und praktische Umsetzung. Wiesbaden: Gabler Verlag, S. 55-85

BELLMANN, K.; MILDENBERGER, U. (1996): Komplexität und Netzwerke. In: BELLMANN, K.; HIPPE, A. (Hrsg.): Management von Unternehmensnetzwerken. Interorganisationale Konzepte und praktische Umsetzung. Wiesbaden: Gabler Verlag, S. 121-156

BERG, N. (2006): Fallstudien als Methode betriebswirtschaftlicher Forschung. In: Wissenschaftlicheres Studium, H. 7, S. 362-367

BERGMANN, G. (1994): Umweltgerechtes Produkt-Design. Management und Marketing zwischen Ökonomie und Ökologie. Luchterhand, Neuwied, Kriftel, Berlin

BICKHOFF, N. (2000): Erfolgswirkungen strategischer Umweltmanagementmaßnahmen. Eine theoretische und empirische Untersuchung. Wiesbaden: Deutscher Universitäts-Verlag

BIERFELDER, W. H. (1989): Innovationsmanagement. 2., unwesentlich veränderte Auflage, München: Oldenbourg Verlag

BIERMANN, T.; DEHR, G. (1997): Die Unternehmung als Kreativitätssystem. In: BIERMANN, T.; DEHR, G. (Hrsg.): Innovation mit System. Berlin: Springer Verlag, S. 1-4

BIERTER, W.; BINDER, H.-M. (1993): Unternehmerische Innovationsprozesse. Die Wirksamkeit staatlicher Förderungsmassnahmen – eine Evaluation. Chur; Zürich: Verlag Rüegger

BLAZEJCZAK, J.; EDLER, D. (1999): Elemente innovationsfreundlicher Politikmuster – Ein internationaler Vergleich am Beispiel der Papierindustrie. In: KLEMMER, P. (Hrsg.): Innovationen und Umwelt. Fallstudien zum Anpassungsverhalten in Wirtschaft und Gesellschaft. Forschungsverbund Innovative Wirkungen umweltpolitischer Instrumente, 3. Band, Berlin: Analytica, S. 35-56

BLAZEJCZAK, J.; EDLER, D.; HEMMELSKAMP, J.; JÄNICKE, M. (1999 a): Muster mit Wert. Politikmuster und Innovationswirkungen der Umweltpolitik im internationalen Vergleich. In: Ökologisches Wirtschaften, Nr. 2/99, S. 16-17

BLAZEJCZAK, J.; EDLER, D.; HEMMELSKAMP, J.; JÄNICKE, M. (1999 b): Umweltpolitik und Innovation: Politikmuster und Innovationswirkungen im internationalen Vergleich. In: KLEMMER, P. (Hrsg.): Innovationen und Umwelt. Fallstudien zum Anpassungsverhalten in Wirtschaft und Gesellschaft. Forschungsverbund Innovative Wirkungen umweltpolitischer Instrumente, 3. Band, Berlin: Analytica, S. 9-33

BLÄTTEL-MINK, B. (1998 a): Innovation für nachhaltige Wirtschaft – Der Beitrag von Unternehmen. In: KNAUS, A.; RENN, O. (Hrsg.): Den Gipfel vor Augen [Medienkombination]: unterwegs in eine nachhaltige Zukunft. Marburg: Metropolis Verlag, S. 278-292

BLÄTTEL-MINK, B. (1998 b): Innovation towards sustainable economy –the integration of economy and ecology in companies. In: Sustainable Development, No 6, pp. 49-55

BMFT (Hrsg.) (1982): Die Messung wissenschaftlicher und technischer Tätigkeiten. Allgemeine Richtlinien für statistische Übersichten in Forschung und experimenteller Entwicklung – Frascati-Handbuch 1980, Bonn

BMBF (Hrsg.) (2000): Zur technologischen Leistungsfähigkeit Deutschlands. Zusammenfassender Endbericht 1999. Gutachten im Auftrag des BMBF vorgelegt durch ZEW, NIW, DIW, FISI, WSDW, Bonn

BMU (Hrsg.) (2002): Nachhaltigkeitsmanagement in Unternehmen. Konzepte und Instrumente zur nachhaltigen Unternehmensentwicklung. 1. Auflage, Bonn

BMU (Hrsg.) (2006 a): Abfallwirtschaft in Deutschland. Motor für Jobs und Innovation. Berlin

BMU (Hrsg.) (2006 b): Wirtschaftsfaktor Umwelt: Innovation, Wachstum und Beschäftigung durch Umweltschutz. Berlin

BMU; UBA (Hrsg.) (2001): Handbuch Umweltcontrolling. 2. völlig überarbeitete und erweiterte Auflage, München: Vahlen Verlag

BOEHME, J. (1986): Innovationsförderung durch Kooperation. Zwischenbetriebliche Zusammenarbeit als Instrument des Innovationsmanagements in kleinen und mittleren Unternehmen bei der Einführung der Mikroelektronik in Produkte und Verfahren. Berlin: Erich Schmidt Verlag

BOETTCHER, E. (1974): Kooperation und Demokratie in der Wirtschaft. Tübingen: Mohr Siebeck Verlag

BOHNSACK, R. (2000): Rekonstruktive Sozialforschung. Einführung in Methodologie und Praxis qualitativer Forschung. 4. durchgeseh. Auflage, Opladen: Leske und Budrich

BONOMA, T. V. (1985): Case Research in Marketing: Opportunities, Problems, and a Process. In: Journal of Marketing Research, 12. Jg., May 1985, S. 199-208

BORCHERT, J. H.; GOOS, P.; HAGENHOFF, S. (2005): Empirische Erhebung zum Innovationsmanagement in Netzwerken. Eine explorative Studie bei innovativen DAX und MDAX Unternehmen. Arbeitsbericht, Nr. 16/2005, Göttingen: Institut für Wirtschaftsinformatik

BRAATHEN, N.; JOHNSTONE, N. (2003): Voluntary Approaches for Environmental Policy. Effectiveness, Efficiency and Usage in Policy Mixes. Paris: OECD

BRAUN, M. (2001): Wunsch und Wirklichkeit – sind wir innovativ genug? In: Braun, M.; Feige, A.; Sommerlatte, T. (Hrsg.): Business Innovation. Quantensprung statt „Innovatiönchen". Frankfurt a. M.: Arthur D. Little, S. 310-323

BRACZYK, H.-J.; COOKE, P.; HEIDENREICH, M. (1997) (Hrsg.): Regional Innovation Systems, London: UCL Press, S. 48-71

BRAUN, M. (2001): Wunsch und Wirklichkeit – sind wir innovativ genug? In: BRAUN, M.; FEIGE, A.; SOMMERLATTE, T. (2001): Business Innovation. Quantensprung statt „Innovatiönchen". Frankfurt am Main: Arthur D. Little (Hrsg.)

BRAUWEILER, H.-CH. (2002 a): Innovationen im peripheren Raum. Eine Analyse am Beispiel der Grenzräume Süd- und Ostsachsens. Wiesbaden: Gabler Verlag

BRAUWEILER, J. (2002 b): Benchmarking von umweltorientierten Wissen auf unterschiedlichen Aggregationsebenen. Eine exploratorische Untersuchung am Beispiel eines Vergleichs von Deutschland, Polen und Tschechien. Wiesbaden: Gabler Verlag

BRAUWEILER, J.; HELLING, K.; KRAMER, M. (2003 a): Grundsätzliche Kennzeichen von Umweltmanagementsystemen. In: KRAMER; M.; BRAUWEILER, J.; HELLING, K. (Hrsg.): Internationales Umweltmanagement. Band II: Umweltmanagementinstrumente und -systeme mit besonderer Relevanz für Deutschland, Polen und die Tschechische Republik. Wiesbaden: Deutscher Universitäts-Verlag, S. 117-134

BRAUWEILER, J.; HELLING, K.; KRAMER, M. (2003 b): Effizienzwirkungen von Umweltmanagementsystemen. In: KRAMER; M.; BRAUWEILER, J.; HELLING, K. (Hrsg.): Internationales Umweltmanagement. Band II: Umweltmanagementinstrumente und -systeme mit besonderer Relevanz für Deutschland, Polen und die Tschechische Republik. Wiesbaden: Deutscher Universitäts-Verlag, S. 195-224

BRAUWEILER, J.; SOMMER, P. (2003): Uplatnění environmentálních systémů v odpadovém hospodářství podniku (Möglichkeiten des betrieblichen Abfallmanagements im Rahmen eines Umweltmanagementsystems). In: Vysoká vojenská škola pozemniho vojska ve Vyškově (Militäruniversität Vyskov/Mendeluniversität Brno), Nakládání s odpady (Abfallmanagement), Vyskov 2003, S. 44-58

BROCKHAUS, M. (1996): Gesellschaftsorientierte Kooperationen im ökologischen Kontext. Wiesbaden: Gabler Verlag

BROCKHOFF, K. (1992): Forschung und Entwicklung. Planung und Kontrolle, 3. Auflage, München: Oldenbourg Verlag

BROCKHOFF, K. (1995): Innovationsmanagement. In: TIETZ, B.; KÖHLER, R.; ZENTES, J. (Hrsg.): Handwörterbuch des Marketing. 2., völlig neu gestaltete Auflage, Stuttgart: Schäffer-Poeschel Verlag, S. 982-995

BROCKMANN, H. (2005): KMU – Neudefinition kleiner und mittlerer Unternehmen der Europäischen Kommission. In: Wissenschaftliches Studium, Heft 1, S. 39-40

BROCKMANN, K. L.; OSÓRIO-PETERS, S. (1999): Innovationswirkungen freiwilliger Selbstverpflichtungen im Umweltschutz – spieltheoretische Analysen und Fallstudien zum Klimaschutz in Deutschland und in den Niederlanden. In: KLEMMER, P. (Hrsg.): Innovationen und Umwelt: Fallstudien zum Anpassungsverhalten in Wirtschaft und Gesellschaft. Berlin: Analytica, S. 345-359

BRONDER, CH. (1993): Kooperationsmanagement. Unternehmensdynamik durch strategische Allianzen. Campus, Frankfurt a. M.

BÜHRMANN, A. D. (2004): Rezension zu: Alexander Bogner, Beate Littig und Wolfgang Menz (Hrsg.) (2002): Das Experteninterviews. Theorie, Methode, Anwendung. In: Forum Qualitative Sozialforschung / Forum: Qualitative Sozial Research [On-line Journal], Nr. 5(3), Art. 1, (19 Absätze), verfügbar über: http://qualitative-research.net/fqs-texte/3-04/04-3-1-d.htm (Stand: 19.08.04)

BULLINGER, H.-J.; WARSCHAT, J. (1997): Forschungs- und Entwicklungsmanagement: simultaneous engineering, Projektmanagement, Produktplanung, rapid product development. Stuttgart: Teubner Verlag

BUNDESREGIERUNG (2006): Umweltbericht 2006. Berlin

BUNDESVERBAND DRUCK (Hrsg.) (1996): Handbuch. Band 1: Umweltschutz in der Druckindustrie. Wiesbaden, 1996 mit Ergänzungen

BUNDESVERBAND DRUCK (Hrsg.) (2001): Handbuch. Band 1: Umweltschutz in der Druckindustrie. A1 Druckindustrie: Wirtschaftliche Aspekte, Struktur; A2 Druckerzeugnisse: Aufgabe, Bedeutung; A3 Umweltverträglichkeit der Druckprozesse und –Erzeugnisse. 4. Ergänzung-Lieferung 2001, Wiesbaden

BUNDESVERBAND DRUCK UND MEDIEN (Hrsg.) (2003): Die deutsche Druckindustrie in Zahlen. Ausgabe 2003, unter: http://www.bvdm-online.de/pdf/Taschenstatistik2003.pdf (Stand: 10.06.04)

BURSCHEL, C. (1996): Umweltschutz als sozialer Prozess: die Organisation des Umweltschutzes und die Implementierung von Umwelttechnik im Betrieb. Opladen: Westdeutscher Verlag

BURSCHEL, C. (2002): Nachhaltiges Designmanagement. In: UWF, 10. Jg., H. 2, S. 84-89

BUSE, H. P. (1997): Kooperationen. In: PFOHL, H.-C. (Hrsg.): Betriebswirtschaftslehre der Mittel- und Kleinbetriebe: größenspezifische Probleme und Möglichkeiten zu ihrer Lösung. 3., neubearb. Aufl., Berlin: Erich Schmidt Verlag, S. 441-477

BUSE, S. (2000): Wettbewerbsvorteile durch Kooperationen. Erfolgsvoraussetzung für Biotechnologieunternehmen. Wiesbaden: Deutscher Universitäts-Verlag

BÜSSOW, T.; MAINZ, D. (2002): Erkenntnisse der Chaostheorie zur Unternehmenssteuerung – Eine Methodik zur Handhabung komplexer Problemstellungen. In: ZfB, 72. Jg., Nr. 1/2002, S. 39-64

CEZANNE, W.; MAYER, A. (1998): Neue Institutionenökonomik: Ein Überblick. In: WISU, Nr. 11/1998, S. 1345-1352

CHMIELEWICZ, K. (1979): Forschungskonzeptionen der Wirtschaftswissenschaften. 2., überarb. u. erw. Auflage, Stuttgart: Schäffer-Poeschel Verlag

CHMIELEWICZ, K. (1991): Unternehmensverfassung und Innovation. In: MÜLLER-BÖLING, D.; SEIBT, D.; WINAND, U. (Hrsg.): Innovations- und Technologiemanagement, Festschrift für N. Szyperski, Stuttgart: Schäffer-Poeschel Verlag, S. 83-101

CHMIELEWICZ, K. (1994): Forschungskonzeptionen der Wirtschaftswissenschaften. 3. Auflage, Stuttgart: Schäffer-Poeschel Verlag

CLEFF, T.; RENNINGS, K. (1999 a): Besonderheiten und Determinanten von Umweltinnovationen – Empirische Evidenz aus dem Mannheimer Innovationspanel und einer telefonischen Zusatzbefragung. In: KLEMMER, P. (Hrsg.): Innovationen und Umwelt: Fallstudien zum Anpassungsverhalten in Wirtschaft und Gesellschaft. Berlin: Analytica, S. 361-382

CLEFF, T.; RENNINGS, K. (1999 b): Empirische Evidenz zu Besonderheiten und Determinanten von Umweltinnovationen. In: RENNINGS, K. (Hrsg.): Innovation durch Umweltpolitik, Baden-Baden: Nomos Verlagsgesellschaft, S. 47-99

CLEFF, T.; RENNINGS, K. (2000): Determinants of Environmental Product and Process Innovation – Evidence from the Mannheim Innovation Panel and Follow-Up Telephpne Survey. In: HEMMELSKAMP, J.; RENNINGS, K.; LEONE, F. (Eds.): Innovation-oriented Environmental Regulation. Theoretical Approaches and Empirical Analysis. Physica-Verlag, S. 331-347

COASE, R. H. (1937): The nature of the firm. In: Economica, 4 Jg., H. 4, S. 386-405

COOK, K. S. (1977): Exchange and Power in Networks of Interorganizational Relations. In: Sociological Quarterly 18, S. 62-82

COOK I, CRANG P, THORPE M. (2000): Regions to be cheerful: culinary authenticity and its geographies. In: Cook I et al. (Eds.): Cultural Turns/Geographical Turns. Harlow

CORBIN, J.; STRAUSS, A. L. (1990): Grounded Theory Research: Procedures, Canons and Evaluative Criteria. In: Zeitschrift für Soziologie, Nr. 19/1990, S. 418-427

CORSTEN, H. (Hrsg.) (2000): Lexikon der Betriebswirtschaftslehre. 4. durchgesehene Auflage, München: Oldenbourg Verlag

CZADA, R. (2001): Kooperation als Entdeckungsverfahren. Überlegungen zum Innovationspotenzial assoziativen Handelns. In: FRICK, S.; PENZ, R.; WIEß, J. (Hrsg.): Der freundliche Staat: Kooperative Politik im institutionellen Wettbewerb. Marburg: Metropolis Verlag, S. 133-168

DEBRESSON, C.; AMESSE, F. (1991): Network of Innoavtors: A Review and Introduction to the Issue. In: Research Policy, Bd. 20, special issue, S. 363-379

DENZIN, N.K. (1978): The Research Act. A theoretical Introduction to Sociological Methods. New York: McGraw-Hill Book Company (1st Ed.1970), 291-307

DIECKHOFF, K.; HOFFMANN, T.; SCHREURS, M.; SCHRÖTER, W.; MILLENAT, B. (2000): Innovatiosstudie 2000. Kurzbericht. TKW (Rationalisierungs- und Innovationszentrum der Deutschen Wirtschaft e. V.), Eschborn, verfügbar unter: http://www.rkw.de/02_loesung/02_publikationen/Arbeit/2000_STUDIE_Arbeitsinnovationen.pdf

DIEKMANN, A. (1999): Empirische Sozialforschung. Grundlagen, Methoden, Anwendungen. 5., durchgesehene Auflage, Rowohlt Taschenbuch Verlag, Reinbek bei Hamburg

DIETZ, J. W. (1989): Gründung innovativer Unternehmen, Wiesbaden: Gabler Verlag

DOSI, G. (1988): The nature of innovative process. In: DOSI, G. et al. (Hrsg.): Technical Change and Economic Theory. London: Printer, S. 221-238

DOZ, Y. (1996): The evolution of cooperation in strategic alliances – Initial conditions orlearning processes? In: Strategic Management Journal, Vol. 17 (special issue), S. 55-83

DRESEL, T. (1997): Die Bedingungen ökologischer Innovation in Unternehmen. Fallanalysen. Arbeitsbericht, Nr. 71/Februar 1997

DUDEN (1989): Deutsches Universalwörterbuch. 2., völlig neu bearbeitete und stark erweiterte Auflage, Dudenverlag, Mannheim, Wien, Zürich

DUSCHEK, S. (2002): Innovation in Netzwerken. Renten – Relationen – Regeln. Wiesbaden: Deutscher Universitäts-Verlag

DYER, W. G.; WILKINS, A. L. (1991): Better Stories, Not Better Constructs, to Generate Better Theory – A Rejoinder to Eisenhardt. In: AMR, Vol. 16, No. 3, S. 613-615

DYLLICK, T. (1989): Management der Umweltbeziehungen. Öffentliche Auseinandersetzungen als Herausforderung. 1. Auflage, Wiesbaden: Gabler Verlag

DYLLICK, T.; BELZ, F.; SCHNEIDEWIND, U. (1997): Ökologie und Wettbewerbsfähigkeit. München/Wien/u.a.: Verlag Neue Züricher Zeitung

DYLLICK, T.; HAMSCHMIDT, J. (2000): Wirksamkeit und Leistung von Umweltmanagementsystemen. Eine Untersuchung von ISO 14001-zertifiziertebn Unternehmen in der Schweiz. Zürich: vdf

EBINGER, F. (2003): Akteurskooperationen im ökologischen Produktlebenszyklus. In: LUTZ, U.; DÖTTINGER, K.; ROTH, K. (Hrsg.): Betriebliches Umweltmanagement. Loseblattwerk, unter: http://www.betrieblichesumweltmanagement.de/bum021007.htm (Stand: 30.10.03), S. 1-16

EBINGER, F. (2005): Ökologische Produktinnovation. Akteurskooperationen und strategische Ressourcen im Produktinnovationsprozess. Marburg: Metropolis Verlag

EBINGER, F.; JANOSCHKA, G. (2004): Unternehmensübergreifende Lernprozesse im Rahmen des Netzwerkes COUP 21. In: Umweltwirtschaftsforum, H. 1, 12. Jg., S. 32-36

ECKERT, S. (2004): Aktionärsorientierung der Unternehmenspolitik? Shareholder Value – Globalisierung – Internationalität. Wiesbaden: Gabler Verlag

EHRMANN, T. (2002): Reale Franchisesysteme, begrenzter Opportunismus und kooperative Elemente. In: ZfB, 72. Jg., Nr. 11, S. 1133-1153

EISENHART, K. M. (1989): Building Theories from Case Study Research. In: Academy of Management Review, Vol. 14, No 4, S. 532-550

ENDRES, E. (2001): Erfolgsfaktoren des Managements von Netzwerken. In: HOWALDT, J.; KOPP, R.; FLOCKEN, P (Hrsg.): Kooperationsverbünde und regionale Modernisierung – Theorie und Praxis der Netzwerkarbeit. Wiesbaden: Gabler Verlag

ENQUETE-KOMMISSION (1998): Konzept Nachhaltigkeit – Vom Leitbild zur Umsetzung. Abschlussbericht der Enquete-Kommission „Schutz des Menschen und der Umwelt - Ziele und Rahmenbedingungen einer nachhaltig zukunftsverträglichen Entwicklung" des 13. Deutschen Bundestages, Bonn

ERNST, H. (2003): Unternehmenskultur und Innovationserfolg – Eine empirische Analyse. In: zfbf, 55. Jg., Nr. 2/2003, S. 23-44

EUROPÄISCHE KOMMISSION (Hrsg.) (1995): Grünbuch zur Innovation. Internet-Paper-Download: http://europa.eu.int/comm/off/green/index_de.htm

EUROPÄISCHE KOMMISSION (2002): Regionale Cluster in Europa, Luxemburg 2002 (Beobachtungsnetz der europäischen KMU 2002, Nr. 3). Download: http://europa.eu.int/comm /enterprise/enterprise_policy/analysis/doc/smes_observatory_2002_report3_de.pdf

FABER, A. (2001): Gesellschaftliche Selbstregulierungssysteme im Umweltrecht- unter besonderer Berücksichtigung der Selbstverpflichtungen. Köln: Kohlhammer

FAURE, G.-O.; RUBIN, J. Z. (1993): Organizing concepts and questions. In: SJÖSTEDT, G. (ed.): International negotiation. Newbury Park: Sage, S. 17-26

FICHTER, K. (2005): Interpreneurship. Nachhaltigkeitsinnovationen in interaktiven Perspektiven eines vernetzenden Unternehmertums. Marburg: Metropolis Verlag

FICHTER, K.; ANTES, R. (2006): Interaktive Innovationstheorien. Hintergrundpapier zum Forschungsworkshop „Interaktive Innovationstheorien als Grundlage für die empirische Untersuchung von Innovationskooperationen" am 15. Juni 2006 in Berlin

FICHTER, K.; ARNOLD, M. (2003): Nachhaltigkeitsinnovationen. Nachhaltigkeit als strategischer Faktor. Eine explorative Untersuchung von Unternehmensbeispielen zur Berücksichtigung von Nachhaltigkeit im strategischen Management. Bericht aus der Basisstudie „Nachhaltigkeit im strategischen Management" im Rahmen des vom BMBF geförderten Vorhabens „SUstainalbe Markets eMERge" (SUMMER), Berlin/Oldenburg

FICHTER, K.; NOACK, T.; BEUCKER, S.; BIERTER, W.; SPRINGER, S. (2006): Nachhaltigkeitskonzepte für Innovationsprozesse. Nova-net Werkstattreihe, Stuttgart, unter: http://www.borderstep.de (Stand: 20.06.06)

FLICK, U. (1995 a): Qualitative Forschung. Theorie, Methoden, Anwendung in Psychologie und Sozialwissenschaften. Reinbek bei Hamburg: Rowohlt Taschenbuch Verlag

FLICK, U. (1995 b): Stationen des qualitativen Forschungsprozesses. In: FLICK, U.; von KARDORFF, E.; KEUPP, H. u. a. (Hrsg.): Handbuch Qualitative Sozialforschung. Grundlagen, Konzepte, Methoden und Anwendungen. 2. Auflage, Weinheim: Beltz/Psychologie Verlags Union, S. 147-173

FLICK, U. (1995 c): Triangulation. In: FLICK, U.; von KARDORFF, E.; KEUPP, H. u. a. (Hrsg.): Handbuch Qualitative Sozialforschung. Grundlagen, Konzepte, Methoden und Anwendungen. 2. Auflage, Weinheim: Beltz/Psychologie Verlags Union, S. 432-434

FRANK, U. (2003): Einige Gründe für eine Wiederbelebung der Wissenschaftstheorie. In: DBW, Jg. 63, Nr. 3/2003, S. 278-292

FREEMAN, C. (1982): The Economics of Industrial Innovation, Cambridge

FREEMAN, C. (1992): The Economics of Industrial Innovation. 2nd edition, London: Francis Pinter

FREEMAN, C.; PEREZ, C. (1988): Structural Crises of Adjustment: Business Cycles and Investment Behaviour. In: DOSI, G., FREEMAN, C., NELSON, R., SILVERBERG, G., SOETE, L. (eds.): Technical Change and Economic Theory, London 1988, S. 38 - 66.

FUSSLER, C. (1999): Die Öko-Innovation. Wie Unternehmen profitabel und umweltfreundlich sein können. Stuttgart/Leipzig: Hirzel Verlag

FÜLBIER, R. U. (2004): Wissenschaftstheorie und Betriebswirtschaftslehre. In: Wissenschaftliches Studium, H. 5, S. 266-271

FÜRST, D. (1996): Region in der Regionalpolitik – eine wirtschaftspolitische Sicht. In: Region und Regionsbildung in Europa. Schriftenreihe des Instituts für Europäische Regionalforschungen, Bd. 1, Baden-Baden

GABLER (Hrsg.) (1994): Gabler-Wirtschaftslexikon: clasic. 6. Band, 13. vollst. überarb. Auflage, Wiesbaden: Gabler Verlag

GEBERT, D. (1979): Innovation – organisationsstrukturelle Bedingungen innovatorischen Verhaltens. In: Zeitschrift für Organisation, 48 Jg., S. 283-292

GEELHAAR, M.; RAMSEIER, U.; MUNTWYLER, M. (1996): Bedeutung „Regionaler Akteurnetze" für den ökologischen Strukturwandel in der Schweiz. In: ROUX, M.; BÜRGIN, S. (Hrsg.): Förderung umweltbezogener Lernprozesse in Schulen, Unternehmen und Branchen. Basel: Birkhäuser Verlag, S. 87-108

GELDSETZER, A. (1997): Umweltpolitische Kooperationslösungen – Theoretische Grundlagen und praktische Ausgestaltungsmöglichkeiten, Beiträge zur Wirtschaftsforschung der Universität Mainz, Nr. 49, Mainz

GELSHORN, T.; MICHALLIK, S. (1991): Die Innovationsförderung mittelständischer Unternehmen. Stuttgart: Schäffer-Poeschel Verlag

GEMÜNDEN, H. G. (1981): Innovationsmarketing. Tübingen: Mohr Siebeck Verlag

GEMÜNDEN, H.G.; HEYDEBRECK, P. (1994): Geschäftsbeziehungen in Netzwerken, Instrumente der Stabilitätssicherung und Innovation. In: KLEINALTENKAMP, M.; SCHUBERT, K. (Hrsg.): Netzwerkansätze im Business-to-Business-Marketing, Wiesbaden: Gabler Verlag, S. 251-283

GEMÜNDEN, H. G.; WALTER, A. (1999): Beziehungspromotoren – Schlüsselpersonen für zwischenbetriebliche Innovationsprozesse. In: HAUSCHILDT, J.; GEMÜNDEN, H. G. (Hrsg.): Promotoren: Champions der Innovation. 2., erw. Auflage, Wiesbaden: Gabler Verlag, S. 113-138

GEORG, S.; ROPKE, I.; JORGENSEN, U. (1992): Clean Technology – Innovation and Environmental Regulation. In: Environmental and Resource Economics, Nr. 2, S. 533-550

GERPOTT, T. J. (2001): Innovationsmanagement. In: DBW, Nr. 61(2001)2

GERSTLBERGER, W. (2004): Regionale Innovationssysteme aus betriebswirtschaftlicher Perspektive: Gestaltungskonzepte zur Förderung einer nachhaltigen Unternehmensentwicklung. Wiesbaden: Gabler Verlag

GERSTLBERGER, W. (2006): Nachhaltige Regionale Innovationssysteme: Anforderungen an die Institutionen- und Wissensgenese. In: PFRIEM, R.; ANTES, R.; FICHTER, K. et al. (Hrsg.): Innovationen für eine nachhaltige Entwicklung. Wiesbaden: Deutscher Universitäts-Verlag, S. 167-185

GERYBADZE, A. (1992): Umweltorientiertes Management von Forschung und Entwicklung. In: STEGER, U. (Hrsg.): Handbuch des Umweltmanagements. München: Beck Verlag, S. 395-415

GLASER, B. G.; STRAUSS, A. L. (1998): Grounded Theory – Strategien qualitativer Forschung. Aus dem Amerikanischen (Original von 1967) übersetzt von PAUL, A. T.; KAUFMANN, S., Bern; Göttingen; Toronto; Seattle: Huber

von GLEICH, A. (1997): Innovationsfähigkeit und Richtungssicherheit. In: von GLEICH, A.; LEINKAUF, S.; ZUNDEL, S. (Hrsg.): Surfen auf der Modernisierungswelle? Ziele, Blockaden und Bedingungen ökologischer Innovation. Marburg: Metropolis Verlag, S. 15-45

GÖTZELMANN, F. (1992): Umweltschutzinduzierte Kooperationen der Unternehmung. Frankfurt am Main: Peter Lang Verlag

GRAAP, T. (2001): Nachhaltigkeit und Kooperation. Zum Verständnis eines Leitbildes und Handlungstyps in einer komplexen Welt. Frankfurt am Main/u.a.: Peter Lang Verlag

von GRABHER, H. (1993): Rediscovering the social in the economics of interfirm relations. In: von GRABHER, H. (Hrsg.): The embedded firm. On the socioeconomics of industrial networks. London/New York: Routledge, S. 1-32

GRANOVETTER, M. (1973): The strength of weak ties. In: American Journal of Sociology, Vol. 78, S. 1360-1381

GREEN, K.; MCMEEKIN, A.; IRWIN, A. (1994): Technological trajectories and R&D for Environmental Innovation in UK Firms. In: FUTURES, Nr. 26, S. 1047-10

GROCHOLA; E. (1972): Die Kooperation von Unternehmungen aus organisationstheoretischer Sicht. In: BOETTCHER, E. (Hrsg.): Theorie und Praxis der Kooperation. Tübingen: Mohr Siebeck Verlag, S. 1-18

GROTHE, M. (1997): Ordnung als betriebswirtschaftliches Phänomen - Die Bedeutung von Koordination und Komplexität. Wiesbaden: Deutscher Universitäts-Verlag

GRUNER, K.; HOMBURG, CH. (1999): Innovationserfolg durch Kundenbindung. Eine empirische Untersuchung. In: ZfB-Ergänzungsheft, Nr. 1/99, S. 119-141

HABANN, F. (1999): Kernressourcenmanagement in Medienunternehmen. Lohmar, Köln

HAHN, R.; GAISER, A.; HÉRALD, J.-A.; MULLER, E. (1995): Innovationstätigkeit und Unternehmensnetzwerke. Eine vergleichende Untersuchung von Unternehmen im Elsaß und im Bodenseeraum. In: ZfB, 65. Jg., H. 3/1995, S. 247-266

HÅKANSSON, H. (ed.) (1982): International Marketing and Purchasing of Industrial Goods. An Interaction Approach. Chichester/New York/Brisbane: John Wiley & Sons

HÅKANSSON, H. (ed.) (1987): Industrial Technological Development. A Network Approach. London: Routledge

HÅKANSSON, H. (1989): Corporate technological behaviour. Co-operation and Networks. London/New York: Routledge

HÅKANSSON, H.; JOHANSSON, J. (1984): Heterogenity in Industrial Markets and its implications for Marketing. In: HÄGG, I.; WIEDERSHEIM-PAUL, F. (Hrsg.): Between Market and Hierarchy, Uppsala

HÅKANSSON, H.; JOHANSON, J. (1988): Formal and informal cooperation strategies in international industrial networks. In: CONTRACTOR, F. J.; LORANGE, P. (ed.): Cooperative strategies in international business. Lexington, Mass, S. 369-379

HÅKANSSON, H.; JOHANSON, J. (1993): The network as a governance structure. Interfirm cooperation beyond markets and hierarchies. In: von GRABHER, H. (ed.): The embedded firm. On the socioeconomics of industrial networks. London/New York: Routledge, S. 33-51

HÅKANSSON, H.; JOHANSON, J. (1997) : A Model of industrial networks. In: FORD, D. (ed.): Understanding Business Markets. London, pp. 129-135 (herausgegeben zuerst in Axelsson, B.; Easton, G. (1992): Industrial Networks: A New View of Reality, pp. 28-34)

HAMER, E. (2001): Der Unternehmer als Innovator. In: MEYER, J.-A. (Hrsg.): Innovationsmanagement in kleinen und mittleren Unternehmen. München: Vahlen, S. 35-38

HANSEN, U.; RABBE, T.; DOMBROWSKY, B. (1995): Die Gestaltung des Konsumgüter-Recycling als strategische Netzwerke. In: UWF, H. 1/1995 (März), S. 62-69

HARTMANN, D. M.; BRENTEL, H.; ROHN, H. (2006): Lern- und Innovationsfähigkeit von Unternehmen und Organisationen. Kriterien und Indikatoren, Wuppertal Papers, Nr. 156, Januar 2006

HAUFF, V. (Hrsg.) (1987): Unsere gemeinsame Zukunft. Der Bericht der Weltkommission für Umwelt und Entwicklung (Brundtland-Bericht). Greven

von HAUFF, M.; SOLBACH, D. (1999): Perspektiven integrierter Umweltschutztechnologie in der Bundesrepublik Deutschland. In: ZfU, Nr. 1/99, S. 67-85

HAUPTMANN, P.; ROGALSKI, W. (1992): Fallstudien in der Industriesoziologie – Zur Kritik der vorherrschenden Methode sozialwissenschaftlicher Technikforschung. In: LEHNER, F.; SCHMID, J. (Hrsg.): Technik, Arbeit, Betrieb, Gesellschaft. Opladen: Westdeutscher Verlag, S. 205-223

HAUSCHILDT, J. (1997): Innovationsmanagement. 2 Aufl., München: Vahlen Verlag

HAUSCHILDT, J. (1998): Kooperation zur Durchsetzung von Innovationen. Forschungsprozess und -ergebnisse im Fadenkreuz wissenschaftstheoretischer Erwägungen. In: GERUM, E. (Hrsg.): Innovation in der Betriebswirtschaftslehre. Wiesbaden: Gabler Verlag, S. 1-21

HAUSCHILDT, J. (1999): Widerstand gegen Innovationen – destruktiv oder konstruktiv? In: ZfB-Ergänzungsheft, Nr. 2/99, S. 1-20

HAUSCHILDT, J. (2002): Zwischenbilanz: Prozesse, Strukturen und Schlüsselpersonen des Innovationsmanagements – Ergebnisse empirischer Studien des Kieler Graduiertenkollegs „Betriebswirtschaftslehre für Technologie und Innovation". In: SCHREYÖGG, G.; CONRAD, P. (Hrsg.): Theorien des Managements. Wiesbaden: Gabler Verlag, S. 1-33

HAUSCHILDT, J. (2004): Innovationsmanagement. 3 Aufl., München: Vahlen Verlag

HAUSCHILDT, J; CHAKRABARTI, A. K. (1988): Arbeitsteilung im Innovations-management – Forschungsergebnisse, Kriterien und Modelle. In: Zeitschrift Führung und Organisation, 57 Jg., Heft 6/1988, S. 378-388

HAUSCHILDT, J; CHAKRABARTI, A. K. (1999): Arbeitsteilung im Innovations-management. In: HAUSCHILDT, J.; GEMÜNDEN, H. G. (Hrsg.): Promotoren: Champions der Innovation. 2. Auflage, Wiesbaden: Gabler Verlag, S. 69-87

HAUSCHILDT, J.; SALOMO, S. (2005): Je innovativer, desto erfolgreicher? Eine kritische Analyse des Zusammenhangs zwischen Innovationsgrad und Innovationserfolg. In: JfB, 55 Jg., H. 1, S. 3-20

HAUSMANN, U. (1996): Innovationsprozesse von produktionsorientierten Dienstleistungs-unternehmen und ihr räumlich-sozialer Kontext. Ein akteursbezogener theoretischer Bezugsrahmen entwickelt am Beispiel von London und Zürich. Bamberg: Difo-Druck GmbH

HEINEN, E. (1991): Industriebetriebslehre als entscheidungsorientierte Unternehmensführung. In: HEINEN, D. (Hrsg.): Industriebetriebslehre - Entscheidungen im Industriebetrieb. 9., vollständig neu bearbeitete und erweiterte Auflage, Wiesbaden: Gabler Verlag, S. 1-71

HEMMELSKAMP, J. (1997): Environmental Policy Instruments and their Effects on Innovation. In: European Planning Studies, Vol. 2, S. 177-194

HEMMELSKAMP, J. (1999 a): Der Einfluss der Umweltpolitik auf das Innovationsverhalten eine ökonometrische Untersuchung. In: ZfU, Nr. 1/99, S. 33-66

HEMMELSKAMP, J. (1999 b): Umweltpolitik und technischer Fortschritt. Eine theoretische und empirische Untersuchung der Determinanten von Umweltinnovationen Heidelberg: Physica-Verlag

HERDE, A. (2003): Interaktion in ökologieorientierten Unternehmensnetzwerken. Der IMP-Netzwerkansatz in der Praxis. In: Ökologisches Wirtschaften, Nr. 5/2003, S. 29-30

HIPPE, A. (1996): Betrachtungsebenen und Erkenntnisziele in strategischen Unternehmensnetzwerken. In: BELLMANN, K.; HIPPE, A. (Hrsg.): Management von Unternehmensnetzwerken. Interorganisationale Konzepte und praktische Umsetzung. Wiesbaden: Gabler Verlag, S. 21-53

von HIPPEL, E. (1978): Successful industrial products from costumer ideas: Presentation of a new costumer-active paradigm with evidence and applications. In: Journal of Marketing, Jg. 42 (1), S. 39-49

HOFFMANN, E.; ANKELE, K.; NILL, J. (2003): Innovationswirkungen und Lerneffekte durch EMAS. Konzeptionelle Grundlagen und Erfahrungen aus der Unternehmenspraxis. In: UWF, 11. Jg., H.1, S. 32-38

HOFFMANN, E.; KONRAD, W. (2002): Organisationslernen und zukunftsfähige Unternehmen. In: Ökologisches Wirtschaften, Nr. 5/2002, S. 10

HOFFMANN-RIEM, C. (1980): Die Sozialforschung einer interpretativen Soziologie. In: Kölner Zeitschrift für Soziologie und Sozialpsychologie, 32. Jg., Nr. 3/1980, S. 339-372

HOLLBACH-GRÖMIG, B. (1999): Ökologisch orientierte Wirtschaftpolitik – ein neues kommunales Handlungsfeld. Difu-Beiträge zur Stadtforschung, Band 29, Berlin

HOPFENBECK, W. (2002): Allgemeine Betriebswirtschafts- und Managementlehre: das Unternehmen im Spannungsfeld zwischen ökonomischen, sozialen und ökologischen Interessen. 14. Auflage, München: Redline Wirtschaft bei Verlag Moderne Industrie

HORBACH, J.; HUBER, J.; SCHULZ, T. (2003): Vorwort der Herausgeber. In: HORBACH, J.; HUBER, J.; SCHULZ, T. (Hrsg.): Nachhaltigkeit und Innovation: Rahmenbedingungen für Umweltinnovationen. München: ökom, S. 7-8

HOTZ-HART, B.; REUTER, A.; VOCK, P. (2001): Innovationen: Wirtschaft und Politik im globalen Wettbewerb. Berlin; Bern; u.a.: Peter Lang Verlag

HÜBNER, H. (2002): Integratives Innovationsmanagement. Nachhaltigkeit als Herausforderung für ganzheitliche Erneuerungsprozesse. Berlin: Erich Schmidt Verlag

HÜBNER, K.; NILL, J. (2001): Nachhaltigkeit als Innovationsmotor. Herausforderungen für das deutsche Innovationssystem. Berlin: Edition Sigma

HÜSER, A. (1996): Marketing, Ökologie und ökonomische Theorie. Wiesbaden: Deutscher Universitäts-Verlag

IKS (Hrsg.) (1996): Das Gründungsprotokoll des Branchenarbeitskreises „Druck und Papierverarbeitung“. Dresden

IKS (Hrsg.) (o.J.): Aufgaben und Ziele der Industrieabfall-Koordinierungstelle Sachsen. Internes, unveröffentlichtes Papier der IKS

IKS (Hrsg.) (2000): Branchenarbeit und Abfallmanagement. Erfahrungen aus der abfallwirtschaftlichen Branchenarbeit im Freistaat Sachsen. Handbuch. Ausgabe 4/2000, Dresden

INTERNET: http://www.ik-sachsen.de/indexhtml.html (Stand: 08.06.04)

INTERNET: http://www.clelgr.tmfweb.nl/studiereizen/sachsenreise2001/ cynthiavanderbrugge.html (Stand: 08.06.04)

INTERNET: http://www.lehreval.uni-osnabrueck.de/downloads/Probleme-Onlineevaluation.pdf (Stand: 25.06.07)

INTERNET: http://www.leipzig-online.de/index.php3/159_1_1.html?g=3 (Stand: 08.06.04)

INTERNET: http://www.nachhaltige-wirtschaft.de (Stand: 12.10.06)

INTERNET: http://www.smul.sachsen.de/de/wu/umweltallianzen/index_start.html (Stand: 09.02.02)

INTERNET: http://www.sozial-oekologische-forschung.org (Stand: 12.10.06)

INTERNET: http://www.umweltbundesamt.de/uba-info-presse/2005/pd05-036.htm (Stand: 15.03.07)

INTERNET: http://www.umweltschutz-bw.de/?lvl=403 (Stand: 03.07.06)

INTERNET: http://www.vdp-online.de/papierindustrie.html (Stand: 21.11.2006)

INTERNET: http://www.wikipedia.de (Stand: 21.11.06)

JÄNICKE, M.; MEZ, L.; BECHSGAARD, P.; KLEMMENSEN, B. (1999): Innovationswirkungen branchenbezogener Regulierungsmuster am Beispiel energiesparender Kühlschränke in Dänemark. In: KLEMMER, P. (Hrsg.): Innovationen und Umwelt. Fallstudien zum Anpassungsverhalten in Wirtschaft und Gesellschaft. Forschungsverbund Innovative Wirkungen umweltpolitischer Instrumente. 3. Band, Berlin: Analytica, S. 57-79

JOHANSON, J.; MATTSSON, L.-G. (1987) : Interorganisational relations in industrial systems : a network approach compared with the transaktion-cost approach. In: International Studies of Management & Organisation, Vol. 17/1987, No. 1, S. 34-48

KALUZA, B. (2002): Betriebswirtschaftliche Fragen in Verwertungsnetzwerken. In: STREBEL, H. (Hrsg.): Innovation und Umwelt. Graz, Wien: bdv-Verlag, S. 77-112

KAPPELHOFF, P. (2002): Komplexitätstheorie: Neues Paradigma für die Managementforschung? In: SCHREYÖGG, G.; CONRAD, P. (Hrsg.): Theorien des Managements. Managementforschung 12. Band, Wiesbaden: Gabler Verlag

KARL, H.; MÖLLER, A. (2003): Kooperationen zur Entwicklung von Umweltinnovationen – Marktendogene Kooperationsdynamik und wirtschaftspolitische Kooperationsförderung. In: HORBACH, J.; HUBER, J.; SCHULZ, T. (Hrsg.): Nachhaltigkeit und Innovation: Rahmenbedingungen für Umweltinnovationen. München: ökom, S. 191-218

KARL, H.; MÖLLER, A.; MATUS, X. (2004): Umweltinnovationen durch Kooperation: Gut für die Umwelt, schlecht für den Wettbewerb? In: ZfU, Nr. 1/2004, S. 1-26

KASPER, H. (1982): Innovation und Organisation. Ein Überblick über organisationsstrukturelle Bedingtheiten des Innovationsgeschehens. In: Wissenschaftliches Studium, H. 12, S. 573-579

KAßMANN, M.; SCHÖPS, K. (2003): Sächsische Verpackungsindustrie zwischen Tradition und Zukunft. In: RKW Sachsen aktuell, Nr. 01/02/04, S. 6

KELLE, U. (1994): Empirisch begründete Theoriebildung. Zur Logik und Methodologie interpretativer Sozialforschung. Weinheim: Deutscher Studien Verlag

KELLE, U. (2000): Computergestützte Analyse qualitativer Daten. In: FLICK, U.; von KARDORFF, E.; STEINKE, I. (Hrsg.): Qualitative Forschung. Ein Handbuch. Reinbek bei Hamburg: Rowohlt, S. 485-502

KELLER, A. (1992): Ökologische Innovationspotenziale kleiner und mittlerer Betriebe. Veröffentlichung der Fachhochschule für Wirtschaft Berlin, September 1992, Nr. 21

KIETZ, E.; WILLE, G. (1999): Abfallwirtschaftliche Branchenarbeit. Erfahrungen mit dem sächsischen Modell. In: Entsorgungspraxis, Nr. 5/99, S. 60-64

KIRCHMANN, E. M. (1996): Innovationskooperation zwischen Hersteller und Anwender. In: zfbf, 48. Jg., Nr. 5, S. 442-465

KIRSCHTEN, U. (2005): Nachhaltige Innovationsnetzwerke in der Praxis. In: UWF, 13. Jg., H. 3, S. 31-35

KIRSCHTEN, U. (2006): Nachhaltige Innovationsnetzwerke in Theorie und Praxis: Ausgewählte Forschungsergebnisse. In: PFRIEM, R.; ANTES, R.; FICHTER, K. et al. (Hrsg.): Innovationen für eine nachhaltige Entwicklung. Wiesbaden: Deutscher Universitäts-Verlag, S. 269-285

KLEINING, G. (1995): Methodologie und Geschichte qualitativer Sozialforschung. In: FLICK, U.; von KARDORFF, E.; KEUPP, H. u. a. (Hrsg.): Handbuch Qualitative Sozialforschung. Grundlagen, Konzepte, Methoden und Anwendungen. 2. Auflage, Weinheim: Beltz/Psychologie Verlags Union, S. 11-22

KLEINING, G.; WITT, H. (2000): Qualitativ-heuristische Forschung als Entdeckungsmethodologie für Psychologie und Sozialwissenschaften: Die Wiederentdeckung der Methode der Introspektion als Beispiel. In: Forum Qualitative Sozialforschung / Forum: Qualitative Sozial Research [On-line Journal], Nr. 1(1), (19 Absätze), verfügbar über: http://qualitative-research.net/fqs (Stand: 19.08.04)

KLEMENT, E.; DYLLICK, T. (1999): Ökologische Herausforderungen und institutionelle Veränderungen in der Papierbranche. Institut für Wirtschaft und Ökologie der Universität St. Gallen (IWÖ-HSG), Projektbericht Teil 1, November 1999

KLEMM, E. (2002): Die ostdeutsche Papierindustrie auf einen Blick. In: Wochenblatt für Papierfabrikation (Fachzeitschrift für die Papier-, Pappen- und Zellstoff-Industrie, Nr. 21 (Mitte November 2002)

KLEMMER, P. (Hrsg.) (1999): Innovationen und Umwelt. Fallstudien zum Anpassungsverhalten in Wirtschaft und Gesellschaft. Forschungsverbund Innovative Wirkungen umweltpolitischer Instrumente. 3. Band, Berlin: Analytica

KLEMMER, P.; LEHR, U.; LÖBBE, K. (1999): Umweltinnovationen. Anreize und Hemmnisse. Forschungsverbund Innovative Wirkungen umweltpolitischer Instrumente, 2. Band, Berlin: Analytica

KLINE, S. J.; ROSENBERG, N. (1986): An Overview of Innovation. In: ROSENBERG; N.; LANDAU, R. (Hrsg.): The Positive Sum Strategy. Washington D. C., S. 275-305

KLUTMANN, B. (2003): Führen ohne Disziplinarfunktion. Wie man Gruppen führt, ohne Personalverantwortung zu haben. In: zfo, Nr. 2/2003 (72. Jg.), S. 94-101

KNIGHT, K. E. (1967): A Descriptive Model of the Intra-Firm Innovation Process. In: Journal of Business, Vol. 40, S. 478-496

KÖHLER, G. (1992): Methodik und Problematik einer mehrstufigen Expertenbefragung. In: Hoffmeyer-Zlotnik, H. (Hrsg.): Analyse verbaler Daten. Über den Umgang mit qualitativen Daten. Wiesbaden: Westdeutscher Verlag, S. 318-332

KOM (96) 561: Mitteilung der Kommission an den Rat und das Europäische Parlament über Umweltvereinbarungen. Kommission der Europäischen Gemeinschaften (Hrsg.), Brussel, den 27.11.1996, auch unter: http://europa.eu.int/abc/doc/off/bull/de/9611/p103149.htm (Stand: 30.04.03)

KOM (2002) 278: Aktionsplan „Vereinfachung und Verbesserung des Regelungsumfelds". Mitteilung der Kommission. Kommission der Europäischen Gemeinschaften (Hrsg.), Brüssel, 05.06.2002, auch unter: http://www.eu-kommission.de/pdf/dokumente/Verein-fachungRegelungsumfelds-270602-4.pdf (Stand: 30.04.03)

KOM (2002) 412: Umweltvereinbarungen auf Gemeinschaftsebene im Rahmen des Aktionsplans „Vereinfachung und Verbesserung des Regelungsumfelds". Mitteilung der Kommission an das Europäische Parlament, den Rat, den Wirtschafts- und Sozialausschuss und den Ausschuss der Regionen. Kommission der Europäischen Gemeinschaften (Hrsg.), Brüssel, den 17.07.2002, auch unter: http://www.europarl.eu.int/meetdocs/committees/empl/-20021126/412412de.pdf (Stand: 30.04.03)

KOSCHATZKY, K. (2001): Networks in Innovation Research and Innovation Policy – An Introduction. In: KOSCHATZKY, K.; KULICKE, M.; ZENKER, A. (Hrsg.): Innovation networks. Concepts and Challenges in the European Perspective. Heidelberg; New York: Physica-Verlag, S. 3-23

KOWOL, U. (1998): Innovationsnetzwerke. Technikentwicklung zwischen Nutzungsvisionen und Verwendungspraxis. Wiesbaden: Deutscher Universitäts-Verlag

KRAMER, M. (2002): Kann man Nachhaltigkeit messen? In: ZABEL, H.-U. (Hrsg.): Betriebliches Umweltmanagement – nachhaltig und interdisziplinär. Berlin: Erich Schmidt Verlag, S. 285-303

KRAMER, M. (2005): Virtuelle Netze – Chancen für interdisziplinäre Kooperationen in Hochschulen. In: CLAUS, T.; HELLING, K.; KNADEN, A.; Kramer, M. (Hrsg.): Virtuelle Netze: Chancen für interdisziplinäre Kooperationen und Institutionen. Frankfurt am Main/Berlin/Bern et al.: Peter Lang, S. 115-144

KRAMER, M. (2006): Umweltinnovation und -kooperation in Wertschöpfungsketten. In: GÖLLINGER, T. (Hrsg.): Bausteine einer nachhaltigkeitsorientierten Betriebswirtschaftslehre. Marburg: Metropolis Verlag, S. 217-233

KRAMER, M.; MÜLLER, D. (2004): Realoptionsmodelle als Instrumente des Investitionscontrollings von Umweltinnovationen. In: SCHWARZ, E. J. (Hrsg.): Nachhaltiges Innovationsmanagement. Wiesbaden: Gabler Verlag, S. 275-305

KRAMER, M.; DELAKOWITZ, B.; HOFFMANN, A. (2003): Operatives Umweltmanagement im internationalen und interdisziplinären Kontext. In: KRAMER; M.; STREBEL, H. KAYSER, G. (Hrsg.): Internationales Umweltmanagement. Band III: Operatives Umweltmanagement im internationalen und interdisziplinären Kontext. Wiesbaden: Gabler Verlag, S. 1-10

KRAMER, M.; URBANIEC, M. (2001): Wirtschaftswissenschaftliche Probleme bei der Umsetzung des Abfallrechts in Polen im Vergleich zum deutschen Recht. In: Osteuropa Rech, 47. Jg., Nr. August/2001, S. 289-312

KRAMER, M.; URBANIEC, M. (2006): Rola systemów i instrumentów zarządzania środowiskowego w kontekście rozwoju zrównoważonego jako przedmiot edukacji w szkolnictwie wyższym (Umweltmanagementsysteme und –instrumente im Rahmen der nachhaltigkeitsorientierten Hochschulausbildung). In: BORYS, T. (Hrsg.): Edukacja na rzecz ekorozwoju (Bildung für nachhaltige Entwicklung), Jelenia Góra, S. 233-257

KRCAL, H.-CH. (1999): Industrielle Umweltschutzkooperationen. Ein Weg zur Verbesserung der Umweltverträglichkeit von Produkten. Berlin; Heidelberg: Springer Verlag

KUBICEK, H. (1977): Heuristische Bezugsrahmen und heuristisch angelegte Forschungsdesign als Elemente einer Konstruktionsstrategie empirischer Forschung. In: KÖHLER, R. (Hrsg.): Empirische und handlungstheoretische Forschungskonzeptionen in der Betriebswirtschaftslehre. Stuttgart: Schäffer-Poeschel Verlag, S. 3-36

KÜHN, I.; OSÓRIO-PETERS, S. (1999): Innovationswirkungen freiwilliger Selbstverpflichtungen im Umweltschutz – Fallstudien FCKW-Ausstieg in Deutschland und in den USA. In: KLEMMER, P. (Hrsg.): Innovationen und Umwelt: Fallstudien zum Anpassungsverhalten in Wirtschaft und Gesellschaft. Berlin: Analytica, S. 329-344

KÜKER, S. (2003): Kooperation und Nachhaltigkeit. Ein prozessorientierter Gestaltungsansatz für eine Analyse der Beiträge von Kooperationen zum nachhaltigen Wirtschaften. Hamburg: Verlag Dr. Kovač

KUPP, M. (2001): Kooperationen zwischen Umweltschutzorganisationen und Unternehmen. Lohmar; Köln: Josef Eul Verlag

KURZ, R. (2002): Nachhaltige Innovation. Globale Dimension und betriebswirtschaftliche Aspekte. In: UWF, Nr. 1/2002 (10. Jg.), S. 14-18

KURZ, R.; SPILLER, A. (1995): Aktionsfelder ökologischer Unternehmensführung im Überblick – Offensives Umweltmanagement als Innovationspotenzial. In: FAIX, W. G.; KURZ, R.; WICHERT, F. (Hrsg.): Innovation zwischen Ökologie und Ökonomie. Verlag Moderne Industrie, Landsberg/Lech, S.25-33

KUTSCHKER, M.; SCHMID, S. (2002): Internationales Management. München: Oldenbourg Verlag

LAMNEK, S. (1995 a): Qualitative Sozialforschung. Band 1: Methodologie. 3., korrigierte Auflage, Weinheim: Psychologie Verlags Union

LAMNEK, S. (1995 b): Qualitative Sozialforschung. Band 2: Methoden und Techniken. 3., korrigierte Auflage, Weinheim: Psychologie Verlags Union

LANGE, CH.; SCHAEFER, S.; DALDRUP, H. (2001): Integriertes Controlling in Strategischen Unternehmensnetzwerken. In: Controlling, H. 2/2001, S. 75-83

LAUEN, G.; SCHWARZ, M. (2004): Vernetzte Netze leben länger. In: Ökologisches Wirtschaften, Nr. 5/2004, S. 31-33

LEHR, U.; LÖBBE, K. (1999): Umweltinnovationen – Anreize und Hemmnisse. Ein Überblick über die innovativen umweltpolitischen Instrumente. In: Ökologisches Wirtschaften, Nr. 2/99, S. 13-15

LEIPA GEORG LEINFELDER GMBH (Hrsg.) (o. J.): LEIPA PAPER IN PROCESS. Unternehmensprospekt. Schwedt/Oder

LENZ, S. (1998): Bestimmungsfaktoren des Innovations- und Kooperationsverhaltens von Unternehmen. Theorie und ökonometrische Untersuchung anhand von Daten für die schweizerische Industrie. Universität Zürich

LEWIN, K. (1983): Wissenschaftslehre. In: GRAUMANN, C.-F. (Hrsg.): Kurt-lewin-Werkausgabe, Bd. 2., S. 319-473

LONG, F. J.; ARNOLD, M. B. (1995): The Power of Environmental Pertnerships. Orlando: Harcourt Brace & Co.

LOUIS, D. (1979): Zu einer allgemeinen Theorie der ökonomischen Kooperation. Göttingen

LÖHR, A. (2005): Zur Rolle der Nichtregierungsorganisationen in der Globalen Wirtschaft: Instrument, Gegner, oder professioneller Partner? In: AßLÄNDER, M.; KAMINSKI, R. (Hrsg.): Globalisierung. Risiko oder Chance für Osteuropa?, Frankfurt/M., S. 179-207

LÜTHJE, C. (2000): Kundenorientierung im Innovationsprozess. Eine Untersuchung der Kunden-Hersteller-Interaktion in Konsumgütermärkten. Wiesbaden: Gabler Verlag

LUTZ, V. (1993): Horizontale strategische Allianzen. Ansatzpunkte zu ihrer Institutionalisierung. Hamburg: S+W Steruer- und Wirtschaftsverlag

MACHARZINA, K. (1999): Unternehmensführung. 3. Auflage. Wiesbaden: Gabler Verlag

MACHARZINA, K. (2003): Unternehmensführung. Das internationale Managementwissen. Konzepte – Methoden – Praxis. 4. grundlegend überarbeitete Auflage, Wiesbaden: Gabler Verlag

MAJER, H. (2003): Nachhaltige Entwicklung – Leitbild für Zukunftsfähigkeit. In: WISU, Nr. 7/03, S. 935-943

MALERBA, F. (1992): Learning by firms and incremental technical change. In: The Economic Journal (Juli 1992), S. 845-859

MATTEN, D.; WAGNER, G. R. (1999): Zur institutionenökonomischen Fundierung der Betriebswirtschaftlichen Umweltökonomie. In: ZfU, Nr. 4/99, S. 471-506

MAY, B. (2000): Der Marine Stewardship Council. In: UWF, Nr. 3/2000 (8. Jg.), S. 19-22

MAYRING, P. (1993): Einführung in die qualitative Sozialforschung. Eine Anleitung zu qualitativen Denken. Weinheim: Psychologie Verlags Union

MAYRING, P. (1999): Einführung in die qualitative Sozialforschung. Eine Anleitung zu qualitativen Denken. 4. Auflage, Weinheim: Psychologie Verlags Union

MEFFERT, H.; KIRCHGEORG, M. (1998): Marktorientiertes Umweltmanagement: Konzeption – Strategie – Implementierung mit Praxisfällen. 3. Aufl., Stuttgart: Schäffer-Poeschel Verlag

MEIßNER, D.; SABISCH, H. (2001): Das nationale Innovationssystem Deutschland. In: BRAUN, M.; FEIGE, A.; SOMMERLATTE, T. (Hrsg.): Business Innovation. Quantenssprung statt "Innovatiönchen". Arthur D. Little, Frankfurt am Main, S. 19-43

MEUSER, M.; NAGEL, U. (1991): ExpertInneninterviews – vielfach erprobt, wenig bedacht. Ein Beitrag zur qualitativen Methodendiskussion. In: GARZ, D.; KRAIMER, K. (Hrsg.): Qualitativ-empirische Sozialforschung. Konzepte, Methoden, Analysen. Opladen: Westdeutscher Verlag, S. 441-471

MEYER, J.-A. (2003): Die Fallstudie in der betriebswirtschaftlichen Forschung und Lehre. In: Wissenschaftliches Studium, H. 8, S. 475-479

MEYER, T. (2004): Interkulturelle Kooperationskompetenz. Eine Fallstudienanalyse interkultureller Interaktionsbeziehungen in internationalen Unternehmenskooperationen. Frankfurt a. M./Berlin/Bern/u.a.: Peter Lang Verlag

MINSCH, J.; EBERLE, A.; MEIER, B.; SCHNEIDEWIND, U. (1996): Mut zum ökologischen Umbau: Innovationsstrategien für Unternehmen, Politik und Akteursnetze. Basel; Boston; Berlin: Birkhäuser Verlag

MODROW-THIEL, B. (1993): Qualitative Interviews – Vorgehen und Probleme. In: BECKER, F. G.; MARTIN, A. (Hrsg.): Empirische Personalforschung – Methoden und Beispiele. München-Mering, S. 129-146

MOLL, C. (2000): Efficient consumer response: neue Wege einer erfolgreichen Kooperation zwischen Industrie und Handel. Frankfurt am Main: Deutscher Fachverlag

MÖLLER, L. (2004): Polityka ochrony środowiska w Niemczech. In: KRAMER, M.; URBANIEC, M.; KRYŃSKI, A. (Hrsg.): Międzynarodowe zarządzanie środowiskiem. Warszawa: Beck, S. 255-269

MORSCHETT, D. (2003): Formen von Kooperationen, Allianzen und Netzwerken. In: ZENTES, J.; SWOBODA, B.; MORSCHETT, D. (Hrsg.): Kooperationen, Allianzen und Netzwerke. Grundlagen – Ansätze – Perspektiven. Wiesbaden: Gabler Verlag, S. 387-413

MRUCK, K., unter Mitarbeit von MEY, G. (2000): Qualitative Sozialforschung in Deutschland. In: Forum Qualitative Sozialforschung / Forum: Qualitative Sozial Research [On-line Journal], Nr. 1(1), (54 Absätze), verfügbar über: http://qualitative-research.net/fqs (Stand: 23.08.04)

MUHR, T. (1997): Atlas.ti. The Knowledge Workbench, Visual Qualitative Data. Short user's manual. Version 4.1 for Windows 95 and Windows NT. Berlin: Scientific Software Development

MÜLLER, S. (1999): Grundlagen der qualitativen Marktforschung. In: Herrmann, A.; Homburg, C. (Hrsg.): Marktforschung: Methoden, Anwendungen, Praxisbeispiele. Wiesbaden: Gabler Verlag, S. 127-157

MÜLLER, B.; WIECHMANN, T.; SCHOLL, W.; BACHMANN, T.; HABISCH, A. (2002): Kommunikation in regionalen Innovationsnetzwerken. München; Mering: Rainer Hampp Verlag

MÜLLER, D. (2004): Realoptionsmodelle und Investitionscontrolling im Mittelstand. Eine Analyse am Beispiel umweltfokussierter Investitionen. Wiesbaden: Deutscher Universitäts-Verlag

MÜLLER-CHRIST, G. (2001): Umweltmanagement. Umweltschutz und nachhaltige Entwicklung. München: Vahlen Verlag

MÜLLER-CHRIST, G.; HÜLSMANN, M. (2003): Erfolgsbegriff eines nachhaltigen Managements. In: LINNE, G.; SCHWARZ, M. (Hrsg.): Handbuch Nachhaltige Entwicklung. Wie ist nachhaltiges Wirtschaften machbar? Opladen: Leske + Budrich, S. 245-256

NOLTE, B. (1996): Engpassfaktoren der Innovation und Innovationsstruktur. Eine theoretische und empirische Analyse für ländliche Wirtschaftsräume in Baden-Württemberg. Frankfurt a. M.: Peter Lang Verlag

OECD (Hrsg.) (1992): OECD proposed guidelines for collecting and interpreting technological innovation data – Oslo Manual, Paris

von der OELSNITZ, D. (2003 a): Kooperation: Entwicklung und Verknüpfung von Kernkompetenzen. In: ZENTES, J.; SWOBODA, B.; MORSCHETT, D. (Hrsg.): Kooperationen, Allianzen und Netzwerke. Grundlagen – Ansätze – Perspektiven. Wiesbaden: Gabler Verlag, S. 183-210

von der OELSNITZ, D. (2003 b): Strategische Allianzen als Lernarena. In: Wissenschaftliches Studium, H. 9, S. 516-520

OSTERLOH, M. (1993): Innovation und Routine. In: zfo, Nr. 4/1993, S. 214-220

OSTERLOH, M.; FREY, B. S.; FROST, J. (1999): Was kann das Unternehmen besser als der Markt? In: ZfB, 69. Jg., H. 11, S. 1245-1262

O.V. (2004): Ökologie geht in Nachhaltigkeit auf. In: Magazin für Printmedia, Print und Finishing, 59. Jg., Nr. Februar/2004, S. 43-45

PAECH, N.; PFRIEM, R. (2002): Mit Nachhaltigkeitskonzepten zu neuen Ufern der Innovation. In Umweltwirtschaftsforum, 10. Jg., Heft 3, S. 12-17

PAUL, H. (2005): Fallstudien. Plädoyer für einen stärkeren Einsatz in der betriebswirtschaftlichen Lehre und Ausbildung. In: Wissenschaftliches Studium, H. 6, S. 349-353

PETERS, J.; BECKER, W. (1998): Hochschulkooperationen und betriebliche Innovationsaktivitäten. Ergebnisse aus der deutschen Automobilzuliefererindustrie. Unter: http://www.wiwi.uni-augsburg.de/vwl/institut/paper/210.pdf (Stand: 10.01.07)

PFRIEM, R.; ZUNDEL, S. (1999): Greening the innovation system? In: Zeitschrift für angewandte Umweltforschung (ZAU), Nr. 2/1999, S. 158-162

PICOT, A. (1982): Transaktionskostenansatz in der Organisationstheorie. Stand der Diskussion und Aussagewert. In: DBW, 42 Jg., H. 2, S. 267-284

PLESCHAK, F.; SABISCH, H. (1996): Innovationsmanagement. Stuttgart: Schäffer-Poeschel Verlag

PÖLZL, A. (2002): Umweltorientiertes Innovationsmanagement. Eine theoretische und empirische Analyse. Verlag Wissenschaft und Praxis, Sternenfels

PORTER, M. E. (1991): Towards a Dynamic Theory of Strategy. In: Strategic Management Journal, Vol. 12, special issue, winter 1991, S. 95-117

PORTER, M. E.(1999): Wettbewerbsstrategie. Methoden zur Analyse von Branchen und Konkurrenten.10., durchgesehene und erweiterte Auflage, Campus Verlag, Frankfurt/M., New York

PORTER, M. E.; van der LINDE, C. (1995 a): Green and Competitive. Ending the Stalemate. In: Harvard Business Review, September/October 1995, S. 120-134

PORTER, M. E.; van der LINDE, C. (1995 b): Towards a New Conception of the Environment-Competitiveness Relationship. In: Journal of Economic Perspectives, Vol. 9, No. 4, S. 97-118

POTRATZ, W.; WIDMAIER, B. (2000): Innovative Netzwerke zwischen Regionen in EU-Europa und den Beitrittsländern. Dokumentation eines Workshops am Institut Arbeit und Technik im Rahmen des Verbundprojektes „Europäische Netze" des Wissenschaftszentrums Nordrhein-Westfahlen. Graue Reihe des Instituts Arbeit und Technik 2000-16, Gelsenkirchen

POWELL, W. W. (1990): Neither Marker nor Hierarchy; Network Forms of Organisation. Paper presented at the workshop "Networks – On the Socio-Economics of Inter-Firm Cooperation", Wissenschaftszentrum Berlin, 11.-13.06.1990

PREIMESBERGER, C. (1997): Kooperationslösungen und freiwillige Vereinbarungen. Instrumente einer erweiterten ökologischen Produktverantwortung, in: Wirtschaftspolitische Blätter, Heft 3-4, Jg. 44, S. 373-384

PROBST, T. (2007): Kooperationen in der Abfallwirtschaft aus der Sicht von kleinen und mittleren Unternehmen. In: SCHUG, H.; KRÜCK, C.; PLOETZ, C.; ZWECK, A. (Hrsg.): Nachhaltigkeit, Kooperationen und die Zukünfte der Abfallwirtschaft. Aktuelle Problemstellungen und Lösungsansätze aus Theorie und Praxis. Zukünftige Technologien Nr. 68, Düsseldorf: Zukünftige Technologien Consulting der VDI Technologiezentrum GmbH, S. 53-56

RAHMEYER, F. (2007): Nachhaltigkeitskosten und Nachhaltigkeitsnutzen in der Abfallwirtschaft. In: SCHUG, H.; KRÜCK, C.; PLOETZ, C.; ZWECK, A. (Hrsg.): Nachhaltigkeit, Kooperationen und die Zukünfte der Abfallwirtschaft. Aktuelle Problemstellungen und Lösungsansätze aus Theorie und Praxis. Zukünftige Technologien Nr. 68, Düsseldorf: Zukünftige Technologien Consulting der VDI Technologiezentrum GmbH, S. 99-110

RANK, C.; RANK, O.; WALD, A. (2005): Netzwerke in der Biotechnologie. Eine empirische Analyse des interorganisationalen Informations- und Wissenstransfers. In: zfbf, Jg. 57, Nr. November/2005, S. 617-634

REICHEL, M. (1998): Markteinführung von erneuerbaren Energien. Lock-Out-Effekte und innovationspolitische Konsequenzen für die elektrische Wind- und Solarenergienutzung. Wiesbaden: Gabler Verlag

REINHARDT, F. L. (2000): Wie Umweltschutz zu Geschäftserfolgen führt. In: HARVARD BUSINESSmanager, Nr. 1/2000, S. 31-41

RENNINGS, K. (1999 a): Bausteine einer Umweltinnovationstheorie und –politik – neoklasische und evolutions-ökonomische Perspektiven. In: RENNINGS, K. (Hrsg.): Innovation durch Umweltpolitik. Baden-Baden: Nomos Verlagsgesellschaft, S. 15-46

RENNINGS, K. (1999 b): Vorwort. In: RENNINGS, K. (Hrsg.): Innovation durch Umweltpolitik. Baden-Baden: Nomos Verlagsgesellschaft, S. 7-12

RENNINGS, K. (2005): Innovation aus Sicht der neoklassischen Umweltökonomik. In: BECKENBACH, F.; HAMPICKE, U.; LEIPERT, C. u. a. (Hrsg.): Innovation und Nachhaltigkeit. Marburg: Metropolis Verlag, S. 15-39

RENNINGS, K.; BROCKMANN, R.; KOSCHEL, H.; BERGMANN, H.; KÜHN, I. (1996): Nachhaltigkeit, Ordnungspolitik und freiwillige Selbstverpflichtungen. Heidelberg: Physica-Verlag

RENNINGS, K.; KEMP, R.; BARTOLOMEO, M. et al. (2003): Blueprints for an Integration of Science, technology and Environmental Policy (BLUEPRINT). Final Blueprint report unter: www.blueprint-network.net

RHEINLÄNDER, K. (2003): Entwicklung und Rolle des Umweltbewusstseins und -verhaltens in Deutschland, Polen und der Tschechischen Republik. In: KRAMER, M.; URBANIEC, M.; MÖLLER, L. (Hrsg.): Internationales Umweltmanagement. Band I: Interdisziplinäre Rahmenbedingungen einer umweltorientierten Unternehmensführung. Wiesbaden: Gabler Verlag, S. 115-130

RICHTER, R.; FURUBOTN, E. G. (1999): Neue Institutionenökonomik. Eine Einführung und kritische Würdigung. 2., durchgesehene und ergänzte Auflage, Tübingen: Mohr Siebeck Verlag

RITTER, T. (1998): Innovationserfolg durch Netzwerk-Kompetenz. Effektives Management von Unternehmensnetzwerken. Wiesbaden: Gabler Verlag

RITTER, T.; GEMÜNDEN, H. G. (1999): Wettbewerbsvorteile im Innovationsprozeß durch Netzwerkkompetenz: Ergebnisse einer empirischen Untersuchung. In: ENGELHARD, J.; SINZ, E. J. (Hrsg.): Kooperation im Wettbewerb. Neue Formen und Gestaltungskonzepte im Zeichen von Globalisierung und Informationstechnologie. Wiesbaden: Gabler Verlag, S. 385-409

ROGERS, E. M. (1962): Diffusion of Innovations, New York

RÖHR, W. (2000): Perspektiven einer ökologischen Betriebspolitik: Blockaden und Chancen umweltorientierter industrieller Modernisierung. Berlin: edition sigma

ROLL, M. (2003): Fallstudien als Instrument der Controllingforschung. Ein Überblick zu ihrer Einordnung, Beurteilung und Durchführung. In: Controlling & Management, 47. Jg., H. 5/2003, S. 315-317

RONDINELLI, D. A.; LONDON, T. (2003): How corporations and environmental groups cooperate: Assessing cross-sector alliances and collaborations. In: Academy of Management Executive, Vol. 17, No. 1, S. 61-76

ROTERING, J. (1993): Zwischenbetriebliche Kooperation als alternative Organisationsform: ein transaktionstheoretischer Erklärungsansatz. Stuttgart: Schäffer-Poeschel Verlag

ROTH, K. (1991): Ökologische Innovation und Verantwortung: Perspektiven aus gewerkschaftlicher Sicht. In: LAUB, U. D.; SCHNEIDER, D. (Hrsg.): Innovation und Unternehmertum: Perspektiven, Erfahrungen, Ergebnisse. Wiesbaden: Gabler Verlag, S. 185-198

ROYER, S. (2000): Strategische Erfolgsfaktoren horizontaler kooperativer Wettbewerbsbeziehungen: Eine auf Fallstudien basierende erfolgsorientierte Analyse am Beispiel der Automobilindustrie. München/Mering: Hampp Verlag

RUBIK, F. (2000): Innovationen durch die Umweltpolitik - Integrierte Produktpolitik (IPP) in Deutschland - Vorschläge des IÖW – Endbericht. Gutachten im Auftrag des BMU, Heidelberg

RUBIK, F. (2002): (Integrierte) Produktpolitik und Kreislaufwirtschaft. In: ZABEL, U. (Hrsg.): Betriebliches Umweltmanagement – nachhaltig und interdisziplinär. Berlin; Bielefeld; München: Erich Schmidt Verlag, S. 261-283

SÄCHSISCHES STAATSMINISTERIUM FÜR WIRTSCHAFT UND ARBEIT (Hrsg.) (2003): Sächsischer Mittelstandsbericht 2003. Dresden

SALJE, P. (1981): Die mittelständische Kooperation zwischen Wettbewerbspolitik und Kartellrecht. Theorie und Praxis des § 5b GWB. Tübingen: Mohr Siebeck Verlag

SCHALTEGGER, S.; HAHN, T.; BURRITT, R. (2005): Analyse erfolgversprechender Förderpfade in der Umweltpolitik. In: ZfU, Nr. 2/2005, S. 193-210

SCHANZ, G. (1988): Methodologie für Betriebswirte. 2., überarb. u. erw. Auflage, Stuttgart: Schäffer-Poeschel Verlag

SCHEYTT, T. (1998): Innovation in die Betriebswirtschaftslehre. Versuch einer kulturökonomischen Deutung des Neuen in der Wissenschaft. In: GERUM, E. (Hrsg.): Innovation in der Betriebswirtschaftslehre. Wiesbaden: Gabler Verlag, S. 23-49

SCHIRMER, A. (2000): Widerstände gegen Innovationen. Erfahrungen aus der Einführung von Entscheidungsunterstützungssystemen für die Personaleinsatzplanung. In: zfo, 69. Jg., H. 6, S. 340-348

SCHMID, U. (1996): Ökologiegerichtete Wertschöpfung in Industrieunternehmungen. Frankfurt am Main: Peter Lang Verlag

SCHMIDT, A. (1995): Der mögliche Beitrag der Kooperation zum Innovationserfolg für kleine und mittelgroße Unternehmen (KMU). In: ZfB-Ergänzungsheft, Nr. 1/1995, S. 103-130

SCHNEIDEWIND, U. (1995): Ökologisch orientierte Kooperationen aus betriebswirtschaftlicher Sicht, in: UWF, Nr. 4/1995, S. 16-21

SCHNEIDEWIND, U. (1998): Die Unternehmung als strukturpolitischer Akteur. Kooperatives Schnittmengenmanagement im ökologischen Kontext. Marburg: Metropolis Verlag

SCHRÖDER, H.-H.; HINZE, J. (2000): Technologie- und Innovationsplanung. In: CORSTEN, H.; REIß, M. (Hrsg.): Übungsbuch zur Betriebswirtschaftslehre. München: Oldenbourg Verlag, S. 349-395

SCHRÖDER, H.-H.; MEYERS, S. (2003): Bezugsrahmen und effektivitätsorientierte Konzepte des Innovationsmanagements (I). In: WISU, Nr. 7/03, S. 907-911

SCHUG, H.; KRÜCK, C.; PLOETZ, C.; ZWECK, A. (Hrsg.) (2007): Nachhaltigkeit, Kooperationen und die Zukünfte der Abfallwirtschaft. Aktuelle Problemstellungen und Lösungsansätze aus Theorie und Praxis. Zukünftige Technologien Nr. 68, Düsseldorf: Zukünftige Technologien Consulting der VDI Technologiezentrum GmbH

SCHUMPETER, J. (1911/1952): Theorie der wirtschaftlichen Entwicklung. Eine Untersuchung über Unternehmergewinn, Kapital, Kredit, Zins und den Konjunkturzyklus. 5. Auflage, Duncker & Humblot, gedruckt 1952, Berlin

SCHWANNINGER, M.; KÖRNER, M. (2003): Systemisches Projektmanagement. Ein Instrumentarium für komplexe Veränderungs- und Entwicklungsprojekte. In: zfo, Nr. 2/2003, (72. Jg.), S. 75-85

SCHWARZ, E. J. (1998): Ökonomische Aspekte regionaler Verwertungsnetze. In: STREBEL, H.; SCHWARZ, E. J. (Hrsg.): Kreislauforientierte Unternehmenskooperationen. Stoffstrommanagement durch innovative Verwertungsnetze. Wien: Oldenbourg Verlag, S. 11-25

SCHWARZ, E. J. (1999): Umweltorientierte technologische Prozessinnovationen. Wiesbaden: Gabler Verlag

SCHWARZ, H. (2003): Senkung des Mehrwertsteuersatzes für umweltfreundliche Güter. In: ZfU, Nr. 1, S. 45-59

SCHWARZ, M.; BIRKE, M.; LAUEN, G. (2002): Organisation, Strategie, Partizipation. In: UWF, 10. Jg., H. 3, S. 24-28

SCHWITALLA, B. (1993): Messung und Erklärung industrieller Innovationsaktivitäten mit einer empirischen Analyse für die westdeutsche Industrie. Heidelberg: Physica Verlag

SEIDL, I. (1993): Ökologie und Innovationen. Die Rolle der Unternehmenskultur in der Agrarchemie. Bern: Haupt

SEIPEL, CH.; RIEKER, P. (2003): Integrative Sozialforschung. Konzepte und Methoden der qualitativen und quantitativen empirischen Forschung. Weinheim; München: Juventa Verlag

SIMONIS, U. E. (2001): Stichwort Umweltpolitik. Wissenschaftszentrum Berlin für Sozialforschung, Nr. FS II 01-403, Berlin

SOMMER, P. (2005): Staus quo und Entwicklungsperspektiven von Supply Chains im Umweltfokus. In: ZfU, Nr. 2, S. 211-242

STAEHLE W. H. (1999): Management. Eine verhaltenswissenschaftliche Perspektive. 8. Auflage, München: Vahlen Verlag

STAUDT, E.; KRIEGESMANN, B.; FISCHER, A. (1992): Umweltschutz und Innovationsmanagement. In: STEGER, U. (Hrsg.): Handbuch des Umweltmanagements. Anforderungs- und Leistungsprofile von Unternehmen und Gesellschaft. München: Beck Verlag, S. 329-341

STAUDT, E.; KRIEGESMANN, B.; THIELEMANN, F. (1998): Kooperationsverhalten in der Druckindustrie – zwischen Bestandssicherung und Offensive. In: DBW, 58. Jg., Nr. 6/98, S. 803-815

STAUDT, E.; TOBERG, M.; LINNÉ, H.; BOCK, J.; THIELEMANN, F. (1992): Kooperationshandbuch. Ein Leitfaden für die Unternehmenspraxis. Stuttgart: Schäffer-Poeschel Verlag

STEIN, V. (2003): Kooperation: Erklärungsperspektive der strategischen Managementforschung. In: ZENTES, J.; SWOBODA, B.; MORSCHETT, D. (Hrsg.): Kooperationen, Allianzen und Netzwerke. Grundlagen – Ansätze – Perspektiven. Wiesbaden: Gabler Verlag, S. 167-182

STEINLE, C.; LAWA, D.; SCHOLLENBERG, A. (1994): Ökologieorientierte Unternehmensführung – Ansätze, Integrationskonzept und Entwicklungsperspektiven. In: Zeitschrift für Umweltpolitik und Umweltrecht, H. 4, S. 409-444 (umweltbezogenes Promotorenkonzept)

STEINMANN, H.; SCHREYÖGG, G. (1993): Management. Grundlagen der Unternehmensführung. Konzepte – Funktionen – Fallstudien. 3. überarbeit. und erweit. Auflage, Wiesbaden: Gabler Verlag

STEINMANN, H.; SCHREYÖGG, G. (1997): Management: Grundlagen der Unternehmung; Konzepte – Funktionen – Fallstudien, 4., überarbeitete und erw. Auflage, Wiesbaden: Gabler Verlag

STEVEN, M.; LAARMANN, A. (2005): Lerneffekte in der Logistik. In: ZfB-Special Issue, Nr. 3/2005, S. 95-114

STÖRMER, E. (2001): Ökologieorientierte Unternehmensnetzwerke. Regionale umweltinformationsorientierte Unternehmensnetzwerke als Ansatz für eine ökologisch nachhaltige Wirtschaftsentwicklung, München: Verlag V. Florentz

STRAßBERGER, F.; WESSELS, H. (1999): Umweltinnovation im Industriecluster Kunststoffverarbeitung. In: KLEMMER, P. (Hrsg.): Innovationen und Umwelt. Fallstudien zum Anpassungsverhalten in Wirtschaft und Gesellschaft. Forschungsverbund Innovative Wirkungen umweltpolitischer Instrumente, 3. Band, Berlin: Analytica, S. 113-135

STRAUSS, A. L.; CORBIN, J. (1996): Grounded Theory: Grundlagen qualitativer Sozialforschung. Aus dem Amerikanischen übersetzt von Niewiarra, S. und Legewie, H., Weinheim: Beltz/Psychologie Verlags Union

STREBEL, H. (1979): Innovation und ihre Organisation in der mitteständischen Industrie – Ergebnisse einer empirischen Untersuchung. Berlin: Marchal und Metzenbacher Wissenschaftsverlag

STREBEL, H. (1983): Unternehmenskooperation bei Innovationen. In: Wirtschaftswissenschaftliches Studium, Nr. 12/83, S. 59-65STREBEL, H. (1987): Kooperation und Innovation in Rückstandszyklen. In: WAGNER, G. R. (Hrsg.): Altlasten und Entsorgungsökonomie. VDI Verlag, Reihe Technik und Wirtschaft, Nr. 37, Düsseldorf, S. 103-116

STREBEL, H. (1987): Kooperation und Innovation in Rückstandszyklen, in: Wagner, G. R. (Hrsg.): Altlasten und Entsorgungsökonomie. Düsseldorf 1987, S. 103-116

STREBEL, H. (1988): Umweltpolitik u.a., in: Gabler Wirtschaftslexikon, 12. Aufl., Wiesbaden 1988

STREBEL, H. (1990): Integrierter Umweltschutz – Merkmale, Voraussetzungen, Chancen. In: KREIKEBAUM, H. (Hrsg.): Integrierter Umweltschutz. Wiesbaden: Gabler Verlag, S. 3-16

STREBEL, H. (1992): Gründe und Möglichkeiten betriebswirtschaftlicher Umweltpolitik. In: SEIDEL, E.; STREBEL, H. (Hrsg.): Umwelt und Ökonomie. Wiesbaden: Gabler Verlag, S. 209-222

STREBEL, H. (1993): Stand und Entwicklung der betriebswirtschaftlichen Umweltökonomie. In: UWF, H. 2 (März), S. 7-12

STREBEL, H. (1995): Verwertungsnetze in und zwischen Unternehmen: Ein Problem betrieblichen Lernens. In: ZfB-Ergänzungsheft, Nr. 3/95, S. 113-125

STREBEL, H. (1996): Industriebetriebliche Verwertungsnetze in ökologischer und ökonomischer Sicht. In: KREIKEBAUM, H. (Hrsg.): Umweltmanagement in mittel- und osteuropäischen Unternehmen. Berlin: Verlag Wissenschaft und Praxis, S. 49-64

STREBEL, H. (1998): Das Konzept des regionalen Verwertungsnetzes. In: STREBEL, H.; SCHWARZ, E. J. (Hrsg.): Kreislauforientierte Unternehmenskooperationen. Stoffstrommanagement durch innovative Verwertungsnetze. Wien: Oldenbourg, S. 1-10

STREBEL, H. (2002): Möglichkeiten und Grenzen nachhaltiger Wirtschaft im Unternehmen. In: KEUPER, F. (Hrsg.): Produktion und Controlling, Wiesbaden: Gabler Verlag, S. 105-125

STREBEL, H.; SCHWARZ, E. J. (Hrsg.) (1998): Kreislauforientierte Unternehmenskooperationen. Stoffstrommanagement durch innovative Verwertungsnetze. Wien: Oldenbourg

STRÖßENREUTHER, H. (1997): Sustainability-orientiertes organisationelles Lernen als Unternehmensziel, in: UWF, Nr.: 2/1997, S. 30-35

STRÜBING, J. (2002): Just do it? Zum Konzept der Herstellung und Sicherung von Qualität in grounded theory-basierten Forschungsarbeiten. In: Kölner Zeitschrift für Soziologie und Sozialpsychologie, 54. Jg., H. 2, S. 318-342

STRUNZ, H. (1993): Umweltmanagement: Konzepte, Probleme, Perspektiven. Wien: Springer

SUNNEVAG, K. (2000): Voluntary Agreements and the Incentives for Innovation. Environment and Planning C: Government and Policy, Vol. 18(5), unter: www.envplan.com/epc/abstracts/c18/c180555.html

SWOBODA, B. (2003): Kooperation: Erklärungsperspektiven grundlegender Theorien, Ansätze und Konzepte im Überblick. In: ZENTES, J.; SWOBODA, B.; MORSCHETT, D. (Hrsg.): Kooperationen, Allianzen und Netzwerke. Grundlagen – Ansätze – Perspektiven. Wiesbaden: Gabler Verlag, S. 35-64

SYDOW, J. (1992): Strategische Netzwerke. Evolution und Organisation. Wiesbaden: Gabler Verlag

SYDOW, J.; WINDELER, A. (2000): Steuerung von und in Netzwerken – Perspektiven, Konzepte, vor allem aber offene Fragen. In: SYDOW, J.; WINDELER, A. (Hrsg.): Steuerung von Netzwerken, Konzepte und Praktiken. Wiesbaden: Gabler Verlag, S. 1-24

SYDOW, J. (2003 a): Editorial – Über Netzwerke, Allianzsysteme, Verbünde, Kooperationen und Konstellationen. In: SYDOW, J: (Hrsg.): Management von Netzwerkorganisationen. Beiträge aus der „Managementforschung". 3. Auflage, Wiesbaden: Gabler Verlag, S. 1-6

SYDOW, J. (2003 b): Führung in Netzwerkorganisationen – Fragen an die Führungsforschung. In: SYDOW, J: (Hrsg.): Management von Netzwerkorganisationen. Beiträge aus der „Managementforschung". 3. Auflage, Wiesbaden: Gabler Verlag, S. 279-292

SYDOW, J. (2003 c): Management von Netzwerkorganisationen – Zum Stand der Forschung. In: SYDOW, J: (Hrsg.): Management von Netzwerkorganisationen. Beiträge aus der „Managementforschung". 3. Auflage, Wiesbaden: Gabler Verlag, S. 293-354

SYDOW, J. (2003 d): Dynamik von Netzwerkorganisationen – Entwicklung, Evolution, Strukturation. In: HOFFMANN, W. H. (Hrsg.): Die Gestaltung der Organisationsdynamik. Stuttgart, S. 327-356

THIEM, H. (2000): Umweltmanagement und Unternehmenserfolg. Wiesbaden: Gabler Verlag

THOM, N. (1976): Zum Effizienz betrieblicher Innovationsprozesse. Vorstudie zu einer empirisch begründeten Theorie des betrieblichen Innovationsmanagements. Köln : Peter Hanstein Verlag

THOM, N. (1980): Grundlagen des betrieblichen Innovationsmanagements, 2., völlig neu bearbeitete Aufl., Königstein: Hanstein Verlag

THOMZIK, M.; NISIPEANU, P. (2004): Das deutsche Umweltrecht als Einflussfaktor für Innovationen zum nachhaltigen Wirtschaften – Das Beispiel der Co-Vergärung von biogenen Abfällen in Faulräumen von Abwasserbehandlungsanlagen. In: Zeitschrift für Umweltpolitik&Umweltrecht, Nr. 2/2004, S. 167-200

TIDELSKI, O. (2002): Ökonomische Theorien der Innovation. In: Wissenschaftliches Studium, H. 11, S. 659-663

TISCHER, M. (2001): Unternehmenskooperation und nachhaltige Entwicklung in der Region. Marburg: Metropolis Verlag

TISCHLER, K. (1996): Ökologische Betriebswirtschaftslehre. München: Oldenbourg Verlag

TODT, J. (2003): Gutenberg gehört auch in Zukunft nicht zum alten Eisen. In: Prognos trendletter, Nr. 1/03

TOMCZAK, T. (1992): Forschungsmethoden in der Marketingwissenschaft. In: Marketing, ZFP Heft 2, II. Quartal 1992, S. 77-87

TROGE, A. (2005): Umweltbewusstsein in Deutschland: Ergebnisse und Interpretationen. In: UWF, 13. Jg., H. 3, S. 10-14

TRÖNDLE, D. (1987): Kooperationsmanagement. Steuerung interaktionaler Prozesse bei Unternehmungskooperationen. Bergisch Gladbach; Köln: Eul Verlag

TSIFIDARIS, M. (1994): Management der Innovation. Pragmatische Konzepte zur Zukunftssicherung des Unternehmens. Renningen-Malmsheim: Expert Verlag

TÜRPITZ, K.-M. (2003): The Determinants and Effects of Environmental Product Innovations – An Analysis on the Basis of Case Studies. ZEW Discussions Paper, No. 04-02, unter: ftp://ftp.zew.de/pub/zew-docs/dp/dp0402.pdf (Stand: 20.02.04)

TÜRPITZ, K.-M. (2004): Einflussfaktoren und Wirkungen auf produktintegrierte Umweltinnovationen. In: Umweltwirtschaftsforum, 12. Jg., H. 1, S. 4-9

UBA (Hrsg.) (2002 a): Erfolgreich durch Umweltschutz. Mit Nachhaltigkeit den Wirtschaftsstandort stärken. Berlin

UBA (Hrsg.) (2002 b): Nachhaltige Entwicklung in Deutschland. Die Zukunft dauerhaft umweltgerecht gestalten. Berlin: Erich Schmidt Verlag

URBANIEC, M. (2003): Voluntary co-operation between industry and government exemplified by the Environmental Alliance of Saxony. In: UNIVERSITY OF PARDUBICE (ed.): Economic aspects of environmental protection. Proceedings from international scientific conference. Publication no. UP 03-71, 2003, Pardubice, S. 88-95 (in tschechischer Ausgabe unter dem Titel: Dobrovolná spolupráce mezi průmyslem a vládou na přikladu saskėho environmentálniho spojenectvi (S. 84-91)

VAN DE VEN, A. H.; POLLEY, D. E.; GARUD, R.; VENKATARAMAN, S. (1999): The Innovation Journay. New York, Oxford: Oxford University Press

VERBECK, A. (2001): Kooperative Innovation. Effizienzsteigerung durch Team-Management. Forschungsberichte für die Unternehmenspraxis, Band 10, vdf Hochschulverlag AG an der ETH, Zürich

ver.di (2006 a): Druckindustrie und Zeitungsverlage. Wirtschaftspolitische Informationen 2/06. ver.di Bundesvorstand Berlin – Bereich Wirtschaftspolitik – September 2006

ver.di (2006 b): Papier-, Pappe- und Kunststoffverarbeitung. Wirtschaftspolitische Informationen 3/06. ver.di Bundesvorstand Berlin – Bereich Wirtschaftspolitik – September 2006

VOP (2003): Investitionen Ostdeutsche Papierindustrie 2003-2005. Computerausdruck aus dem Bestand des Verbandes Ostdeutscher Papierfabriken e.V in Heidenau, unveröffentlicht

WAGNER, G. R. (1997): Betriebswirtschaftliche Umweltökonomie. Stuttgart: Lucius & Lucius

WALLNER, H. P. (1999): Netzwerke und Kooperationen. Stenum (Hrsg.), Graz

WALTHER, S. (2004): Erfolgsfaktoren von Innovationen in mittelständischen Unternehmen. Eine empirische Untersuchung. Frankfurt am Main: Peter Lang Verlag

WBCSD (Hrsg.) (2000): Measuring eco-efficiency. A guide to reporting company performance. Genf

WEBER, W. (2003): Einführung in die Betriebswirtschaftslehre. 5., aktualisierte und überarbeitete Auflage, Wiesbaden: Gabler Verlag

von WEIZSÄCKER, E. U.; LOVINS, A. B.; LOVINS, L. H. (1997): Faktor vier. Doppelter Wohlstand – halbierter Verbrauch. Der neue Bericht an den Club of Rome. München: Droemersche Verlagsanstalt Th. Knaur

WELTKOMMISSION FÜR UMWELT UND ENTWICKLUNG (HRSG.) (1988): Unsere gemeinsame Zukunft, 2. Aufl., Berlin

WENDT, A. (1999): Aspekte eines innovationsorientierten Umweltmanagements in mittelständischen Unternehmen. Eine theoretische Analyse der Anforderungen und empirische Untersuchung. Karlsruhe

WESTERMANN, U.; KRAX, D.; BINDEL, R.; ROTTER, U. (2000): Kooperationsentwicklung in der textilen Kette. Praxistips zum Einsatz neuer Informationstechnologien, zu Qualifizierungen und Beteiligungsprozessen. Münster: Future e. V.

WIESENTHAL, H. (1997): Adaption und Innovation. In: BIRKE, M.; BURSCHEL, C.; SCHWARZ, M. (Hrsg.): Handbuch Umweltschutz und Organisation. München: Oldenbourg Verlag, S. 163-186

WIESENTHAL, H. (2001): „Kooperative Verfahren“ oder innovative Konstellationen? Zur Komplexität politischer Verhandlungen. In: FRICK, S.; PENZ, R.; WEIß, J. (Hrsg.): Der freundliche Staat: Kooperative Politik im institutionellen Wettbewerb. Marburg: Metropolis Verlag, S. 169-188

WILLE, G. (2002): Zur Bedeutung kleiner und mittelständischer Altpapier-Entsorger. Erfahrungen zum Stoffstrommanagement. In: Müll und Abfall, Nr. 10/2002, S. 576-577

WILLE, G.; BISCHOFBERGER, C.; JUNGE, B. (1999): Abfallwirtschaft in Druckereien. Ergebnisse des sächsischen Branchenkonzeptes. In: Müll und Abfall, Nr. 12/99, S. 733-735

WILLE, G.; BISCHOFBERGER, C.; JUNGE, B. (2001): Kooperationsnetzwerke in der Kreislaufwirtschaft. Erfahrungen aus der abfallwirtschaftlichen Branchenarbeit im Freistaat Sachsen. In: Müll und Abfall, Nr. 1/2001, S. 4-8

WILLE, G.; HEINIG, J.; MÜLLER, O. (2000): Entsorger müssen handeln. Erkenntnisse aus der abfallwirtschaftlichen Branchenarbeit im Freistaat Sachsen. In: Müll und Abfall, Nr. 10/2000, S. 585-588

WILLIAMS, R.; MARKUSSON, N. (2002): Knowledge and environmental innovations. Paper for presentation at the first BLUEPRINT workshop, 23-24 January 2002, in: http://www.blueprint-network.net/pdf/atticonvegni/Knovledge%20and%20environmental%20innovations.pdf (Stand: 10.04.02)

WILLIAMSON, O. E. (1975): Markets and hierarchies. Analysis and antitrust implications. New York

WILLIAMSON, O. E. (1985): The economic institutions of capitalism. New York

WILLIAMSON, O. E. (1990): Die ökonomischen Institutionen des Kapitalismus. Unternehmen, Märkte, Kooperationen. Tübingen: Mohr Verlag. Deutsche Ausgabe des Originals: The Economic Institutions of Capitalism (1985)

WILLIAMSON, O. E. (1994): Transaction Cost Economics and Organisation Theory. In: SMELSER, N. J.; SWEDBERG, R. (eds.): The Handbook of Economic Sociology. Russell Sage Foundation, West Sussex, S. 77-107

WIRTZ, H. (2007): Kompetenzzentrum für Entsorgungstechnik und Kreislaufwirtschaft – eine kreislaufwirtschaftliche Kooperation entlang der Wertschöpfungskette. In: SCHUG, H.; KRÜCK, C.; PLOETZ, C.; ZWECK, A. (Hrsg.): Nachhaltigkeit, Kooperationen und die Zukünfte der Abfallwirtschaft. Aktuelle Problemstellungen und Lösungsansätze aus Theorie und Praxis. Zukünftige Technologien Nr. 68, Düsseldorf: Zukünftige Technologien Consulting der VDI Technologiezentrum GmbH, S. 57-68

WITZEL, A. (2000): Das problemzentrierte Interview. In: Forum Qualitative Sozialforschung, Forum: Qualitative Sozial Research [On-line], Nr. 1(1), (26 Absätze), verfügbar über: http://qualitative-research.net/fqs (Stand: 19.08.04)

WITT, H. (2001): Forschungsstrategien bei quantitativer und qualitativer Sozialforschung. In: Forum Qualitative Sozialforschung / Forum: Qualitative Sozial Research [On-line], Nr. 2(1), (36 Absätze), verfügbar über: http://qualitative-research.net/fqs/fqs.htm (Stand: 19.08.04)

WITT, J. (1996): Produktinnovation. Entwicklung und Vermarktung neuer Produkte. München: Vahlen Verlag

WITT, U. (2005): Innovationsförderung als Königsweg zur Nachhaltigkeit. In: BECKEN-BACH, F.; HAMPICKE, U.; LEIPERT, C. u. a. (Hrsg.): Innovation und Nachhaltigkeit. Jahrbuch Ökologische Ökonomik 4. Marburg: Metropolis Verlag, S. 87-94

WITTE, E. (1973): Organisation für Innovationsentscheidungen. Das Promotoren-Modell. Göttingen: Verlag Otto Schwartz & Co.

WITTE, E. (1988): Innovationsfähige Organisation. In: WITTE, E.; HAUSCHILDT, J.; GRÜN, O. (Hrsg.): Innovative Entscheidungsprozesse. Die Ergebnisse des Projektes „Columbus“. Tubingen: Mohr Siebeck Verlag, S. 144-161

WITTE, E. (1999): Das Promotoren-Modell. In: HAUSCHILDT, J.; GEMÜNDEN, H. G. (Hrsg.): Promotoren: Champions der Innovation. 2. Auflage, Wiesbaden: Gabler Verlag, S. 9-41

WITTE, T. (1979): Heuristisches Planen: Vorgehensweisen zur Strukturierung betrieblicher Planungsprobleme. Wiesbaden: Gabler Verlag

WOHLGEMUTH, O. (2002): Management netzwerkartiger Kooperationen. Instrumente für die unternehmensübergreifende Steuerung. Wiesbaden: Deutscher Universitäts-Verlag

WOLFF, C. (2005): Stabilität und Flexibilität von Kooperationen. Entwicklung einer wettbewerbsorientierten Flexibilitätstheorie am Beispiel der Automobilbranche. Wiesbaden: Deutscher Universitäts-Verlag

WOLLNIK, M. (1977): Die explorative Verwendung systematischen Erfahrungswissens. Plädoyer für einen aufgeklärten Empirismus in der Betriebswirtschaftslehre. In: KÖHLER, R. (Hrsg.): Empirische und handlungstheoretische Forschungskonzeptionen in der Betriebswirtschaftslehre. Stuttgart: Poeschel Verlag, S. 37-64

WORATSCHEK, H.; ROTH, S. (2003): Kooperation: Erklärungsperspektive der Neuen Institutionenökonomik. In: ZENTES, J.; SWOBODA, B.; MORSCHETT, D. (Hrsg.): Kooperationen, Allianzen und Netzwerke. Grundlagen – Ansätze – Perspektiven. Wiesbaden: Gabler Verlag, S. 141-166

WURCHE, S. (1994 a): Strategische Kooperation. Theoretische Grundlagen und praktische Erfahrungen am Beispiel mittelständischer Pharmaunternehmen. Wiesbaden: Gabler Verlag

WURCHE, S. (1994 b): Vertrauen und ökonomische Rationalität in kooperativen Interorganisationsbeziehungen. In: SYDOW, J.; WINDELER, A. (Hrsg.): Management interorganisationaler Beziehungen. Vertrauen, Kontrolle und Informationstechnik. Opladen: Westdeutscher Verlag, S. 142-159

YIN, R. (1984): Case study research: Design and methods (1st ed.). Beverly Hills, CA: Sage Publishing

YIN, R. K. (1988): Case Study Research. Design and Methods. Newbury Park/London/New Delhi: Sage Publishing

YIN, R. (1994): Case study research: Design and methods (2nd ed.). Beverly Hills, CA: Sage Publishing

ZABY, A. M. (1999): Internationalisation of High-Technology Firms. Cases from Biotechnology and Multimedia. Wiesbaden: Gabler Verlag

ZENTES, J.; SWOBODA, B.; MORSCHETT, S. (2003): Kooperationen, Allianzen und Netzwerke – Grundlagen, „Metaanalyse" und Kurzabriss. In: ZENTES, J.; SWOBODA, B.; MORSCHETT, D. (Hrsg.): Kooperationen, Allianzen und Netzwerke. Grundlagen – Ansätze – Perspektiven. Wiesbaden: Gabler Verlag, S. 4-32

ZEW (2004): Innovationsverhalten der deutschen Wirtschaft. Indikatorenbericht zur Innovationserhebung 2004. Mannheim, 2005

ZEW (2005): Innovationsverhalten der deutschen Wirtschaft. Indikatorenbericht zur Innovationserhebung 2005. Mannheim, 2006

ZIMMERMANN, H.; OTTER, N.; STAHL, D.; WOHLTMANN, M. (1998): Innovationen jenseits des Marktes. Neuerungsverhalten in Staat, privaten Haushalten und Nonprofit Organisationen und der Einfluss umweltpolitischer Instrumente. Forschungsverbund Innovative Wirkungen umweltpolitischer Instrumente. 1. Band, Berlin: Analytica

ZUNDEL, S. (1999): Prometheus lässt grüßen. Überlegungen zum Verhältnis von Umwelt und Innovation. In: Ökologisches Wirtschaften, Nr. 2/99, S. 10-12